AF544509

EUL
VERLAG

Rechnungslegung und Wirtschaftsprüfung

Herausgegeben von Prof. (em.) Dr. Dr. h. c. Jörg Baetge, Münster, Prof. Dr. Hans-Jürgen Kirsch, Münster, und Prof. Dr. Stefan Thiele, Wuppertal

Band 56
Ilka Lappenküper
Anteile an anderen Unternehmen im IFRS-Konzernanhang – Eine empirische Analyse der Informationsbedürfnisse von Kapitalmarktexperten gemäß IFRS 12
Lohmar – Köln 2016 • 308 S. • € 59,- (D) • ISBN 978-3-8441-0461-5

Band 57
David Sonius
Dynamik von Unternehmenskrisen – Eine empirische Untersuchung zur Reaktion von Kreditinstituten und Krisenunternehmen im Vorfeld des manifesten Krisenstadiums
Lohmar – Köln 2016 • 328 S. • € 68,- (D) • ISBN 978-3-8441-0470-7

Band 58
Alois Panzer
Statusändernde Anteilsveräußerungen im IFRS-Konzernabschluss – Eine fallübergreifende Untersuchung der Regelungen zur Übergangskonsolidierung
Lohmar – Köln 2016 • 308 S. • € 66,- (D) • ISBN 978-3-8441-0473-8

Band 59
Thorsten Ohliger
Berücksichtigung nichtlinearer Zusammenhänge bei der Insolvenzprognose – Eine empirische Untersuchung unter Verwendung Generalisierter Additiver Modelle
Lohmar – Köln 2016 • 324 S. • € 68,- (D) • ISBN 978-3-8441-0474-5

Band 60
Ariane Kraft
Extractive Activities in der IFRS-Rechnungslegung – Die Bilanzierung investiver Aktivitäten des Upstream-Geschäfts rohstofffördernder Unternehmen
Lohmar – Köln 2016 • 304 S. • € 66,- (D) • ISBN 978-3-8441-0486-8

JOSEF EUL VERLAG

Reihe: Rechnungslegung und Wirtschaftsprüfung · Band 60

Herausgegeben von Prof. (em.) Dr. Dr. h. c. Jörg Baetge, Münster, Prof. Dr. Hans-Jürgen Kirsch, Münster, und Prof. Dr. Stefan Thiele, Wuppertal

Dr. Ariane Kraft

Extractive Activities in der IFRS-Rechnungslegung

Die Bilanzierung investiver Aktivitäten des Upstream-Geschäfts rohstofffördernder Unternehmen

Mit einem Geleitwort von Prof. Dr. Hans-Jürgen Kirsch, Westfälische Wilhelms-Universität Münster

Bibliografische Information der Deutschen Nationalbibliothek

Die Deutsche Nationalbibliothek verzeichnet diese Publikation in der Deutschen Nationalbibliografie; detaillierte bibliografische Daten sind im Internet über <http://dnb.d-nb.de> abrufbar.

Dissertation, Westfälische Wilhelms-Universität Münster, 2016

D 6

ISBN 978-3-8441-0486-8
1. Auflage November 2016

JOSEF EUL VERLAG GmbH
Brandsberg 6
53797 Lohmar
Tel.: 0 22 05 / 90 10 6-80
Fax: 0 22 05 / 90 10 6-88
E-Mail: info@eul-verlag.de
https://www.eul-verlag.de

Bei der Herstellung unserer Bücher möchten wir die Umwelt schonen. Dieses Buch ist daher auf säurefreiem, 100% chlorfrei gebleichtem, alterungsbeständigem Papier nach DIN 6738 gedruckt.

Geleitwort

Die Bilanzierung investiver Upstream-Aktivitäten stellt rohstofffördernde Unternehmen vor große Herausforderungen. Allerdings ist die bilanzielle Erfassung der *extractive activities* nur teilweise geregelt. Insofern bestehen zum einen Regelungslücken, zum anderen sind die bestehenden Vorschriften auslegungs- und konkretisierungsbedürftig. Die Schwierigkeiten der Bilanzierung resultieren dabei aus einigen besonderen Charakteristika des Upstream-Geschäfts. So geht der Förderung und gewinnbringenden Veräußerung von Rohstoffen ein sehr zeit- und kapitalintensiver Prozess voraus, der hohen Risiken – u. a. dem Risiko der Entdeckung von Bodenschätzen sowie den aus den wirtschaftlichen und technischen Bedingungen resultierenden Risiken – unterliegt. Dementsprechend ist die Wahrscheinlichkeit einer erfolgreichen Rohstoffgewinnung über lange Zeiträume investiver Tätigkeiten hinweg nicht bzw. nur sehr vage absehbar. Diese Unsicherheit wirft vor allem die stets wiederkehrende Frage nach dem „matching" der sehr frühen Ausgaben mit den deutlich später anfallenden Umsätzen bzw. aus bilanzieller Perspektive nach der Aktivierungsfähigkeit von Ausgaben auf, also für welche Ausgaben zu welchem Zeitpunkt eine Erfassung als Vermögenswert gerechtfertigt ist, und wie dieser zu bewerten ist. Die Verfasserin macht es sich zur Aufgabe, für jede der Upstream-Phasen die jeweils einschlägigen Bilanzierungsregelungen zu konkretisieren und zugleich kritisch zu würdigen. Außerdem erarbeitet sie auf Grundlage dieser Ergebnisse einen Bilanzierungsvorschlag, der unabhängig von der Einteilung der Upstream-Aktivitäten in verschiedene Phasen ist und auf dessen Basis die Entscheidungsnützlichkeit der Informationen im Vergleich zur aktuellen Regelungslage verbessert werden könnte.

Die Verfasserin untergliedert ihre Arbeit in sechs Kapitel. Im **ersten Kapitel** erläutert sie die Problemstellung sowie daran anknüpfend das Ziel und den Gang ihrer Untersuchung. Im **zweiten Kapitel** konkretisiert sie das Betrachtungsobjekt der Arbeit, indem sie die charakteristischen Merkmale nicht-regenerativer natürlicher Rohstoffe herausarbeitet und die einzelnen Upstream-Phasen zur Suche und Förderung solcher Rohstoffe mit den jeweils einschlägigen Besonderheiten darstellt. Darüber hinaus erläutert die Verfasserin die Klassifizierung von Rohstoffen in Reserven und Ressourcen gemäß verschiedener, international anerkannter Klassifikationsstandards, die insbesondere an den mit einem Vorkommen verbundenen Unsicherheiten anknüpfen. Die Rohstoffklassifizierung, wenn auch originär nicht zu Rechnungslegungszwecken entwickelt, ist für die Bilanzierung von *extractive activities* von elementarer Bedeutung, stellen doch nicht nur die aktuell anzuwendenden IFRS verschiedentlich darauf ab, sondern auch der von der Verfasserin im fünften Kapitel entwickelte Vorschlag.

Im **dritten Kapitel** werden die konzeptionellen Grundlagen gelegt, die den Beurteilungsrahmen für die kritische Analyse und Würdigung bilden. Neben dem Ziel und den für dessen Erreichung maßgeblichen qualitativen Anforderungen an die Rechnungslegung gemäß dem *Conceptual Framework* sind dazu vor allem auch die Ansatz- und die Bewertungskonzeption der IFRS von Bedeutung. Die bilanztheoretische Fundierung der IFRS und die Vorgaben zur Schließung von Regelungslücken ergänzen die konzeptionellen Grundlagen.

Im **vierten Kapitel** widmet sich die Verfasserin einer detaillierten Untersuchung der Bilanzierung rohstofffördernder Aktivitäten *de lege lata* unter Berücksichtigung weiterer, in Form von Diskussionspapieren veröffentlichter Vorschläge des IASB. Entsprechend dem chronologischen Verlauf der Upstream-Phasen stellt sie die jeweils einschlägigen Bilanzierungsregelungen vor, konkretisiert sie und analysiert sie kritisch.

Nach einem kurzen Überblick über die in die Untersuchung einfließenden Bilanzierungsregelungen und -vorschläge (Abschnitt 41) befasst sich der **Abschnitt 42** mit der Bilanzierung während der Prospektionsphase. Hierfür enthalten die IFRS keine spezifischen Branchensondervorschriften, weshalb hauptsächlich auf IAS 16 und IAS 38 zu rekurrieren ist. Die Verfasserin zeigt, dass aufgrund der sehr unsicheren Erfolgsaussichten hinsichtlich zu erwartender künftiger Erträge aus der Bodenschatzgewinnung ein Großteil der während dieser Phase anfallenden Ausgaben sofort aufwandswirksam zu erfassen ist, da sich wirtschaftlicher Nutzen, der den Ansatz eines Vermögenswertes legitimierte, i. d. R. nicht hinreichend konkret abzeichnet. Vielmehr sind Prospektionstätigkeiten weitgehend vergleichbar mit solchen, die i. S. v. IAS 38 als Forschung gelten, wofür die IFRS ein Ansatzverbot vorsehen. Insofern kann die Entscheidungsnützlichkeit der aktuellen Bilanzierung bestätigt werden. Als zusätzliche Verbesserung ergänzt die Verfasserin Vorschläge zum Ausweis und zu den Anhangangaben für diese Phase.

In **Abschnitt 43** wird die Erfassung erworbener Rechte für den Fall konkretisiert, dass das in IFRS 6 enthaltene faktische Wahlrecht derart ausgelegt wird, dass der Rechteerwerb als eigenständige Upstream-Phase angesehen wird. Die Analyse zeigt, dass sich bei einer Bilanzierung gemäß IAS 38 keine branchenspezifischen Schwierigkeiten ergeben, die eine entscheidungsnützliche Informationsvermittlung verhindern würden.

In **Abschnitt 44** widmet sich die Verfasserin einer ausführlichen Analyse der Bilanzierung von Ausgaben während der Explorations- und Evaluierungsphase (*E&E*). Mit IFRS 6 wurde dafür ein branchenspezifischer Standard erlassen, der indes keine eigenständige Ansatzkonzeption für *E&E*-Vermögenswerte vorgibt, sondern die Aufgabe der Entwicklung einer Rechnungslegungsmethode – unter Befreiung der nach IAS 8.11 f. üblichen Vorgehensweise zur Schließung von Regelungslücken – den Bilanzierern überträgt. Stellvertretend für eine große Vielfalt möglicher Bilanzierungsweisen konzentriert die Verfasserin ihre Untersuchung auf die gängigen Ansätze des *successful efforts accounting* und des *full cost accounting*. Diese beiden Konzepte zeigen deutlich, wie unterschiedlich dieselben *E&E*-Sachverhalte gemäß IFRS 6 abhängig davon bilanziert werden können, wie mit unsicheren Erfolgserwartungen umgegangen wird. Während beim *full cost accounting*, einer finalen Betrachtungsweise folgend, sämtliche *E&E*-Ausgaben pauschal aktiviert und erst beim späteren Nachweis einer erfolglosen Rohstoffsuche ggf. außerplanmäßig abgeschrieben werden, darf es gemäß *successful efforts accounting* erst dann zum Ansatz von *E&E*-Vermögenswerten kommen, wenn ein direkter kausaler Zusammenhang zu wirtschaftlich förderbaren Rohstoffen besteht. Allerdings können nach demselben Konzept noch nicht beurteilbare *E&E*-Ausgaben auch zuvor schon aktivisch abgegrenzt werden, wodurch die bilanzielle Erfassung sehr dem *full cost accounting* ähnelt. Im Rahmen einer differenzierten Analyse arbeitet die Verfasserin die jeweiligen

Bilanzierungswirkungen der betrachteten Konzepte sowie deren Vor- und Nachteile im Hinblick auf eine entscheidungsnützliche Informationsvermittlung heraus. Dabei werden erhebliche Schwächen in beiden Konzepten aufgedeckt, wobei nach dem *successful efforts accounting* (in der Form ohne aktivische Ausgabenabgrenzung) im Gegensatz zum *full cost accounting* eine (einigermaßen) entscheidungsnützliche Bilanzierung zumindest möglich ist.

Besonders hervorzuheben ist, dass die Verfasserin die Beurteilung der generellen Aktivierungsfähigkeit von *E&E*-Ausgaben anhand der Klassifizierung von Rohstoffen in Reserven und Ressourcen objektiviert. Aufgrund inhaltlicher Parallelen zwischen der Rohstoffklassifizierung und der Nutzenbeurteilung potenziellen Vermögens wird die Einstufung von Rohstoffen als Reserve gemäß dem Petroleum Resource Management System (PRMS) bzw. dem CRIRSCO Template zur Konkretisierung des Ansatzzeitpunktes solcher *E&E*-Ausgaben bemüht, deren Vermögenswerteigenschaft durch eine künftige erfolgreiche Bodenschatzgewinnung legitimiert wird. Speziell im Hinblick auf die Aktivierung selbsterstellter immaterieller *E&E*-Vermögenswerte geht die Verfasserin noch einen Schritt weiter, indem sie belegt, dass die im Vergleich zum allgemeinen IFRS-Ansatzkonzept strengeren Ansatzvoraussetzungen des IAS 38.57 inhaltlich mit den Kriterien zur Bestimmung von Rohstoffreserven übereinstimmen, weshalb der Nachweis von Reserven auch bei selbsterstelltem immateriellen Vermögen für einen Ansatz ausreichend wahrscheinlich künftigen Nutzen erwarten lässt. Als Konsequenz dieser engen Parallelen wird empfohlen, die Kriterien des IAS 38.57 künftig grundsätzlich für die Reservenklassifizierung zu Rechnungslegungszwecken heranzuziehen bzw. sogar vorzuschreiben. Darüber hinaus werden weitere kreative Vorschläge zur Verbesserung der Entscheidungsnützlichkeit unterbreitet.

Mit dem DP/2010/1 veröffentlichte der IASB einen Vorschlag, wie Ausgaben im Rahmen der *extractive activities* alternativ bilanziert werden könnten. Danach dient der Erwerb von Rechten als der Beginn eines umfangreichen Aktivierungsprozesses. Alle diesem Erwerb folgenden Ausgaben werden pauschal aktiviert und dem ursprünglichen Rechte-Vermögenswert hinzugerechnet (sog. *MOG*-Vermögenswert). Diese Vorgehensweise wird durch die Annahme gerechtfertigt, dass sämtliche Ausgaben wertvoll sind, dienen sie doch der Informationsgewinnung. Unsicherheiten einer tatsächlichen Werthaltigkeit werden demnach „wegdefiniert". Die Verfasserin zeigt jedoch, dass eine solche Bilanzierung weder mit der allgemeinen Ansatzkonzeption der IFRS vereinbar ist, noch entscheidungsnützliche Informationen zu vermitteln vermag. Vielmehr gleicht die undifferenzierte Vorgehensweise einem modifizierten *full cost accounting*, das schon zuvor umfangreich kritisiert wurde.

Die Untersuchung der Bewertung von *E&E*-Vermögenswerten gemäß IFRS 6 bzw. von *MOG*-Vermögenswerten gemäß dem DP/2010/1 hat vor allem Schwierigkeiten hinsichtlich der Prüfung auf Wertminderung aufgedeckt. Die Verfasserin arbeitet heraus, dass die sowohl nach IFRS 6 als auch nach dem DP/2010/1 bereits gegenüber dem *Conceptual Framework* gelockerten Ansatzvoraussetzungen auch besondere, von IAS 36 abweichende Vorschriften zur Wertminderung erforderlich machen, um ein frühzeitiges *impairment* zu verhindern. Beide Bilanzierungsweisen sehen besondere, von IAS 36 abweichende Indikatoren einer Wertminderung vor, die den Unternehmen weitreichende Gestaltungsmöglichkeiten eröffnen. Darüber hinaus wird kritisiert, dass IFRS 6 die Zusammenfassung mehrerer zahlungsmittelgenerierender Einheiten (ZGE) zu einer Gruppe erlaubt, wodurch Rohstoffprojekte in erfolgreichen ZGE zur Kompensation negativer Nutzenerwartungen anderer ZGE gezielt genutzt werden können.

Insgesamt wird die Entscheidungsnützlichkeit der Regelungen des IFRS 6 zur Bilanzierung von *E&E*-Ausgaben berechtigt angezweifelt. Mit den punktuell unterbreiteten Vorschlägen könnte die geübte Kritik zumindest abgeschwächt und die Relevanz und glaubwürdige Darstellung der vermittelten Informationen in einigen Aspekten verbessert werden. Der Diskussionsvorschlag des DP/2010/1 stellt keine vorzugwürdige Alternative dar.

In **Abschnitt 45** werden die während der Erschließungsphase zu bilanzierenden Ausgaben und Vermögenswerte betrachtet. Originäres Erschließungsvermögen bezeichnet solches, das aus investiven Aktivitäten dieser Phase entsteht. Die Verfasserin zeigt, dass es sich dabei zu großen Teilen um nach IAS 16 zu erfassende Sachanlagen handelt und deshalb kaum Schwierigkeiten zu erwarten sind, die einer entscheidungsnützlichen Informationsvermittlung entgegen stehen könnten. Durch die von IFRS 6 geforderte Umklassifizierung von *E&E*-Vermögen bei Übergang in die Erschließungsphase entsteht sekundäres Erschließungsvermögen. Zwar muss die Klassifizierung als materielles oder immaterielles Vermögen überprüft und ggf. angepasst werden, doch wird auch die Bilanzierung sekundärer Erschließungsvermögenswerte zutreffend für weitgehend unkritisch erachtet.

Abschnitt 46 befasst sich mit jenen bilanziell zu erfassenden Sachverhalten, die während der Produktionsphase auftreten. Nach einer kurzen Darstellung der Bilanzierung produzierter Rohstoffvorräte widmet sich die Verfasserin ausführlich den beiden Schwerpunkten dieses Abschnitts, der planmäßigen Abschreibung von in früheren Phasen bereits erfassten, mit Beginn der Produktion jedoch erst genutzten Vermögenswerten sowie den Kosten aus der Abraumbeseitigung. Sofern der Nutzenverbrauch von Vermögenswerten durch die Förderung von Bodenschätzen hervorgerufen wird, setzt deren planmäßige Abschreibung mit dem Beginn der Produktion ein. Regelmäßig kann der Wertverzehr des Vermögens mit der *unit of production method* am besten abgebildet werden. Die Verfasserin stellt jedoch heraus, dass die Ermittlung der Faktoren, die eine zutreffende Abbildung des Nutzenverbrauchs maßgeblich beeinflussen, stark ermessensbehaftet ist. Dadurch wird die Entscheidungsnützlichkeit der Informationen merklich beeinträchtigt. Zur Milderung dieser Problematik werden verschiedene geeignete Verbesserungsvorschläge unterbreitet.

Die spezifischen Regelungen des IFRIC 20 unterscheiden zweierlei Nutzen von Abraumaktivitäten. Zum einen tragen die im Abraum enthaltenen nutzbaren Rohstoffanteile zur Produktion der aktuellen Periode bei, was eine Bilanzierung gemäß IAS 2 erfordert. Zum anderen wird durch die Beseitigung von Abraum der Zugang zu Rohstoffen verbessert, die in künftigen Perioden gewonnen werden sollen. Ausgaben dafür können als langfristiges *stripping activity asset* aktiviert werden. Die Verfasserin kommt in ihrer Analyse zu dem Schluss, dass die mit IFRIC 20 angestrebte Vergleichbarkeit von Abschlussinformationen und das generelle Ziel der Entscheidungsnützlichkeit nur bedingt erreicht werden können. Besonders die interpretationsspezifische Ansatzvoraussetzung, dass die Abraumkosten einem bestimmten Teil eines Vorkommens zugeordnet werden müssen, und die daran anknüpfende Bedingung, dass die Abschreibung des *stripping activity asset* an der planmäßigen Nutzungsdauer dieses bestimmten Teils ausgerichtet werden muss, eröffnen große Ermessensspielräume für die Bilanzierer. Auch das offene Wahlrecht, welchem bestehenden Vermögenswert das *stripping activity asset* zugerechnet wird, kritisiert die Verfasserin aus Gründen eingeschränkter Vergleichbarkeit und Verständlichkeit zutreffend und ergänzt mehrere Vorschläge, um die Bilanzierung von Abraumkosten entscheidungsnützlicher zu gestalten.

Der Hauptteil der Arbeit wird im **fünften Kapitel** durch die Entwicklung eines umfassenden alternativen Bilanzierungsvorschlags für die gesamten *extractive activities* ergänzt, der unabhängig von der Zuordnung von Aktivitäten zu einzelnen Upstream-Phasen ist und in größtmöglichem Umfang auf bestehenden, branchenunspezifischen IFRS – hauptsächlich IAS 16, IAS 36 und IAS 38 – basiert. Dabei werden die zentralen Erkenntnisse und Kritikpunkte des vierten Kapitels als Ausgangspunkt genutzt. Viele der zuvor punktuell unterbreiteten Verbesserungsvorschläge werden ebenfalls aufgegriffen und zu einem konsistenten Bilanzierungsvorschlag verdichtet, der durch konkretisierende Anwendungsleitlinien ergänzt wird. Im Kern des Vorschlags stehen eine einheitliche Definition für Rohstoffreserven und die konsequente Beurteilung ihrer Wirtschaftlichkeit auf der Basis der Kriterien des IAS 38.57, wodurch vor allem der für einen Ansatz von Vermögen hinreichend sichere Nutzenzufluss phasenunabhängig und objektiviert bestimmt werden kann. Darüber hinaus werden u. a. die Ebene der Erfolgsbeurteilung und Ausgabenperiodisierung am Konzept der ZGE orientiert, eine differenzierte Einzelbetrachtung anfallender Ausgaben gewährleistet und die Gesamtleistungsmenge zur Berechnung der Leistungsabschreibung auf die nachgewiesenen Reserven festgelegt. Zwar wäre die Bilanzierung investiver Aktivitäten auch gemäß diesem Vorschlag von einigen Ermessensspielräumen gekennzeichnet, doch könnte seine Umsetzung doch zu einer bei weitem entscheidungsnützlicheren, vergleichbareren und weniger komplexen Bilanzierung beitragen.

Die Arbeit schließt mit dem **sechsten Kapitel**, in dem die wesentlichen Erkenntnisse der Arbeit überblicksartig zusammengefasst werden. Darüber hinaus gibt die Verfasserin einen kurzen Ausblick, inwiefern eine künftige Überarbeitung der derzeit in IFRS 6 und IFRIC 20 enthaltenen Bilanzierungsregelungen durch den IASB erwartet werden kann.

Insgesamt wird in der vorgelegten Arbeit durchweg stringent und differenziert argumentiert. Die Analyse ist dabei sehr breit angelegt und gründlich. Sie deckt zudem eine Vielzahl von technischen Details ab. Hier zeigt sich die Kompetenz der Verfasserin auch in den Abläufen der rohstofffördernden Industrie. Besonders hervorzuheben ist die konsequente Orientierung der Verfasserin an den einschlägigen Auslegungskriterien. Dabei gelingt es ihr sehr schön, die umfangreichen Regeln zunächst aufzuarbeiten und dann die kritische Würdigung mit ihren eigenen Verbesserungsvorschlägen stufenweise über die gesamte Arbeit vorzubereiten. Bereits in den vorderen Abschnitten finden sich die relevanten Kritikpunkte und einzelne Verbesserungsvorschläge, die dann im Verlauf der Arbeit konsistent zusammengeführt, ergänzt und arrondiert werden. Der auf dieser Basis entwickelte eigene Vorschlag einer umfassenden Bilanzierung der investiven Upstream-Aktivitäten rohstofffördernder Unternehmen orientiert sich dann so weit wie möglich (und stärker als es vorab zu vermuten gewesen wäre) auf der Basis der geltenden Standards. Gerade diese ausgesprochen gelungene Argumentationslinie dürfte stark zur Akzeptanz des gleichermaßen kreativen wie ausgewogenen Vorschlages beitragen.

Münster, im Oktober 2016 Prof. Dr. Hans-Jürgen Kirsch

Vorwort der Verfasserin

Die vorliegende Arbeit entstand während meiner Tätigkeit als wissenschaftliche Mitarbeiterin am Institut für Rechnungslegung und Wirtschaftsprüfung (IRW) der Westfälischen Wilhelms-Universität Münster unter der Leitung von Prof. Dr. Hans-Jürgen Kirsch. Sie wurde von der Wirtschaftswissenschaftlichen Fakultät in Münster im Juli 2016 als Dissertation angenommen.

An dieser Stelle möchte ich die Gelegenheit nutzen, mich bei all jenen zu bedanken, die mich bei der Anfertigung dieser Arbeit auf vielfältige Weise unterstützt haben. Mein ganz besonderer Dank gilt meinem hoch geschätzten akademischen Lehrer und Doktorvater, Herrn Prof. Dr. Hans-Jürgen Kirsch. Ihm danke ich für die Möglichkeit zur Promotion und zur Mitarbeit an verschiedensten Themen und Projekten. Vor allem aber danke ich ihm für seine ständige Bereitschaft zu konstruktiven Diskussionen und seine wertvollen fachlichen Hinweise. Weiterhin möchte ich mich bei Herrn Prof. Dr. Dr. h.c. Klaus Backhaus für die Übernahme des Zweitgutachtens sowie bei Frau Prof. Dr. Theresia Theurl für die Mitwirkung in der Promotionskommission bedanken. Darüber hinaus möchte ich dem Institut der Wirtschaftsprüfer in Deutschland e. V. (IDW), vor allem Herrn Prof. Dr. Klaus-Peter Naumann, für die großartige Unterstützung danken. Großer Dank gilt zudem Herrn Prof. Dr. Dr. h.c. Jörg Baetge für seine zahlreichen hilfreichen Anmerkungen in den gemeinsamen, institutsübergreifenden Doktorandenseminaren.

Ein besonderes Anliegen ist es mir, meinen (ehemaligen) Kollegen und Freunden am IRW und im Forschungsteam Baetge zu danken. Sie alle haben nicht nur dazu beigetragen, die Jahre am Institut zu einer einzigartigen und unvergesslichen Zeit zu machen. Auch während der Themenkonkretisierung und Anfertigung meiner Dissertation haben sie mich stets begleitet und unterstützt. Namentlich nennen möchte ich insbesondere Herrn Frederik Engelke, M.Sc., Herrn Dr. Nils Gimpel-Henning, Frau Dr. Ilka Lappenküper und Herrn Dipl.-Kfm. Stephen Weich und ihnen für ihren großen Einsatz danken. Dank ihrer Diskussionsbereitschaft, ihren kritischen Nachfragen sowie vieler hilfreicher Hinweise und Anregungen hat die Arbeit erheblich an Qualität gewonnen. Darüber hinaus danke ich den wissenschaftlichen Hilfkräften des IRW, die unermüdlich für frischen Literaturnachschub gesorgt haben.

Für die großartige und vielfältige Unterstützung von Familie und Freunden möchte ich mich ebenfalls von ganzem Herzen bedanken. Sie alle haben in den letzten Jahren für die nötige Abwechslung gesorgt, mir an schweren Tagen Mut zugesprochen und mit unerschütterlichem Optimismus meine Dissertationszeit begleitet. Der größte Dank gebührt indes meinen Eltern. Sie haben stets an mich geglaubt und mit ihrem bedingungslosen Vertrauen, immerwährenden Zuspruch und Rückhalt maßgeblich zum Gelingen dieser Arbeit beigetragen. Ihnen möchte ich diese Arbeit widmen.

Münster, im Oktober 2016

Ariane Kraft

Inhaltsübersicht

Inhaltsverzeichnis

Abbildungsverzeichnis

Abkürzungsverzeichnis

A

AAPG	American Association of Petroleum Geologists
AASB	Australian Accounting Standards Board
ADS	Adler/Düring/Schmaltz
a. F.	alte(r) Fassung
AHK	Anschaffungs- oder Herstellungskosten
ASB	Accounting Standards Board
Aufl.	Auflage
AusIMM	Australasian Institute of Mining and Metallurgy

B

BB	Betriebs-Berater (Zeitschrift)
BC	Basis for Conclusions; Bilanzbuchhalter und Controller (Zeitschrift)
Bd.	Band
BDO	Binder Dijker Otte & Co. (Wirtschaftsprüfungsgesellschaft)
Beck IFRS HB	Beck'sches IFRS-Handbuch
BFH	Bundesfinanzhof
BFuP	Betriebswirtschaftliche Forschung und Praxis (Zeitschrift)
bspw.	beispielsweise
BuW	Betrieb und Wirtschaft (Zeitschrift)
bzgl.	bezüglich
bzw.	beziehungsweise

C

ca.	circa
CAR	Netherlands Council for Annual Reporting
CF	Conceptual Framework for Financial Reporting
CIM	Canadian Institute of Mining, Metallurgy and Petroleum
CRIRSCO	Committee for Mineral Reserves International Reporting Standards
CSA	Canadian Securities Administrators

D

DB	Der Betrieb (Zeitschrift)
DBW	Die Betriebswirtschaft (Zeitschrift)
d. h.	das heißt
DP	Discussion Paper
DRSC	Deutsches Rechnungslegungs Standards Committee e. V.
DStR	Deutsches Steuerrecht (Zeitschrift)
DStZ	Deutsche Steuer-Zeitung (Zeitschrift)

E

E&E	*exploration and evaluation*; Exploration und Evaluierung
E&P	*exploration and production*
ED	Exposure Draft
EFRAG	European Financial Reporting Advisory Group
est.	estmate
et al.	et alii (und andere)
etc.	et cetera (und so weiter)
EU	Europäische Union
e. V.	eingetragener Verein
evtl.	eventuell
EY	Ernst & Young (Wirtschaftsprüfungsgesellschaft)

F

f.	folgende (Seite)
FASB	Financial Accounting Standards Board
FC	*full cost accounting*
FEE	Fédération des Experts Comptables Européens
ff.	folgende (Jahre)
FuE	Forschung und Entwicklung

G

GAAP	Generally Accepted Accounting Principles
gem.	gemäß
ggf.	gegebenenfalls
GoB	Grundsätze ordnungsmäßiger Buchführung
grds.	grundsätzlich
GuV	Gewinn- und Verlustrechnung

H

HGB	Handelsgesetzbuch
Hrsg.	Herausgeber
hrsg. v.	herausgegeben von

I

IAASB	International Auditing and Assurance Standards Board
IAS	International Accounting Standard(s)
IASB	International Accounting Standards Board
IASC	International Accounting Standards Committee
i. d. R.	in der Regel
IDW	Institut der Wirtschaftsprüfer in Deutschland e. V.
IDW PS	IDW Prüfungsstandard

IFRIC	International Financial Reporting Interpretations Committee
IFRS	International Financial Reporting Standard(s)
i. O.	im Original
IRZ	Zeitschrift für internationale Rechnungslegung (Zeitschrift)
i. S. d.	im Sinne der/des
i. S. v.	im Sinne von
i. V. m.	in Verbindung mit
IVSC	International Valuation Standards Council
iVW	immaterieller Vermögenswert

J

JORC	Joint Ore Reserves Committee

K

km	Kilometer
KoR	Zeitschrift für internationale und kapitalmarktorientierte Rechnungslegung (Zeitschrift)
KPMG	Klynveld, Peat, Marwick und Goerdeler (Wirtschaftsprüfungsgesellschaft)

L

LSCA	The London Society of Chartered Accountants

M

m	Meter
m. E.	meines Erachtens
Mio.	Millionen
MOG	*minerals or oil and gas property*
MüKo	Münchener Kommentar

N

NI	National Instrument
No.	Numero (Nummer)
NuR	Natur und Recht (Zeitschrift)

O

o. Ä.	oder Ähnlichem/-s
OIAC	Oil Industry Accounting Committee
o. V.	ohne Verfasser

P

PERC	Pan-European Reserves & Resources Reporting Committee
PiR	Praxis der internationalen Rechnungslegung (Zeitschrift)

PKF	Pannell Kerr Forster (Wirtschaftsprüfungsgesellschaft)
PRMS	Petroleum Resources Management System
PwC	PricewaterhouseCoopers (Wirtschaftsprüfungsgesellschaft)
R	
RFH	Reichsfinanzhof
RIC	Rechnungslegungs Interpretations Committee
Rn.	Randnummer(n)
S	
S.	Seite(n)
SAICA	The South African Institute of Chartered Accountants
SAMREC	South African Mineral Resource Committee
SE	*successful efforts accounting*
SEC	U.S. Securities and Exchange Commission
selbsterst.	selbsterstellte
SFAS	Statement of Financial Accounting Standards
sog.	sogenannte/-n/-s
SORP	Statement of Recommended Practice
SPE	Society of Petroleum Engineers
SPEE	Society of Petroleum Evaluation Engineers
ST	EXPERT FOCUS (ehemals: Der Schweizer Treuhänder, Zeitschrift)
StBp	Die steuerliche Betriebsprüfung (Zeitschrift)
StuB	Unternehmenssteuern und Bilanzen (ehemals: Steuer- und Bilanzpraxis, Zeitschrift)
StuW	Steuer und Wirtschaft (Zeitschrift)
T	
techn.	technische
U	
u. a.	und andere, unter anderem/-n
UN ECE	United Nations Economic Commission for Europe
UNFC-2009	United Nations Framework Classification for Fossil Energy and Mineral Reserves and Resources 2009
u. U.	unter Umständen
UK	United Kingdom of Great Britain and Northern Ireland
US	United States/Vereinigte Staaten
usw.	und so weiter

V

vfa	Verband Forschender Arzneimittelhersteller e. V.
vgl.	vergleiche
vs.	versus
VW	Vermögenswert

W

WiSt	Wirtschaftswissenschaftliches Studium (Zeitschrift)
WISU	Das Wirtschaftsstudium (Zeitschrift)
WPC	World Petroleum Council
WPg	Die Wirtschaftsprüfung (Zeitschrift)

Z

z. B.	zum Beispiel
ZfB	Zeitschrift für Betriebswirtschaft (Zeitschrift)
zfbf	Zeitschrift für betriebswirtschaftliche Forschung (Zeitschrift)
ZfCM	Zeitschrift für Controlling & Management (Zeitschrift)
ZGE	zahlungsmittelgenerierende Einheit
ZP	Zeitschrift für Planung und Unternehmenssteuerung (Zeitschrift)
z. T.	zum Teil

1 Problemstellung und Gang der Untersuchung

11 Problemstellung

„Die ganze Welt ist voll von Sachen, und es ist wirklich notwendig, daß jemand sie findet."[1]

Weltweit beherbergt die Erde große, aber begrenzte Mengen unterschiedlichster nicht-regenerativer natürlicher Rohstoffe, die teils bereits bekannt sind, z. T. aber bis heute unentdeckt im Verborgenen liegen.[2] So verschieden diese Bodenschätze sind, so verschieden können auch ihre Verwendungsmöglichkeiten sein, werden sie doch u. a. als Baustoffe, Energieträger, in der Metall- sowie in zahlreichen weiteren Industrien genutzt.[3] Beispielsweise liefern Öl und Gas dringend benötigte Energie und zählen damit zugleich zu den wichtigsten Treibern der Industrialisierung und Globalisierung. Metalle werden in sämtlichen Lebensbereichen eingesetzt – sei es z. B. als Stahlträger, im Maschinenbau, als Drähte oder einfach als Schmuck. Neueste Computer- und Kommunikationstechnik verwendet Hightech-Metalle und Seltene Erden.[4]

Die heutige Zivilisation ist abhängig von einer stetigen Verfügbarkeit an Rohstoffen. Entsprechend diesem hohen Bedarf wird weltweit Bergbau in bekannten Gebieten betrieben und zugleich intensiv nach immer neuen Bodenschatzvorkommen und Fördermöglichkeiten geforscht.[5] Dabei wurde Bergbau nicht erst für die moderne Gesellschaft bedeutsam. Vielmehr ist Bergbau die älteste der sog. Urproduktionen, betreibt die Menschheit ihn gar schon länger als Landwirtschaft.[6] Viele der Rohstoffe sind von großem Wert, sodass sich die teure und aufwendige Suche nach ihnen lohnt. Deshalb stellen Bodenschätze einen **wichtigen Wirtschaftsfaktor** dar.[7] Besonders für rohstoffreiche Länder können natürliche Ressourcen mitunter einen sehr großen Teil am Bruttoinlandsprodukt ausmachen, wohingegen rohstoffärmere Länder von Importen abhängig sind.[8]

---

1 LINDGREN, A., Langstrumpf, S. 24.

2 So erregte der CLUB OF ROME im Jahr 1972 großes Aufsehen mit seinem Bericht über „Die Grenzen des Wachstums", der eine bedrohlich schnell nahende Erschöpfung wichtiger Bodenschatzvorräte prognostizierte (vgl. MEADOWS, D. H. ET AL., The limits to growth). Auch wenn diese Einschätzungen bis zum heutigen Tage glücklicherweise deutlich entschärft werden konnten, stehen doch nicht unbegrenzt Rohstoffe zur Verfügung. Vgl. DUNEKA, D./DRÖSSER, C., Die Enden sind nah; SONNEMANN, T., Grenzen des Wachstums?, S. 97-104; UEKÖTTER, F., Simulierter Untergang, S. 1; FEESS, E./SEELIGER, A., Umweltökonomie, S. 329.

3 Vgl. POHL, W. L., Mineralische und Energie-Rohstoffe, S. 5 und 375; NEUKIRCHEN, F./RIES, G., Die Welt der Rohstoffe, S. 277-279; HESEMANN, J. ET AL., Vademecum 1, S. 22-28; LOHMANN, D./PODBREGAR, N., Bodenschätze, S. 81.

4 Vgl. YERGIN, D., The Prize, S. xiv f.; NEUKIRCHEN, F./RIES, G., Die Welt der Rohstoffe, S. 1.

5 Vgl. LOHMANN, D./PODBREGAR, N., Bodenschätze, S. 3; GOCHT, W., Wirtschaftsgeologie und Rohstoffpolitik, S. 1 f.

6 Vgl. EVANS, A. M., Economic Geology, S. 3.

7 Vgl. TAYLOR, G. ET AL., Determinants of reserves disclosure, S. 373.

8 Vgl. O. V., Anteil natürlicher Ressourcen am BIP; GOCHT, W., Wirtschaftsgeologie und Rohstoffpolitik, S. 3 und 6.

Bodenschätze lagern in der Erdkruste, sie zu heben ist mit hohem Aufwand verbunden und nur mit speziellen Techniken zu bewältigen. Davor steht außerdem ein langwieriger und kapitalintensiver Prozess, mit dem die Rohstoffe zunächst ausfindig gemacht sowie anschließend in technischer und wirtschaftlicher Hinsicht beurteilt werden müssen, da nur ökonomisch lohnenswerte Fördervorhaben tatsächlich umgesetzt und Lagerstätten erschlossen werden.[9] All jene Aktivitäten vom Beginn der Suche nach Rohstoffen bis zum verkaufsfähigen Rohprodukt werden unter den Begriff **Upstream-Geschäft** gefasst. Dieses wird industrieseitig in mehrere **Phasen** unterteilt:[10] Mit der Prospektionsphase beginnt die grobe Suche nach möglichen Gebieten, in denen fossile oder mineralische Rohstoffe lagern könnten.[11] Während der Explorationsphase wird ein konkret identifiziertes Gebiet erforscht und in der anschließenden Evaluierungsphase werden Qualität und Quantität entdeckter Vorkommen sowie deren technische und wirtschaftliche Gewinnbarkeit beurteilt. In der Erschließungsphase wird die notwendige Infrastruktur geschaffen und die Förderstätte eingerichtet, bevor während der Produktionsphase die Rohstoffe gewonnen werden.

Bodenschätze, die aufgrund vertraglicher Rechte in der Verfügungsmacht eines Unternehmens liegen, stellen zwar dessen wichtigste wirtschaftliche Erfolgsfaktoren dar.[12] Zugleich aber werden die noch in der Erde lagernden Bodenschätze nicht als Vermögen bilanziert, sondern erst die zu Tage geförderten Rohstoffe.[13] Trotzdem muss über die noch ungeförderten Bodenschätze berichtet werden, schließlich signalisieren sie Ertragspotenzial für die Zukunft.[14] Jedoch zeichnen zahlreiche besondere und **umfangreiche Risiken** mitverantwortlich, dass der Erfolg von Rohstoffprojekten über lange Zeitspannen nicht oder nur sehr vage absehbar ist. Im Zeitverlauf und mit dem Phasenfortschritt nehmen diese Unsicherheiten ab, da kontinuierlich neue Erkenntnisse gewonnen werden, die die Einschätzungen hinsichtlich Qualität, Quantität und Bauwürdigkeit der Rohstoffe verfeinern. Die hohen Unsicherheiten und weiteren Besonderheiten im Upstream-Geschäft gilt es dabei in der **Rechnungslegung** angemessen zu berücksichtigen.[15]

Die aktuelle Regelungslage der IFRS sieht **besondere Branchenvorschriften** für *extractive activities* vor, die allerdings jeweils nur in bestimmten Upstream-Phasen angewendet werden. Die Bilan-

---

9 Vgl. FETTWEIS, G. B., Produktionsfaktor Lagerstätte, S. 1; GOCHT, W., Wirtschaftsgeologie und Rohstoffpolitik, S. 77. Allerdings sind Erträge aus der Rohstoffgewinnung und -veräußerung nicht mit den Kosten korreliert, die zu deren Aufsuchung und Förderung angefallen sind, vgl. NAGGAR, A., Oil and Gas Accounting, S. 72.

10 Vgl. GOCHT, W., Wirtschaftsgeologie und Rohstoffpolitik, S. 77.

11 Vgl. FETTWEIS, G. B., Produktionsfaktor Lagerstätte, S. 1.

12 Vgl. TAYLOR, G. ET AL., Determinants of reserves disclosure, S. 374.

13 Vgl. LÜDENBACH, N./HOFFMANN, W.-D./FREIBERG, J., in: Haufe IFRS-Kommentar, 13. Aufl., § 42, Rn. 9; DEHMEL, I., Definitions- und Ansatzkriterien, S. 1771.

14 Vgl. NAGGAR, A., Oil and Gas Accounting, S. 72.

15 So bezeichnet CONNOR die Auswirkungen der hohen Schätzunsicherheiten auf die Bilanzierung von *extractive activities* als „real dilemma", vgl. CONNOR, J. E., Reserve Recognition Accounting, S. 92. Denn grds. können nur solche Informationen als wertvoll und nutzenstiftend befunden werden, die glaubwürdig sind. Dazu gehört auch, dass Gestaltungsmöglichkeiten reduziert und die Informationen dadurch objektiviert werden, vgl. SCHRUFF, W., IFRS-Rechnungslegung im Spannungsfeld, S. 857.

zierung investiver Explorations- und Evaluierungs- (*E&E*[16]-)Aktivitäten bereitet besondere Schwierigkeiten, bestehen doch einerseits in diesem frühen Stadium noch die höchsten Unsicherheiten bzgl. einer erfolgreichen Rohstoffentdeckung und -förderung und andererseits weltweit sehr unterschiedliche Bilanzierungsmodelle für diese Aktivitäten. Jene Modelle schwanken von einer vollständig aufwandswirksamen Erfassung jeglicher *E&E*-Ausgaben bis hin zu nahezu vollständiger Aktivierung dieser Ausgaben.[17] Im Jahr 2004 wurde **IFRS 6** herausgegeben, der fortan einen Rahmen für die Erfassung von Sachverhalten aus *E&E* vorgeben soll, um die Diversität der zuvor üblichen Bilanzierungspraktiken zu mindern, begrenzte Verbesserungen zu erreichen sowie relevante und glaubwürdige Informationen zu vermitteln. Allerdings stellt IFRS 6 nur eine Interimslösung dar, verfolgt der IASB[18] doch langfristig das Ziel, einen Standard für die gesamte *Extractive-Activities*-Thematik zu entwickeln. Aus diesem Grund wurde das DP/2010/1 veröffentlicht, das einen von IFRS 6 abweichenden, umfangreicheren Bilanzierungsvorschlag enthält. Doch wurde das Vorhaben anschließend nicht weiter verfolgt und IFRS 6 bis heute nicht überarbeitet. Mit **IFRIC 20** folgten allerdings im Jahr 2011 zusätzliche Regelungen zur bilanziellen Behandlung von Abraumbeseitigungskosten während der Produktionsphase, die ebenfalls zuvor sehr unterschiedlich bilanziert wurden. Ziel dieser Veröffentlichung war, die Erfassung jener Kosten zu vereinheitlichen und vergleichbarer zu machen. Die übrigen investiven Aktivitäten des Upstream-Geschäfts werden von keiner Sonderregelung erfasst und sind darum anhand der allgemeinen IFRS zu bilanzieren.

In dieser Arbeit werden die aktuellen Regelungen zur **Bilanzierung von *extractive activities* vorgestellt, konkretisiert und beurteilt**. Die konzeptionelle Grundlage dafür bilden das übergeordnete Ziel der entscheidungsnützlichen Berichterstattung und die qualitativen Anforderungen, wie sie im Conceptual Framework festgelegt sind. Anhand dieses Rahmens gilt es zu analysieren, inwieweit die vermittelten Informationen bzgl. investiver Upstream-Aktivitäten entscheidungsnützlich sind. Außerdem soll einerseits beurteilt werden, ob die von IFRS 6 und IFRIC 20 ausgegebenen standardspezifischen Bilanzierungsziele erreicht wurden, und andererseits speziell für die kritische *E&E*-Phase die aktuellen Regelungen mit dem Vorschlag aus dem DP/2010/1 verglichen werden, um die vorzugwürdigere Alternative zu bestimmen.

12 Gang der Untersuchung

Den einleitenden Ausführungen folgen insgesamt fünf weitere Kapitel, in die sich die Arbeit gliedert. Den Gang der Untersuchung veranschaulicht Abbildung 1-1 mit den wesentlichen Stichworten. Im **zweiten Kapitel** wird zur Vorbereitung der Untersuchung das Betrachtungsobjekt der Arbeit konkretisiert und abgegrenzt. Zu diesem Zweck werden zunächst nicht-regenerative natürliche Rohstoffe gemäß ihrer charakteristischen Merkmale definiert und die Besonderheiten ihrer Suche, Erforschung und Förderung – dem sog. Upstream-Geschäft – erläutert. Upstream-Geschäfte lassen sich in mehrere Phasen gliedern, anhand derer der Projektfortschritt abgebildet wird. Außerdem

---

16 Exploration und Evaluierung werden in Literatur wie Praxis häufig als eine gemeinsame Phase betrachtet und üblich mit „*E&E*" abgekürzt. Diese Kurzbezeichnung soll auch für die vorliegende Arbeit übernommen werden.

17 Vgl. BRYANT, L., Relative Value Relevance, S. 8; FLEMING, C., Extracting accounting sense, S. 79.

18 Die Begriffe IASB und Board werden in dieser Arbeit synonym verwendet.

werden die verschiedenen Bergbautechniken und die wichtigsten rechtlichen Voraussetzungen sowie die Klassifizierung von Rohstoffen anhand ihrer technischen und wirtschaftlichen Förderbarkeit erläutert, um ein grundlegendes Verständnis für die Thematik zu schaffen.

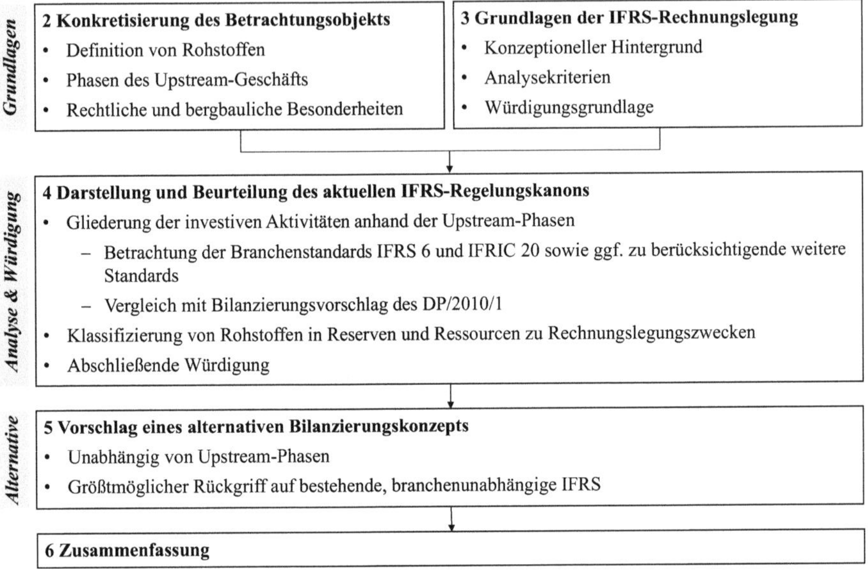

Abbildung 1-1: Gang der Untersuchung

Für die Konkretisierung, Analyse und Beurteilung der Güte der Bilanzierung investiver Upstream-Aktivitäten bilden das im Conceptual Framework verankerte Ziel und die qualitativen Anforderungen sowie die allgemeinen Ansatz- und Bewertungskonzeptionen der IFRS-Rechnungslegung den Rahmen. Dieser wird im **dritten Kapitel** erläutert und soll als konzeptionelle Grundlage der folgenden Untersuchung dienen.

Im **vierten Kapitel** wird der gesamte IFRS-Regelungskanon, der auf die verschiedenen Sachverhalte der *extractive activities* anzuwenden ist, betrachtet, analysiert und gewürdigt. Die Regelungen sind indes branchen- und sachverhaltsspezifisch für jeweils einzelne Upstream-Phasen verstreut. Einschlägig sind die folgenden Standards und weiteren IASB-Veröffentlichungen:

- Nach **IFRS 6** sind sämtliche Aktivitäten der Exploration und Evaluierung mineralischer Ressourcen zu bilanzieren.
- Das **DP/2010/1** umfasst den Vorschlag eines alle Upstream-Phasen einschließenden Bilanzierungskonzepts. Im Kern betreffen die vorgeschlagenen Neuerungen jedoch hauptsächlich *E&E*-Aktivitäten, sodass sich das gesamte Konzept anhand der *E&E*-Phase vollständig erläutern und diskutieren lässt.

- Speziell für die Beseitigung von Abraum während der Produktionsphase gelten die Vorschriften der **IFRIC 20**.
- Aktivitäten der Prospektions- und Erschließungsphase sowie nicht-abraumbezogene Sachverhalte während der Produktionsphase werden überwiegend nach **IAS 16** und **IAS 38** bilanziert, für Wertminderungsfragen ist zudem **IAS 36** heranzuziehen.

In der vorliegenden Arbeit werden die Ausführungen zu den einzelnen Upstream-Phasen **chronologisch** in den Abschnitten 42-46 angeordnet. Für jede der Phasen werden die jeweils einschlägigen Sachverhalte und Bilanzierungsvorschriften zunächst identifiziert und in ihren Grundzügen vorgestellt. Außerdem werden die Regelungen ggf. hinsichtlich der spezifischen Besonderheiten der *Extractive-Activities*-Themen näher konkretisiert, analytisch betrachtet sowie beurteilt.

Die **Schwerpunkte** des vierten Kapitels liegen vor allem auf drei Aspekten: der Bilanzierung von *E&E*-Ausgaben, wobei hierfür nicht nur der aktuell anzuwendende IFRS 6 betrachtet, sondern das Konzept aus DP/2010/1 diesem vergleichend gegenübergestellt wird (Abschnitt 44), der planmäßigen Abschreibung von Vermögenswerten nach Maßgabe der produzierten Rohstoffe (Abschnitt 463.) und der Beseitigung von Abraum während der Produktionsphase (Abschnitt 464.). Das vierte Kapitel endet mit einer abschließenden Würdigung.

Aufbauend auf den Erkenntnissen der Untersuchung im vorangegangenen Kapitel wird im **fünften Kapitel** ein alternatives Bilanzierungskonzept entwickelt, das einzelne Vorschläge der zuvor geführten Diskussion aufgreift und diese im Gesamtkontext neu anordnet und priorisiert, sodass eine phasenunabhängige Bilanzierung investiver Upstream-Aktivitäten ermöglicht wird. Dieses Konzept soll in größtmöglichem Umfang auf bestehende allgemeine IFRS zurückgreifen und ergänzende branchenspezifische Anwendungshilfen bereitstellen, wodurch eine entscheidungsnützliche und vergleichbare Abbildung der *extractive activities* gewährleistet werden soll.

Die Arbeit schließt im **sechsten Kapitel** mit einer Zusammenfassung, die die zentralen Erkenntnisse der Arbeit überblicksartig wiedergibt, sowie einem kurzen Ausblick zu denkbaren künftigen Entwicklungen im Hinblick auf die Bilanzierung von *extractive activities*.

2 Charakterisierung von Rohstoffen und Besonderheiten bei ihrer Erforschung und Förderung

21 Nicht-regenerative natürliche Rohstoffe als Betrachtungsobjekt

Vor der Förderung von nicht-regenerativen natürlichen Rohstoffen müssen deren Lagerstätten aufgesucht, beurteilt und erschlossen werden. Alle Tätigkeiten, die hiermit in Zusammenhang stehen, werden unter dem Begriff **Bergbau** zusammengefasst.[19] Bergmännisch gewinnbare nicht-regenerative Rohstoffe sind lokale Anreicherungen bestimmter Elemente, die im System der Erde gebildet wurden und innerhalb der Erdkruste lagern.[20]

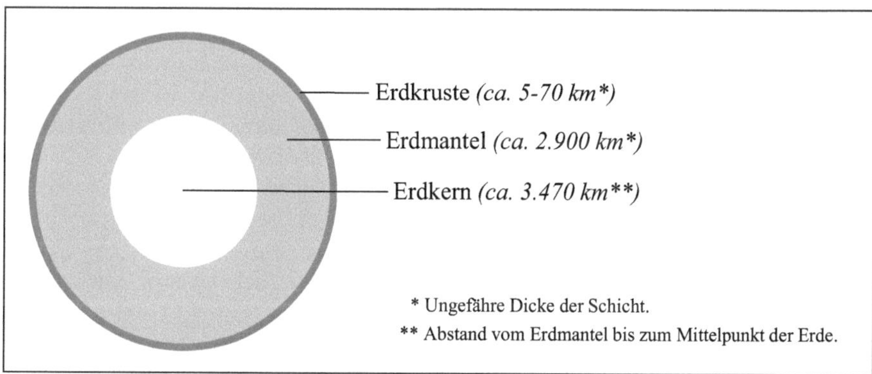

Abbildung 2-1: Schematische Darstellung des Aufbaus der Erde[21]

Für **nicht-regenerative Rohstoffe** bestehen weder international einheitliche Definitionen, noch einheitliche Klassifizierungen.[22] Dennoch hat sich ein grober Konsens hinsichtlich der Begriffsbestimmung und Einteilung herausgebildet, der im Folgenden erläutert wird. Nicht-regenerative Rohstoffe sind Naturprodukte, die aus der Erde gewonnen werden können, danach allerdings nicht – in für menschliche Maßstäbe absehbaren Zeiträumen – reproduziert werden.[23] Davon abzugrenzen sind sowohl die regenerativen natürlichen Rohstoffe als auch durch Recycling zurückgewonnene nicht-regenerative Elemente.[24] Rohstoffe sind feste, flüssige oder gasförmige Minerale und Mineralgemische. Viele Rohstoffe kommen in der Natur nicht in Reinform, sondern in Verbindungen vor

---

19 Vgl. REUTHER, E.-U., Einführung in den Bergbau, S. 10.

20 Vgl. REUTHER, E.-U., Einführung in den Bergbau, S. 9; NEUKIRCHEN, F./RIES, G., Die Welt der Rohstoffe, S. 41.

21 Zu den Kilometerangaben vgl. NEUKIRCHEN, F./RIES, G., Die Welt der Rohstoffe, S. 44.

22 Vgl. GOCHT, W., Wirtschaftsgeologie und Rohstoffpolitik, S. 13.

23 Vgl. GOCHT, W., Wirtschaftsgeologie und Rohstoffpolitik, S. 13.

24 Durch Recycling gewonnene Rohstoffe werden als sekundäre Rohstoffe bezeichnet, vgl. NEUKIRCHEN, F./RIES, G., Die Welt der Rohstoffe, S. 39.

und müssen voneinander getrennt werden.[25] Einige Elemente werden sogar ausschließlich als Nebenprodukte beim Bergbau auf andere Rohstoffe mitgefördert.[26]

Rohstoffe lassen sich ferner in die **Gruppen** Energierohstoffe, metallische Rohstoffe, Baurohstoffe und Industrieminerale unterteilen.[27] Zu den **Energierohstoffen** bzw. fossilen Energieträgern zählen z. B. Kohle, Erdöl und Erdgas.[28] Sie bestehen aus zu anderen Verbindungen (meist Kohlenwasserstoffen) umgewandelter Biomasse, die die Energie von Lebewesen vergangener Zeiten gespeichert hält.[29] Konventionelle Energierohstoffe sind solche, die mit verhältnismäßig einfachen Tätigkeiten wie anbohren oder abgraben gewonnen werden können. Schwer gewinnbare Vorkommen wie etwa Schiefergas oder Teersande werden hingegen als unkonventionell bezeichnet.[30] **Metallhaltige** Gesteine oder Mineralgemenge werden **Erze** genannt, sofern die Gewinnung von Metallen oder Metallverbindungen daraus technisch möglich und wirtschaftlich interessant ist.[31] Unter **Baurohstoffe** können die nutzbaren Fest- und Lockergesteine wie Sande, Kiese, Steine und Erden subsumiert werden.[32] **Industrieminerale** können nicht völlig überschneidungsfrei zu den anderen Rohstoffkategorien abgegrenzt werden. Indes sind sie keine Energieträger und werden i. d. R. auch weder zu Metallen verarbeitet noch als Baurohstoffe eingesetzt, sondern finden vielfältige andere Nutzungsmöglichkeiten wie bspw. als Schmier- oder Schleifstoffe, Isolier- oder Düngemittel, in der Keramik-, Chemie-, Farben- oder Textilindustrie.[33]

Wenn in einem räumlich abgegrenzten Gebiet eine überdurchschnittliche natürliche Anreicherung von Mineralen und Gesteinen nachgewiesen wird, deren Gewinnung technisch machbar ist, wird dies zunächst als **Vorkommen** bezeichnet.[34] Sofern diese Rohstoffe auch aus wirtschaftlicher Sicht gefördert und an einem Markt veräußert werden können, gelten sie als bauwürdig und ihr Fundort damit als **Lagerstätte**.[35] Dabei kann die Entstehung solcher Lagerstätten sehr unterschiedliche Ursachen haben, und ihre Ausgestaltung ist extrem heterogen.[36] Jede Lagerstätte zeichnet sich durch

---

25 Die insgesamt 17 verschiedenen Elemente der Seltenen Erden kommen z. B. stets als Rohstoffmix vor, niemals in Reinform. Vgl. LOHMANN, D./PODBREGAR, N., Bodenschätze, S. 8.

26 Vgl. NEUKIRCHEN, F./RIES, G., Die Welt der Rohstoffe, S. 3 und 12.

27 Vgl. LOHMANN, D./PODBREGAR, N., Bodenschätze, S. 2; GOCHT, W., Wirtschaftsgeologie und Rohstoffpolitik, S. 13; FETTWEIS, G. B., Produktionsfaktor Lagerstätte, S. 8 f.

28 Vgl. POHL, W. L., Mineralische und Energie-Rohstoffe, S. 375.

29 Vgl. NEUKIRCHEN, F./RIES, G., Die Welt der Rohstoffe, S. 277.

30 Vgl. LOHMANN, D./PODBREGAR, N., Bodenschätze, S. 81; NEUKIRCHEN, F./RIES, G., Die Welt der Rohstoffe, S. 279.

31 Vgl. HESEMANN, J. ET AL., Vademecum 1, S. 22 f.; POHL, W. L., Mineralische und Energie-Rohstoffe, S. 5.

32 Vgl. HESEMANN, J. ET AL., Vademecum 1, S. 28.

33 Vgl. HESEMANN, J. ET AL., Vademecum 1, S. 24.

34 Vgl. GOCHT, W., Wirtschaftsgeologie und Rohstoffpolitik, S. 13 f.; POHL, W. L., Mineralische und Energie-Rohstoffe, S. 1; FETTWEIS, G. B., Weltkohlenvorräte, S. 24.

35 Vgl. REUTHER, E.-U., Einführung in den Bergbau, S. 145; GOCHT, W., Wirtschaftsgeologie und Rohstoffpolitik, S. 14. Zum Teil werden die Begriffe Lagerstätte und nutzbares Vorkommen auch synonym verwendet, vgl. FETTWEIS, G. B., Weltkohlenvorräte, S. 24.

36 Vgl. NEUKIRCHEN, F./RIES, G., Die Welt der Rohstoffe, S. 2. Generell zeichnet eine dynamische Interaktion im Erdinneren – also in Erdkern, -mantel und -kruste – in Kombination mit Hydro-, Bio- und Atmosphäre für die Ansammlung von Rohstoffen in einer Lagerstätte verantwortlich. So lassen sich Lagerstätten in magmatische, hydrothermale und durch Sedimentierung und Verwitterung entstandene unterscheiden, wobei auch hier die

eigene, für sie charakteristische Merkmale wie etwa beinhaltete Rohstoffzusammensetzung, geographische Lage, Ausdehnung, Ausbildung, Deckgebirge, Nebengestein und geologische Störungen aus.[37] Diese Individualität der Lagerstätten wirkt sich auf deren Erkundung, Beurteilung und Ausbeutung aus.[38]

22 Überblick zu Fördertechniken im Rahmen der Rohstoffförderung

221. Vorbemerkungen

Die Entscheidung, mit welcher Fördertechnik eine Lagerstätte erschlossen und die darin befindlichen Rohstoffe ausgebeutet werden sollen, hängt im Wesentlichen von der zuvor beschriebenen Individualität – vor allem der geographischen Lage und der technischen Zugänglichkeit – ab, darüber hinaus spielen Wirtschaftlichkeitsüberlegungen eine Rolle. **Bergbau** lässt sich in verschiedene **Arten** unterscheiden: Tagebau, Bergbau unter Tage, Bohrlochsbergbau (*onshore* und *offshore*), Meeresbergbau und artisanaler Bergbau.[39] Diese Fördertechniken werden in diesem Abschnitt 22, mit Ausnahme der letztgenannten, kurz vorgestellt. Artisanaler Bergbau erfolgt fast ausschließlich in einfacher Handarbeit, Technik und Maschinen kommen kaum zum Einsatz.[40] Da dieser Kleinbergbau wohl von keinem nach IFRS rechnungslegenden Unternehmen betrieben werden dürfte, wird er von der weiteren Betrachtung in dieser Arbeit ausgeschlossen.

222. Tagebau

Rohstoffe werden bevorzugt im Tagebau gewonnen, wenn die Lagerstätte frei zugänglich **an der Erdoberfläche** liegt oder das darüber liegende **Deckgebirge technisch und wirtschaftlich abgeräumt** werden kann.[41] Je näher die Rohstoffe an der Oberfläche liegen, desto kostengünstiger und effektiver ist die Tagebautechnik.[42] Dabei werden die Rohstoffe entweder mit Baggern wie z. B. Schaufelrad- oder Eimerkettenbaggern abgegraben oder bei festerem Gestein gesprengt. Mittels Förderbandsystemen oder Muldenkippern werden Abraum und Rohstoffe – getrennt voneinander – abtransportiert.[43] Im Tagebau entstehen mitunter tiefe Erdlöcher riesigen Ausmaßes. Abraum aus dem Tagebau wird entweder als Halde aufgeschüttet oder, was bei größeren bzw. großflächigeren

Übergänge fließend sind und damit die Abgrenzung sehr schematisch ist. Vgl. zu den verschiedenen Arten von Lagerstätten NEUKIRCHEN, F./RIES, G., Die Welt der Rohstoffe, S. 2, 79 und 143-145, sowie ausführlich zu deren Bildung POHL, W. L., Mineralische und Energie-Rohstoffe, S. 7-119.

37 Vgl. REUTHER, E.-U., Einführung in den Bergbau, S. 19.

38 Vgl. hierzu schon AGRICOLA, G., Vom Berg- und Hüttenwesen, S. 34-59.

39 Vgl. REUTHER, E.-U., Einführung in den Bergbau, S. 10.

40 Vgl. LOHMANN, D./PODBREGAR, N., Bodenschätze, S. 22. Auf diese Weise werden bspw. Coltan, Gold, Silber, Wolfram und Kobalt im Kongo abgebaut.

41 Vgl. REUTHER, E.-U., Einführung in den Bergbau, S. 10 und 14.

42 Vgl. FETTWEIS, G. B., Weltkohlenvorräte, S. 66; NEUKIRCHEN, F./RIES, G., Die Welt der Rohstoffe, S. 25.

43 Vgl. NEUKIRCHEN, F./RIES, G., Die Welt der Rohstoffe, S. 25.

Bauen die Regel ist, direkt wieder zur Verfüllung auf einer Seite des Tagebaus, der sog. Kippe, genutzt, während auf der anderen Seite der Abbau weiter vorangetrieben wird.[44]

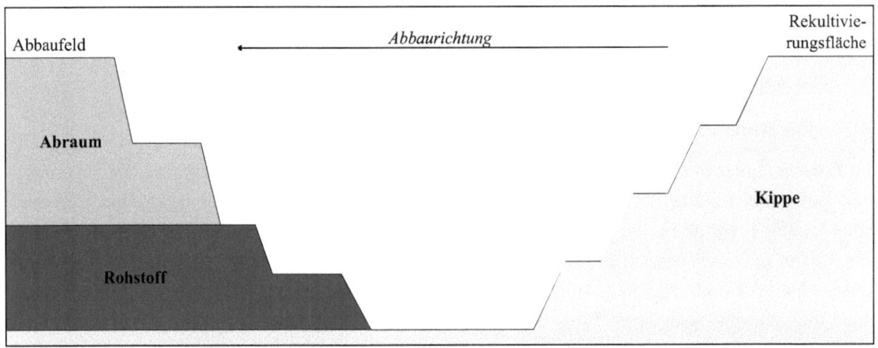

Abbildung 2-2: Aufbau eines Tagebaus[45]

Eine Strukturierung des Tagebaus in Terrassen sorgt für Stabilität der Hänge, wodurch verschiedene Arbeitsschritte auf mehreren Ebenen gleichzeitig stattfinden können.[46] Regelmäßig müssen Tagebaue zunächst entwässert werden, um auf trockenem Grund zu arbeiten und dem Tagebau mehr Standfestigkeit zu verleihen. Entwässerung erfolgt daher i. d. R. durch Abpumpen und Senkung des Grundwasserspiegels unter die Tagebausohle.[47] Trotz fortschrittlichster Bergtechnik kann ein **Tagebau nicht bis in unbegrenzte Teufen** fortgeführt werden, da neben technischen Schwierigkeiten auch immer höhere Kosten entstehen.[48]

223. Bergbau unter Tage

Ist das Deckgebirge über einer Lagerstätte zu mächtig oder kompliziert, um dessen Abräumung sinnvoll zu gestalten, so wird Bergbau unter Tage[49] betrieben, der **bei sehr großer Teufe** wirtschaftlicher ist als Tagebau und für den oftmals keine technisch durchführbare Alternative besteht.[50] Auch bei im Tagebau ausgebeuteten Lagerstätten, die unter dem tiefsten erreichbaren Punkt dieses Baus noch weiterreichen, wird die Rohstoffgewinnung teilweise im Tiefbau fortgesetzt.[51] Unterschieden wird grds. in Stollen- und Schachtbergbau, wie in Abbildung 2-3 dargestellt.

---

44 Vgl. ausführlich NIEMANN-DELIUS, C./STOLL, R. D., Kontinuierliche Tagebautechnik, S. 57-68. Für eine schematische Darstellung solch eines Tagebaus vgl. Abbildung 2-2.

45 Bezeichnungen in Anlehnung an NIEMANN-DELIUS, C./STOLL, R. D., Kontinuierliche Tagebautechnik, S. 64 f.

46 Vgl. NEUKIRCHEN, F./RIES, G., Die Welt der Rohstoffe, S. 25.

47 Vgl. REUTHER, E.-U., Einführung in den Bergbau, S. 63.

48 Vgl. FETTWEIS, G. B., Weltkohlenvorräte, S. 66; REUTHER, E.-U., Einführung in den Bergbau, S. 13.

49 Bergbau unter Tage wird auch als Untertagebau oder Tiefbau bezeichnet.

50 Vgl. REUTHER, E.-U., Einführung in den Bergbau, S. 14; FETTWEIS, G. B., Weltkohlenvorräte, S. 66.

51 Vgl. NEUKIRCHEN, F./RIES, G., Die Welt der Rohstoffe, S. 26.

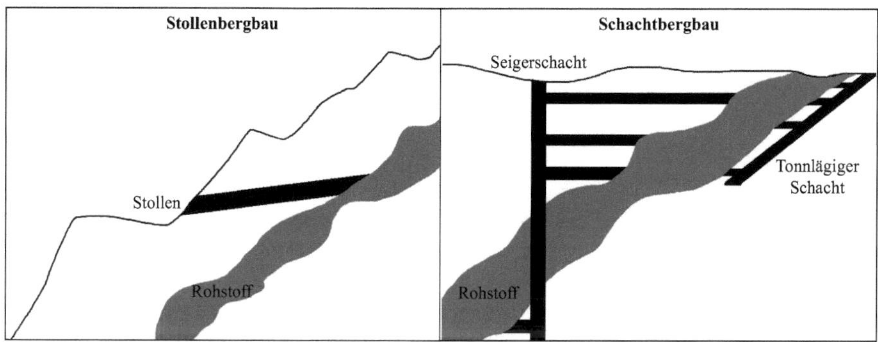

Abbildung 2-3: Stollen- und Schachtbergbau (Bergbau unter Tage)[52]

Stollenbergbau ist die älteste Form bergmännischer Tätigkeit. Dabei wird in hügeligem oder bergigem Gelände ein Stollen in einen Hang hineingetrieben, der schräg nach oben ansteigt bis er die Lagerstätte trifft, die von dort ausgehend ausgebeutet wird.[53] Durch diese Bauweise wird die Lagerstätte, falls nötig, automatisch entwässert, da Wasser von allein abfließen kann, und auch der Abtransport der geförderten Materialien wird so erleichtert.[54] In ebenem Gelände sowie unterhalb einer Talsohle ist Stollenbergbau jedoch nicht möglich. Liegen nutzbare Rohstoffvorkommen in solchen Gebieten unter mächtigem Deckgebirge oder sind sie unregelmäßig und dünn ausgebildet, wird die Technik des **Schachtbergbaus** eingesetzt.[55] Dabei werden nach unten geneigte Strecken (tonnlägiger Schacht) oder gerade in den Boden abgeteufte Schächte (Seigerschacht) gebaut, um einen Zugang zu den Rohstoffen zu schaffen.[56] Vom Hauptschacht gehen häufig viele kleinere Gänge ab. Dadurch kann auf mehreren Ebenen parallel gefördert werden, und gleichzeitig mit dem Abbau in einigen Teilen der Lagerstätte können schon vorbereitende Tätigkeiten an anderen Stellen für die weitere Förderung und sogar noch Erkundungsarbeiten in bislang unerforschten Gebieten vorgenommen werden. Der Abbau der Rohstoffe erfolgt grds. in Kammern, wobei diese je nach Beschaffenheit der Lagerstätte unterschiedlich ausgestaltet werden können.[57]

224. Bohrlochsbergbau

Bohrlochsbergbau eignet sich für Rohstoffe in flüssigem oder gasförmigem Zustand, sodass **hauptsächlich Erdöl und Erdgas** mit dieser Technik gewonnen werden.[58] In deren Lagerstätten herrscht **hoher Druck**, der sich u. a. durch die Last des über ihnen liegenden undurchlässigen Deckgebirges

---

52 Stollenbergbau in eigener Darstellung, Schachtbergbau skizziert in Anlehnung an REUTHER, E.-U., Einführung in den Bergbau, S. 16.
53 Vgl. REUTHER, E.-U., Einführung in den Bergbau, S. 15.
54 Vgl. REUTHER, E.-U., Einführung in den Bergbau, S. 16.
55 Vgl. REUTHER, E.-U., Einführung in den Bergbau, S. 15.
56 Vgl. REUTHER, E.-U., Einführung in den Bergbau, S. 16.
57 Vgl. ausführlicher NEUKIRCHEN, F./RIES, G., Die Welt der Rohstoffe, S. 26-28. Auch beim Schachtbergbau kann eine Entwässerung im Bergwerk notwendig sein.
58 Vgl. REUTHER, E.-U., Einführung in den Bergbau, S. 18.

bildet. Werden diese Lagerstätten angebohrt, strömen die Rohstoffe dadurch (zunächst) von allein durch das Bohrloch an die Erdoberfläche.[59] Verschiedene Bohrtechniken kommen beim Bohrlochsbergbau zum Einsatz, wobei in Lagerstätten an Land (*onshore*) und unter dem Meeresboden (*offshore*) unterschieden wird.

Für ***Onshore*-Bohrungen** werden regelmäßig Schlag- oder Rotary-Bohrer verwendet, die von einem Bohrturm in die Erde getrieben werden.[60] Mit heutiger Bohrtechnik ist es möglich, nicht nur senkrecht nach unten, sondern ferngesteuert in beliebige Richtungen zu bohren, wodurch von einem einzigen Bohrloch aus ein viel größerer Teil eines Öl- oder Gasfeldes erreicht wird. Eingebaute Sensoren erleichtern die Steuerung, indem sie kontinuierlich Messdaten senden.[61] Dennoch wird die Rohstoffförderung in einem Öl- oder Gasfeld nie mit nur einer einzigen Bohrung auskommen. Vielmehr sind nach den ersten *E&E*-Bohrungen weitere Produktions- und ggf. Hilfsbohrlöcher notwendig.[62] Wegen des Überdrucks[63] in der Lagerstätte werden die Bohrlöcher mit einem Ventilsystem versehen, das das nach oben strömende Erdöl bzw. Erdgas direkt in eine Pipeline leitet. Aufgrund des mit der Zeit nachlassenden Drucks werden Pumpen eingebaut, die die weitere Förderung unterstützen. Mit dieser Primärförderung können allerdings nur etwa 5-10 % des Vorkommens gewonnen werden.[64] Bei der Sekundärförderung werden daher Wasser, Gase oder andere Gemische in das Erdinnere injiziert, um den Druck aufrechtzuerhalten, wodurch dann ca. ein Drittel der Gesamtmenge förderbar ist. Um noch größere Mengen zu fördern, können weitere, teure Maßnahmen ergriffen werden, wobei diese Tertiärförderung streng genommen zu den unkonventionellen Fördertechniken zählt.[65]

Die wohl bekannteste unkonventionelle Fördertechnik ist das sog. **Fracking** (*hydraulic fracturing*),[66] bei dem entlang der rohstoffhaltigen Schicht gebohrt wird und dann durch Einpressen eines Gemischs aus Sand, Wasser und verschiedenen Chemikalien viele kleine Risse im rohstofftragenden Muttergestein erzeugt werden. Eine solche Vorgehensweise wird erforderlich, wenn die Permeabilität des Muttergesteins sehr gering ist und das Ausströmen von Erdöl oder -gas dadurch

---

59 Vgl. SCHULTZ, D., Unkonventionelle Erdölvorkommen, S. 12; NEUKIRCHEN, F./RIES, G., Die Welt der Rohstoffe, S. 298; REUTHER, E.-U., Einführung in den Bergbau, S. 18. Das Erdöl oder -gas lagert indes nicht wie in einer Art unterirdischem Becken, sondern ist in den Poren des sog. Muttergesteins gefangen. Je nach Durchlässigkeit (Permeabilität) dieses Gesteins sowie der Fließeigenschaft (Viskosität) der Rohstoffe ändert sich auch der Fördererfolg.

60 Durch die Bohrlöcher wird zudem häufig Druckluft oder Wasser eingespritzt, was als Kühlung für den Bohrkopf dient, Bohrklein abtransportieren und das Bohrloch stabilisieren soll, das zusätzlich zu diesem Zweck mit einer Verschalung ausgekleidet werden kann. Vgl. NEUKIRCHEN, F./RIES, G., Die Welt der Rohstoffe, S. 22 f.

61 Vgl. VAN DYKE, K., Fundamentals of Petroleum, S. 134; NEUKIRCHEN, F./RIES, G., Die Welt der Rohstoffe, S. 25.

62 Vgl. REUTHER, E.-U., Einführung in den Bergbau, S. 17 f.

63 Vgl. POHL, W. L., Mineralische und Energie-Rohstoffe, S. 457.

64 Vgl. NEUKIRCHEN, F./RIES, G., Die Welt der Rohstoffe, S. 298; SCHULTZ, D., Unkonventionelle Erdölvorkommen, S. 12.

65 Vgl. NEUKIRCHEN, F./RIES, G., Die Welt der Rohstoffe, S. 300.

66 Vgl. NEUKIRCHEN, F./RIES, G., Die Welt der Rohstoffe, S. 303.

behindert wird. Während vor allem der Sand dafür sorgt, die erzeugten Risse offen zu halten, wird mit Chemikalien z. B. auch versucht, die Viskosität der Fluide zu verbessern.[67]

Bohrlochsbergbau *offshore* und an Land nutzen im Wesentlichen sehr ähnliche Bohrtechniken. Der größte Unterschied ist, dass im Meer zunächst ein Untergrund geschaffen werden muss, auf dem die Bohrgeräte etc. stehen bzw. an denen sie verankert werden können.[68] Dafür wurden verschiedene Lösungen entwickelt, die je nach Wassertiefe und Wetterverhältnissen variieren. Mobile Bohreinheiten wie z. B. Bohrschiffe, Hubinseln und Halbtauchplattformen haben den Vorteil, an diversen Orten eingesetzt werden zu können, da sie im Ganzen transportabel sind.[69] Fest mit dem Meeresgrund verankert sind hingegen Bohrplattformen, die bspw. auf einem Stahlgerüst oder sehr schweren stahldurchzogenen Betonpfeilern stehen.[70]

225. Meeresbergbau

Im Meerwasser sind viele Minerale und Erze gelöst. Vor allem am Grund des Meeres finden sich vielerlei Rohstoffe, die sich dort als Niederschlag angesiedelt oder vor Ort, z. B. durch Ausfällung, gebildet haben.[71] Deshalb sind sie nicht durch mächtiges Deckgebirge verborgen.[72] **Marine mineralische Rohstoffe** werden im Meeresbergbau[73] gefördert,[74] der den Vorteil hat, dass die zum Abbau notwendigen Systeme meist mobil sind und demnach an mehreren Standorten eingesetzt werden können.[75] Vor allem im Schelfgebiet, also noch in Küstennähe, werden sulfidische Erzschlämme, Sande, Kiese, Diamanten und verschiedene Seifen gewonnen.[76] Zum Abbau werden u. a. Bohrer, unterschiedliche Bagger und in größerer Tiefe auch Bohrschiffe und bodengestützte Fahrzeuge eingesetzt.[77] Aufgrund des hohen Lastvolumens von Transportschiffen ist besonders die Förderung von Sanden und Kiesen wirtschaftlich sehr interessant.[78] Außerdem gelten Goldseifen in Alaska und Diamantseifen vor Namibia als lukrativ.[79]

Viele marine mineralische Rohstoffe und Lagerstätten sind zwar heute schon bekannt und z. T. auch bereits erforscht, aber eine **wirtschaftliche Förderung** ist für sie noch **nicht möglich**.[80] Einige die-

---

67 Vgl. NEUKIRCHEN, F./RIES, G., Die Welt der Rohstoffe, S. 305 f.

68 Vgl. VAN DYKE, K., Fundamentals of Petroleum, S. 121.

69 Vgl. VAN DYKE, K., Fundamentals of Petroleum, S. 123-129.

70 Vgl. VAN DYKE, K., Fundamentals of Petroleum, S. 130-133.

71 Vgl. POST, A. M., Der Meeresbergbau, S. 28.

72 Vgl. HALBACH, P. E./JAHN, A., Metalle aus der Tiefsee, S. 40.

73 Meeres- und Tiefseebergbau werden als synonyme Begriffe verwandt, vgl. JENISCH, U., Tiefseebergbau in der vorkommerziellen Phase, S. 36.

74 Vgl. SCHOLZ, S., Rohstoffversorgung durch Meeresbergbau, S. 72. *Offshore* betriebener Bohrlochsbergbau auf Kohlenwasserstoffe zählt hingegen nicht zum Meeresbergbau.

75 Vgl. HALBACH, P. E./JAHN, A., Metalle aus der Tiefsee, S. 39.

76 Vgl. SCHOLZ, S., Rohstoffversorgung durch Meeresbergbau, S. 73.

77 Vgl. SCHOLZ, S., Rohstoffversorgung durch Meeresbergbau, S. 76.

78 Vgl. SCHOLZ, S., Rohstoffversorgung durch Meeresbergbau, S. 74.

79 Vgl. SCHOLZ, S., Rohstoffversorgung durch Meeresbergbau, S. 75.

80 Vgl. HALBACH, P. E./JAHN, A., Metalle aus der Tiefsee, S. 36; NEUKIRCHEN, F./RIES, G., Die Welt der Rohstoffe, S. 30.

ser Rohstoffe sind großflächig über den Grund der Tiefsee verstreut und haben einen niedrigen Konzentrationsgrad, es fehlen entsprechende Abbautechniken, sie sind zu teuer oder belasten die Umwelt zu stark.[81] So beschäftigt sich die Tiefseeerforschung seit Jahrzehnten bereits mit Manganknollen, etwa kartoffelgroßen Knollen aus Ton, Quarz, Wasser und Sauerstoff, die beachtenswerte Mengen an Mangan, Nickel, Kupfer, Kobalt und anderen Metallen enthalten.[82] In Wassertiefen von 4.000-6.000 m liegen sie über den Meeresboden verstreut.[83] Sie aufzusammeln mag zwar einfach erscheinen, doch sind die schwierigen Rahmenbedingungen der Tiefsee, die großflächige Verteilung und die Beschädigung des maritimen Ökosystems bis heute Hinderungsgründe für einen aktiven Abbau.[84] Der Schutz des maritimen Ökosystems verhindert bis dato auch das Schürfen Seltener Erden vom Meeresgrund, da die hoch konzentrierten rohstoffreichen Schlämme zwar theoretisch leicht abgesaugt werden könnten, das Ökosystem jedoch massiv geschädigt würde.[85] Lohnenswerter scheint die Förderung von massiven Sulfiden, die an heißen Quellen entstehen. Doch sind die bislang entdeckten Vorkommen nicht groß genug für eine wirtschaftliche Gewinnung.[86]

23 Upstream-Aktivitäten rohstofffördernder Unternehmen

231. Vorbemerkungen

Die Tätigkeiten zur Erkundung, Beurteilung sowie – bei positivem Ergebnis[87] – Erschließung und Ausbeutung von Lagerstätten bis hin zur Erstellung eines verkaufsfähigen Produkts[88] werden als **Upstream-Aktivitäten** bezeichnet.[89] Davon abzugrenzen sind die ebenfalls der Rohstoffbranche zuzuordnenden Aktivitäten des Transports, der Lagerung und des Handels mit den geförderten Rohstoffen (Midstream-Aktivitäten) sowie die Weiterverarbeitung oder Veredelung der Rohstoffe und deren Vertrieb (Downstream-Aktivitäten).[90]

Gängig ist die Unterteilung der Upstream-Aktivitäten in verschiedene **Phasen**:

- Prospektionsphase,
- Explorationsphase,

---

81 Vgl. POST, A. M., Der Meeresbergbau, S. 26.

82 Vgl. LOHMANN, D./PODBREGAR, N., Bodenschätze, S. 108 und 113; POST, A. M., Der Meeresbergbau, S. 32.

83 Vgl. MELCHER, P. R., Befahren des Tiefseebodens mit Manganknollenkollektoren, S. 22 f.; POST, A. M., Der Meeresbergbau, S. 32.

84 Vgl. LOHMANN, D./PODBREGAR, N., Bodenschätze, S. 38; NEUKIRCHEN, F./RIES, G., Die Welt der Rohstoffe, S. 30.

85 Vgl. NEUKIRCHEN, F./RIES, G., Die Welt der Rohstoffe, S. 30.

86 Vgl. NEUKIRCHEN, F./RIES, G., Die Welt der Rohstoffe, S. 30.

87 Ein Bergbaubetrieb wird i. d. R. nur dann eingerichtet, wenn er auch wirtschaftlich arbeitet, vgl. REUTHER, E.-U., Einführung in den Bergbau, S. 145; VON WAHL, S., Wirtschaftlichkeitsrechnung, S. 1 f.

88 Verkaufsfähiges Produkt meint, dass der Rohstoff insoweit aufbereitet wird, als er von anderen beim Abbau mitgeförderten Stoffen befreit ist. Beispielsweise werden Rohöl von Schlamm und Förderwasser befreit oder Goldklumpen aus der abgebaggerten Erde gesiebt.

89 Vgl. INKPEN, A./MOFFETT, M. H., The Global Oil & Gas Industry, S. 21; SCHULTZ, D., Unkonventionelle Erdölvorkommen, S. 11 f. Geläufig ist auch die aus dem Englischen stammende Bezeichnung *E&P* (*exploration and production*) *activities*, vgl. WRIGHT, C. J./GALLUN, R. A., Oil & Gas Accounting, S. 1.

90 Vgl. SCHULTZ, D., Unkonventionelle Erdölvorkommen, S. 13-15.

- Evaluierungsphase,
- Erschließungsphase,
- Produktionsphase und
- Schließung der Förderstätte[91].

Eine trennscharfe Abgrenzung dieser Phasen erweist sich jedoch als problematisch, da sich bspw. die Tätigkeiten der einzelnen Phasen oftmals überlappen oder innerhalb eines Gebiets unterschiedliche Tätigkeiten an unterschiedlichen Stellen parallel verlaufen. Im nächsten Abschnitt werden diese Phasen eingehend betrachtet.

232. Phasen der Rohstoffsuche und -förderung

Die erste **großflächige Suche nach Hinweisen** auf mögliche Rohstoffkonzentrationen bzw. künftig bauwürdige Vorkommen wird als **Prospektion** bezeichnet.[92] Bei diesen Vorerkundungen wird in bislang unerschlossenen oder geologisch nicht vollständig bekannten Gebieten mit verschiedensten Methoden nach geographischen Anzeichen oder geophysikalischen und -chemischen Anomalien gesucht, die auf eine Rohstoffanreicherung hindeuten.[93] Die in der Prospektionsphase eingesetzten Techniken unterscheiden sich je nach Rohstoff und Spezifika der untersuchten Regionen, gelten aber allesamt als **indirekte Nachweismethoden**.[94]

Ersten Aufschluss über mögliche Lagerstätten liefern Kenntnisse über die Struktur des Untersuchungsgebiets. Die Studie von Fotografien und Satellitenbildern ist eine häufig eingesetzte **Fernerkundungsmethode**, denn auffällige Gerölle, Bodenverfärbungen, Vegetation o. Ä. können bereits wichtige Hinweise geben.[95] Zusätzlich werden geologische, geophysikalische und geochemische Prospektionsmethoden eingesetzt. **Geologische** Methoden dienen zunächst der Überprüfung der Luftbildauswertungen am Boden. Hierzu zählen bspw. geologisch-tektonische Spezialkartierungen und petrographische Bestimmungen.[96] **Geophysikalische** Methoden sind i. d. R. technisch aufwendiger, sie nutzen typische physikalische Eigenschaften der Rohstoffe.[97] Es werden z. B. Abweichungen des geomagnetischen Feldes vom Normalzustand gemessen,[98] relative Schwereunterschie-

---

91 Streng genommen ist die Schließung der Förderstätte nicht mehr Teil der Upstream-Aktivitäten, da sie erst im Anschluss erfolgt, wenn also das Rohstoffgeschäft selbst bereits beendet ist.

92 Vgl. FRENCH, G. A., Der Tiefseebergbau, S. 49; BROCK, H. R./CARNES, M. Z./JUSTICE, R., Petroleum Accounting, S. 16.

93 Vgl. HESEMANN, J. ET AL., Vademecum 1, S. 42; GOCHT, W., Wirtschaftsgeologie und Rohstoffpolitik, S. 13 und 23.

94 Vgl. GOCHT, W., Wirtschaftsgeologie und Rohstoffpolitik, S. 13. Zu den indirekten Nachweismethoden zählen all jene, die keine Probenahme und -auswertung des Rohstoffs umfassen.

95 Vgl. HESEMANN, J. ET AL., Vademecum 1, S. 43.

96 Überblick der wichtigsten geologischen Untersuchungen in REUTHER, E.-U., Einführung in den Bergbau, S. 146-148; POHL, W. L., Mineralische und Energie-Rohstoffe, S. 338-343.

97 Übersicht geophysikalischer Methoden in HESEMANN, J. ET AL., Vademecum 1, S. 61-65. Vgl. auch AUSIMM (Hrsg.), Field Geologists' Manual, S. 283-303.

98 Vgl. ausführlich KEAREY, P./BROOKS, M./HILL, I., Geophysical Exploration, S. 155-182.

de mit Gravimetern erfasst,[99] der elektrische Widerstand von Gesteinen untersucht,[100] die natürliche Radioaktivität einiger Elemente genutzt[101] oder in Bohrlöchern die Gesteinsschichten, ihre Dichte und Porosität gemessen.[102] Mit gezielten Sprengungen oder sog. Vibro-Trucks werden kleine künstliche Beben erzeugt. Die Ausbreitung, Reflexion und Brechung der seismischen Wellen fließt dann in eine Computersimulation des Untergrunds (3D- oder 4D-Seismik).[103] Speziell für den Meeresbergbau nutzt man auch akustische Erkundungssysteme basierend auf Schallimpulsen und Echo.[104] **Geochemische** Beprobung und Analyse unterstützen besonders bei der Suche nach Erz, da erhöhte Konzentrationen bestimmter Elemente an der Oberfläche auf ein darunter liegendes Erzvorkommen hindeuten können.[105]

Als **Ergebnis** der Prospektionsphase wird eine **erste vorsichtige Beurteilung** darüber abgegeben, ob und welche Rohstoffe im untersuchten Gebiet liegen, sowie auf welche Größenordnung das Vorkommen ungefähr geschätzt wird. Ergänzend müssen weitere Determinanten wie z. B. denkbare Gewinnungstechniken, Klima- und Umweltbedingungen sowie Infrastruktur bei der Entscheidung berücksichtigt werden, ob die Suche detaillierter fortgeführt werden soll.[106] Während diese Detailsuche mitunter als Prospektion im weiteren Sinne oder als Erkundungsphase der Prospektion bezeichnet wird,[107] wird sie in der vorliegenden Arbeit als Teil der Explorationsphase verstanden. Nicht nur in Literatur und Praxis wird vielfach diese Sichtweise vertreten, sondern auch der IASB fasst dies in seinem Diskussionspapier zu den Aktivitäten der Rohstoffgewinnung so auf.[108]

Ziel sämtlicher Sucharbeiten ist der Nachweis einer bauwürdigen Lagerstätte, weshalb zur Beurteilung, ob eine Förderung tatsächlich anzustreben ist, zunächst die Existenz der vermeintlich entdeckten Rohstoffvorräte bewiesen und sodann Quantität und Qualität detailliert untersucht werden müssen.[109] In der **Explorationsphase** finden demnach Arbeiten statt, um in den vermutlich höffigen Gebieten die **Vorkommen aufzuspüren**, möglichst genau zu **lokalisieren** und **Rohstoffgehalt** sowie **-menge** abzuschätzen.[110] Zu diesem Zweck werden einerseits die schon im Rahmen der Pros-

---

99 Vgl. KEAREY, P./BROOKS, M./HILL, I., Geophysical Exploration, S. 125-154.

100 Zu elektrischen und elektromagnetischen Methoden vgl. KEAREY, P./BROOKS, M./HILL, I., Geophysical Exploration, S. 183-230.

101 Erläuternd hierzu KEAREY, P./BROOKS, M./HILL, I., Geophysical Exploration, S. 231-235.

102 Vgl. KEAREY, P./BROOKS, M./HILL, I., Geophysical Exploration, S. 236-249.

103 Eine umfangreiche Darstellung findet sich in KEAREY, P./BROOKS, M./HILL, I., Geophysical Exploration, S. 21-124. Vgl. auch LOHMANN, D./PODBREGAR, N., Bodenschätze, S. 66; NEUKIRCHEN, F./RIES, G., Die Welt der Rohstoffe, S. 20-22.

104 Vgl. FRENCH, G. A., Der Tiefseebergbau, S. 52 f.

105 Vgl. HESEMANN, J. ET AL., Vademecum 1, S. 52-58; POHL, W. L., Mineralische und Energie-Rohstoffe, S. 343-349.

106 Vgl. GOCHT, W., Wirtschaftsgeologie und Rohstoffpolitik, S. 2.

107 Vgl. REUTHER, E.-U., Einführung in den Bergbau, S. 145; HESEMANN, J. ET AL., Vademecum 1, S. 43.

108 Vgl. GOCHT, W., Wirtschaftsgeologie und Rohstoffpolitik, S. 13; DP/2010/1.Appendix A. Mangels international und branchenübergreifend einheitlichen Definitionen von Prospektion und Exploration ist eine trennscharfe Abgrenzung auch in der Praxis sehr schwierig.

109 Vgl. GOCHT, W., Wirtschaftsgeologie und Rohstoffpolitik, S. 15, 23 und 53.

110 Vgl. PwC (Hrsg.), Financial reporting in the mining industry 2012, S. 13; HESEMANN, J. ET AL., Vademecum 1, S. 44.

pektion eingeführten Untersuchungstechniken fortgeführt und dabei detaillierter und zielgerichteter eingesetzt sowie ggf. verfügbare historische Daten früherer Explorationen neu interpretiert. Vor allem aber kommen nun auch **direkte Nachweismethoden** zum Einsatz, nämlich die Entnahme, Analyse und Beurteilung von Proben.[111] Je nach Rohstoffart und Lagerstättentyp können sich die Techniken der Probenahme unterscheiden.

Bei festen Rohstoffen wie z. B. Metallen oder Kohle umfassen die Aufschlussarbeiten zur **Probenahme** meist Schürfungen (etwa in Gräben, Schlitzen oder Schächten) sowie Bohrungen mit Bohrkernentnahme und verschiedenen Messungen im Bohrloch.[112] Besonders Bohrungen können im gesamten Explorationsgebiet in zuvor berechneten Abständen durchgeführt werden, um ein Vorkommen räumlich möglichst genau einzugrenzen.[113] Neben vereinzelten Kernbohrungen, die Aufschluss über Alter und Beschaffenheit der Gesteinsschichten geben, werden bei Öl- und Gasvorkommen die Nachweise vor allem durch das Bohren von Erkundungsbrunnen erbracht.[114] Zwar sind die Art der genommenen Proben und ihre Analyse im Meeresbergbau sehr ähnlich zu den zuvor beschriebenen, gleichwohl müssen zur Gewinnung dieser Proben andere Techniken eingesetzt werden. Entsprechend umfasst die Exploration im Meer neben See- und Unterseekartenauswertung, Echolotsystemen und Wärmesensoren auch den Einsatz von verschiedenen Greifern, Unterseebooten und materialaufnehmenden Schlitten.[115]

Nicht nur die Trennung von Prospektions- und Explorationsarbeiten bereitet oftmals Schwierigkeiten, auch eine klare Abgrenzung zur sich anschließenden **Evaluierungsphase** ist selten möglich und regelmäßig nicht zweckmäßig, da sich einige Tätigkeiten überschneiden und Untersuchungsmethoden z. T. sowohl zum Nachweis als auch zur eingehenderen Beurteilung von Rohstoffvorkommen dienen.[116] In der Evaluierungsphase werden **technische Machbarkeit** und **wirtschaftliche Durchführbarkeit** des Rohstoffabbaus genauestens untersucht und bewertet.[117] Ziel dieser Evaluierung ist es, eine **fundierte Entscheidung** darüber zu treffen, ob die Rohstoffförderung aufgenommen und wie genau sie umgesetzt werden soll.[118] Darum werden in regelmäßigen Abständen vorläufige Machbarkeitsstudien (*prefeasibility studies*) erstellt, die die Bauwürdigkeit der Lagerstätte zum jeweiligen Stand der Erkundungsarbeiten beurteilen und von denen die Weiterführung oder

111 Vgl. GOCHT, W., Wirtschaftsgeologie und Rohstoffpolitik, S. 13; PWC (Hrsg.), Financial reporting in the mining industry 2012, S. 13.

112 Vgl. zur Probenahme ausführlich AUSIMM (Hrsg.), Field Geologists' Manual, S. 311-333.

113 Vgl. POHL, W. L., Mineralische und Energie-Rohstoffe, S. 352 f.; REUTHER, E.-U., Einführung in den Bergbau, S. 148-151; HESEMANN, J. ET AL., Vademecum 1, S. 67; GOCHT, W., Wirtschaftsgeologie und Rohstoffpolitik, S. 53.

114 Vgl. BROCK, H. R./CARNES, M. Z./JUSTICE, R., Petroleum Accounting, S. 16; LOHMANN, D./PODBREGAR, N., Bodenschätze, S. 75.

115 Vgl. FRENCH, G. A., Der Tiefseebergbau, S. 54 f.; SCHOLZ, S., Rohstoffversorgung durch Meeresbergbau, S. 75.

116 Vgl. REUTHER, E.-U., Einführung in den Bergbau, S. 156.

117 Vgl. DP/2010/1.Appendix A.

118 Vgl. PwC (Hrsg.), Financial reporting in the mining industry 2012, S. 13.

Beendigung der Arbeiten abhängt.[119] Letztlich wird die Investitionsentscheidung zur Errichtung einer Förderstätte mit der finalen Machbarkeitsstudie (*feasibility study*) getroffen.[120]

Die Evaluierung von Lagerstätten erfordert genaue Kenntnisse des gesamten Ablaufs vom Einrichten eines Bergbaubetriebs über die Förderung bis zur Aufbereitung der gewonnenen Rohstoffe inklusive aller notwendigen Voraussetzungen, Techniken, Kosten und standortspezifischen Faktoren.[121] So berücksichtigt die **Machbarkeitsstudie** sämtliche Daten, Informationen und Pläne für den gesamten Betriebsaufbau und -verlauf. Die **technische Durchführbarkeit** wird vor allem basierend auf der Geologie beurteilt, also aufgrund von Form und Lage eines Vorkommens sowie Volumen und Rohstoffgehalt – klassifiziert in Ressourcen und Reserven[122] – sowie auf Grundlage der technologischen Möglichkeiten. Diese umfassen u. a. die Entscheidung für eine Bergbautechnik und die Erstellung der Konstruktionspläne für sämtliche Produktionsanlagen inklusive benötigter Maschinen und passender Aufbereitungstechniken – also die Planung des gesamten Engineerings. Hinzu kommt die Planung der benötigten Infrastruktur wie z. B. Straßen, Versorgung mit Wasser, Energie und Materialien, die Einrichtung von Werkstätten und Laboren, der Bau von Siedlungen und die Gewinnung von Arbeitskräften.[123] Die **Wirtschaftlichkeit** der geplanten Rohstoffförderung bemisst sich nach der Rentabilität des Bergwerks.[124] So müssen sämtliche anfallenden Kosten von der ersten Suche nach Rohstoffen über die Einrichtung und den Betrieb der Förderstätte bis zu ihrer Schließung, inklusive anfallender Steuern, Zölle und Abgaben, einbezogen werden. Diesen werden die kalkulierten Erträge aus der Rohstoffgewinnung gegenübergestellt, wofür detaillierte Marktstudien zu Absatzpreisen und der Nachfragesituation notwendig sind. Auch Überlegungen zur Finanzierung spielen eine wichtige Rolle. Darüber hinaus sind Bestimmungen und Auflagen zum Umweltschutz sowie allgemeine rechtliche Rahmenbedingungen zu beachten.[125]

Mit einer positiven Machbarkeitsstudie fällt i. d. R. die Entscheidung für eine Investition und damit den Aufbau eines Bergwerks, sodass in der **Erschließungsphase** die Voraussetzungen für die spätere Rohstoffproduktion geschaffen werden.[126] In dieser Phase steht die Sammlung und Auswertung von Daten nicht mehr im Fokus,[127] sondern die Schaffung eines **Zugangs zum Rohstoffvorkom-**

---

119 Vgl. GOCHT, W., Wirtschaftsgeologie und Rohstoffpolitik, S. 14.

120 Vgl. GOCHT, W., Wirtschaftsgeologie und Rohstoffpolitik, S. 126. Vgl. zum schematischen Aufbau eines Explorationsprojekts LECHNER, H./SAMES, W., Explorationsförderung, S. 1236.

121 Vgl. HESEMANN, J. ET AL., Vademecum 1, S. 108.

122 Zur Klassifizierung in Ressourcen und Reserven vgl. ausführlich die Abschnitte 25 und 443.223.2.

123 Vgl. PwC (Hrsg.), Financial reporting in the mining industry 2012, S. 13; BROCK, H. R./CARNES, M. Z./JUSTICE, R., Petroleum Accounting, S. 16.

124 Vgl. REUTHER, E.-U., Einführung in den Bergbau, S. 160.

125 Vgl. PwC (Hrsg.), Financial reporting in the mining industry 2012, S. 13; HESEMANN, J. ET AL., Vademecum 1, S. 106 f.; GOCHT, W., Wirtschaftsgeologie und Rohstoffpolitik, S. 14, 119 f. und 126. Vgl. ausführlich zur Wirtschaftlichkeitsbeurteilung im Bergbau VON WAHL, S., Bergwirtschaft Bd. III, S. 111-193.

126 Vgl. BROCK, H. R./CARNES, M. Z./JUSTICE, R., Petroleum Accounting, S. 17; INKPEN, A./MOFFETT, M. H., The Global Oil & Gas Industry, S. 137. Vgl. zu den erforderlichen Planungsschritten auch WILKE, F. L., Planung, S. 31-110. Die Erschließung wird auch als technische Entwicklung oder als Feldesentwicklung bezeichnet.

127 Vgl. INKPEN, A./MOFFETT, M. H., The Global Oil & Gas Industry, S. 137; DEUTSCHE BANK (Hrsg.), Oil & Gas for Beginners, S. 72.

men sowie die Konstruktion und Errichtung sämtlicher **Anlagen und Gebäude** für die geplante Förderstätte.[128] Außerdem wird die benötigte **Ausrüstung** angeschafft und die **Infrastruktur** eingerichtet.[129] Für den Bau des Bergwerks werden je nach gewählter Fördertechnik Bohrungen oder Schächte abgeteuft, Stollen gebaut, Deckgebirge abgetragen o. Ä.[130] Als Transportwege müssen z. B. Straßen, Förderbandanlagen oder Pipelines gebaut werden, zudem werden Verarbeitungsanlagen errichtet.[131]

Die **Produktionsphase** beginnt, wenn sämtliche Anlagen abgenommen wurden und der Zugang zur Lagerstätte eine Förderung der Rohstoffe **in voller Kapazität** ermöglicht.[132] Das bedeutet, dass mit dem normalen Betriebsablauf das angestrebte wirtschaftliche Level an **Rohstoffausbeute** und Verarbeitung zu einem **verkaufsfähigen Produkt** erreicht wird.[133] Einige Erschließungsarbeiten werden indes mitunter auch in der Produktionsphase fortgesetzt, bspw. wenn weiterer Abraum entfernt werden muss oder eine produzierende Förderstätte erweitert wird.[134] Zudem ist eine kontinuierliche Probenahme, wie sie zu Evaluierungszwecken eingesetzt wird, auch in der laufenden Produktion notwendig, um die Qualität der geförderten Stoffe fortwährend zu überwachen. Datensammlungen und -auswertungen, wie sie während Exploration und Evaluierung stattfinden, werden solange fortgeführt, wie eine Ausweitung der Förderung durch neue Erkenntnisse möglich erscheint.[135]

Die bergmännischen Tätigkeiten werden eingestellt und die Förderstätte geschlossen, wenn die Rohstoffe im Abbaugebiet vollständig gewonnen wurden oder die Fortführung des Betriebs nicht mehr wirtschaftlich wäre.[136] In der **Phase der Schließung** müssen sämtliche **Anlagen und Bauten entfernt**, außerdem bspw. Bohrlöcher versiegelt und Stollen oder Schächte geschlossen werden.[137] Darüber hinaus gilt es, entstandene **Umweltschäden** zu **beheben** und durch die Rohstoffgewinnung beanspruchte Flächen zu **rekultivieren** – etwa durch das Anlegen eines Baggersees im ehemaligen Tagebau oder die Aufforstung einer Abraumhalde.[138]

---

128 Der Bau solcher spezifischen und komplexen Industrieanlagen benötigt dabei i. d. R. mehrere Jahre, vgl. JUNG, A., Industrielles Anlagengeschäft, S. 7; BACKHAUS, K., Anlagengeschäft im Jahresabschluß, S. 4.

129 Vgl. PwC (Hrsg.), Financial reporting in the mining industry 2012, S. 13; DEUTSCHE BANK (Hrsg.), Oil & Gas for Beginners, S. 72.

130 Vgl. GOCHT, W., Wirtschaftsgeologie und Rohstoffpolitik, S. 2; PwC (Hrsg.), Financial reporting in the mining industry 2012, S. 13.

131 Vgl. DEUTSCHE BANK (Hrsg.), Oil & Gas for Beginners, S. 49.

132 Vgl. GOCHT, W., Wirtschaftsgeologie und Rohstoffpolitik, S. 3.

133 Vgl. DP/2010/1.Appendix A; PwC (Hrsg.), Financial reporting in the mining industry 2012, S. 13 f.; RICHTER, F., Bilanzierung des Upstream-Geschäfts, S. 25. Indikatoren dafür sind z. B. gewünschte Förderkapazität, Auslastung gemäß Planung oder Förderung ohne Unterbrechung.

134 Vgl. PwC (Hrsg.), Financial reporting in the mining industry 2012, S. 14.

135 Vgl. HESEMANN, J. ET AL., Vademecum 1, S. 67.

136 Vgl. PwC (Hrsg.), Financial reporting in the mining industry 2012, S. 14.

137 Vgl. BROCK, H. R./CARNES, M. Z./JUSTICE, R., Petroleum Accounting, S. 17.

138 Vgl. PwC (Hrsg.), Financial reporting in the mining industry 2012, S. 13.

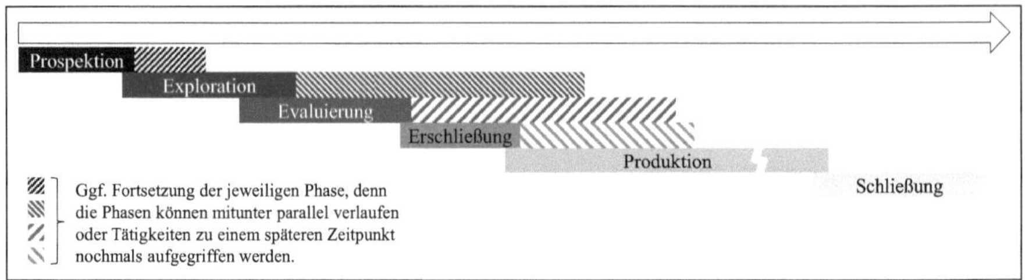

Abbildung 2-4: Die Phasen der Rohstoffförderung im Zeitverlauf

Abbildung 2-4 zeigt schematisch die Phasen der Prospektion, Exploration, Evaluierung, Erschließung, Produktion und Schließung der Förderstätte im Zeitverlauf. Zwar schließen die Phasen – zumindest theoretisch – jeweils aneinander an, indes überlappen sie sich in der Realität häufig und können teilweise sogar parallel verlaufen. Zudem ist denkbar, dass ein Projekt zunächst zum Stillstand kommt und nach einiger Zeit, z. B. aufgrund neuer Technologien, wieder aufgenommen wird, dabei jedoch eine vormals schon durchlaufene Phase noch einmal eröffnet wird. Weiterhin ist möglich, dass Firmen mit der Suche nach Rohstoffen beginnen und vor der Erschließung ihre Erkenntnisse verkaufen oder umgekehrt erst zu einer späteren Phase als der Prospektion in den Prozess einsteigen, sodass diese Unternehmen nicht alle Phasen durchlaufen.[139] Da die aktuellen Regelungen der IFRS genau in jene Upstream-Phasen unterscheiden, ist es aus **Sicht der Rechnungslegung** daher eine besondere Herausforderung, die richtigen *Cut-off*-Punkte zu finden, um die verschiedenen Aktivitäten und dadurch anfallenden rechnungslegungsrelevanten Sachverhalte den einzelnen Phasen zuzuordnen.[140]

233. Spezifische Risiken

Die rohstofffördernde Industrie unterscheidet sich in vielerlei Hinsicht von anderen Branchen, vor allem ist sie **sehr spezifischen, signifikanten und vielfältigen Risiken** ausgesetzt.[141] Anders als die meisten produzierenden Industrien verlangt die Planung, Errichtung und Inbetriebnahme eines Bergwerks zur Rohstoffförderung **außerordentlich hohe Anfangsinvestitionen**, die über einen **sehr langen Zeitraum** fällig werden und deren Höhe zu Beginn eines Projekts bei weitem nicht absehbar ist.[142] Erträge aus dem Verkauf des Förderguts werden hingegen erst deutlich später erwirtschaftet, und die Höhe der Investitionen und die der Erträge sind nicht korreliert.[143] Vielmehr ist

---

139 Vgl. POHL, W. L., Mineralische und Energie-Rohstoffe, S. 334.

140 Vgl. PWC (Hrsg.), Financial reporting in the mining industry 2012, S. 14.

141 Vgl. LECHNER, H./SAMES, C.-W./WELLMER, F.-W., Mineralische Rohstoffe, S. 42. Ein guter Überblick zu branchenspezifischen Unsicherheiten findet sich auch in LUTHER, R., Accounting Regulation in the Extractive Industries, S. 70 f.

142 Vgl. KPMG (Hrsg.), Accounting in the Oil & Gas Industry, S. 1; WRIGHT, C. J./GALLUN, R. A., Oil & Gas Accounting, S. 2; SCHULTZ, D., Unkonventionelle Erdölvorkommen, S. 158; LECHNER, H./SAMES, C.-W./WELLMER, F.-W., Mineralische Rohstoffe, S. 19. So überschreitet die Zeitspanne bis zum Förderungsbeginn regelmäßig die Dauer eines Jahrzehnts.

143 Vgl. GHICAS, D./PASTENA, V., Acquisition value of oil and gas firms, S. 128; WRIGHT, C. J./GALLUN, R. A., Oil & Gas Accounting, S. 2.

die **Schätzung** künftig zu **erwartender Erträge** höchst komplex und es ist fraglich, wie verlässlich diese Einschätzungen überhaupt sind bzw. sein können.[144] Die Rohstoffindustrie ist – von einigen Hilfs- und Betriebsstoffen sowie Arbeitsgeräten abgesehen – nicht von Zulieferern abhängig, sondern einzig vom unternehmenseigenen Erfolg, Lagerstätten aufzuspüren und auszubeuten, der indes sehr unsicher ist.[145] Zugleich sinken mit fortschreitendem Abbau die Chancen, weitere Bodenschätze zu entdecken und auszubeuten, da diese Ressourcen weder künstlich nachgebildet werden können, noch unbegrenzt in der Natur vorhanden sind.[146]

Besonders in den frühen Phasen rohstofffördernder Aktivitäten, also während Prospektion, Exploration und Evaluierung, spielen das **Entdeckungsrisiko** sowie die Unsicherheiten bzgl. Volumina und Qualität vermuteter oder entdeckter Vorkommen und der technischen und wirtschaftlichen **Förderbarkeit** eine sehr dominante Rolle.[147] Die Erschließung einer Lagerstätte hängt wesentlich von ihrer Verortung im Gelände ab, sodass der **Standort** für ein Bergwerk nicht frei wählbar ist, sondern von den lokalen Gegebenheiten vorgegeben wird.[148] Dementsprechend wird eine **spezifische Infrastruktur** für jede Förderstätte entwickelt.[149]

Die mit der Produktion und dem Verkauf der Bodenschätze erwirtschafteten Erträge hängen zudem maßgeblich von den **Preisen** ab, die dafür erzielt werden können. Dies ist ein **besonders kritisches Risiko**, da gerade die Preise an den Rohstoffmärkten enormer Volatilität unterliegen und langfristige Preisentwicklungen kaum absehbar sind.[150] Ähnliches gilt für Wechselkurse. Außerdem können Rohstoffunternehmen – anders als andere Industrien – die **Qualität** ihrer Produkte **nicht beeinflussen**, da die Rohstoffe naturgegeben sind.[151] Aufgrund des Abbaus von Bodenschätzen entstehen unterschiedlichste **Folgen für die Umwelt** und z. T. auch ernsthafte Schäden, die spätestens mit Schließung einer Förderstätte behoben werden müssen. So kann ein Bergbaubetrieb bspw. für Erdbeben und Bergschäden wie Absackungen des Bodens verantwortlich sein oder durch die Absenkung des Grundwasserspiegels die Wasserversorgung eines ganzen Gebiets gefährden. Umweltbelastende Stoffe können in Bergwerken entstehen oder bei der Rohstoffgewinnung zum Einsatz kommen und einige Förderstätten haben einen enormen Landschaftsverbrauch, der eine spätere Rekultivierung erfordert.[152]

---

144 Vgl. STRÖBELE, W./PFAFFENBERGER, W./HEUTERKERS, M., Energiewirtschaft, S. 26; KPMG (Hrsg.), Accounting in the Oil & Gas Industry, S. 1; LOHMANN, D./PODBREGAR, N., Bodenschätze, S. 33.

145 Vgl. REUTHER, E.-U., Einführung in den Bergbau, S. 9.

146 Vgl. GOCHT, W., Wirtschaftsgeologie und Rohstoffpolitik, S. 131.

147 Vgl. GOCHT, W., Wirtschaftsgeologie und Rohstoffpolitik, S. 23 und 69.

148 Vgl. REUTHER, E.-U., Einführung in den Bergbau, S. 9.

149 Vgl. SCHULTZ, D., Unkonventionelle Erdölvorkommen, S. 158.

150 Vgl. LECHNER, H./SAMES, C.-W./WELLMER, F.-W., Mineralische Rohstoffe, S. 21; POHL, W. L., Mineralische und Energie-Rohstoffe, S. 335.

151 Vgl. GOCHT, W., Wirtschaftsgeologie und Rohstoffpolitik, S. 131.

152 Vgl. NEUKIRCHEN, F./RIES, G., Die Welt der Rohstoffe, S. 309; LOHMANN, D./PODBREGAR, N., Bodenschätze, S. 156.

Die Bergbauindustrie ist stark reguliert, die Unternehmen müssen zahlreiche Auflagen erfüllen und sind mit komplexen Steuersystemen konfrontiert.[153] Zudem gelten in fast allen Ländern spezielle Gesetze für rohstofffördernde Tätigkeiten, wobei besonders in Entwicklungs- und politisch instabilen Ländern eine potenziell **hohe Rechtsunsicherheit** besteht.[154] Grundsätzlich ist der Erfolg eines Förderprojekts maßgeblich von den **wirtschaftlichen, rechtlichen und politischen Gegebenheiten** der Umwelt abhängig.[155]

Mit dem Fortschritt eines Bergbauprojekts über die verschiedenen Phasen hinweg nehmen die Risiken zwar ab, da immer umfassendere und bessere Kenntnisse über die Förderstätte vorliegen, dennoch verbleiben signifikante Restrisiken auch bis zur Produktion und sogar darüber hinaus.[156] Mit diesen Unsicherheiten müssen Bergbauunternehmen nicht nur planen, sondern sie haben auch enormen Einfluss auf deren Rechnungslegung, wie im Rahmen der Analyse in Kapitel 4 gezeigt wird.

24 Rechte, Genehmigungen, Abgaben und Steuern in der Rohstoffbranche

Damit rohstofffördernde Aktivitäten durchgeführt werden können, müssen die agierenden Unternehmen die entsprechenden **Rechte und Genehmigungen** einholen bzw. erwerben.[157] Zunächst sind Erlaubnisse für die Exploration und Evaluierung eines Gebiets einzuholen. Für die eigentliche Förderung von Rohstoffen sind weitere Bewilligungen notwendig.[158] Berechtigungen für bergbauliche Tätigkeiten, vor allem für die frühen Phasen, müssen meist käuflich erworben werden – regelmäßig werden sie z. B. über Auktionen versteigert – und können für unterschiedlich lange Zeiträume erteilt werden.[159] Dadurch erhält ein Unternehmen das **exklusive Recht**, in einem definierten Gebiet aktiv nach Rohstoffen zu suchen.[160] In vielen Ländern sind zudem im Verlauf der Explorationsarbeiten schon Abgaben an den Staat zu leisten, später dann auch Förderabgaben während der Produktion. Welche Zahlungen jeweils fällig sind variiert, da jedes Land sein eigenes Berggesetz hat.[161] Zudem sind die **Eigentumsverhältnisse international unterschiedlich** geregelt. In den meisten Ländern werden die Eigentumsrechte an Grund und Boden und die an den darunter liegenden Rohstoffen getrennt, sodass Bodenschätze unabhängig vom Grundeigentümer dem Staat gehören (sog. bergfreie Bodenschätze).[162] Anders ist dies z. B. in den USA, Kanada und Trinidad, wo

153 Vgl. WRIGHT, C. J./GALLUN, R. A., Oil & Gas Accounting, S. 2.

154 Vgl. GOCHT, W., Wirtschaftsgeologie und Rohstoffpolitik, S. 23.

155 Vgl. REUTHER, E.-U., Einführung in den Bergbau, S. 9.

156 Vgl. DEUTSCHE BANK (Hrsg.), Oil & Gas for Beginners, S. 49; INKPEN, A./MOFFETT, M. H., The Global Oil & Gas Industry, S. 121 f.

157 Vgl. INKPEN, A./MOFFETT, M. H., The Global Oil & Gas Industry, S. 87; BROCK, H. R./CARNES, M. Z./JUSTICE, R., Petroleum Accounting, S. 16.

158 Vgl. GOCHT, W., Wirtschaftsgeologie und Rohstoffpolitik, S. 19. Seltener sind auch für die Prospektion Genehmigungen erforderlich.

159 Vgl. DEUTSCHE BANK (Hrsg.), Oil & Gas for Beginners, S. 48.

160 Vgl. GOCHT, W., Wirtschaftsgeologie und Rohstoffpolitik, S. 14.

161 Vgl. HESEMANN, J. ET AL., Vademecum 1, S. 98.

162 Vgl. INKPEN, A./MOFFETT, M. H., The Global Oil & Gas Industry, S. 87; HESEMANN, J. ET AL., Vademecum 1, S. 98.

die Rohstoffe zum Grundeigentum zählen (sog. grundeigene Bodenschätze).[163] Unternehmen können dort direkt das Eigentum an den im Boden befindlichen Rohstoffen und dem darüber liegenden Grund erwerben, sodass dann keine Rechte selbst mehr erworben, sondern nur noch evtl. gesetzliche Auflagen erfüllt werden müssen.[164] Abhängig von den Eigentumsverhältnissen für Bodenschätze, der Gesetzeslage im jeweiligen Land und den Marktpreisen kommen **verschiedene Vertragsarten** in Frage (vgl. Abbildung 2-5), die mit unterschiedlichen Rechten und Pflichten für die bergbaulich tätigen Unternehmen verbunden sind.[165]

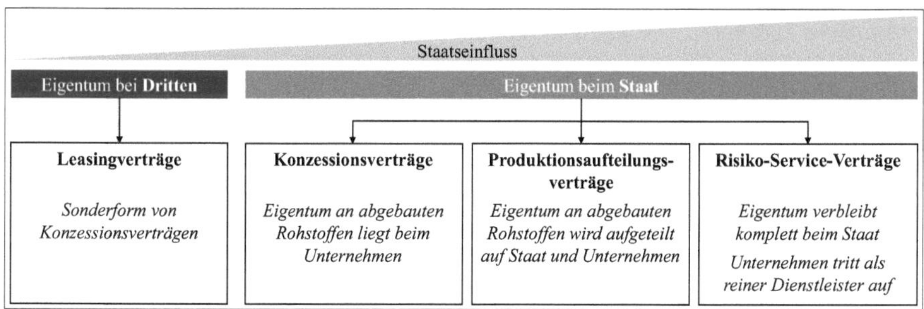

Abbildung 2-5: Typische Vertragsarten in der Rohstoffförderung

Konzessionsverträge (*royalty/tax system*) werden zwischen Staaten und Unternehmen geschlossen, wodurch das Eigentum an den Bodenschätzen, was zunächst beim Staat liegt, durch die Förderung auf das Unternehmen übergeht. Dafür übernimmt das Unternehmen sämtliche Kosten und Risiken der Rohstoffsuche, Erschließung und Produktion und zahlt dem Staat die vertraglich vereinbarten Abgaben bzw. Lizenzgebühren (*royalties*) über die Projektdauer hinweg. Verschiedene Bonuszahlungen können, je nach Vereinbarung, hinzukommen, bspw. für Vertragsunterzeichnung oder erfolgreiche Exploration. Darüber hinaus sind die landesüblichen Steuern (*taxes*) zu entrichten wie z. B. Einkommens- und spezielle bergbauliche Steuern.[166]

Den Konzessionsverträgen sehr ähnlich sind **Leasingverträge**.[167] Der wesentliche Unterschied besteht darin, dass die Bodenschätze in diesem Fall keinem Staat gehören, sondern im Eigentum von Dritten stehen. Das Unternehmen trifft die Leasingvereinbarungen daher mit dem Eigentümer und

163 Vgl. WRIGHT, C. J./GALLUN, R. A., Oil & Gas Accounting, S. 11; HESEMANN, J. ET AL., Vademecum 1, S. 100; GOCHT, W., Wirtschaftsgeologie und Rohstoffpolitik, S. 18.

164 Küstennaher Meeresraum fällt in die entsprechende nationale Gesetzgebung, wohingegen für den Tiefseebergbau und damit die Verwaltung von Meeresgrund die Internationale Meeresbehörde mit Sitz in Jamaika zuständig ist. Vgl. JENISCH, U., Tiefseebergbau in der vorkommerziellen Phase, S. 37-39; HESEMANN, J. ET AL., Vademecum 1, S. 104.

165 Vgl. EY (Hrsg.), International GAAP 2015 Bd. II, S. 2924.

166 Vgl. zu Konzessionsverträgen INKPEN, A./MOFFETT, M. H., The Global Oil & Gas Industry, S. 88; WRIGHT, C. J./GALLUN, R. A., International Petroleum Accounting, S. 12; WILLMS, J., Explorations- und Evaluierungsausgaben, S. 24; RICHTER, F., Bilanzierung des Upstream-Geschäfts, S. 15; DEUTSCHE BANK (Hrsg.), Oil & Gas for Beginners, S. 48.

167 Vgl. EY (Hrsg.), International GAAP 2015 Bd. II, S. 2926.

zahlt Abgaben und Bonusleistungen an diesen. Kosten und Risiken liegen allein beim Unternehmen. Gängige nationale Steuern müssen wie bei jedem anderen Betrieb auch an den Staat gezahlt werden.[168]

Mit **Produktionsaufteilungsverträgen** werden Vor- wie Nachteile aus den bergbaulichen Tätigkeiten zwischen Staat und Unternehmen gesplittet. Entweder trägt das Unternehmen mehr Risiko und tritt mitunter auch das Eigentum an der geschaffenen Bergwerksinfrastruktur ab oder Unternehmen und Staat teilen sich die Risiken und Kosten der Exploration, Erschließung und Produktion und das Unternehmen zahlt nur sehr geringe oder gar keine Abgaben. Im Gegenzug geht das Eigentum an den geförderten Rohstoffen teilweise auf das Unternehmen über. Ein Teil des Förderguts wird zunächst zur Deckung der Kosten verwendet, überschüssiger Gewinn aus der Produktion wird gemäß der vertraglichen Vereinbarungen zwischen Staat und Unternehmen aufgeteilt. Das Unternehmen zahlt die landesüblichen Steuern.[169]

Bei **Risiko-Service-Verträgen** gibt der Staat keine Eigentumsrechte ab – weder an unerschlossenen Bodenschätzen noch an zu Tage geförderten Rohstoffen – sondern beschäftigt Bergbauunternehmen als Dienstleister. Diese werden i. d. R. zu im Vorhinein verhandelten Preisen entlohnt, bspw. in US-Dollar je gefördertem Barrel Öl. Von der Vertragsgestaltung hängt ab, wieviel Risiko das Unternehmen trägt und wieviel beim Staat verbleibt. Eine Sonderform der Risiko-Service-Verträge sind reine Service-Verträge, bei denen das Dienstleistungsunternehmen gar kein Risiko trägt.[170]

Die besonderen Risiken im Upstream-Geschäft sind ein charakteristisches Merkmal für Unternehmen der Rohstoffindustrie und ein ausschlaggebender Grund dafür, dass deren Bilanzierung mit großen Herausforderungen, vor allem bei der Beurteilung hinsichtlich Ansatz und Bewertung von Vermögenswerten aus rohstofffördernden Tätigkeiten, verbunden ist, weshalb mit IFRS 6 ein eigener Branchenstandard vom IASB dazu veröffentlicht wurde. Die vorliegende Arbeit bezieht sich darum ausschließlich auf die Unternehmen, die auch die gesamten oder zumindest große Teile der Risiken des Upstream-Geschäfts selber tragen. Die Fälle, in denen Unternehmen als reine Dienstleister agieren, wie z. B. bei den Service-Verträgen, werden von der Betrachtung ausgeschlossen.

---

168 Erläuternd zu Leasingverträgen vgl. WRIGHT, C. J./GALLUN, R. A., International Petroleum Accounting, S. 11; WILLMS, J., Explorations- und Evaluierungsausgaben, S. 25; RICHTER, F., Bilanzierung des Upstream-Geschäfts, S. 16 f.

169 Vgl. für Produktionsaufteilungsverträge WRIGHT, C. J./GALLUN, R. A., International Petroleum Accounting, S. 12 f.; DEUTSCHE BANK (Hrsg.), Oil & Gas for Beginners, S. 48; RICHTER, F., Bilanzierung des Upstream-Geschäfts, S. 17; INKPEN, A./MOFFETT, M. H., The Global Oil & Gas Industry, S. 88 f.; EY (Hrsg.), International GAAP 2015 Bd. II, S. 2926-2930.

170 Vgl. für Erläuterungen zu Risiko-Service-Verträgen auch RICHTER, F., Bilanzierung des Upstream-Geschäfts, S. 18; WRIGHT, C. J./GALLUN, R. A., International Petroleum Accounting, S. 14; INKPEN, A./MOFFETT, M. H., The Global Oil & Gas Industry, S. 88 f.; EY (Hrsg.), International GAAP 2015 Bd. II, S. 2930 f.

25 Klassifizierung von Rohstoffen in Reserven und Ressourcen

251. Notwendigkeit der Rohstoffklassifizierung

Bodenschätze schlagen sich auf vielfältige Weise im Abschluss von Rohstoffunternehmen nieder, schließlich verkörpern sie deren wichtigste und wertvollste Ressourcen. Zwar dürfen vom Unternehmen kontrollierte, aber noch nicht geförderte **Bodenschätze nicht in der Bilanz ausgewiesen** werden. Einzig das (vermutete) Vorhandensein von Rohstoffen macht diese nämlich noch nicht zu Vermögenswerten, müssen dafür doch konkrete künftige wirtschaftliche Vorteile erwartet werden, was maßgeblich erst durch den Abbau der Rohstoffe beeinflusst wird.[171] Lediglich einige der Ausgaben, die zu ihrer Entdeckung und Förderung notwendig waren, werden als Vermögenswerte aktiviert, deren Werthaltigkeit wiederum durch die der Bodenschätze begründet wird.[172] Insofern **beeinflussen** Menge und Qualität der (noch ungeförderten) **Rohstoffe** bzw. die resultierenden Beträge, die ein Unternehmen künftig daraus zu erwirtschaften sucht, **direkt die Rechnungslegung**, z. B.:

- die Erfolgsbeurteilung – also technische Machbarkeit und Wirtschaftlichkeit – der Rohstoffprojekte, was u. a. die Aktivierungsentscheidung für bestimmte *E&E*- und andere Vermögenswerte determiniert,
- die Bemessung der Abschreibungsbeträge gemäß der *unit of production method* für im Rahmen der Upstream-Tätigkeiten erfasstes Vermögen,
- den Werthaltigkeitstest dieser Aktiva,
- die Bilanzierung von Abraumbeseitigungskosten und
- die Schätzung künftiger Rekultivierungsaufwendungen.[173]

Für die Zwecke der Rechnungslegung bedarf es einer möglichst einheitlichen und verständlichen sowie objektivierbaren **Beurteilung und Quantifizierung der Bodenschätze**. Hier bietet es sich an, auf eine in der **rohstofffördernden Industrie etablierte Rohstoffklassifikation**, die dort vor allem aus Gründen der unternehmensinternen Informationsbeschaffung und -verwendung, aber auch zu externen Berichtszwecken entwickelt wurde und allgemein akzeptiert ist, zurückzugreifen. Auch der IASB nimmt verschiedentlich darauf Bezug.[174]

Die Klassifizierung der Inhalte von erforschten (oder vermuteten) Lagerstätten in **Reserven und Ressourcen** zeigt, welchen Kenntnisstand ein Unternehmen über die von ihm kontrollierten Rohstoffe und deren mögliche Gewinnung hat, und ist demnach Hauptentscheidungsgrundlage dafür,

---

171 Vgl. DEHMEL, I., Definitions- und Ansatzkriterien, S. 1771; MOXTER, A., Gewinnermittlung und Bilanz, S. 453; MOXTER, A., Bilanzrechtsprechung, S. 6; BROOKS, M., Mystery of the disappearing reserves, S. 95; KPMG (Hrsg.), Mining 2009, S. 9. Gleicher Auffassung auch BFH (Hrsg.), 13.09.1988 – VIII R 236/81, S. 38 f.

172 Vgl. IASC (Hrsg.), Extractive Industries, Rn. 3.1. Vgl. hierzu ausführlich Abschnitt 443.

173 Vgl. IASC (Hrsg.), Extractive Industries, Rn. 3.3; KPMG (Hrsg.), Mining 2014, S. 51; KPMG (Hrsg.), Mining 2009, S. 9.

174 Vgl. u. a. die Abschnitte 443.211., 443.223.2, 444.124. und 463.2.

welche Gebiete erschlossen und zur Produktion bzw. Förderung von Bodenschätzen gebracht werden sollen. Außerdem beeinflussen sie z. B. die Auswahl der Gebiete, in denen Explorationstätigkeiten durchgeführt bzw. verstärkt werden sollen, und unterstützen bei verschiedensten Einschätzungen wie etwa zu Abbauvolumen und Betriebsdauer einer Mine, eines Bohrfeldes o. Ä.[175] Insofern hat die Rohstoffklassifizierung **primär** sehr hohe Bedeutung für Planungs- und Steuerungszwecke und damit in der **unternehmensinternen Verwendung**.

Allerdings dienen die Informationen über die klassifizierten Rohstoffe zugleich als **Signal nach außen** und werden darum für externe Kommunikationszwecke übernommen. Die **öffentliche Berichterstattung** soll aktuelle und potenzielle Investoren sowie deren Berater über die Einteilung der Bodenschätze in die Rohstoffklassen „Reserven" und „Ressourcen" informieren. Verbreitet werden diese Informationen z. B. mittels Geschäfts- und Zwischenberichten, Pressemitteilungen, Website-Einträgen, technischen Papieren, Umwelt- und Expertenberichten oder öffentlichen Präsentationen.[176] Durch die Klassifizierung der Rohstoffe wird die Berichterstattung klarer und vergleichbarer, denn Ressourcen und besonders Reserven sind wichtige **Indikatoren für künftige Zahlungsmittelzuflüsse** und dienen als Signal für den Marktwert eines Rohstoffunternehmens.[177]

Mit der Klassifizierung von Rohstoffen wird i. d. R. während der Explorationsphase begonnen. Die größte Bedeutung erlangt sie während der Evaluierung, dient diese Phase doch maßgeblich der technischen und wirtschaftlichen Machbarkeitsbeurteilung von Rohstoffprojekten. Aber auch in den folgenden Upstream-Phasen, der Erschließung wie der Produktion, wird die Klassifizierung fortgeführt. Aufgrund neu hinzugewonnener Erkenntnisse wird die zunächst getroffene Einteilung der Bodenschätze kontinuierlich aktualisiert, und zugleich können regelmäßig weitere Lagerstättenteile (re-)klassifiziert werden.[178] Damit ist die Rohstoffklassifizierung **integraler Bestandteil der Tätigkeiten mehrerer Upstream-Phasen**. Abbildung 2-6 zeigt ihre zeitliche Verortung und Bedeutung innerhalb der Phasen.

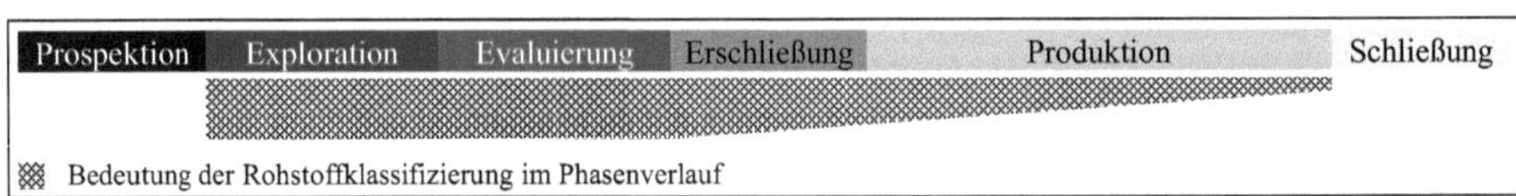

Abbildung 2-6: Klassifizierung von Rohstoffen während der Upstream-Phasen

---

175 Vgl. KPMG (Hrsg.), Mining 2009, S. 16.

176 Vgl. CRIRSCO (Hrsg.), International Reporting Template, Rn. 4; SAMREC WORKING GROUP (Hrsg.), SAMREC Code, Rn. 3; JORC (Hrsg.), JORC Code, Rn. 6.

177 Vgl. SPE ET AL. (Hrsg.), Petroleum Resources Management System, S. 1; CRASWELL, A. T./ TAYLOR, S. L., Discretionary disclosure of reserves, S. 298 und 304.

178 Vgl. GOCHT, W., Wirtschaftsgeologie und Rohstoffpolitik, S. 69.

252. Klassifizierung nach international anerkannten Standards

252.1 Vorgehensweise zur Rohstoffklassifizierung

Die **Beurteilung von Rohstoffen** hängt vor allem von drei Aspekten ab: den Inhalten und Merkmalen der Lagerstätte, der spezifischen Projektplanung – die vor allem in den Phasen Exploration, Evaluierung und Erschließung stattfindet – und dem betroffenen Grundstück – hierfür müssen alle relevanten Rechte und Genehmigungen eingeholt bzw. erworben werden.[179] All diese Aspekte fließen in die Bewertung von Rohstoffmengen und -qualität mit ein, sodass Experten verschiedenster technischer und wirtschaftlicher Bereiche gefordert sind, ihre Ergebnisse zu einer gemeinsamen, interdisziplinären Auswertung zusammenzutragen.[180] Rohstoffbeurteilungen beruhen auf **Schätzungen unter Unsicherheit**, haben also einen „prognostische[n] Charakter“[181]. Da diese Beurteilung hier auch für Rechnungslegungszwecke eingesetzt wird, müssen die damit verbundenen Unsicherheiten bei der Bilanzierung berücksichtigt werden.

Rohstoffe werden anhand von geologischen, technischen und wirtschaftlichen Daten und Faktoren klassifiziert, die Ergebnisse sind u. a. wesentlicher Bestandteil der (vorläufigen und finalen) Machbarkeitsstudien.[182] Ein **einheitliches Klassifikationsschema** für Rohstoffe erleichtert die Einschätzung und den – intertemporalen wie zwischenbetrieblichen – Vergleich. Fraglich ist, welchen Detaillierungsgrad ein solches Schema haben sollte. Einerseits verkomplizieren zu präzise und differenzierte Richtlinien die Anwendung, andererseits sinkt bei zu starker Verallgemeinerung die Aussagefähigkeit und damit der Wert der Informationen.[183]

Der früheste international bekannte Ansatz, Rohstoffe zu klassifizieren, war die sog. **McKelvey-Box** (vgl. Abbildung 2-7). Da nur ein Teil der in und auf der Erde enthaltenen Rohstoffe in absehbarer Zeit wirtschaftlich gewinnbar ist, wohingegen der Rest vermutlich niemals gefördert werden kann, beruht die Klassifizierung nach McKelvey auf einer Einschätzung einerseits des **Grades an Sicherheit** bezüglich des Wissens über die untersuchten Rohstoffe und andererseits der **Durchführbarkeit** der Förderung und des Verkaufs.[184] Die Klassifizierung der Rohstoffe ist damit abhängig von Explorationsfortschritten, neuen Technologien oder Änderungen der wirtschaftlichen Bedingungen. So gelten Rohstoffe als gewinnbare **Reserven** (*reserves*), wenn sie bekannt sind und unter den aktuellen Umständen produziert und verkauft werden können. Für **Ressourcen** (*resources*) sind hingegen eine oder mehrere dieser Voraussetzungen noch nicht erfüllt, wobei

---

179 Vgl. SPE et al. (Hrsg.), Petroleum Resources Management System, S. 4. Ausführliche Erläuterungen zur Lagerstätte finden sich in Abschnitt 21, zu den Projektphasen in Abschnitt 232. und zu Rechten und Genehmigungen in Abschnitt 24.

180 Vgl. Fettweis, G. B., Weltkohlenvorräte, S. 338; CRIRSCO (Hrsg.), International Reporting Template, Rn. 11.

181 Fettweis, G. B., Weltkohlenvorräte, S. 338.

182 Vgl. SPE et al. (Hrsg.), Petroleum Resources Management System, S. 2. Vgl. zu Machbarkeitsstudien Abschnitt 232.

183 Vgl. Petrascheck, W. E., Lagerstättenvorräte, S. 113; Fettweis, G. B., Weltkohlenvorräte, S. 338 f.; Fettweis, G. B., Produktionsfaktor Lagerstätte, S. 72-82.

184 Vgl. McKelvey, V. E./Wang, F. F. H., World Subsea Mineral Resources, S. 7.

McKelvey diese abhängig davon weiter unterteilt, wie stark sich die Bedingungen verändern müssten.[185]

	known			undiscovered
	proved	*probable*	*possible*	
recover-able		**reserves**		
para-marginal				
		resources		
submar-ginal				

Abbildung 2-7: Rohstoffklassifizierung nach McKelvey[186]

Aufbauend auf den Erkenntnissen von McKelvey wurden weltweit weitere Rohstoffklassifikationssysteme entwickelt. Einige dieser Standards beziehen sich dabei ausschließlich auf mineralische Rohstoffe, andere wiederum nur auf Öl und Gas. Die verbreitetsten Klassifizierungen sind das CRIRSCO International Reporting Template[187] und das Petroleum Resource Management System (PRMS). Ein international vereinheitlichtes Klassifikationssystem, welches tatsächlich auf sämtliche Rohstoffarten gleichermaßen angewendet wird, besteht zwar bis dato nicht. Jedoch mündeten Bestrebungen, ein solches für alle Rohstoffarten gültiges Klassifikationssystem zu schaffen, einerseits im Mapping-Ansatz, den Vertreter von CRIRSCO und PRMS im Auftrag des IASB gemeinsam erarbeitet haben, und andererseits in der United Nations Framework Classification for Fossil Energy and Mineral Reserves and Resources 2009 (UNFC-2009), einem Vorschlag der Vereinten Nationen.[188] Eine Übersicht der wichtigsten Klassifikationssysteme für nicht-regenerative natürliche Rohstoffe zeigt Abbildung 2-8.

Die Klassifikationssysteme CRIRSCO Template und PRMS sowie der Mapping-Ansatz sollen nachfolgend in ihren Grundzügen vorgestellt werden. Auf eine detailliertere Betrachtung der UNFC-2009 wird indes in der vorliegenden Arbeit verzichtet. Zum einen wurde sie bislang nicht zu

185 Vgl. McKelvey, V. E./Wang, F. F. H., World Subsea Mineral Resources, S. 7. Wenn für eine lohnenswerte Förderung die Höhe der Rohstoffpreise auf das 1,5-fache der aktuellen Preise ansteigen oder die Technologien einen entsprechenden Fortschritt erzielen müssten, fallen Ressourcen unter die Kategorie paramarginal, wären größere Änderungen nötig, zählten sie in die Kategorie submarginal.

186 Zur Darstellung vgl. McKelvey, V. E./Wang, F. F. H., World Subsea Mineral Resources, S. 7.

187 CRIRSCO steht für Committee for Mineral Reserves International Reporting Standards. Das Klassifikationssystem wird im Folgenden verkürzt als CRIRSCO Template bezeichnet.

188 Die UNFC-2009 erhebt den Anspruch, die weltweit existierenden Klassifikationssysteme aller rohstofffördernden Industrien zu harmonisieren und zu einem universell anwendbaren Konzept zu vereinen, das u. a. auch für Rechnungslegungszwecke eingesetzt werden könne. An ihrer Entwicklung waren Vertreter aus UN ECE-Ländern, internationalen Organisationen und Regierungen sowie dem Privatsektor beteiligt, vgl. UN ECE (Hrsg.), UNFC-2009, S. iii f. und 1 f. Zu Zielen der UNFC-2009 und der daran ausgerichteten Klassifizierungsweise vgl. UN ECE (Hrsg.), UNFC-2009, S. 4 f., 10-13 und 15; DP/2010/1.Appendix B27 sowie auch bereits Kelter, D., UN Rahmen-Vorratsklassifikation, S. 22-28.

Rechnungslegungszwecken verwendet, weshalb Erfahrungswerte zu ihrer Anwendung fehlen.[189] Zum anderen befindet sich die UNFC-2009 aktuell in einem Überarbeitungsprozess, mit dem bislang noch bestehende Unklarheiten und Schwachstellen erkannt und beseitigt werden sollen, um ihre Eignung u. a. für die Rechnungslegung zu verbessern.[190]

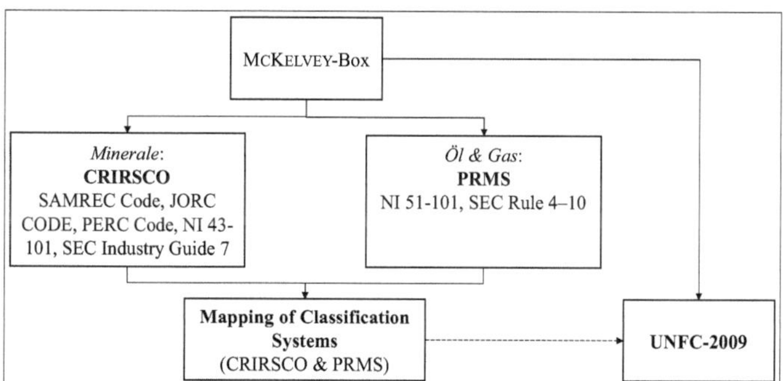

Abbildung 2-8: Übersicht verschiedener Rohstoffklassifikationssysteme

252.2 Standards zur Abgrenzung mineralischer Reserven und Ressourcen

Für die Berichterstattung über **mineralische Reserven und Ressourcen** wurden weltweit diverse industriespezifische Standards und Richtlinien entwickelt. Mit dem **CRIRSCO Template** wurde aufgrund von Harmonisierungsbestrebungen in internationaler Kooperation ein Klassifizierungssystem geschaffen, das *Best-Practice*-Standards enthält, länderübergreifend gültig und auf alle mineralischen Rohstoffe (i. d. R. Feststoffe) anwendbar ist.[191] Aufgrund der hohen Übereinstimmung vieler nationaler Klassifizierungsstandards für mineralische Reserven und Ressourcen mit dem Ansatz des CRIRSCO und dessen großer internationaler Anerkennung[192] werden im Folgenden stellvertretend die Inhalte des CRIRSCO Template dargelegt.

---

189 Vgl. DP/2010/1.2.21.

190 Vgl. DP/2010/1.Appendix B30. So wird auch im Diskussionspapier zu den *extractive activities* darauf hingewiesen, dass eine Anwendung aktuell nicht sinnvoll scheint, der Überarbeitungs- und Weiterentwicklungsprozess jedoch weiterverfolgt werden solle. Eine ggf. künftige Eignung für die IFRS-Rechnungslegung sei nicht ausgeschlossen, vgl. DP/2010/1.2.22 f.

191 Vgl. CRIRSCO (Hrsg.), International Reporting Template, Rn. 5; CRIRSCO/SPE (Hrsg.), Mapping of Classification Systems, S. 2.

192 Beispielsweise werden sowohl im südafrikanischen SAMREC Code als auch im australischen JORC Code Standards, Empfehlungen und Richtlinien für die Berichterstattung über Explorationsergebnisse, Ressourcen und Reserven zusammengefasst. Sämtliche Definitionen stimmen in beiden Regelwerken mit denen des CRIRSCO Template überein, vgl. SAMREC Working Group (Hrsg.), SAMREC Code, Rn. 1; JORC (Hrsg.), JORC Code, Rn. 1. Der von einem paneuropäischen Komitee veröffentlichte Standard wurde vollständig an das CRIRSCO Template angepasst, vgl. PERC (Hrsg.), PERC Reporting Standard. In Kanada wird über mineralische Reserven und Ressourcen nach NI 43-101 berichtet, wobei die darin enthaltenen Definitionen aus den CIM Definition Standards for Mineral Resources and Mineral Reserves stammen, die wiederum der Klassifizierung des CRIRSCO entsprechen, vgl. NI 43-101.1.2 f.; CIM Standing Committee on Reserve Definitions (Hrsg.), CIM Definitions Standards. Der in den USA entwickelte Industry Guide 7 beschränkt sich indes auf eine – mit

Die Schätzung und Beurteilung mineralischer Rohstoffe ist stets mit **Unsicherheiten** und Ungenauigkeiten verbunden, die durch die Art der Präsentation und Erläuterung in der Berichterstattung erkennbar sein sollen und darum mit der Klassifizierung in Reserven und Ressourcen deutlich gemacht werden.[193] Die Einteilung der Rohstoffe ist von **Sachverständigen** (*competent persons*) der Mineralindustrie vorzunehmen, die über mindestens fünf Jahre Berufserfahrung verfügen und einer berufsständischen Organisation angehören müssen.[194]

Einerseits bestehen Unsicherheiten über den Gehalt einer Lagerstätte, also aufgrund von unvollständigem geologischen Wissen über ein – entdecktes oder vermutetes – Rohstoffvorkommen. Im CRIRSCO Template wird dies, wie in Abbildung 2-9 auf der Ordinate abgetragen, mit dem **Grad an Informationen und Wissen über die geologischen Strukturen** (*geological knowledge and confidence*) berücksichtigt. Andererseits wird ein *Extractive-Activities*-Projekt auch von verschiedensten weiteren Faktoren, z. B. der anzuwendenden Bergbautechnik, Rohstoffverarbeitung, wirtschaftlichen, rechtlichen, umweltbedingten, infrastrukturellen, sozialen und politischen Bedingungen, beeinflusst (*modifying factors*), die im Schaubild auf der Abszisse dargestellt werden.[195] Diese bestimmen wesentlich, welche Projekte **technisch und wirtschaftlich durchführbar** sind.

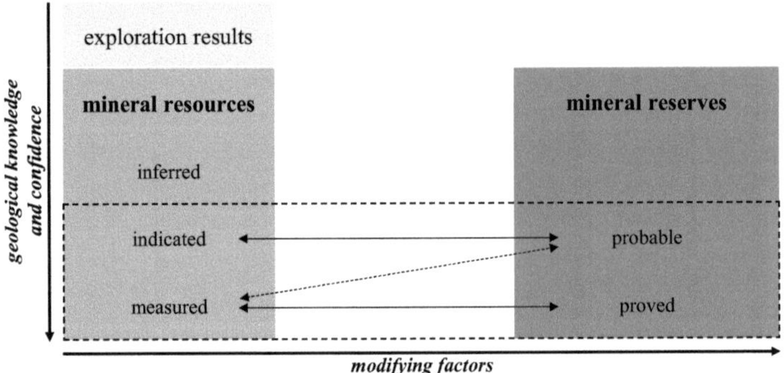

Abbildung 2-9: Rohstoffklassifizierung nach dem CRIRSCO Template[196]

Über **Explorationsergebnisse** (*exploration results*) wird berichtet, solange mit den Erkundungsarbeiten noch keine ausreichenden Informationen zur Schätzung mineralischer Ressourcen erlangt

CRIRSCO kompatible – Reservendefinition, Ressourcen werden darin nicht thematisiert, vgl. SEC (Hrsg.), Industry Guide 7, Rn. (a) (1)-(3); DP/2010/1.2.18 (a).

193 Vgl. CRIRSCO (Hrsg.), International Reporting Template, Rn. 4.

194 Vgl. CRIRSCO (Hrsg.), International Reporting Template, Rn. 8 und 11. Zudem unterliegen solche *competent persons* der Satzung ihres Berufsverbands und können, bspw. bei gravierenden Fehleinschätzungen, in Haftung genommen werden.

195 Vgl. CRIRSCO (Hrsg.), International Reporting Template, Rn. 12.

196 In Anlehnung an CRIRSCO (Hrsg.), International Reporting Template, Rn. 7.

werden konnten.[197] Eine Klassifizierung als **Ressource** (*mineral resource*) ist möglich, wenn Form, Gehalt bzw. Qualität und Menge einer Rohstoffanreicherung erstmals eine künftige wirtschaftliche Förderung erwarten lassen. Die Rohstoffe werden aufgrund eingehender geologischer Untersuchungen und ggf. Probenahmen vermutet, geschätzt oder entdeckt.[198] Für geschlussfolgerte (*inferred*) Ressourcen liegen noch keine ausreichenden geologischen Erkenntnisse vor, um genauere Schätzungen verlässlich vorzunehmen, sodass eine hohe Unsicherheit in diesen Angaben enthalten ist.[199] Angedeutete (*indicated*) Ressourcen können hinsichtlich ihrer geologischen Strukturen und Merkmale indes schon so gut beurteilt werden, dass auch die *modifying factors* insoweit untersucht werden können, dass eine grobe technische Planung und Wirtschaftlichkeitsbewertung möglich ist.[200] Ressourcen haben den Status gemessen (*measured*), wenn ihre geologische Beurteilung einen hinreichend hohen Grad an Sicherheit aufweist, um eine detaillierte technische Planung und finale Wirtschaftlichkeitsbeurteilung zu rechtfertigen.[201]

Reserven (*mineral reserves*) sind der **wirtschaftlich förderbare** Teil eines **entdeckten** Rohstoffvorkommens. Dieser enthält regelmäßig auch Verschmutzungen und Abraum, der mitgefördert wird, was in den Untersuchungen und Analysen wie etwa bei vorläufigen und finalen Machbarkeitsstudien[202] einkalkuliert wird. Es muss nachgewiesen werden, dass eine Rohstoffgewinnung gerechtfertigt ist.[203] Reserven gelten als wahrscheinlich (*probable*), wenn eine angedeutete Ressource (z. T.) tatsächlich wirtschaftlich förderbar ist und die Schätzungen bereits von ausreichender Qualität sind, um eine Entscheidung über die Erschließung einer Lagerstätte treffen zu können.[204] Nachgewiesene (*proved*) Reserven sind der wirtschaftlich förderbare Teil gemessener Ressourcen. Mit dieser Klassifizierung sind die geringsten Unsicherheiten verbunden, denn die Beurteilung der *modifying factors* wurde sehr detailliert vorgenommen.[205]

Gemessene und angedeutete Ressourcen erhalten durch eine detaillierte, positive Auswertung der wirtschaftlichen und weiteren Kriterien den Status einer nachgewiesenen bzw. wahrscheinlichen Reserve.[206] Eine gemessene Ressource wird dann zur (nur) wahrscheinlichen Reserve, wenn die kumulative Anwendung der *modifying factors* zur Konsequenz hat, dass neue Unsicherheiten die Erwartungen über wirtschaftlich förderbare Rohstoffmengen senken.[207] Lediglich geschlussfolgerte

---

197 Vgl. CRIRSCO (Hrsg.), International Reporting Template, Rn. 17 f.
198 Vgl. CRIRSCO (Hrsg.), International Reporting Template, Rn. 21.
199 Vgl. CRIRSCO (Hrsg.), International Reporting Template, Rn. 22.
200 Vgl. CRIRSCO (Hrsg.), International Reporting Template, Rn. 23.
201 Vgl. CRIRSCO (Hrsg.), International Reporting Template, Rn. 24.
202 Vgl. Abschnitt 232.
203 Vgl. CRIRSCO (Hrsg.), International Reporting Template, Rn. 30.
204 Vgl. CRIRSCO (Hrsg.), International Reporting Template, Rn. 31.
205 Vgl. CRIRSCO (Hrsg.), International Reporting Template, Rn. 32.
206 Vgl. CRIRSCO/SPE (Hrsg.), Mapping of Classification Systems, S. 6.
207 Vgl. CRIRSCO (Hrsg.), International Reporting Template, Rn. 12.

Ressourcen müssen zumindest zu angedeuteten Ressourcen umklassifiziert werden, bevor sie den Status einer Reserve erhalten können.[208]

252.3 Abgrenzung von Reserven und Ressourcen in der Öl- und Gasindustrie

Zur Berichterstattung über **Reserven und Ressourcen in der Öl- und Gasindustrie** wurden, ähnlich zur Mineralindustrie, ebenfalls verschiedene nationale und internationale Standards entwickelt, die wiederum große Überschneidungen aufweisen.[209] Das weltweit dominierende Klassifikationssystem der Petroleumindustrie ist das in internationaler Kooperation entstandene **PRMS**, das zu mehr Vergleichbarkeit beitragen und die der Ressourcenschätzung immanente Subjektivität mindern soll.[210] Gemäß PRMS werden zunächst sämtliche Öl- und Gasmengen der Erde – entdeckt oder unentdeckt, förderbar oder nicht – unter dem Begriff **Ressourcen** (entspricht dem *total petroleum initially in place*) subsumiert.[211] Die weitere Klassifizierung dieser Ressourcen richtet sich nach dem in Abbildung 2-10 dargestellten Schema.[212]

Zunächst werden die Ressourcen in **unentdeckte und entdeckte** Rohstoffvorkommen getrennt, wobei unentdeckte, aber vermutlich vorhandene und förderbare Rohstoffe als **potenzielle Ressourcen** (*prospective resources*) gelten.[213] Öl bzw. Gas fällt unter die entdeckten Ressourcen, wenn die Existenz einer signifikanten und potenziell förderbaren Menge feststeht, sodass weitere Untersuchungen für sinnvoll erachtet werden.[214] Darüber hinaus richtet sich die weitere Klassifizierung nach der Wahrscheinlichkeit einer **wirtschaftlichen Förderung** (*chance of commerciality*). Diese ist in der Abbildung auf der Ordinate abgetragen und vergleichbar mit den *modifying factors* des CRIRSCO Template[215]. Zunächst werden entdeckte Rohstoffvorkommen der Kategorie **bedingte Ressourcen** (*contingent resources*) zugeordnet. Die Mengen werden geschätzt und eine wirtschaftliche Förderbarkeit hier vermutet, indes hängt sie zum aktuellen Zeitpunkt noch von einer oder mehreren Bedingungen ab wie z. B. der Marktentwicklung, der Erforschung und Konstruktion neu-

---

208 Vgl. CRIRSCO/SPE (Hrsg.), Mapping of Classification Systems, S. 7.

209 Die bekanntesten Regelungen sind wohl die US-amerikanische SEC Regulation S-X und das kanadische NI 51-101. Die SEC Regulation S-X beschränkt sich in ihren Ausführungen auf Ressourcen allgemein und unterteilt lediglich die Reserven zusätzlich in nachgewiesen, wahrscheinlich und möglich. Die Definitionen entsprechen dabei im Wesentlichen dem PRMS, wobei nur über nachgewiesene Reserven zwingend zu berichten ist, vgl. SEC Regulation S-X 4–10 (a) (17)-(19), (22), (24), (26) und (28). Auch nach NI 51-101 wird in nachgewiesene, wahrscheinliche und mögliche Reserven unterschieden, vgl. NI 51-101.1.1 (z.1).

210 Das PRMS wurde von der Society of Petroleum Engineers (SPE), dem World Petroleum Congress (WPC), der American Association of Petroleum Geologists (AAPG) und der Society of Petroleum Evaluation Engineers (SPEE) erarbeitet. Vgl. KJÄRSTAD, J./JOHNSSON, F., Resources and future supply of oil, S. 446; CRIRSCO/SPE (Hrsg.), Mapping of Classification Systems, S. 2. Vgl. SPE ET AL. (Hrsg.), Petroleum Resources Management System, S. 1, sowie OWEN, N. A./INDERWILDI, O. R./KING, D. A., World oil reserves, S. 4744, auch zur Entstehungsgeschichte des PRMS.

211 Vgl. SPE ET AL. (Hrsg.), Petroleum Resources Management System, S. 2.

212 Das PRMS enthält eigentlich noch eine weitere Unterteilungsmöglichkeit. So können die drei Kategorien Reserven, bedingte und potenzielle Ressourcen jeweils gem. dem Projektfortschritt weiter differenziert werden, um die Berichterstattung noch detaillierter zu gestalten und so weiter zu verbessern. Da diese Subklassen für die vorliegende Arbeit nicht von Bedeutung sind, sollen sie hier nicht näher erläutert werden.

213 Vgl. SPE ET AL. (Hrsg.), Petroleum Resources Management System, S. 3 und 26.

214 Vgl. SPE ET AL. (Hrsg.), Petroleum Resources Management System, S. 6.

215 Vgl. zum CRIRSCO Template Abschnitt 252.2.

er Technologien oder einer genaueren Untersuchung und Analyse der Daten zum Rohstoffvorkommen.[216]

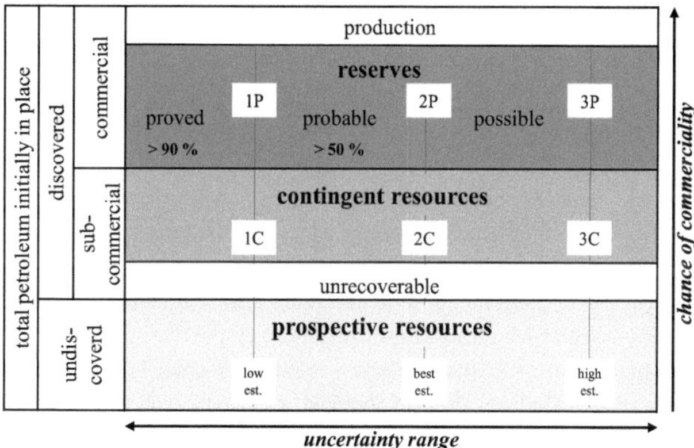

Abbildung 2-10: Rohstoffklassifizierung nach dem PRMS[217]

Ein Teil der oder die gesamten bedingten Ressourcen werden als **Reserven** (*reserves*) reklassifiziert, wenn die Wirtschaftlichkeit des Projekts unter den aktuell herrschenden Bedingungen für ausreichend sicher erachtet wird und die Erschließung der Lagerstätte sowie die künftige Produktion glaubhaft dargelegt werden. Das Projekt muss ausreichend detailliert geplant sein, um nachzuweisen, dass eine Produktion wirtschaftlich ist, alle notwendigen Rechte und Genehmigungen eingeholt wurden oder absehbar erteilt werden und mit der Erschließung innerhalb eines angemessenen Zeitraums, i. d. R. ungefähr fünf Jahre, begonnen wird.[218] Reserven erfüllen vier Voraussetzungen: Sie sind entdeckt, förderbar, wirtschaftlich und dauerhaft vorhanden, verbleiben also bis zu ihrer Förderung in der Lagerstätte.[219] Die Klassifizierung als Reserve wird durch insgesamt fünf Kriterien operationalisiert, die die *chance of commerciality* bedingen und wofür eine klare Dokumentation gefordert wird:[220]

- Nachweis eines angemessenen **Zeitplans** für die **Erschließung**,
- angemessene Einschätzung zur Wirtschaftlichkeit solcher Erschließungsprojekte, indem zuvor definierte **Investment- und operative Kriterien** eingehalten werden,
- berechtigte Erwartung über die **Existenz eines Markts** für die produzierten (verkaufsfähigen) Rohstoffmengen,

216 Vgl. SPE ET AL. (Hrsg.), Petroleum Resources Management System, S. 3 und 25.
217 In Anlehnung an SPE ET AL. (Hrsg.), Petroleum Resources Management System, S. 2 und 7.
218 Vgl. SPE ET AL. (Hrsg.), Petroleum Resources Management System, S. 24.
219 Vgl. SPE ET AL. (Hrsg.), Petroleum Resources Management System, S. 3 und 6.
220 Vgl. KJÄRSTAD, J./JOHNSSON, F., Resources and future supply of oil, S. 446.

- Nachweis, dass alle notwendigen **Produktions- und Transporteinrichtungen** verfügbar sind bzw. sein werden, und
- Nachweis, dass sämtliche **rechtliche, vertragliche, umweltbezogene und andere soziale und wirtschaftliche Belange** für die tatsächliche Projektdurchführung bedacht, geklärt und ausgehandelt sind.[221]

Die Analyse der **geowissenschaftlichen, technischen und wirtschaftlichen** Daten kann für eine noch differenziertere Einteilung von Rohstoffen gemäß der in den Untersuchungsergebnissen enthaltenen Sicherheit bzw. **Unsicherheit** (*uncertainty range*) genutzt werden.[222] Hierfür können deterministische und wahrscheinlichkeitstheoretische Methoden herangezogen werden.[223] Demnach sind **Reserven nachgewiesen** (*proved*), wenn die Einschätzung mit einem sehr hohen Grad an Sicherheit vorgenommen wurde (deterministische Methode) bzw. bei einer wahrscheinlichkeitstheoretischen Berechnung von einer Mindestwahrscheinlichkeit respektive -sicherheit von 90 % auszugehen ist.[224] **Wahrscheinliche** (*probable*) Reserven sind mit größerer Unsicherheit verbunden, die Lagerstätte muss mit einer Mindestwahrscheinlichkeit von 50 % Rohstoffmengen mindestens in Höhe der Summe aus nachgewiesenen und wahrscheinlichen Reserven (2P) enthalten.[225] Die größte Unsicherheit besteht für **mögliche** (*possible*) Reserven, die Rohstoffmengen einer Lagerstätte entsprechen der Summe aus nachgewiesenen, wahrscheinlichen und möglichen Reserven (3P) mit einer Mindestwahrscheinlichkeit von nur noch 10 %.[226]

Für **bedingte Ressourcen** wird nach den gleichen Grenzen wie für Reserven eine Klassifizierung gemäß der Unsicherheit vorgenommen, die Einteilung erfolgt dann in 1C, 2C und 3C.[227] Grundsätzlich trifft dies auch auf die **potenziellen Ressourcen** zu. Die vorsichtigste Schätzung, also die mit der größten Sicherheit, führt zu den geringsten Annahmen hinsichtlich der Rohstoffmengen und wird daher als *low estimate* bezeichnet, die optimistischste Schätzung ist aufgrund der höchsten Mengenannahmen der *high estimate* und die wahrscheinlichste Schätzung entspricht dem *best estimate*.[228]

---

221 Vgl. SPE ET AL. (Hrsg.), Petroleum Resources Management System, S. 6.

222 Die *uncertainty range* wird auf der Abszisse abgetragen und entspricht im Wesentlichen der Achse *geological knowledge and confidence* des CRIRSCO Template, vgl. Abschnitt 252.2.

223 Deterministische Schätzungen beschreiben ein einziges, festes Szenarioergebnis, wohingegen mit wahrscheinlichkeitstheoretischen Methoden viele solcher Ergebnisse in einer Bandbreite berücksichtigt und Wahrscheinlichkeiten für die Inputparameter integriert werden. Vgl. SPE ET AL. (Hrsg.), Petroleum Resources Management System, S. 21-23.

224 Die Einschätzung als nachgewiesene Reserve wird auch mit 1P bezeichnet, vgl. SPE ET AL. (Hrsg.), Petroleum Resources Management System, S. 28.

225 Vgl. SPE ET AL. (Hrsg.), Petroleum Resources Management System, S. 28.

226 Vgl. SPE ET AL. (Hrsg.), Petroleum Resources Management System, S. 29.

227 Vgl. CRIRSCO/SPE (Hrsg.), Mapping of Classification Systems, S. 4.

228 Vgl. SPE ET AL. (Hrsg.), Petroleum Resources Management System, S. 11.

252.4 Mapping von CRIRSCO Template und PRMS

Im Jahr 2007 hat der **IASB** ein Team aus Vertretern des CRIRSCO und der SPE **beauftragt** zu untersuchen, inwiefern sich deren Klassifikationssysteme für mineralische Rohstoffe sowie für Öl und Gas entsprechen und wo Unterschiede liegen. Der resultierende Bericht soll dem IASB dabei assistieren, einen IFRS für rohstofffördernde Aktivitäten zu entwickeln.[229] Mittels **Mapping** hat das Forscherteam die **Systematik und Terminologie** des CRIRSCO Template und des PRMS, wie in Abbildung 2-11 illustriert, zusammengeführt, um eine einheitliche Anwendung durch die IFRS zu ermöglichen und Aspekte zu identifizieren, für die eine industriespezifisch modifizierte Anwendung notwendig sein könnte.[230]

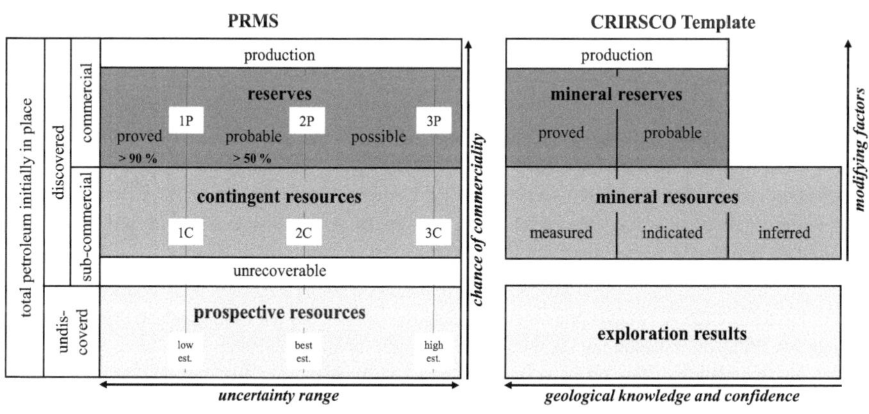

Abbildung 2-11: Mapping der Rohstoffklassifizierungen nach PRMS und CRIRSCO Template[231]

Die Arbeitsgruppe stellte zunächst fest, dass die ***modifying factors*** in ihrer Gesamtheit **gleichbedeutend** sind mit den Voraussetzungen, die die ***chance of commerciality*** beeinflussen. Auch die Kategorisierung anhand geologisch-technischem Wissensstand in den beiden Systemen (*uncertainty range* bzw. *geological knowledge and confidence*) wird als inhaltlich gleichwertig erachtet.[232] Auf dieser Basis werden die **Reservendefinitionen** für im Grunde **gleich** befunden. Nach beiden Standards müssen die Rohstoffe entdeckt sein, bis zur Förderung in der Lagerstätte verbleiben und mit aktuellen Techniken sowie unter aktuellen wirtschaftlichen Bedingungen förderbar sein, sodass ein verkaufsfähiges Gut entsteht. Ein nicht gravierender Unterschied besteht bei der Voraussetzung der Wirtschaftlichkeit hinsichtlich der zeitlichen Komponente, denn während das PRMS einen angemessenen Zeitplan mit einer Vorgabe zur Erschließung innerhalb von ca. fünf Jahren explizit for-

---

229 Vgl. DP/2010/1.2.14; CRIRSCO/SPE (Hrsg.), Mapping of Classification Systems, S. 2.

230 Vgl. CRIRSCO/SPE (Hrsg.), Mapping of Classification Systems, S. 3. Zur besseren Vergleichbarkeit der beiden Systeme wurde die CRIRSCO Matrix für diese Abbildung um 90 Grad gedreht, sodass die Gemeinsamkeiten auch optisch deutlich werden.

231 In Anlehnung an CRIRSCO/SPE (Hrsg.), Mapping of Classification Systems, S. 7.

232 Vgl. CRIRSCO/SPE (Hrsg.), Mapping of Classification Systems, S. 7.

dert, geht das CRIRSCO Template nicht konkret auf den Zeitaspekt ein.[233] Obwohl die Methoden zur Exploration und Evaluierung für Minerale sowie Öl und Gas mitunter recht verschieden sind, wird die Klassifizierung als **nachgewiesene Reserve** nach beiden Standards als **äquivalent** angesehen, sofern alle *modifying factors* respektive Bedingungen zur Erreichung einer hohen *chance of commerciality* erfüllt sind und der gleiche Grad an Sicherheit bei den Schätzungen erreicht ist. Diese Einschätzung gilt auch für **wahrscheinliche Reserven**, denn in der Mineral- wie in der Öl- und Gasindustrie entspricht die Summe aus nachgewiesenen und wahrscheinlichen Reserven dem *best estimate* der zu diesem Zeitpunkt förderbaren Rohstoffe.[234] Lediglich für die PRMS-Kategorie der **möglichen Reserven** findet sich **keine entsprechende Kategorie** im CRIRSCO Template; mineralische Rohstoffe klassifiziert als geschlussfolgerte Ressourcen kommen dem noch am nächsten.[235] Hingegen haben **bedingte und mineralische Ressourcen** wiederum ebenfalls einen sehr **großen Überschneidungsbereich**.[236]

Hinsichtlich der Unterteilungen der mineralischen Ressourcen in gemessen, angedeutet und geschlussfolgert sowie der bedingten Ressourcen des PRMS in 1C, 2C und 3C befand die Arbeitsgruppe, dass diese im Wesentlichen gleichbedeutend sind, da sie von **gleichwertigen Bedingungen und gleichen Unsicherheitsgraden** abhängig sind.[237] Auch zwischen potenziellen Ressourcen und Explorationsergebnissen werden starke Ähnlichkeiten festgestellt, wobei das PRMS in dieser Kategorie weitreichendere Untersuchungen vornimmt.[238]

Darüber hinaus hat die Arbeitsgruppe einen Aspekt identifiziert, bei dem sich das CRIRSCO Template und das PRMS unterscheiden. Während für Öl und Gas die Mengenangaben stets auf die tatsächlich **verkaufsfähigen Produkte** bezogen werden, wird über mineralische Rohstoffe in **Tonnage und Mineralisierungsgrad** berichtet. Indes wird für sie auch gefordert, dass die zu erwartenden *recovery factors*[239] veröffentlicht werden, sodass eine Berechnung der verkaufsfähigen Produkte daraus ermöglicht wird. Diese Angabe gehört ohnehin zur gängigen Praxis.[240] Darum kommen die Experten letztlich zum Schluss, dass das CRIRSCO Template und das PRMS **hochgradig kompatible Klassifizierungssysteme** für Rohstoffe sind.[241]

---

233 Vgl. CRIRSCO/SPE (Hrsg.), Mapping of Classification Systems, S. 11.

234 Vgl. CRIRSCO/SPE (Hrsg.), Mapping of Classification Systems, S. 12.

235 Vgl. CRIRSCO/SPE (Hrsg.), Mapping of Classification Systems, S. 13.

236 Das PRMS sieht vor, dass bedingte Ressourcen zusätzlich in marginal und submarginal unterteilt werden können. Für erstere bestehen berechtigte Erwartungen zur künftigen Förderung, wohingegen für letztere die Wirtschaftlichkeit noch zu unsicher ist oder sie von anderen Bedingungen abhängen. Mineralische Ressourcen entsprechen daher streng genommen marginalen bedingten Ressourcen, vgl. CRIRSCO/SPE (Hrsg.), Mapping of Classification Systems, S. 13 f. Für submarginale bedingte Ressourcen sieht das CRIRSCO Template keine äquivalente Kategorisierung vor.

237 Vgl. CRIRSCO/SPE (Hrsg.), Mapping of Classification Systems, S. 14 f.

238 Vgl. CRIRSCO/SPE (Hrsg.), Mapping of Classification Systems, S. 16.

239 Die *recovery factors* drücken aus, welcher Teil der geförderten Mengen tatsächlich aus Mineralen besteht und wieviel Abraum und Verschmutzung mitgefördert wird.

240 Vgl. CRIRSCO/SPE (Hrsg.), Mapping of Classification Systems, S. 8, 11 und 14.

241 Vgl. CRIRSCO/SPE (Hrsg.), Mapping of Classification Systems, S. 10.

Im zweiten Kapitel wurden die wesentlichen Besonderheiten der Suche nach sowie Einschätzung und Förderung von Rohstoffen zusammengefasst. Das Upstream-Geschäft rohstofffördernder Unternehmen ist ein sehr langfristiger Prozess, der sich über Jahre streckt und in mehrere Phasen gliedert. Ein besonderes Merkmal der *extractive activities* ist die Fülle an spezifischen und hohen Risiken und Unsicherheiten, denen sich die Unternehmen stellen müssen, die sie zugleich aber größtenteils nicht kontrollieren können. Dementsprechend komplex und schwierig gestaltet sich auch die Beurteilung der vermuteten und entdeckten Bodenschätze. Gerade jene Bodenschätze stellen jedoch die wertvollsten Ressourcen und damit den zentralen Erfolgsfaktor von Rohstoffunternehmen dar. Durch die Klassifizierung der Rohstoffe gemäß international anerkannter Standards wird der Kenntnisstand – und damit auch die jeweilige (verbleibende) Ungewissheit – über diese widergespiegelt und so nachvollziehbar gemacht. Anhand der klassifizierten Rohstoffe lassen sich künftige wirtschaftliche Nutzenzuflüsse schätzen, die für die Bilanzierung vieler Sachverhalte betreffend Upstream-Aktivitäten höchst bedeutsam sind.

3 Grundlagen der Rechnungslegung nach den International Financial Reporting Standards

31 Bilanztheoretische Grundlagen der IFRS-Rechnungslegung

Die vorliegende Arbeit untersucht die Bilanzierung investiver Aktivitäten im Rahmen des Upstream-Geschäfts rohstofffördernder Unternehmen nach den IFRS. Damit auch ein entsprechender Analyse- und Würdigungsrahmen für diese Bilanzierungsvorschriften und -praktiken gegeben ist, anhand dessen die Vorgehensweise zur bilanziellen Erfassung beurteilt und ggf. neue Vorschläge dazu entwickelt werden können, müssen zunächst die Grundlagen und das Ziel der IFRS-Rechnungslegung erläutert werden. In Kapitel 3 werden diese Grundlagen vorgestellt.

Als Fundament der Rechnungslegung bedarf es einer **umfassenden Konzeption**, nach der das gesamte System von Rechnungslegungsregelungen an einem zuvor **definierten Ziel** ausgerichtet wird.[242] Seit jeher werden verschiedenste solcher bilanztheoretischen Ansätze diskutiert. Dabei sind in Bezug auf die Rechnungslegung nach IFRS vor allem zwei Ansätze von größter Bedeutung: der *revenue expense* und der *asset liability approach*.[243] Beide zählen zu den **gewinnorientierten Theorien**, da sie der Rechnungslegung die zentrale Funktion der Gewinnermittlung zuschreiben.[244]

Mit dem ***revenue expense approach*** soll über eine **stromgrößenorientierte** Rechnungslegung der **Erfolg einer Periode** ermittelt werden.[245] Der periodisierte Unternehmenserfolg spiegelt die Ertragskraft des Unternehmens wider und dient damit auch der Unternehmenswertermittlung.[246] Die Gewinn- und Verlustrechnung steht im Fokus, denn basierend auf den primären Abschlussposten Erträge und Aufwendungen wird der korrekte Gewinn als Differenz zwischen diesen Stromgrößen direkt hergeleitet.[247] Die **Periodenabgrenzung** (*accrual principle*) determiniert den Zeitpunkt und die Höhe der Erfassung von Erträgen und Aufwendungen[248] und wird durch das *realisation principle* und das *matching principle* gewährleistet.[249]

---

[242] Vgl. GERBAULET, C., Reporting Comprehensive Income, S. 6 f.

[243] Vgl. DICHEV, I. D., Balance Sheet-Based Model, S. 454 f.

[244] Vgl. HALLER, A., Externe Rechnungslegung in den USA, S. 125.

[245] Vgl. GERBAULET, C., Reporting Comprehensive Income, S. 6; HALLER, A., Externe Rechnungslegung in den USA, S. 126; ANTONAKOPOULOS, N., Gewinnkonzeptionen und Erfolgsdarstellung, S. 18; PLOCK, M., Ertragsrealisation nach IFRS, S. 37.

[246] Vgl. GERBAULET, C., Reporting Comprehensive Income, S. 7; ANTONAKOPOULOS, N., Gewinnkonzeptionen und Erfolgsdarstellung, S. 20.

[247] Vgl. SOLOMONS, D., Guidelines for Financial Reporting Standards, S. 22; ANTONAKOPOULOS, N., Erfolgsbehandlung nach IFRS, S. 104; PATERSON, R., Primacy for the P&L Account, S. 80; ANTHONY, R. N., Tell it like it was, S. 67; MÜLLER, I. H., Matching Principle, S. 60; SOLOMONS, D., Choosing An Accounting Model, S. 46. Der *revenue expense approach* wurde im angelsächsischen Bereich vor allem durch PATON/LITTLETON publik, die diesen entscheidend geprägt haben, vgl. PATON, W. A./LITTLETON, A. C., Corporate Accounting Standards.

[248] Vgl. ANTHONY, R. N., Tell it like it was, S. 68.

[249] Vgl. DICHEV, I. D., Balance Sheet-Based Model, S. 455; STREIM, H., Vermittlung von entscheidungsnützlichen Informationen, S. 117. Es bestehen weitreichende Parallelen des *revenue expense approach* zur dynamischen Bilanztheorie, die im deutschen Sprachraum verbreitet ist, vgl. WÜSTEMANN, J./KIERZEK, S., Ertragsvereinnah-

Ob Erträge Eingang in die Gewinn- und Verlustrechnung finden, bestimmt sich nach dem ***realisation principle***: Erträge sind untrennbar mit dem Umsatzakt verknüpft. Erst beim Verkauf von Gütern oder Dienstleistungen und damit dem „Sprung zum Absatzmarkt“[250] dürfen sie erfolgswirksam erfasst werden, wodurch sie genau der Periode zugerechnet werden, in der sie realisiert wurden.[251] Die Aufwandserfassung richtet sich hingegen nach dem ***matching principle***: Auszahlungen sind korrespondierend in der Periode erfolgsmindernd zu berücksichtigen, in der die zugehörigen Erträge realisiert wurden.[252] Dies unterstellt eine direkte Beziehung von Aufwendungen zu den Erträgen, für die sie ursächlich waren, sodass Auszahlungen bis zur entsprechenden Ertragsvereinnahmung erfolgsneutral in der Bilanz abzugrenzen sind.[253] Liegt keine derartige Beziehung vor, werden Auszahlungen in der Berichtsperiode ihrer Entstehung als Aufwand in der Gewinn- und Verlustrechnung erfasst.[254]

Da gemäß dem *revenue expense approach* der periodengerechte Gewinn aus den Erträgen und Aufwendungen ermittelt wird, repräsentieren die Posten der **Bilanz** weniger künftige Nutzenzu- oder -abflüsse, sondern vielmehr noch nicht erfolgswirksam gewordene Ein- und Auszahlungen.[255] Vermögenswerte und Schulden werden in Abhängigkeit von Erträgen und Aufwendungen definiert und bilden die Konsequenzen deren Veränderung in der Bilanz ab.[256] Als **Bewertungsmaßstab** beim *revenue expense approach* werden die (fortgeführten) **Anschaffungs- bzw. Herstellungskosten** herangezogen.[257] Diese sind mit dem *realisation principle* vereinbar, da keine unrealisierten (Bewertungs-)Erfolge in den Periodenerfolg einfließen.[258]

---

mung und Realisationsprinzip, S. 429; STREIM, H., Internationalisierung von Gewinnermittlungsregeln, S. 335. Als prominentester Vertreter der Dynamik gilt SCHMALENBACH, vgl. SCHMALENBACH, E., Dynamische Bilanz. Für einen Überblick zur dynamischen Bilanztheorie vgl. MOXTER, A., Bilanzlehre, S. 29-56; SEICHT, G., Bilanztheorien, S. 166-169.

250 PLOCK, M., Ertragsrealisation nach IFRS, S. 36.

251 Vgl. PATERSON, R., Primacy for the P&L Account, S. 80; STREIM, H., Vermittlung von entscheidungsnützlichen Informationen, S. 117; BACKHAUS, K., Gewinnrealisation, S. 347. Durch die Bindung an den Realisationszeitpunkt wird auf die wirtschaftliche Verursachung der Erträge abgestellt, was zur Objektivierung des Periodenerfolgs beiträgt, vgl. COENENBERG, A. G./STRAUB, B., Rechenschaft versus Entscheidungsunterstützung, S. 21.

252 Vgl. STREIM, H., Vermittlung von entscheidungsnützlichen Informationen, S. 117.

253 Dabei ist unerheblich, ob diese abgegrenzten Kosten als Vermögenswert gelten oder nicht, vgl. SOLOMONS, D., Guidelines for Financial Reporting Standards, S. 22. Vgl. hierzu auch GERBAULET, C., Reporting Comprehensive Income, S. 10; PLOCK, M., Ertragsrealisation nach IFRS, S. 37 f.

254 Vgl. PATERSON, R., Primacy for the P&L Account, S. 80; GERBAULET, C., Reporting Comprehensive Income, S. 10.

255 Vgl. PATON, W. A./LITTLETON, A. C., Corporate Accounting Standards, S. 25; GERBAULET, C., Reporting Comprehensive Income, S. 10 f.; PLOCK, M., Ertragsrealisation nach IFRS, S. 37.

256 Vgl. PATON, W. A./LITTLETON, A. C., Corporate Accounting Standards, S. 7-9; ANTHONY, R. N., Tell it like it was, S. 68; DICHEV, I. D., Balance Sheet-Based Model, S. 455; LÜDENBACH, N./HOFFMANN, W.-D./FREIBERG, J., in: Haufe IFRS-Kommentar, 13. Aufl., § 1, Rn. 118; ANTONAKOPOULOS, N., Gewinnkonzeptionen und Erfolgsdarstellung, S. 19.

257 Vgl. GERBAULET, C., Reporting Comprehensive Income, S. 34; PATON, W. A./LITTLETON, A. C., Corporate Accounting Standards, S. 48 f.

258 Vgl. HALLER, A., Externe Rechnungslegung in den USA, S. 128 und 132 f.; PLOCK, M., Ertragsrealisation nach IFRS, S. 36 f. Zudem betont HALLER, dass dieser Bewertungsmaßstab den Grundsätzen der Objektivität und der Zuverlässigkeit sowie dem *matching principle* gerecht wird, vgl. HALLER, A., Externe Rechnungslegung in den USA, S. 127 f.

Der ***asset liability approach*** legt den Fokus – abweichend zum *revenue expense approach* – nicht auf die Gewinn- und Verlustrechnung, sondern auf die Bilanz.[259] Demnach sind die **Bestandsgrößen** Vermögenswerte und Schulden die Hauptelemente des Abschlusses, sodass zunächst das korrekte **Vermögen** ermittelt werden muss.[260] Die Bilanzposten müssen dafür die Definitionen für Vermögenswerte bzw. Schulden erfüllen und verkörpern künftige Nutzenzu- bzw. -abflüsse.[261] Das Eigenkapital bemisst sich als die Differenz von Vermögenswerten und Schulden. Durch den Vergleich des Eigenkapitals zweier aufeinanderfolgender Perioden lässt sich indirekt der **Erfolg der Berichtsperiode** errechnen,[262] sodass Vermögens- und Gewinnermittlung in engem Zusammenhang stehen.[263] Ausgehend von den Definitionen der Bilanzposten sind Erträge als Erhöhung von Vermögenswerten oder Minderung von Schulden und Aufwendungen korrespondierend als Minderung von Vermögenswerten oder Erhöhung von Schulden zu verstehen.[264]

Indem der Ansatz von Bilanzposten an die Erfüllung der Kriterien für das Vorliegen von Vermögenswerten bzw. Schulden geknüpft ist, wird die Wirkung des ***matching principle*** beim *asset liability approach* begrenzt.[265] Die Bilanzierung reiner Verrechnungsposten wird dadurch verhindert.[266] Zwar verfolgt auch dieses Konzept den Grundgedanken der Periodenabgrenzung. Indes verliert das ***realisation principle*** bei strenger Auslegung des *asset liability approach* an Bedeutung, da aus Vermögensänderungen resultierende Erträge und Aufwendungen unabhängig von ihrer Realisation

---

259 Vgl. PLOCK, M., Ertragsrealisation nach IFRS, S. 39. Als prominenteste Vertreter dieses Konzepts gelten mithin SPROUSE/MOONITZ, die ihre Auffassung ausführlich darlegen in SPROUSE, R. T./MOONITZ, M., Accounting Principles.

260 Vgl. DICHEV, I. D., Balance Sheet-Based Model, S. 454; PATERSON, R., Primacy for the P&L Account, S. 80; GERBAULET, C., Reporting Comprehensive Income, S. 11 f.; ANTONAKOPOULOS, N., Gewinnkonzeptionen und Erfolgsdarstellung, S. 21.

261 Vgl. SPROUSE, R. T./MOONITZ, M., Accounting Principles, S. 8; BAXTER, W., Costs or assets?, S. 76; SOLOMONS, D., Guidelines for Financial Reporting Standards, S. 23; ANTHONY, R. N., Tell it like it was, S. 67; GERBAULET, C., Reporting Comprehensive Income, S. 12; ANTONAKOPOULOS, N., Gewinnkonzeptionen und Erfolgsdarstellung, S. 21.

262 Vgl. SPROUSE, R. T./MOONITZ, M., Accounting Principles, S. 9; SOLOMONS, D., Guidelines for Financial Reporting Standards, S. 23; DICHEV, I. D., Balance Sheet-Based Model, S. 454; BAXTER, W., Costs or assets?, S. 76; ANTHONY, R. N., Tell it like it was, S. 67.

263 Vgl. GERBAULET, C., Reporting Comprehensive Income, S. 34; MILLER, P. B./BAHNSON, P. R., Continuing the Normative Dialog, S. 428.

264 Vgl. LÜDENBACH, N./HOFFMANN, W.-D./FREIBERG, J., in: Haufe IFRS-Kommentar, 13. Aufl., § 1, Rn. 118; DICHEV, I. D., Balance Sheet-Based Model, S. 454; SOLOMONS, D., Guidelines for Financial Reporting Standards, S. 23; PATERSON, R., Primacy for the P&L Account, S. 80; BAXTER, W., Costs or assets?, S. 76; GERBAULET, C., Reporting Comprehensive Income, S. 13; ANTONAKOPOULOS, N., Erfolgsbehandlung nach IFRS, S. 105. Dem *asset liability approach* sehr ähnliche Elemente enthält die statische Bilanztheorie, die seit Ende des 19. Jahrhunderts in Deutschland entwickelt wurde und als deren Begründer SIMON gilt, vgl. SIMON, H. V., Bilanzen der Aktien- und Kommanditgesellschaften. Einen Überblick zur statischen Bilanztheorie bieten MOXTER, A., Bilanzlehre, S. 5-28; SEICHT, G., Bilanztheorien, S. 164-166.

265 Vgl. MÜLLER, I. H., Matching Principle, S. 61; PATERSON, R., Primacy for the P&L Account, S. 82.

266 Vgl. WÜSTEMANN, J./KIERZEK, S., Ertragsvereinnahmung und Realisationsprinzip, S. 429; SCHÖLLHORN, T./MÜLLER, M., Relevanz des Rahmenkonzepts (Teil II), S. 1624; PLOCK, M., Ertragsrealisation nach IFRS, S. 43 f.

in die Gewinn- und Verlustrechnung der Berichtsperiode einfließen, in der sich der Wert des Vermögens geändert hat.[267]

Damit die Bilanz das Vermögen mit dem Wert ausweist, der der ökonomischen Realität möglichst umfassend entspricht, und eine zutreffende Approximation des Unternehmenswerts erlaubt, werden **Zeitwerte** (Fair Values) zur **Bewertung** favorisiert.[268] Besonders beobachtbare Marktpreise gelten als aktuell, objektiviert und spiegeln die Nutzeneinschätzungen von Marktteilnehmern wider.[269] Jedoch verlieren Fair Values an Aussagekraft, sofern sie nicht direkt mittels beobachtbarer Marktpreise ermittelt werden, da keine perfekt vergleichbaren Vermögenswerte am Markt gehandelt werden oder wenn die Märkte inaktiv sind.[270] Der *asset liability approach* kann zu wesentlich volatileren Ergebnissen führen als der *revenue expense approach*, da sämtliche Fair Value-Änderungen sofort erfolgswirksam in der Gewinn- und Verlustrechnung abgebildet werden.[271]

Die **Rechnungslegung nach IFRS** folgt nicht konsequent einer Konzeption, sondern vereint **Elemente beider Ansätze**.[272] Zunächst war die *Revenue-Expense*-Perspektive prominenter in den IFRS verankert.[273] Der Grundsatz der Periodenabgrenzung und das *matching principle* bilden bis heute fundamentale Bestandteile der IFRS-Rechnungslegung.[274] Allerdings finden sich auch einige Elemente, die dem *asset liability approach* entstammen.[275] So wurden z. B. Definitionen und Ansatzkriterien für Vermögenswerte und Schulden eingeführt, wodurch der Ansatz reiner Verrechnungsposten in der Bilanz ausgeschlossen wird. Außerdem ermöglichen bzw. fordern einige Standards eine Zeitwertbewertung. In den letzten Jahren zeichnete sich demnach eine **verstärkte Orientierung des IASB am *asset liability approach*** ab.[276]

---

267 Vgl. GERBAULET, C., Reporting Comprehensive Income, S. 14; ANTONAKOPOULOS, N., Gewinnkonzeptionen und Erfolgsdarstellung, S. 22.

268 Vgl. PATERSON, R., Primacy for the P&L Account, S. 82; HALLER, A., Externe Rechnungslegung in den USA, S. 136; PLOCK, M., Ertragsrealisation nach IFRS, S. 40.

269 Vgl. HALLER, A., Externe Rechnungslegung in den USA, S. 137; GERBAULET, C., Reporting Comprehensive Income, S. 34; ANTONAKOPOULOS, N., Gewinnkonzeptionen und Erfolgsdarstellung, S. 24.

270 Vgl. SOLOMONS, D., Choosing An Accounting Model, S. 43.

271 Auch reine Bewertungserfolge fließen demnach in den Periodenerfolg ein, was beim *revenue expense approach* durch die Bewertung zu fortgeführten Anschaffungs- und Herstellungskosten verhindert wird, vgl. PATERSON, R., Primacy for the P&L Account, S. 81; PLOCK, M., Ertragsrealisation nach IFRS, S. 39.

272 Vgl. LÜDENBACH, N./HOFFMANN, W.-D./FREIBERG, J., in: Haufe IFRS-Kommentar, 13. Aufl., § 1, Rn. 118; PLOCK, M., Ertragsrealisation nach IFRS, S. 28 und 45.

273 Vgl. DICHEV, I. D., Balance Sheet-Based Model, S. 455.

274 Vgl. ANTONAKOPOULOS, N., Gewinnkonzeptionen und Erfolgsdarstellung, S. 26.

275 Vgl. STREIM, H., Internationalisierung von Gewinnermittlungsregeln, S. 335; ANTONAKOPOULOS, N., Erfolgsbehandlung nach IFRS, S. 105.

276 Vgl. LÜDENBACH, N./HOFFMANN, W.-D./FREIBERG, J., in: Haufe IFRS-Kommentar, 13. Aufl., § 1, Rn. 118; VELTE, P., Bilanztheorien, S. 141; PELGER, C., Conceptual Framework, S. 913; WÜSTEMANN, J./KIERZEK, S., Ertragsvereinnahmung und Realisationsprinzip, S. 427 und 429.

32 Conceptual Framework for Financial Reporting als konzeptionelle Leitperspektive der IFRS

321. Zweck und Status des Conceptual Framework

Bislang werden rohstofffördernde Aktivitäten – ganz oder teilweise – explizit von der Anwendung einiger IFRS/IAS ausgeschlossen,[277] sodass Bilanzierer – unter Rückgriff auf das Conceptual Framework for Financial Reporting[278] und IAS 8 – in vielen Fällen eigene Rechnungslegungsmethoden entwickeln müssen. Darum wird im weiteren Verlauf dieses Kapitels das Rahmenkonzept der IFRS vorgestellt. Im Rahmenkonzept werden das Ziel der IFRS-Rechnungslegung sowie grundlegende Anforderungen an diese beschrieben, außerdem bildet es die Basis für Ansatz und Bewertung von Abschlussposten sowie die Erfolgsermittlung. Darüber hinaus wird in diesem Kapitel skizziert, wie Regelungslücken mit Hilfe von IAS 8 geschlossen werden können.

Mit dem Norwalk Agreement im Jahre 2002 vereinbarten der IFRS-Standardsetzer IASB und der US-amerikanische Standardsetzer FASB, künftig gemeinsame Rechnungslegungsstandards entwickeln und die bereits bestehenden Standards in Einklang bringen zu wollen.[279] Voraussetzung dafür sollte ein gemeinsames Rahmenkonzept als konsistente Deduktionsbasis zur Herleitung dieser Standards sein.[280] Das vorläufige Ergebnis des **Konvergenzprojekts**[281] war das Conceptual Framework for Financial Reporting (2010), mit dem Teile des alten Framework for the Preparation and Presentation of Financial Statements (1989)[282] ersetzt wurden.[283] Sodann stellten IASB und FASB die Zusammenarbeit vorläufig ein, um sich zunächst dringenderen Projekten zu widmen.[284]

Im Mai 2015 wurde der Exposure Draft ED/2015/3 zum Conceptual Framework veröffentlicht.[285] Dieser ist indes nicht mehr in Zusammenarbeit mit dem FASB entstanden. Vielmehr hat der IASB auf Drängen der IFRS-Anwender das Projekt allein fortgeführt.[286] Da vom Exposure Draft zum finalen Conceptual Framework keine tiefgreifenden Änderungen mehr zu erwarten sind, sollen in diesem Abschnitt 32 die Inhalte des Rahmenkonzepts basierend auf dem Exposure Draft vorgestellt

---

277 Vgl. IAS 2.3 (a); IAS 16.3 (c) und (d); IAS 18.6 (h); IAS 38.2 (c) und (d); IAS 40.4 (b).

278 Die Begriffe Conceptual Framework for Financial Reporting, Conceptual Framework und Rahmenkonzept werden in dieser Arbeit synonym verwendet.

279 Vgl. WHITTINGTON, G., Harmonisation or discord, S. 497 f.

280 Vgl. DOBLER, M./HETTICH, S., Änderungen der Rahmenkonzepte, S. 30.

281 IASB und FASB begannen das Rahmenkonzept-Projekt bereits im Jahr 2004. Für einen Überblick zur Projektplanung und -durchführung vgl. PELGER, C., Conceptual Framework, S. 908-910; PELGER, C., Entscheidungsnützlichkeit in neuem Gewand, S. 156-158; GASSEN, J./FISCHKIN, M./HILL, V., Rahmenkonzept-Projekt, S. 874 f.; DOBLER, M./HETTICH, S., Änderungen der Rahmenkonzepte, S. 29-31.

282 Hiermit ist das vom IASC im Jahr 1989 erstmals veröffentlichte Rahmenkonzept gemeint, das im April 2001 vom IASB angenommen wurde.

283 Neu eingefügt wurden Kapitel 1 „The objective of general purpose financial reporting“ und Kapitel 3 „Qualitative characteristics of useful financial information“. Die übrigen, noch nicht überarbeiteten Teile des Conceptual Framework behalten indes ihre Gültigkeit, vgl. Vorwort zum Conceptual Framework for Financial Reporting (2010).

284 Vgl. ED/2015/3, S. 6; BARCKOW, A., Neues Rahmenkonzept, S. I.

285 Der IASB plant, die Überarbeitung des Rahmenkonzepts im Jahr 2016 abzuschließen, vgl. ED/2015/3, S. 7.

286 Vgl. ED/2015/3.BCIN.6 und .BCIN.8; BEINSEN, B./WAGENHOFER, A., IASB zum Vorsichtsprinzip, S. 413; BARCKOW, A., Neues Rahmenkonzept, S. I.

und als konzeptioneller Unterbau für die gesamte Arbeit, vor allem für die Konkretisierung und Beurteilung von Rechnungslegungsregelungen, verwendet werden.

Das Conceptual Framework beschreibt das Ziel der IFRS-Rechnungslegung, bildet ihre **konzeptionelle Grundlage** und soll damit folgenden Zwecken dienen:

- Unterstützung des IASB bei der Entwicklung von Standards basierend auf konsistenten Konzeptionen,
- Unterstützung der Rechnungslegenden bei der Entwicklung konsistenter Rechnungslegungsmethoden, sofern kein Standard auf einen spezifischen Sachverhalt anwendbar ist oder die IFRS ein Wahlrecht einräumen, und
- Unterstützung aller Parteien dabei, die Standards zu verstehen und zu interpretieren.[287]

Der IASB will so künftig IFRS entwickeln, die durch internationale Vergleichbarkeit zu mehr Transparenz in der Finanzberichterstattung führen, die aufgrund der Verringerung von Informationsasymmetrien zwischen Kapitalgebern und Management die Rechenschaft stärken, und die Markteffizienz fördern, indem Investoren Chancen und Risiken einfacher identifizieren können.[288] Es bedarf also eines Rechnungslegungssystems, das in sich konsistent und prinzipienorientiert ist.[289] Grundlage dessen bildet wiederum das Rahmenkonzept, das sowohl als Deduktionsbasis für die Standardentwicklung dienen als auch bei der Auslegung und Anwendung von Regelungen herangezogen werden kann.[290]

Dem Conceptual Framework kommt indes nicht der **Stellenwert** eines Standards oder einer IFRIC-Interpretation zu.[291] Vielmehr haben die spezifischen Einzelregelungen der IFRS stets Vorrang,[292] sodass das Rahmenkonzept auch nicht die Wirkung eines „*overriding principle*" entfalten kann.[293] Jedoch verweist IAS 1 explizit auf das Rahmenkonzept, woraus eine indirekte Bindungswirkung umfangreicher Teile des Conceptual Framework resultiert.[294] Außerdem soll gemäß IAS 8 im Falle fehlender Regelungen für einen spezifischen Sachverhalt mitunter auf die Grundsätze des Rahmenkonzepts zurückgegriffen werden.[295]

---

287 Vgl. ED/2015/3.IN1.

288 Vgl. ED/2015/3.IN5.

289 Vgl. KAMPMANN, H./SCHWEDLER, K., Gemeinsames Rahmenkonzept, S. 523; WIEDMANN, H./SCHWEDLER, K., Rahmenkonzepte von IASB und FASB, S. 683 f.; HOFFMANN, S./DETZEN, D., Joint Conceptual Framework, S. 55.

290 Vgl. KAMPMANN, H., in: IFRS Kommentar, Rahmenkonzept, Rn. 10.

291 Vgl. SCHÖLLHORN, T./MÜLLER, M., Relevanz des Rahmenkonzepts (Teil I), S. 1624; GEBHARDT, G./DEAN, G., Conceptual Framework, S. 218.

292 Vgl. ED/2015/3.IN2.

293 Vgl. GASSEN, J./FISCHKIN, M./HILL, V., Rahmenkonzept-Projekt, S. 875.

294 Vgl. IAS 1.15. Nur mit dem Rahmenkonzept übereinstimmende Abschlüsse können demnach die Lage des Unternehmens den tatsächlichen Verhältnissen entsprechend und glaubwürdig darstellen.

295 Vgl. IAS 8.10-.12 sowie die Ausführungen in Abschnitt 33.

322. Ziel der IFRS-Rechnungslegung und ihre Adressaten

Das Ziel der Rechnungslegung nach IFRS ist die **Vermittlung von Informationen** über das berichtende Unternehmen, die für die Adressaten **nützlich** sind, um wirtschaftliche **Entscheidungen** zu treffen.[296] Bestehende und potenzielle **Investoren, Kreditgeber und andere Gläubiger** sind die **primären Adressaten** der Finanzberichterstattung.[297] Weil sie Ressourcen für das Unternehmen zur Verfügung stellen (oder dies in Erwägung ziehen), haben sie ein dringendes Informationsbedürfnis.[298] Zugleich aber haben sie weder direkten Zugriff auf für sie wichtige, ihre Entscheidungen stützende Daten und sonstige Angaben, noch können sie das Unternehmen zwingen, ihnen die gewünschten Informationen bereitzustellen.[299] Der IASB bezieht sich auf eine solche Hauptnutzergruppe, da sich die IFRS an deren Informationsbedürfnissen orientieren und die Standards so mit einem einheitlichen Fokus entwickelt werden sollen.[300] Eigen- wie Fremdkapitalgeber müssen Kapitalallokationsentscheidungen treffen, wofür sie ähnliche Informationen benötigen – nämlich Informationen über Zahlungsüberschüsse.[301] Demnach besteht eine „**Interessenharmonie zwischen Eigen- und Fremdkapitalgebern** [i. O. nicht hervorgehoben]"[302], die eine gemeinsame Berücksichtigung (bestehender und potenzieller) Investoren, Kreditgeber und sonstiger Gläubiger bei der Beurteilung der Entscheidungsnützlichkeit von Informationen rechtfertigt.[303]

Das **Management** ist von der primären Adressatengruppe explizit **ausgeschlossen**, da es intern Zugriff auf die betrieblichen Informationen hat und als Ersteller der Finanzberichte nicht zugleich deren Nutzer ist – ein Eigeninformationszweck wird demnach nicht intendiert.[304] Doch auch einen über die primären Nutzer hinausgehenden externen Adressatenkreis, bspw. Regulatoren oder die allgemeine Öffentlichkeit, lehnt der IASB ab, um die Fokussierung auf das Ziel der Entscheidungsnützlichkeit für Kapitalgeber nicht aufzuweichen.[305] Dennoch können die meisten Informationen auch die Bedürfnisse weiterer Adressaten erfüllen, obwohl sie nicht speziell für deren Zwecke erstellt wurden.[306] Zudem wird nicht ausgeschlossen, dass einige Bestandteile der Finanzberichterstat-

---

296 Vgl. ED/2015/3.1.2.

297 Vgl. ED/2015/3.1.5.

298 Vgl. PELGER, C., Conceptual Framework, S. 910.

299 Vgl. IASB (Hrsg.), Project Summary and Feedback Statement, S. 6; ED/2015/3.BC1.11.

300 Vgl. IASB (Hrsg.), Project Summary and Feedback Statement, S. 8. Indes schränkt der Board ein, dass mit der IFRS-Finanzberichterstattung nicht sämtliche Informationsinteressen der primären Adressaten erfüllt werden können, sodass diese ggf. weitere Quellen bemühen müssen, vgl. ED/2015/3.1.6; BAETGE, J./THIELE, S., Gesellschafterschutz versus Gläubigerschutz, S. 17.

301 Vgl. CF.BC1.13; KIRSCH, H., Conceptual Framework, S. 29. Trotz der z. T. besonderen Risiken der Eigentümer sind auch Fremdkapitalgeber von Ausfallrisiko bedroht, wenn sie einem Unternehmen Ressourcen bereitstellen, vgl. STREIM, H./BIEKER, M./LEIPPE, B., Theoretische Fundierung der Rechnungslegung, S. 179.

302 KAMPMANN, H./SCHWEDLER, K., Gemeinsames Rahmenkonzept, S. 525.

303 Vgl. PELGER, C., Entscheidungsnützlichkeit in neuem Gewand, S. 159.

304 Vgl. ED/2015/3.1.9; CF.BC1.19; ZÜLCH, H./NELLESSEN, T., Überarbeitung der Rahmenkonzepte, S. 270.

305 Vgl. CF.BC1.14.

306 Vgl. ED/2015/3.1.10; CF.BC1.9 und .16; IASB (Hrsg.), Project Summary and Feedback Statement, S. 8; GEBHARDT, G./DEAN, G., Conceptual Framework, S. 221.

tung für einzelne Nutzergruppen innerhalb der primären Adressaten von größerem Interesse sind als für andere.[307]

Die Adressaten der Finanzberichte müssen unterschiedliche **wirtschaftliche Entscheidungen** treffen.[308] Beispielsweise kaufen, halten oder verkaufen sie Eigenkapitalinstrumente oder stellen Darlehen und andere Kredite bereit, wofür sie u. a. Dividenden-, Tilgungs-, Zins- und andere Zahlungen erwarten. Die Vermittlung **entscheidungsnützlicher Informationen** ermöglicht den Adressaten eine fundierte Entscheidungsfindung. Ihre Informationsbedürfnisse können weiter konkretisiert werden, indem das Oberziel der Vermittlung entscheidungsnützlicher Informationen in die Subziele **Bewertungsnützlichkeit** und **Rechenschaft** unterteilt wird.[309] Der IASB legt explizit keine Hierarchie dieser beiden Subziele fest, sodass von einer grundsätzlichen Gleichrangigkeit auszugehen ist.[310] Zwar wird die Bewertungsnützlichkeit häufig als die dominierende Funktion gegenüber der Rechenschaft angesehen,[311] doch betont der IASB, dass die Rechenschaft ebenso zum Oberziel der Entscheidungsnützlichkeit beitrage.[312]

Zum einen benötigen Investoren, Kreditgeber und andere Gläubiger Informationen über die Ressourcen des Unternehmens und Ansprüche gegen jenes[313] sowie über Änderungen dieser Ressourcen und Ansprüche.[314] Diese Informationen ermöglichen ihnen Einschätzungen über Höhe, Zeitpunkt und Unsicherheit **künftiger Nettomittelzuflüsse** an das Unternehmen,[315] woraus die Adressaten ihre **Erwartungen** hinsichtlich der **Erträge**, die sie als Gegenleistung für die Bereitstellung von Ressourcen erhalten, ableiten.[316] IFRS-Abschlüsse erfüllen die Funktion der **Bewertungsnützlichkeit** (*valuation usefulness*), indem sie derartige Informationen vermitteln.[317]

---

307 Vgl. ED/2015/3.1.8 und .BC1.13; ZÜLCH, H./NELLESSEN, T., Überarbeitung der Rahmenkonzepte, S. 271.

308 In ED/2015/3.1.2-.4 werden diese wirtschaftlichen Entscheidungen konkretisiert.

309 Vgl. KOELEN, P., Investitionstheoretische Bewertungskalküle, S. 29. Ähnlich dazu auch GASSEN, J./FISCHKIN, M./HILL, V., Rahmenkonzept-Projekt, S. 876 f.

310 Vgl. ED/2015/3.1.3 und .BC1.6 sowie schon CF.BC1.27; KOELEN, P., Investitionstheoretische Bewertungskalküle, S. 38; OLBRICH, A., Wertminderung von finanziellen Vermögenswerten, S. 8.

311 Vgl. DOBLER, M./HETTICH, S., Änderungen der Rahmenkonzepte, S. 31; ADLER, H./DÜRING, W./SCHMALTZ, K., in: ADS International, Abschnitt 1, Rn. 43; PELGER, C., Conceptual Framework, S. 911-913; HOFFMANN, S./DETZEN, D., Joint Conceptual Framework, S. 53; PELLENS, B. ET AL., Internationale Rechnungslegung, S. 89. So fordert auch SCHRUFF, die Rechenschaft deutlich stärker in den Vordergrund zu stellen, vgl. SCHRUFF, W., IFRS-Rechnungslegung im Spannungsfeld, S. 860. Ausführlich diskutieren COENENBERG/STRAUB das Verhältnis von Rechenschaft und Entscheidungsunterstützung, vgl. COENENBERG, A. G./STRAUB, B., Rechenschaft versus Entscheidungsunterstützung.

312 Vgl. ED/2015/3.BC1.6 und .9; LENNARD, A., Stewardship and the Objectives of Financial Statements, S. 65; ZÜLCH, H./GEBHARDT, R., Entwurf eines überarbeiteten Conceptual Framework, S. 203; BUSCH, J./BOECKER, C., Framework Neufassung, S. 271.

313 Vgl. ED/2015/3.1.13.

314 Vgl. ED/2015/3.1.4; FISCHER, D. T., Neugefasstes Rahmenkonzept, S. 224. Änderungen der Ressourcen und Ansprüche gegen das Unternehmen resultieren entweder aus den Erfolgen der Periode oder aus anderen Ereignissen und Geschäftsvorfällen, vgl. ED/2015/3.1.15 f.

315 Vgl. ED/2015/3.1.3 f.

316 In ED/2015/3.1.7 stellt der IASB klar, dass IFRS-Abschlüsse nicht den Unternehmenswert zeigen sollen, den Adressaten jedoch mit dem Abschluss eine Grundlage gegeben wird, den Unternehmenswert selbst herzuleiten.

317 Vgl. OLBRICH, A., Wertminderung von finanziellen Vermögenswerten, S. 8.

Ferner gewährleistet die **Rechenschaftsfunktion** (*stewardship*), dass die Adressaten darüber informiert werden, wie effizient und effektiv die Verantwortlichen im Unternehmen mit den ihnen anvertrauten Ressourcen und Aufgaben umgegangen sind.[318] Für die Kapitalanlageentscheidungen der Adressaten ist demnach die Evaluation der **Managementleistung** ebenfalls maßgeblich, da hierdurch nicht nur die Ereignisse der Vergangenheit beurteilt werden können,[319] sondern auch Rückschlüsse auf die künftige Leistung des Managements und zu erwartende Zahlungsströme ermöglicht werden.[320] So gilt Rechenschaft als wichtige „Grundlage für eine Entscheidungsverbesserung"[321] und ist Voraussetzung, um bestehende Informationsasymmetrien zwischen Management und Adressaten zu mindern.[322]

Informationsasymmetrien ergeben sich u. a. aus der Trennung von Eigentum und Verfügungsgewalt über das Unternehmen[323] aufgrund der Beauftragung des Managements (Agent) durch die Eigentümer (Prinzipale) mit der Unternehmensführung[324] sowie der verschiedenen Zielsetzungen von Management und Eigentümern bzw. Gläubigern, die mit Hilfe der **Prinzipal-Agenten-Theorie**[325] erklärt werden können.[326] Die Adressaten, also Investoren und andere Kapitalgeber, stellen zwar Ressourcen zur Verfügung, über deren Verwendung aber entscheidet dann allein das Management. Die Konsequenzen dessen Handelns tragen trotzdem die Adressaten.[327] Sie geben die Kontrolle über ihre Ressourcen ab und verlieren den direkten Zugriff zu Informationen über dieses Kapital, sodass Agenten einen Informationsvorsprung haben.[328] Mit dem Abschluss informiert das Management die Adressaten über seine Handlungen und legt so Rechenschaft über die Verwendung des ihm anvertrauten Kapitals.[329]

---

318 Vgl. ED/2015/3.1.4 und .22; LÜDENBACH, N./FREIBERG, J., BB-IFRS-Report 2015, S. 3116.

319 Vgl. KÜTING, K./LAUER, P., Jahresabschlusszwecke, S. 1988.

320 Vgl. COENENBERG, A. G./STRAUB, B., Rechenschaft versus Entscheidungsunterstützung, S. 18.

321 BALLWIESER, W., Informationsfunktion der Rechnungslegung, S. 34. Ähnlich auch LEFFSON, U., Grundsätze ordnungsmäßiger Buchführung, S. 57; BALLWIESER, W., Informations-GoB, S. 115.

322 Vgl. COENENBERG, A. G./STRAUB, B., Rechenschaft versus Entscheidungsunterstützung, S. 17; KÜTING, K./LAUER, P., Jahresabschlusszwecke, S. 1985.

323 Vgl. BAETGE, J./KIRSCH, H.-J./THIELE, S., Bilanzen, S. 104.

324 Vgl. SLIWKA, D., Prinzipal-Agenten-Theorie, S. 293; GILARDI, F./BRAUN, D., Prinzipal-Agent-Theorie, S. 147; EWERT, R., Rechnungslegung, Gläubigerschutz und Agency-Probleme, S. 1. Der Agent wird für seine Tätigkeit von den Prinzipalen entlohnt.

325 Ausführlich zur Prinzipal-Agenten-Theorie u. a. JENSEN, M. C./MECKLING, W. H., Theory of the Firm, S. 305-360; FAMA, E. F./JENSEN, M. C., Separation of Ownership and Control, S. 301-323; EWERT, R., Rechnungslegung, Gläubigerschutz und Agency-Probleme, S. 1-99; GUESNERIE, R./LAFFONT, J.-J., Principal-agent problems, S. 329-369.

326 Vgl. ANDERS, G., Entscheidungsnützlichkeit von IFRS-Abschlüssen, S. 56.

327 Vgl. FAMA, E. F./JENSEN, M. C., Separation of Ownership and Control, S. 301 f.

328 Aufgrund dessen sowie mitunter konfligierender Ziele von Eigentümern und Management drohen Interessenkonflikte. Während die Prinzipale eine die Rückflüsse aus ihrem Engagement im Unternehmen maximierende Unternehmensführung erwarten, stellt der Agent seine eigenen Interessen vor die der Prinzipale und handelt nicht immer im Sinne dieser. Vgl. GILARDI, F./BRAUN, D., Prinzipal-Agent-Theorie, S. 148; FAMA, E. F., Agency Problems, S. 289; NILAKANT, V./RAO, H., Agency Theory, S. 652.

329 Vgl. PELLENS, B. ET AL., Internationale Rechnungslegung, S. 4; PELGER, C., Entscheidungsnützlichkeit in neuem Gewand, S. 159.

323. Prüfungsprozess für die Anforderungen an entscheidungsnützliche Finanzinformationen

Damit **Informationen** für die primären Adressaten **entscheidungsnützlich** sind, müssen sie den fundamentalen qualitativen Anforderungen der Relevanz und der glaubwürdigen Darstellung genügen. Diese beiden Kriterien müssen kumulativ erfüllt sein, stellen also zwingende Voraussetzungen für die Entscheidungsnützlichkeit dar. Darüber hinaus lässt sich die **Güte der Entscheidungsnützlichkeit** mit den fördernden qualitativen Anforderungen Vergleichbarkeit, Nachprüfbarkeit, Zeitnähe und Verständlichkeit steigern.[330]

Abbildung 3-1: Entscheidungsnützliche Informationen

Da fundamentale und fördernde qualitative Anforderungen unterschiedlichen Einfluss auf die Entscheidungsnützlichkeit von Informationen nehmen, können sie in einer Ranghierarchie angeordnet werden[331] und unterliegen einer vordefinierten Prüfreihenfolge.[332] Zunächst wird das Kriterium der Relevanz geprüft, indem ein **ökonomisches Phänomen** identifiziert wird, über welches Informationen für die Adressaten potenziell nützlich sein können,[333] und nach der **relevantesten Art der Information** über dieses Phänomen gesucht.[334] Die Relevanz ist somit erstes Selektionskriterium dafür, welche Phänomene in der Finanzberichterstattung abgebildet werden.[335] Die Verfügbarkeit relevanter Informationen ist eine notwendige Bedingung, allein aber nicht hinreichend für die Entscheidungsnützlichkeit, sodass anschließend die **glaubwürdige Darstellung** dieser Information geprüft werden muss.[336] Sollte eine glaubwürdige Darstellung nicht möglich sein, muss der Prüfprozess mit der nächst relevanten Art der Information über das identifizierte Phänomen wiederholt werden.[337]

---

330 Vgl. ED/2015/3.2.4.

331 Vgl. LACHMANN, M./KÜMPEL, K./HAGEN, J., Ziele des IFRS-Framework, S. 574.

332 Vgl. ED/2015/3.2.20. Die Vorgehensweise für diese Prüfung gibt ED/2015/3.2.21 vor.

333 Vgl. GASSEN, J./FISCHKIN, M./HILL, V., Rahmenkonzept-Projekt, S. 878; LORSON, P./GATTUNG, A., Wahrheitsgemäße Darstellung, S. 662; GEBHARDT, G./DEAN, G., Conceptual Framework, S. 222.

334 Es kommen bspw. numerische oder verbale Informationen in Betracht, die in verschiedenen Elementen der Finanzberichterstattung dargestellt werden können, vgl. LORSON, P./GATTUNG, A., Wahrheitsgemäße Darstellung, S. 662.

335 Vgl. WAWRZINEK, W./LÜBBING, M., in: Beck IFRS HB, 5. Aufl., § 2, Rn. 57.

336 Vgl. GASSEN, J./FISCHKIN, M./HILL, V., Rahmenkonzept-Projekt, S. 878.

337 Demnach wirkt die glaubwürdige Darstellung als „Ausschlusstatbestand“, vgl. LORSON, P./GATTUNG, A., Wahrheitsgemäße Darstellung, S. 661.

Anschließend, wenn also bereits eine entscheidungsnützliche Information vermittelt werden kann, soll durch die **fördernden qualitativen Anforderungen** Vergleichbarkeit, Nachprüfbarkeit, Zeitnähe und Verständlichkeit die Güte der Entscheidungsnützlichkeit weiter verbessert werden.[338] Zudem können diese Kriterien bei der Wahl zwischen mehreren, bzgl. Relevanz und glaubwürdiger Darstellung gleichwertigen Abbildungsalternativen einer Information unterstützen.[339] Es gilt dabei, die vier Kriterien insgesamt bestmöglich zu erfüllen.[340] Der IASB schreibt indes keine klare Reihenfolge vor, sodass die einzelnen Anforderungen in einem **iterativen Prozess** gegeneinander abgewogen werden. Die Gewichtung kann je nach Phänomen durchaus unterschiedlich sein und soll die Bedeutung der einzelnen Kriterien für den zu bilanzierenden Sachverhalt reflektieren.[341]

324. Fundamentale qualitative Anforderungen an entscheidungsnützliche Finanzinformationen

324.1 Relevanz

Informationen erfüllen das Kriterium der **Relevanz**, wenn sie Entscheidungen der Adressaten beeinflussen können.[342] Somit ist die „**Möglichkeit der Entscheidungsbeeinflussung** [i. O. nicht hervorgehoben]"[343] ausreichend, denn welche Informationen und Entscheidungsmodelle tatsächlich von den Adressaten bemüht werden, lässt sich nicht allgemeingültig ermitteln.[344] Zudem nehmen Nutzer diese „Entscheidungserheblichkeit"[345] von Informationen häufig unterschiedlich wahr.[346] Der IASB präzisiert, dass relevante Informationen entweder dazu genutzt werden können, Einschätzungen über die Zukunft zu treffen, oder um bereits getroffene Entscheidungen zu validieren.[347] Mit ihrem **vorhersagenden Wert** (*predictive value*) dienen Informationen den Adressaten vor allem als Input für deren eigene Prognosen und müssen nicht selbst den Charakter einer Prognose aufweisen.[348] So können bspw. aktiviertes *E&E*- und Erschließungsvermögen auf künftige Erträge aus dem Upstream-Geschäft schließen lassen. Wenn mit ihnen bereits getroffene Einschätzungen beurteilt werden können, sie diese bestätigen oder im Nachhinein korrigieren, haben Informationen **be-**

338 Vgl. ED/2015/3.2.22. Mangelnde Relevanz oder Glaubwürdigkeit kann durch die Erfüllung der fördernden qualitativen Anforderungen nicht ersetzt werden, vgl. ED/2015/3.2.36.

339 Vgl. LORSON, P./GATTUNG, A., Faithful representation, S. 556; HOFFMANN, S./DETZEN, D., Joint Conceptual Framework, S. 55.

340 Vgl. CHRISTENSEN, J., Conceptual frameworks of accounting, S. 288.

341 Vgl. ED/2015/3.2.37; PELGER, C., Conceptual Framework, S. 914 f.; GASSEN, J./FISCHKIN, M./HILL, V., Rahmenkonzept-Projekt, S. 87.

342 Vgl. ED/2015/3.2.6; KIRSCH, H., Conceptual Framework, S. 30.

343 GASSEN, J./FISCHKIN, M./HILL, V., Rahmenkonzept-Projekt, S. 878.

344 Vgl. CF.BC3.12; ZÜLCH, H./GEBHARDT, R., Entwurf eines überarbeiteten Conceptual Framework, S. 204.

345 NAUMANN, K.-P., Spannungsverhältnis, S. 47.

346 Vgl. KAMPMANN, H./SCHWEDLER, K., Gemeinsames Rahmenkonzept, S. 527 f.; BAETGE, J./KIRSCH, H.-J./THIELE, S., Bilanzen, S. 153.

347 Vgl. ED/2015/3.2.7.

348 Vgl. ED/2015/3.2.8; WAWRZINEK, W./LÜBBING, M., in: Beck IFRS HB, 5. Aufl., § 2, Rn. 58; DOBLER, M./HETTICH, S., Änderungen der Rahmenkonzepte, S. 33.

stätigenden Wert (*confirmative value*).[349] Vorhersage- und Bestätigungswert sollen nicht isoliert betrachtet werden, da relevante Informationen häufig beide Funktionen erfüllen.[350]

Informationen sind wesentlich, wenn ihr Weglassen oder ihre Falschdarstellung die Entscheidungen der Hauptadressaten beeinflussen könnte.[351] Die **Wesentlichkeit** ist ein **unternehmensspezifischer Aspekt der Relevanz**, denn sie ist einzelfallabhängig zu beurteilen, allgemeine Schwellenwerte werden nicht vorgegeben.[352] Wesentlichkeit hat zwei Dimensionen: Informationen sind aufgrund ihrer Art (qualitative Dimension) oder wegen des Ausmaßes der abzubildenden ökonomischen Phänomene (quantitative Dimension) wesentlich.[353] So präzisiert BALLWIESER „Entscheidungsrelevantes ist immer wesentlich und Wesentliches ist stets entscheidungsrelevant"[354].

Die Relevanz von Informationen kann von **Bewertungsunsicherheit** beeinflusst werden.[355] Diese entsteht, sofern der Wert eines Vermögenswerts oder einer Schuld nicht direkt beobachtbar ist, sodass er anderweitig ermittelt bzw. geschätzt werden muss.[356] Für die Finanzberichterstattung sind **Schätzungen** unabdingbar und widersprechen der Relevanz nicht grundsätzlich, sie müssen indes angemessen beschrieben und erläutert werden.[357] Die Bewertungsunsicherheit sollte stets im Gesamtkontext beurteilt und gegen weitere, die Relevanz beeinflussende Faktoren abgewogen werden, denn auch eine sehr hohe Bewertungsunsicherheit verhindert nicht die Verwendung einer Schätzung, sofern diese die relevantesten Informationen vermittelt.[358]

324.2 Glaubwürdige Darstellung

Neben der Relevanz ist eine glaubwürdige Darstellung die zweite fundamentale qualitative Anforderung dafür, dass Informationen als entscheidungsnützlich erachtet werden. Informationen über relevante ökonomische Phänomene erfüllen dieses Kriterium, wenn sie zu einer sachgerechten Abbildung führen, indem sie **glaubwürdig darstellen**, was die Phänomene vorgeben darzustellen.[359] Der IASB verankert in diesem Zusammenhang die Prämisse der **wirtschaftlichen Betrachtungsweise** (*substance of an economic phenomenon*),[360] denn eine Rechnungslegung, die nur auf rechtli-

---

349 Vgl. ED/2015/3.2.9.

350 Vgl. ED/2015/3.2.10 und .7; DOBLER, M./HETTICH, S., Änderungen der Rahmenkonzepte, S. 33.

351 Wesentlichkeit wird in ED/2015/3.2.11 definiert. Außerdem enthält IAS 1.7 weiterführende Erläuterungen zur Wesentlichkeit.

352 Vgl. CF.BC3.18; DOBLER, M./HETTICH, S., Änderungen der Rahmenkonzepte, S. 33; PELGER, C., Conceptual Framework, S. 914.

353 Vgl. ADLER, H./DÜRING, W./SCHMALTZ, K., in: ADS International, Abschnitt 1, Rn. 62; NAUMANN, K.-P., Spannungsverhältnis, S. 48; KIRSCH, H., Conceptual Framework, S. 30.

354 BALLWIESER, W., Informations-GoB, S. 118.

355 Vgl. FISCHER, D. T., Neugefasstes Rahmenkonzept, S. 224 f.

356 Vgl. ED/2015/3.2.12 f.

357 Vgl. ED/2015/3.2.12 und .BC2.24 (b).

358 Vgl. ED/2015/3.2.13 und .BC2.24 (c).

359 Vgl. ED/2015/3.2.14; WAWRZINEK, W./LÜBBING, M., in: Beck IFRS HB, 5. Aufl., § 2, Rn. 57.

360 Vgl. ED/2015/3.BC2.19; BUSCH, J./BOECKER, C., Framework Neufassung, S. 271.

chen Grundlagen basiert, würde eine glaubwürdige Darstellung verhindern, sofern wirtschaftlicher Gehalt und rechtliche Grundlagen eines Sachverhalts voneinander abweichen.[361]

Eine glaubwürdige Darstellung muss vollständig, neutral und fehlerfrei sein, weshalb es diese **drei Voraussetzungen** bestmöglich zu maximieren gilt.[362] Die **Vollständigkeit** soll gewährleisten, dass mit der Finanzberichterstattung sämtliche Informationen bereitgestellt werden, die für das Verständnis des dargestellten Phänomens erforderlich sind.[363] Zur Vollständigkeit gehören somit auch alle notwendigen Beschreibungen und Erklärungen zu den abgebildeten Ereignissen und Sachverhalten, und der Grundsatz fordert die lückenlose Darstellung aller Geschäftsvorfälle.[364]

Das Kriterium der **Neutralität** verlangt, dass weder die Auswahl von Informationen noch ihre Darstellung verzerrenden Einflüssen unterliegen dürfen.[365] So sollen Informationen nicht bewusst einseitig betont, gewichtet, beschönigt oder anderweitig manipuliert werden, um eine bestimmte Entscheidung bei den Adressaten herbeizuführen bzw. zu vermeiden.[366] Demnach widerspricht bilanzpolitisch motivierte Finanzberichterstattung dem Postulat der Neutralität.[367]

Die Neutralität wird bei Schätzungen unter Unsicherheit durch eine **vorsichtige Beurteilung** unterstützt.[368] Vorsicht bedeutet dabei nicht, dass Vermögenswerte, Schulden, Erträge und Aufwendungen unter- oder überschätzt werden sollen,[369] denn dies würde die Forderung nach Neutralität konterkarieren[370] und könnte die Lage des berichtenden Unternehmens entweder zu positiv darstellen oder die Bildung stiller Reserven begünstigen.[371] Stattdessen versteht der IASB Vorsicht im Sinne einer achtsamen Beurteilung bzw. Schätzung im Fall von Unsicherheit, die die Neutralität und damit eine glaubwürdige Darstellung von Informationen unterstützt.[372]

---

361 Vgl. ED/2015/3.2.14 und .BC2.20.

362 Vgl. ED/2015/3.2.15.

363 Vgl. ED/2015/3.2.16; WAWRZINEK, W./LÜBBING, M., in: Beck IFRS HB, 5. Aufl., § 2, Rn. 71.

364 Vgl. THEILE, C., in: IFRS Handbuch, 5. Aufl., B. Rechnungslegungsmethoden für den IFRS-Abschluss, Rn. 274.

365 Vgl. ED/2015/3.2.17.

366 Vgl. ED/2015/3.BC2.7; BALLWIESER, W., Informations-GoB, S. 117; DOBLER, M./HETTICH, S., Änderungen der Rahmenkonzepte, S. 33.

367 Vgl. LORSON, P./GATTUNG, A., Faithful representation, S. 560. Die Ausnutzung von Wahlrechten und anderen Spielräumen führt allerdings nicht dazu, dass den Informationen die Neutralitätseigenschaft abgesprochen wird.

368 Im Conceptual Framework (2010) hatte der IASB auf den Grundsatz der Vorsicht explizit verzichtet mit dem Argument, dass eine vorsichtige Rechnungslegung zu Verzerrungen führe und nicht neutral sein könne, vgl. CF.BC3.27 f. Anderer Auffassung u. a. BEINSEN, B./WAGENHOFER, A., IASB zum Vorsichtsprinzip, S. 415; COOPER, S., Prudence, S. 4 f. Gemäß der nun im ED/2015/3 vertretenen Auffassung ist Vorsicht nicht im Sinne einer imparitätischen Betrachtung von Sachverhalten aufzufassen, sondern gilt gleichermaßen für zu optimistische wie zu pessimistische Einschätzungen und kann damit die Neutralität sogar stärken, vgl. DINH, T./SEITZ, B., Vorsicht in den IFRS, S. 147.

369 Vgl. ED/2015/3.2.18 und .BC2.10; BUSCH, J./BOECKER, C., Framework Neufassung, S. 271.

370 Vgl. ED/2015/3.BC2.2. So auch COOPER, der jegliche Über- oder Unterschätzung von Werten im Abschluss ursächlich für Fehlentscheidungen von Adressaten sieht, vgl. COOPER, S., Prudence, S. 1 f. Ähnlich dazu COENENBERG, A. G./STRAUB, B., Rechenschaft versus Entscheidungsunterstützung, S. 21.

371 Vgl. NAUMANN, K.-P., Spannungsverhältnis, S. 48.

372 Vgl. ED/2015/3.BC2.9; LÜDENBACH, N./FREIBERG, J., BB-IFRS-Report 2015, S. 3116.

Der Grundsatz der **Fehlerfreiheit** fordert, dass die Darstellungen der Sachverhalte sowohl frei von Fehlern als auch von bewussten Auslassungen sein müssen. Die Fehlerfreiheit bezieht sich dabei auch auf die Auswahl und Anwendung von Rechnungslegungsmethoden.[373] Indes gilt sie als ein „weiches Konstrukt“, da eine vollständige Genauigkeit nicht garantiert werden kann.[374] So lässt sich z. B. die Schätzung eines nicht beobachtbaren Werts – etwa die erwarteten künftigen Zahlungsmittelzuflüsse aus der Errichtung und Inbetriebnahme eines Erdölbrunnens – nicht eindeutig als korrekt oder fehlerhaft beurteilen, die Darstellung und Erläuterung dieser Schätzung kann jedoch zeigen, dass sie fehlerfrei ermittelt wurde.[375]

325. Fördernde qualitative Anforderungen an entscheidungsnützliche Finanzinformationen

325.1 Vergleichbarkeit

Informationen erfüllen die Anforderung der Vergleichbarkeit, wenn damit Ähnlichkeiten und Unterschiede zwischen Sachverhalten identifiziert werden können.[376] Das Conceptual Framework nennt zwei Dimensionen der Vergleichbarkeit: Die **zwischenbetriebliche** Dimension meint den Vergleich von Informationen zu ähnlichen Sachverhalten in der Finanzberichterstattung anderer Unternehmen und die **zeitliche** Dimension soll die Vergleichbarkeit von Informationen zu verschiedenen Zeitpunkten oder für verschiedene Perioden gewährleisten.[377] Unterstützt wird die Vergleichbarkeitsanforderung durch den Grundsatz der **Stetigkeit**.[378] Jedoch ist Vergleichbarkeit nicht mit Einheitlichkeit zu verwechseln, denn unterschiedliche Sachverhalte sollten nicht gleich dargestellt werden.[379]

325.2 Nachprüfbarkeit

Der Grundsatz der Nachprüfbarkeit soll das Vertrauen der Adressaten in die Finanzberichterstattung stärken und unterstützt damit vor allem die glaubwürdige Darstellung.[380] Informationen gelten als **nachprüfbar**, sofern sachverständige und unabhängige Dritte einen **Konsens** darüber erreichen können, dass ein Sachverhalt **glaubwürdig dargestellt** wurde.[381] Der Grundsatz wird meist als „intersubjektive Nachprüfbarkeit“[382] interpretiert und steht in engem Zusammenhang mit der Anforde-

---

373 Vgl. ED/2015/3.2.19.

374 Vgl. ED/2015/3.2.19; GASSEN, J./FISCHKIN, M./HILL, V., Rahmenkonzept-Projekt, S. 878.

375 Vgl. WAWRZINEK, W./LÜBBING, M., in: Beck IFRS HB, 5. Aufl., § 2, Rn. 74.

376 Vgl. ED/2015/3.2.24.

377 Vgl. ED/2015/3.2.23; BAETGE, J. ET AL., in: Baetge et al., Rechnungslegung nach IFRS, 2. Aufl., Kapitel II, Rn. 58.

378 Vgl. ED/2015/3.2.25; DOBLER, M./HETTICH, S., Änderungen der Rahmenkonzepte, S. 33; KAMPMANN, H., in: IFRS Kommentar, Rahmenkonzept, Rn. 29. Eine Durchbrechung des Stetigkeitsgrundsatzes ist nur zulässig, wenn neue IFRS oder IFRIC-Interpretationen eine Änderung der bisherigen Rechnungslegungsmethoden erfordern oder wenn eine Änderung zu entscheidungsnützlicheren Informationen führt. Vgl. hierzu auch ADLER, H./DÜRING, W./SCHMALTZ, K., in: ADS International, Abschnitt 1, Rn. 87.

379 Vgl. ED/2015/3.2.26.

380 Vgl. CF.BC3.34; BAETGE, J./KIRSCH, H.-J./THIELE, S., Bilanzen, S. 155; LEFFSON, U., Grundsätze ordnungsmäßiger Buchführung, S. 81.

381 Vgl. ED/2015/3.2.29; WAWRZINEK, W./LÜBBING, M., in: Beck IFRS HB, 5. Aufl., § 2, Rn. 82.

382 BAETGE, J./KIRSCH, H.-J./THIELE, S., Bilanzen, S. 155. Vgl. auch BAETGE, J., Objektivierung des Jahreserfolges, S. 16; BAETGE, J. ET AL., in: Baetge et al., Rechnungslegung nach IFRS, 2. Aufl., Kapitel II, Rn. 60.

rung der **Objektivierung**,[383] denn objektive Informationen sind willkürfrei und intersubjektiv nachprüfbar sowie für jedermann gültig.[384] Besonders zukunftsgerichtete Informationen sind ermessensbehaftet und bergen eine hohe Unsicherheit für die Adressaten, sodass Objektivierungen das subjektive Ermessen der Rechnungslegenden zurückdrängen und damit zu verlässlicheren und besser nachvollziehbaren Finanzberichten führen.[385]

Eine vollkommene Übereinstimmung der Einschätzungen Dritter über die Abbildung eines Sachverhalts ist für die Erfüllung der Nachprüfbarkeitsforderung gleichwohl nicht erforderlich,[386] denn quantitative Werte sind auch dann nachprüfbar, wenn nicht eine einzelne Punktschätzung exakt getroffen werden kann. Vielmehr ist eine vertretbare Bandbreite möglicher Werte und zugehöriger Wahrscheinlichkeiten ausreichend.[387] Der IASB bewertet die Nachprüfbarkeit als „sehr wünschenswert, aber nicht unbedingt erforderlich“, sodass die Einstufung als fördernde qualitative Anforderung klarstellt, dass entscheidungsnützliche Informationen mangels Nachprüfbarkeit nicht ausgeschlossen werden dürfen.[388]

Informationen sind **direkt nachprüfbar**, wenn sie unmittelbar durch Beobachtung, z. B. mittels Zählen, verifiziert werden können. Es kann aber auch der Input eines Modells, einer Formel oder anderen Technik geprüft und die Ergebniswerte bzw. dargestellten Informationen nachgerechnet oder anderweitig hergeleitet werden.[389] Diese **indirekte Nachprüfbarkeit** fordert zusätzliche Angaben über getroffene Annahmen, verwendete Methoden und Einflussgrößen sowie andere Faktoren und Umstände.[390] So sind z. B. für die planmäßige Abschreibung von *E&E*-Vermögenswerten nach der *unit of production method* sowohl die Rohstoffmengen anzugeben, die als Gesamtleistung der Abschreibungsbemessung zugrunde gelegt werden, als auch die in der aktuellen Periode geförderten Rohstoffmengen. Hierdurch wird auch dem Objektivierungserfordernis Rechnung getragen, da den Adressaten die Beurteilung erleichtert wird, ob die dargestellten Informationen mit den zugrunde liegenden Sachverhalten übereinstimmen.

---

383 Vgl. KOELEN, P., Investitionstheoretische Bewertungskalküle, S. 18; GALLASCH, F., Die Bilanzierung von Versicherungsverträgen, S. 41; WHITTINGTON, G., An Alternative View on the Conceptual Framework Project, S. 147 f. Die Objektivierung ist ebenfalls stark mit der fundamentalen qualitativen Anforderung der glaubwürdigen Darstellung verknüpft. Eine umfassende Diskussion des Verhältnisses von glaubwürdiger Darstellung, Objektivierung und Nachprüfbarkeit führen LORSON, P./GATTUNG, A., Faithful representation, S. 556-565.

384 Vgl. BAETGE, J., Objektivierung des Jahreserfolges, S. 16 f.; MOONITZ, M., Basic Postulates, S. 42; LEFFSON, U., Grundsätze ordnungsmäßiger Buchführung, S. 81; KÜTING, K., Objektivierungsgrundsatz, S. 1405.

385 Vgl. KOELEN, P., Investitionstheoretische Bewertungskalküle, S. 16-19; IJIRI, Y./JAEDICKE, R. K., Reliability and Objectivity, S. 475-478; BALLWIESER, W., Informations-GoB, S. 118; LEFFSON, U., Grundsätze ordnungsmäßiger Buchführung, S. 81; KÜTING, K., Objektivierungsgrundsatz, S. 1405.

386 Vgl. ED/2015/3.2.29.

387 Vgl. ED/2015/3.2.29; KAMPMANN, H., in: IFRS Kommentar, Rahmenkonzept, Rn. 30; BAETGE, J./KIRSCH, H.-J./THIELE, S., Bilanzen, S. 155; LORSON, P./GATTUNG, A., Faithful representation, S. 562. KÜTING spricht in diesem Zusammenhang von einem „Korridor vertretbarer Werte“, die als Nachweis gelten können, vgl. KÜTING, K., Objektivierungsgrundsatz, S. 1405.

388 Vgl. CF.BC3.36. Vgl. dazu auch WAWRZINEK, W./LÜBBING, M., in: Beck IFRS HB, 5. Aufl., § 2, Rn. 81; KIRSCH, H., Exposure Draft des Conceptual Frameworks, S. 515.

389 Vgl. ED/2015/3.2.30; BAETGE, J./KIRSCH, H.-J./THIELE, S., Bilanzen, S. 155.

390 Vgl. ED/2015/3.2.31; WAWRZINEK, W./LÜBBING, M., in: Beck IFRS HB, 5. Aufl., § 2, Rn. 82; PELLENS, B. ET AL., Internationale Rechnungslegung, S. 95.

325.3 Zeitnähe

Gemäß dem Grundsatz der Zeitnähe sollen den Adressaten Informationen zu dem Zeitpunkt bzw. in dem Zeitraum zugänglich gemacht werden, in dem sie deren Entscheidungen bestmöglich beeinflussen können.[391] Damit stärkt eine **frühe Verfügbarkeit** von Informationen die Entscheidungsnützlichkeit, wohingegen veraltete Informationen aus Adressatensicht einem Wertverlust unterliegen.[392] Dennoch können auch ältere Informationen über einen längeren Zeitraum nützlich sein, bspw. bei der Einschätzung von Trends o. Ä.[393]

325.4 Verständlichkeit

Informationen erfüllen den Grundsatz der Verständlichkeit, wenn sie klassifiziert, **klar** beschrieben und **präzise** dargestellt werden.[394] Eine gewisse Sachverständigkeit[395] der Adressaten wird dabei vorausgesetzt, sodass Informationen über ökonomische Phänomene nicht weggelassen werden dürfen, nur weil sie zu komplex oder schwer verständlich erscheinen. Dies würde die Finanzberichterstattung unvollständig machen.[396]

326. Kostenrestriktion

Nicht nur den Erstellern von Finanzberichten entstehen – z. B. für die Sammlung, Aufbereitung, Prüfung und Kommunikation von Informationen – Kosten, sondern auch den Adressaten. Diese tragen sie zum einen in Form geringerer Renditen, zum anderen müssen sie die vermittelten Informationen für ihre Zwecke analysieren und interpretieren.[397] Die verschiedenen **Kosten** sollen **durch den Nutzen** der Finanzberichterstattung **gerechtfertigt** werden.[398] Letzterer zeigt sich vor allem, indem die Adressaten ihre Entscheidungen informierter und darum mit größerer Sicherheit treffen können. Aus gesamtwirtschaftlicher Perspektive nützen die Finanzinformationen, indem Kapitalmärkte effizienter werden und die Kapitalkosten insgesamt sinken.[399] So versucht der IASB, Kosten und Nutzen nicht nur in Bezug auf das einzelne berichtende Unternehmen gegeneinander abzuwägen, sondern die Finanzberichterstattung im Allgemeinen zu berücksichtigen.[400] Die Kostenrestrik-

391 Vgl. ED/2015/3.2.32; SCHÖLLHORN, T./MÜLLER, M., Relevanz des Rahmenkonzepts (Teil I), S. 1627.

392 Vgl. PELGER, C., Conceptual Framework, S. 914; BAETGE, J./KIRSCH, H.-J./THIELE, S., Bilanzen, S. 155.

393 Vgl. PELLENS, B. ET AL., Internationale Rechnungslegung, S. 95.

394 Vgl. ED/2015/3.2.33.

395 Der IASB setzt sowohl wirtschaftliche als auch bilanzierungsspezifische Grundkenntnisse bei den Adressaten voraus, die bei Verständnisproblemen ggf. die Unterstützung eines Beraters in Anspruch nehmen sollen, vgl. ED/2015/3.2.35; BAETGE, J./KIRSCH, H.-J./THIELE, S., Bilanzen, S. 155.

396 Vgl. ED/2015/3.2.34; BAETGE, J. ET AL., in: Baetge et al., Rechnungslegung nach IFRS, 2. Aufl., Kapitel II, Rn. 63; PELGER, C., Conceptual Framework, S. 914.

397 Vgl. ED/2015/3.2.39; BAETGE, J. ET AL., in: Baetge et al., Rechnungslegung nach IFRS, 2. Aufl., Kapitel II, Rn. 66. Werden von Adressaten benötigte Informationen nicht bereitgestellt, entstehen ihnen zudem Kosten für deren Schätzung oder alternative Beschaffung.

398 Vgl. ED/2015/3.2.38; ADLER, H./DÜRING, W./SCHMALTZ, K., in: ADS International, Abschnitt 1, Rn. 92.

399 Vgl. ED/2015/3.2.40; BAETGE, J./KIRSCH, H.-J./THIELE, S., Bilanzen, S. 156.

400 Vgl. ED/2015/3.2.42.

tion wirkt demnach als **einschränkende** Bedingung in Bezug auf die bereitzustellenden Informationen.[401]

327. Ansatzkonzeption

327.1 Vorbemerkungen

Im Verlauf des Upstream-Geschäfts rohstofffördernder Unternehmen entstehen verschiedenste Bilanz- und GuV-Posten. Die Frage, ob aus den investiven Aktivitäten aktivierungsfähige Vermögenswerte resultieren oder sofort Aufwand verbucht werden muss, ist dabei in der vorliegenden Arbeit von besonderer Bedeutung.

Grundlegend werden die Definitionen für Vermögenswerte und die übrigen Bilanz- und GuV-Posten sowie die Voraussetzungen zum Ansatz dieser im IFRS-Rahmenkonzept vorgegeben. Sofern keine speziellen Regelungen, also kein IFRS/IAS, auf einen zu bilanzierenden Sachverhalt angewendet werden können, soll die Bilanzierung dieses Sachverhalts an den Inhalten des Rahmenkonzepts orientiert werden.[402] Im Folgenden wird die Ansatzkonzeption des Rahmenkonzepts gemäß dem ED/2015/3 vorgestellt, auf die die *Extractive-Activities*-Bilanzierung (künftig) teilweise zurückgreifen und an der sie sich auch messen lassen muss. Da diese Ansatzkonzeption jedoch kürzlich überarbeitet wurde und in einigen Aspekten deutlich von der des Conceptual Framework (2010) abweicht, werden zudem die wichtigsten Änderungen hervorgehoben, denn die aktuell bestehenden Regelungen zu den *extractive activities*, nämlich IFRS 6 und IFRIC 20, wurden noch unter Berücksichtigung der Ansatzkonzeption a. F. erarbeitet und veröffentlicht.

Langfristige Vermögenswerte haben entweder materiellen oder immateriellen Charakter. Für beide Arten von Vermögenswerten hat der IASB jeweils einen Standard veröffentlicht: IAS 16 für materielle und IAS 38 für immaterielle Vermögenswerte. In beiden Standards finden sich z. T. spezielle, die Ansatzkonzeption des Rahmenkonzepts konkretisierende oder strenger auslegende Ansatzanforderungen. Weil die Beurteilung der Bilanzierung von Vermögenswerten aus investiven Upstream-Aktivitäten in Kapitel 4 auch in Bezug zu diesen besonderen Ansatzanforderungen erfolgt und zudem diese Regelungen als wichtige Grundlage für den später in Kapitel 5 abzuleitenden alternativen Bilanzierungsvorschlag fungieren, sollen auch die Ansatzvorschriften aus IAS 16 und IAS 38 erläutert werden.

---

401 Vgl. OLBRICH, A., Wertminderung von finanziellen Vermögenswerten, S. 16. Da der IASB die Kostenrestriktion bereits bei der Standardentwicklung berücksichtigt, wird ihre einschränkende Wirkung für die Anwender wohl nur noch selten von Bedeutung sein, vgl. WAWRZINEK, W./LÜBBING, M., in: Beck IFRS HB, 5. Aufl., § 2, Rn. 95.

402 Vgl. IAS 8.11 sowie ausführlich Abschnitt 33.

327.2 Definitions- und Ansatzkriterien

Im Rahmenkonzept der IFRS werden Vermögenswerte, Schulden und Eigenkapital sowie Erträge und Aufwendungen als die Elemente der Finanzberichterstattung genannt. Vermögenswerte, Schulden und Eigenkapital sind die Bestandteile der Bilanz.[403] Ein **Vermögenswert** wird **definiert** als

- eine gegenwärtige ökonomische Ressource,
- die in der Verfügungsmacht des Unternehmens steht und
- aus Ereignissen der Vergangenheit resultiert.[404]

Eine **ökonomische Ressource** ist dabei ein Recht, das potenziell ökonomischen Nutzen generieren kann.[405]

Spiegelbildlich[406] ist unter einer **Schuld** eine gegenwärtige Verpflichtung des Unternehmens zu verstehen, eine ökonomische Ressource zu übertragen, wobei die Verpflichtung ebenfalls durch vergangene Ereignisse begründet wird.[407] Das **Eigenkapital** wird sodann als Differenz aus Vermögenswerten und Schulden ermittelt.[408]

In die Gewinn- und Verlustrechnung fließen Erträge und Aufwendungen.[409] **Erträge** resultieren aus einer Erhöhung von Vermögenswerten oder Minderung von Schulden, die eine Mehrung des Eigenkapitals begründen, wohingegen umgekehrt eine Abnahme des Eigenkapitals aufgrund geminderter Vermögenswerte oder gestiegener Schulden zu **Aufwendungen** führt.[410] Eigenkapitaländerungen, die auf Transaktionen mit Eigenkapitalgebern zurückzuführen sind, stellen indes keine Erträge oder Aufwendungen dar.[411]

Da der Fokus in der vorliegenden Arbeit auf die Frage der Aktivierungsfähigkeit von Ausgaben im Rahmen des Upstream-Geschäfts gelegt wird, werden nun vor allem die Definition und Ansatzvoraussetzungen für Vermögenswerte genauer beleuchtet und die Berücksichtigung von Aufwendungen und Erträgen in der Gewinn- und Verlustrechnung kurz dargestellt.

Rechte, die eine **ökonomische Ressource begründen**, sind vertraglicher oder gesetzlicher Natur – z. B. Besitz- und Nutzungsrechte an physischen Objekten oder Rechte auf den Erhalt von Dienstleistungen – und basieren auf faktischen Verpflichtungen anderer Parteien oder auf anderen Um-

---

403 Vgl. ED/2015/3.4.3.
404 Vgl. ED/2015/3.4.5.
405 Vgl. ED/2015/3.4.6.
406 Vgl. LÜDENBACH, N./HOFFMANN, W.-D./FREIBERG, J., in: Haufe IFRS-Kommentar, 13. Aufl., § 1, Rn. 119; ED/2015/3.BC4.10.
407 Vgl. ED/2015/3.4.24.
408 Vgl. ED/2015/3.4.43.
409 Vgl. ED/2015/3.4.52.
410 Vgl. ED/2015/3.4.48 f.
411 Vgl. ED/2015/3.4.50.

ständen, die potenziell zu wirtschaftlichen Nutzenzuflüssen führen können.[412] Grundsätzlich stellt jedes Recht einen separaten Vermögenswert dar, wobei **in engem Zusammenhang stehende Rechte** i. d. R. zusammengefasst und gemeinsam als ökonomische Ressource und damit als **ein Vermögenswert** behandelt werden (*unit of account*).[413] Um die Vermögenswertdefinition zu erfüllen, muss eine ökonomische Ressource potenziell in der Lage sein, einen künftigen **Nutzenzufluss zu generieren** – die bloße **Möglichkeit** ist demnach bereits ausreichend, es werden keine Mindestwahrscheinlichkeiten gefordert.[414] Im Rahmenkonzept a. F. enthielt die Vermögenswertdefinition zusätzlich die Anforderung, dass ein künftiger wirtschaftlicher Nutzenzufluss aus der Ressource zu erwarten sein müsse.[415] Somit hat der IASB im ED/2015/3 diese Anforderung nun abgeschwächt.[416] Zudem wird nochmals betont, dass eine ökonomische Ressource einem Recht (oder mehreren zusammengehörigen Rechten) entstammt und nicht einem möglicherweise daraus resultierenden Nutzenzufluss.[417] Insofern entsprechen wohl tendenziell mehr Vermögenswerte auch aus den investiven Aktivitäten des Upstream-Geschäfts der Definition als dies unter Rückgriff auf das alte Conceptual Framework (2010) der Fall wäre.

Damit eine Ressource in der **Verfügungsmacht**[418] des Unternehmens steht, muss es über deren **Verwendung entscheiden** können und den generierten **Nutzen vereinnahmen**.[419] Indes wird Rechten, über die das Unternehmen nicht exklusiv verfügen kann, eine potenzielle Vermögenswerteigenschaft abgesprochen.[420]

---

412 Vgl. ED/2015/3.4.8. Vgl. zur Auslegungsbedürftigkeit dieses Begriffs eines Rechts o. V., Stellungnahme, S. 223; DEHMEL, I., Definitions- und Ansatzkriterien, S. 1771 f.

413 Zusammenhängende Rechte sind z. B. die Rechte für Nutzung, Verkauf und Verpfändung des selben physischen Objekts. Obwohl die Rechte den Vermögenswert begründen, wird dieser zwecks Präzision, Klarheit und Verständlichkeit meist mit dem physischen Objekt beschrieben, an das die Rechte knüpfen, vgl. ED/2015/3.4.12, .BC4.29 und .33; DEHMEL, I., Definitions- und Ansatzkriterien, S. 1772.

414 Stattdessen wird die Beurteilung der Wahrscheinlichkeit eines künftigen Nutzens auf einen späteren Zeitpunkt verschoben, vgl. ED/2015/3.BC4.4, .7 und .15; BROWN, J., Asset and liability definitions, S. 424; KIRSCH, H.-J./SCHOO, L./KRAFT, A., Discussion Paper zum Conceptual Framework, S. 302; WAGENHOFER, A., Zukunft der internationalen Rechnungslegung, S. 540 f.; ERB, C./PELGER, C., Künftiges IFRS-Rahmenkonzept, S. 22. Der IASB führt einige Beispiele dafür an, welche Gestalt die Nutzenzuflüsse aus ökonomischen Ressourcen annehmen können, vgl. ED/2015/3.4.13 f. sowie .BC4.27.

415 Vgl. CF.4.4.

416 Vgl. DEHMEL, I., Definitions- und Ansatzkriterien, S. 1770 f.

417 Vgl. ED/2015/3.4.15; KIRSCH, H.-J./SCHOO, L./KRAFT, A., Discussion Paper zum Conceptual Framework, S. 302; ERB, C./PELGER, C., Künftiges IFRS-Rahmenkonzept, S. 22; ERB, C./PELGER, C., Neues Rahmenkonzept der IFRS-Rechnungslegung, S. 519; BROWN, J., Asset and liability definitions, S. 426; LÜDENBACH, N./HOFFMANN, W.-D./FREIBERG, J., in: Haufe IFRS-Kommentar, 13. Aufl., § 1, Rn. 119. Der potenzielle Nutzenzufluss ist allerdings für die Bewertung der Ressource durchaus maßgebend.

418 Zumeist wird diese Verfügungsmacht durch vertragliche oder gesetzliche Regelungen legitimiert. Gleichwohl können auch andere Umstände, wie z. B. wenn das Unternehmen anderweitig Dritte davon abhalten kann, ebenfalls Nutzen aus der Ressource zu ziehen, dazu führen, dass Verfügungsmacht besteht, vgl. ED/2015/3.4.20; DEHMEL, I., Definitions- und Ansatzkriterien, S. 1772 f.

419 Vgl. ED/2015/3.4.18 f. und .21; KIRSCH, H.-J./SCHOO, L./KRAFT, A., Discussion Paper zum Conceptual Framework, S. 303; DEHMEL, I., Definitions- und Ansatzkriterien, S. 1772 f.

420 Vgl. ED/2015/3.4.10; LÜDENBACH, N./HOFFMANN, W.-D./FREIBERG, J., in: Haufe IFRS-Kommentar, 13. Aufl., § 1, Rn. 124. Sobald mehrere Parteien auf das gleiche Recht zugreifen können bzw. von den potenziellen Nut-

Für den **Ansatz** eines Vermögenswerts in der Bilanz ist die Erfüllung der Definition allein nicht ausreichend, vielmehr wird er zusätzlich an die Einhaltung qualitativer **Kriterien** geknüpft:[421] Die Bilanzierung eines Vermögenswerts muss

- **relevante** Informationen vermitteln,
- eine **glaubwürdige Darstellung** gewährleisten und
- der Nutzen der Informationen soll ihre **Kosten rechtfertigen**.[422]

Da nur entscheidungsnützliche Informationen in die Finanzberichterstattung einfließen sollen, was durch die Voraussetzungen relevanter und glaubwürdig dargestellter Informationen erreicht wird,[423] und auch die Kostenrestriktion grds. für die gesamte IFRS-Rechnungslegung zu beachten ist,[424] erscheint die zusätzliche Nennung dieser Anforderungen als Ansatzkriterien zunächst obsolet. Indes konkretisiert der IASB die Kriterien in Bezug auf Ansatzentscheidungen, da sie als Beschränkung fungieren und dadurch einem zu umfangreichen Ansatz in der Bilanz Einhalt gebieten sollen.[425] Das Kriterium der **Relevanz** wird im Zusammenhang mit verschiedenen **Unsicherheiten** erläutert, die einzelfallabhängig von den Anwendern beurteilt werden müssen.[426] Demnach können Informationen z. B. dann irrelevant sein, wenn Unsicherheit über die Existenz oder die separate Identifizierbarkeit eines Vermögenswerts besteht,[427] wenn die Erwartungen über einen künftigen Nutzenzufluss sehr gering sind,[428] oder auch wenn eine unvertretbar hohe, alternativlose Bewertungsunsicherheit besteht.[429] Das Kriterium der **glaubwürdigen Darstellung** ist nach Auffassung des IASB nicht erfüllt, wenn ein Sachverhalt nicht bewertbar, verständlich und realitätsnah abbildbar ist.[430] Vor der Ansatzentscheidung sollen darum z. B. auch mögliche Auswirkungen auf Erträge und Aufwendungen bedacht werden, ob zugehörige Vermögenswerte oder Schulden ebenfalls bilanziell

---

zenzuflüssen daraus gleichermaßen profitieren, liegt die Ressource nicht in der (alleinigen) Verfügungsmacht des berichtenden Unternehmens, vgl. ED/2015/3.BC4.36.

421 Vgl. ED/2015/3.5.7; LÜDENBACH, N./HOFFMANN, W.-D./FREIBERG, J., in: Haufe IFRS-Kommentar, 13. Aufl., § 1, Rn. 129.

422 Vgl. ED/2015/3.5.9; BROWN, J., Asset and liability definitions, S. 426; WAGENHOFER, A., Zukunft der internationalen Rechnungslegung, S. 542.

423 Vgl. Abschnitt 322.

424 Vgl. Abschnitt 326.

425 Vgl. ED/2015/3.BC5.16 und .20. Kritisch hierzu vgl. ERB, C./PELGER, C., Künftiges IFRS-Rahmenkonzept, S. 23; KIRSCH, H.-J./SCHOO, L./KRAFT, A., Discussion Paper zum Conceptual Framework, S. 303; LÜDENBACH, N./HOFFMANN, W.-D./FREIBERG, J., in: Haufe IFRS-Kommentar, 13. Aufl., § 1, Rn. 129. Zudem behält sich der IASB vor, in konkreten Standards den Ansatz bestimmter Vermögenswerte zu unterbinden, vgl. KIRSCH, H.-J./SCHOO, L./KRAFT, A., Discussion Paper zum Conceptual Framework, S. 304.

426 Vgl. ED/2015/3.5.13 f.; BROWN, J., Asset and liability definitions, S. 426.

427 Vgl. ED/2015/3.5.15.

428 Vgl. ED/2015/3.5.19.

429 Vgl. ED/2015/3.5.21. All diese Indikatoren können darauf hindeuten, dass ein künftiger Nutzenzufluss nicht wahrscheinlich oder eine verlässliche Bewertung nicht möglich ist, vgl. ED/2015/3.BC5.22; FISCHER, D. T., Neugefasstes Rahmenkonzept, S. 226. Zur (Bewertungs-)Unsicherheit siehe auch Abschnitt 324.1.

430 Die Anforderung einer glaubwürdigen Darstellung bezieht sich damit nicht nur auf den Ansatz von Vermögenswerten, sondern umfasst auch Fragen der Bewertung, des Ausweises und zugehöriger Anhangangaben.

erfasst werden müssen, und welcher Ausweis sowie ggf. Angaben die Darstellung des Vermögenswerts vervollständigen.[431]

Im Rahmenkonzept a. F. werden – abweichend zur Ansatzkonzeption des ED/2015/3 – als Ansatzkriterien neben der Erfüllung der Vermögenswertdefinition folgende zwei Anforderungen genannt: Der **künftige wirtschaftliche Nutzenzufluss** soll wahrscheinlich und die Anschaffungs- oder Herstellungskosten bzw. der Wert des Sachverhalts sollen verlässlich ermittelbar sein.[432] Die **Wahrscheinlichkeit**, mit der der Nutzen zufließen muss, wird indes weder in einem IFRS noch im Rahmenkonzept a. F. näher konkretisiert, sodass der auslegungsbedürftige Begriff „wahrscheinlich" verschiedentlich interpretiert werden kann und damit stark ermessensbehaftet ist.[433] Während häufig auf die Angabe in IAS 37.23 verwiesen wird, nach der etwas als wahrscheinlich angesehen wird, wenn mehr dafür als dagegen spricht (*more likely than not*), die Wahrscheinlichkeit also größer als 50 % sein muss,[434] sind andere Teile des Schrifttums der Auffassung, dass diese Regelung keine Wirkung auf andere Standards ausstrahle[435] und vor allem nicht auf Vermögenswerte übertragen werden könne. Stattdessen müsse eine deutlich höhere Wahrscheinlichkeit für deren Ansatz vorausgesetzt werden, mindestens 70-80 %.[436] Für diese Sichtweise spricht, dass z. B. im Fall von Eventualforderungen (*contingent assets*) – also möglichen, jedoch von nicht kontrollierbaren künftigen Ereignissen abhängenden und damit aktuell unsicheren Vermögenswerten[437] – der IASB einen Ansatz aufgrund der besonderen Unsicherheitssituation grds. ablehnt.[438] Eine Aktivierung ist für Eventualforderungen erst dann zulässig, wenn die Realisation von Erträgen daraus, also von künftigen wirtschaftlichen Nutzenzuflüssen, so gut wie sicher ist.[439] Zwar sind Eventualforderungen erheblicheren Unsicherheiten ausgesetzt als andere Vermögenswerte. Doch lässt diese Regelung vermuten, dass, auch wenn der künftige Nutzen von „normalen" Vermögenswerten nicht so gut wie sicher sein muss, mit „wahrscheinlich" eine Sicherheit von lediglich knapp über 50 % für Ansatzentscheidungen nicht ausreichend ist. Letztlich muss für jeden Einzelfall geprüft und abgewogen werden, ob eine Aktivierung gerechtfertigt ist.

---

431 Vgl. ED/2015/3.5.22 f. Beispielsweise könnte die Konsequenz der Nichtaktivierung eines Vermögenswerts sein, stattdessen Aufwand in der Gewinn- und Verlustrechnung zu erfassen, vgl. ED/2015/3.5.12; SCHÖLLHORN, T./MÜLLER, M., Relevanz des Rahmenkonzepts (Teil I), S. 1625. Sofern ein Vermögenswert zwar die Definitions-, nicht aber die Ansatzkriterien erfüllt, kann auch eine Beschreibung im Anhang wertvolle Informationen für die Adressaten bereitstellen, vgl. ED/2015/3.5.11; DEHMEL, I., Definitions- und Ansatzkriterien, S. 1774.

432 Vgl. CF.4.38.

433 Vgl. LÜDENBACH, N./HOFFMANN, W.-D., Bilanzierungsprobleme des Sach- und immateriellen Anlagevermögens, S. 146.

434 Vgl. stellvertretend SCHNORR, R., Aktivierungsgrundsätze, S. 309; LÜDENBACH, N./HOFF-MANN, W.-D./FREIBERG, J., in: Haufe IFRS-Kommentar, 13. Aufl., § 14, Rn. 7, i. V. m. § 21, Rn. 38-41; GRAUMANN, M., Sachanlagen nach IAS, S. 710; TANSKI, J. S., Sachanlagen nach IFRS, S. 6.

435 Dies findet sogar explizit Erwähnung in IAS 37.23.

436 Vgl. SCHARFENBERG, A., in: Beck IFRS HB, 5. Aufl., § 5, Rn. 12; KNORR, L./EBBERS, G., Individual Accounts, S. 1479; BALLWIESER, W., in: Baetge et al., Rechnungslegung nach IFRS, 2. Aufl., IAS 16, Rn. 14.

437 Vgl. IAS 37.10. Vgl. zu Eventualforderungen erläuternd auch HACHMEISTER, D./ZEYER, F., in: Thiele/von Keitz/Brücks, IAS 37, Rn. 243; VON KEITZ, I. ET AL., in: Baetge et al., Rechnungslegung nach IFRS, 2. Aufl., IAS 37, Rn. 68-70; REINHART, A., Contingent Assets, S. 2520.

438 Vgl. IAS 37.31.

439 Vgl. IAS 37.33 und .35. Wenn der Nutzenzufluss hingegen als wahrscheinlich angesehen wird, ist im Anhang eine Angabe zur betreffenden Eventualforderung zu machen, vgl. IAS 37.34 f.

Im ED/2015/3 wurden die Ansatzkriterien des Rahmenkonzepts a. F. jedoch nunmehr zu Indikatoren für die neue Ansatzkonzeption herabgestuft, wodurch der Verbindlichkeitsgrad ihrer Anwendungen sinkt.[440] Diese weniger restriktiven Ansatzvoraussetzungen könnten dazu beitragen, die Aktivierung solcher Spezialsachverhalte wie bspw. von *E&E*-Vermögenswerten in Einklang mit dem Conceptual Framework künftig zu ermöglichen bzw. zu erleichtern, zumal die bislang bereits auslegungsbedürftige Wahrscheinlichkeitsanforderung bzgl. künftiger Nutzenzuflüsse durch die neue Formulierung, „sehr geringe Wahrscheinlichkeiten"[441] könnten gegen eine Erfassung sprechen, in ihrer Bedeutung für Ansatzentscheidungen merklich abgewertet wurde.[442]

Sofern **Erträge und Aufwendungen** die Definitionen erfüllen,[443] richtet sich auch deren Erfassung nach den oben genannten Ansatzkriterien.[444] Die Abbildung von Erträgen und Aufwendungen in der Finanzberichterstattung gibt Aufschluss über die Ertragslage eines Unternehmens.[445] Es gilt dabei das Postulat der **Periodenabgrenzung** (*accrual accounting*)[446]. Erträge und Aufwendungen sollen demnach in der Periode erfasst werden, in der auch die Auswirkungen der Geschäftsvorfälle und Umstände eintreten, die eine Änderung der ökonomischen Ressourcen hervorrufen – unabhängig davon, wann die zugehörigen Ein- und Auszahlungen tatsächlich getätigt werden.[447] Sofern Erträge und Aufwendungen unmittelbar und gemeinsam aus den selben Geschäftsvorfällen oder anderen Umständen resultieren, werden die Aufwendungen den entsprechenden Erträgen sachlich zugeordnet und gehen in der gleichen Periode in die Gewinn- und Verlustrechnung ein (***matching principle***[448]).

327.3 Besondere Ansatzvoraussetzungen für Sachanlagen nach IAS 16

Materielle Vermögenswerte, auch Sachanlagen genannt, sind solche mit physischer Substanz, sie sind also i. d. R. greifbar.[449] Gerade die Upstream-Aktivitäten rohstoffffördernder Unternehmen sind ein sachanlagenintensives Geschäft. So werden bspw. Bagger erworben, Bohrplattformen und Förderbandanlagen errichtet oder Straßen gebaut. Sofern diese Vermögenswerte nach IAS 16 bilanziert werden, müssen sie den im Folgenden beschriebenen Definitionen und Vorschriften genügen.

---

440 Vgl. ED/2015/3.BC5.40 und .44.

441 Vgl. ED/2015/3.5.19.

442 Vgl. DEHMEL, I., Definitions- und Ansatzkriterien, S. 1774; ERB, C./PELGER, C., IFRS-Rahmenkonzept, S. 339. Außerdem wird zum einen die Beurteilung des Bestehens von Bilanzposten vermehrt in den spezifischen Standards zu adressieren sein und zum anderen die verlässliche Bewertbarkeit schlichtweg von der Ansatz- auf die Bewertungsfrage verschoben, vgl. KIRSCH, H.-J./SCHOO, L./KRAFT, A., Discussion Paper zum Conceptual Framework, S. 302 f. und 305; WAGENHOFER, A., Zukunft der internationalen Rechnungslegung, S. 541; ERB, C./PELGER, C., Künftiges IFRS-Rahmenkonzept, S. 22.

443 Vgl. ED/2015/3.5.2 und .7.

444 Vgl. ED/2015/3.5.9.

445 Vgl. ED/2015/3.4.52.

446 Vgl. ausführlich zum Konzept der Periodenabgrenzung Abschnitt 31.

447 Vgl. ED/2015/3.1.17.

448 Für detaillierte Erläuterungen zum *matching principle* siehe Abschnitt 31.

449 Vgl. BALLWIESER, W., in: Baetge et al., Rechnungslegung nach IFRS, 2. Aufl., IAS 16, Rn. 10; TANSKI, J. S., Sachanlagen nach IFRS, S. 3.

Sachanlagen dienen der Herstellung oder Lieferung von Produkten und Dienstleistungen, können vermietet oder zu Verwaltungszwecken eingesetzt werden.[450] Demnach zeigt sich das Nutzenpotenzial von Sachanlagen in ihrem Ge- oder Verbrauch.[451] Darüber hinaus wird die Nutzungsdauer von Sachanlagen mit länger als eine Periode dauernd, i. d. R. verstanden als ein Geschäftsjahr, erwartet.[452] Zwar enthält IAS 16 keine gesonderte Vermögenswertdefinition, sodass auf die des Conceptual Framework zurückgegriffen werden muss.[453] Für den **Ansatz** der materiellen Vermögenswerte sieht IAS 16.7 indes zwei vom ED/2015/3 abweichende Voraussetzungen vor, die vielmehr den Ansatzkriterien des Rahmenkonzepts a. F. entsprechen und somit strengere Anforderungen darstellen. Demnach wird ein materieller Vermögenswert aktiviert, wenn

- dem Unternehmen **wahrscheinlich** ein künftiger wirtschaftlicher **Nutzen** aus der Sachanlage zufließen wird[454] und
- die **Anschaffungs- oder Herstellungskosten verlässlich** bestimmt werden können.[455]

Dabei braucht der **Nutzen** dem Unternehmen nicht zwingend direkt, etwa im Rahmen einer Vermietung, zufließen, sondern auch wenn indirekt Nutzen – bspw. durch Einsatz einer Anlage zur Produktion von verkaufsfähigen Gütern – zugerechnet werden kann, was bei Sachanlagen regelmäßig der Fall ist, werden die Ansatzkriterien erfüllt.[456]

327.4 Besondere Ansatzvoraussetzungen für immaterielle Vermögenswerte nach IAS 38

Aus den investiven Aktivitäten des Upstream-Geschäfts von Rohstoffunternehmen resultieren vielerlei immaterielle Vermögenswerte. So müssen z. B. Rechte für die Exploration und Erschließung eines Gebiets erworben, Gutachten erstellt oder Explorationsbrunnen zur Probenahme und Informationsgewinnung installiert werden. Zwar fallen einige dieser Vermögenswerte in den Anwendungsbereich von IFRS 6, dennoch muss ein Teil davon auch nach IAS 38 erfasst werden.

Für die Bilanzierung **immaterieller Vermögenswerte** werden die Definitions- und Ansatzkriterien des Rahmenkonzepts durch IAS 38 zusätzlich konkretisiert. IAS 38.8 versteht unter einem Vermögenswert eine Ressource, die aufgrund vergangener Ereignisse[457] in der **Verfügungsmacht** des Unternehmens liegt und von der **erwartet** wird, dass aus ihr **künftiger wirtschaftlicher Nutzen** an

---

450 Vgl. IAS 16.6 (a).

451 Davon weicht das Nutzenpotenzial von Vorräten ab, was sich häufig z. B. durch Veräußerung entfaltet. Vgl. TANSKI, J. S., Sachanlagen nach IFRS, S. 3 f.

452 Vgl. IAS 16.6 (b); GRAUMANN, M., Sachanlagen nach IAS, S. 709. In Ausnahmefällen kann auch eine kürzere Nutzungsdauer für Sachanlagen angezeigt sein, vgl. SCHARFENBERG, A., in: Beck IFRS HB, 5. Aufl., § 5, Rn. 3.

453 Vgl. MÜLLER, S./WOBBE, C./REINKE, J., Bilanzierung des Sachanlagevermögens, S. 631; TANSKI, J. S., Sachanlagen nach IFRS, S. 3. Zur Vermögenswertdefinition vgl. Abschnitt 327.2.

454 Vgl. hierzu bereits ausführlich Abschnitt 327.2.

455 Die Bestimmung der Anschaffungs- oder Herstellungskosten für Sachanlagen ist i. d. R. unproblematisch. Vgl. dazu WAWRZINEK, W./LÜBBING, M., in: Beck IFRS HB, 5. Aufl., § 2, Rn. 128; BALLWIESER, W., in: Baetge et al., Rechnungslegung nach IFRS, 2. Aufl., IAS 16, Rn. 16-20.

456 Vgl. TANSKI, J. S., Sachanlagen nach IFRS, S. 6 f.

457 Die Ressource muss dem Unternehmen also bereits zugegangen sein, vgl. THIELE, S./KÜHLE, U., in: Thiele/von Keitz/Brücks, IAS 38, Rn. 146.

das Unternehmen fließt. Diese Definition eines Vermögenswerts ist insofern strenger als die des neuen Rahmenkonzepts, als der Nutzenzufluss nicht nur möglich, sondern auch erwartbar sein muss, wenngleich keine Mindestwahrscheinlichkeitsgrenze quantifiziert wird. Äußern kann sich der zu erwartende Nutzen z. B. in Form von Erlösen, Kosteneinsparungen oder anderen Vorteilen. Der Nutzen kann damit sowohl direkt als auch indirekt zufließen.[458] Verfügungsmacht hat ein Unternehmen über eine Ressource, wenn es diese beherrscht, indem es den Nutzen daraus vereinnahmen und zugleich den Zugriff Dritter darauf verwehren kann.[459] Gerade in der Rohstoffbranche sind bspw. Kenntnisse über geologische Gegebenheiten oder vermutete und entdeckte Bodenschätze besonders wertvoll. Hierüber kann ein Unternehmen Verfügungsmacht erlangen und bewahren, wenn es dieses Wissen schützen kann, etwa durch Verträge oder Vertraulichkeitsverpflichtungen der Arbeitnehmer.[460]

Darüber hinaus müssen immaterielle Vermögenswerte identifizierbar sein, nicht-monetär[461] und ohne physische Substanz.[462] Die **Identifizierbarkeit** wird vorausgesetzt, um immaterielle Vermögenswerte vom Geschäfts- oder Firmenwert unterscheiden und einzeln betrachten zu können. Sie ist gegeben, wenn die Vermögenswerte vom Unternehmen separierbar sind oder aus vertraglichen oder anderen gesetzlichen Rechten entstehen, wobei in letzterem Fall diese Rechte selbst weder übertragbar noch separierbar sein müssen.[463] Die geforderte physische Substanzlosigkeit meint dabei nicht das völlige Fehlen greifbarer Elemente, sondern dass die immaterielle Komponente eines Vermögenswerts die wesentliche gegenüber einer ggf. existierenden materiellen Komponente sein muss.[464]

Grundsätzlich wird ein immaterieller Vermögenswert – genau wie Sachanlagevermögen – aktiviert, wenn

- der **Nutzenzufluss** daraus **wahrscheinlich**[465] ist und
- die **Anschaffungs- oder Herstellungskosten verlässlich** bestimmbar sind.[466]

---

458 Vgl. IAS 38.17; ADLER, H./DÜRING, W./SCHMALTZ, K., in: ADS International, Abschnitt 8, Rn. 47; THIELE, S./KÜHLE, U., in: Thiele/von Keitz/Brücks, IAS 38, Rn. 157.

459 Vgl. IAS 38.13; THIELE, S./KÜHLE, U., in: Thiele/von Keitz/Brücks, IAS 38, Rn. 148 f.

460 Vgl. IAS 38.14; BAETGE, J./VON KEITZ, I., in: Baetge et al., Rechnungslegung nach IFRS, 2. Aufl., IAS 38, Rn. 21; ADLER, H./DÜRING, W./SCHMALTZ, K., in: ADS International, Abschnitt 8, Rn. 43.

461 Monetäre Vermögenswerte und andere Finanzinstrumente werden vom Anwendungsbereich des IAS 38 ausgeschlossen, vgl. ADLER, H./DÜRING, W./SCHMALTZ, K., in: ADS International, Abschnitt 8, Rn. 60.

462 Vgl. IAS 38.8.

463 Vgl. IAS 38.11 f. sowie .BC6 und .BC9 f.; THIELE, S./KÜHLE, U., in: Thiele/von Keitz/Brücks, IAS 38, Rn. 138; BAETGE, J./VON KEITZ, I., in: Baetge et al., Rechnungslegung nach IFRS, 2. Aufl., IAS 38, Rn. 18; SCHNORR, R., Aktivierungsgrundsätze, S. 310.

464 Vgl. THIELE, S./KÜHLE, U., in: Thiele/von Keitz/Brücks, IAS 38, Rn. 158-160.

465 Zur Begriffsbestimmung, wann ein Nutzenzufluss als wahrscheinlich anzusehen ist, vgl. die Ausführungen hierzu in Abschnitt 327.2.

466 Vgl. IAS 38.21; WULF, I., Immaterielle Vermögenswerte, S. 30-34. Für immaterielle Vermögenswerte stellt die verlässliche Bestimmung der Anschaffungs- oder Herstellungskosten, ebenso wie für Sachanlagen, i. d. R. keine besondere Ansatzhürde dar.

Dabei wird für **gesondert erworbene** immaterielle Vermögenswerte unterstellt, dass das Nutzenkriterium erfüllt ist, denn der Kaufpreis spiegelt die Erwartungen über einen künftigen Nutzen wider und gewährleistet zugleich eine für gewöhnlich verlässliche Bestimmung der Anschaffungs- oder Herstellungskosten.[467]

Wird ein immaterieller Vermögenswert allerdings vom Unternehmen **selbst erstellt**, sieht IAS 38 differenziertere Ansatzvoraussetzungen vor.[468] Zunächst wird der Erstellungsprozess in eine Forschungs- und eine Entwicklungsphase aufgeteilt. Unter Forschung ist die eigenständige und planmäßige Suche nach neuen wissenschaftlichen oder technischen Erkenntnissen zu verstehen, sodass z. B. Aktivitäten für die Gewinnung neuer Informationen und Kenntnisse, die Suche nach und Beurteilung von Anwendungen für Forschungsergebnisse sowie die Konzipierung neuer Technologien darunter fallen.[469] Während der Entwicklung werden Forschungsergebnisse und andere Kenntnisse auf einen Plan oder Entwurf angewendet, um neue oder deutlich verbesserte Produkte, Verfahren o. Ä. zu erzeugen.[470] Nur die Ausgaben, die während der **Entwicklungsphase** anfallen, kommen überhaupt für eine Aktivierung in Frage. Die übrigen Kosten werden bei ihrem Anfall sofort erfolgswirksam erfasst.[471] Für Entwicklungsausgaben gelten **zusätzliche Ansatzkriterien**, die das Kriterium des künftigen Nutzenzuflusses weiter konkretisieren:[472] Nachweise,

- dass die Fertigstellung **technisch realisiert** werden kann,
- dass das Unternehmen die **Fertigstellung** sowie Nutzung oder Verkauf des Vermögenswerts **beabsichtigt**,
- dass das Unternehmen zu **Nutzung oder Verkauf** fähig ist,
- über die Art und Weise, wie der Vermögenswert voraussichtlich künftig **wirtschaftlichen Nutzen** erzielen wird,
- dass adäquate **technische, finanzielle und sonstige Ressourcen** bis zum Abschluss der Entwicklung vorhanden sind und
- dass die dem Vermögenswert zurechenbaren Ausgaben **verlässlich bewertet** werden können.[473]

Eine Ansatzpflicht resultiert bei kumulativer Erfüllung dieser Kriterien. Aufgrund nicht unerheblicher Ermessensspielräume werden diese Ansatzvoraussetzungen indes regelmäßig als faktisches

467 Vgl. IAS 38.25 f. sowie .BC27 f.

468 Da für erworbene immaterielle Vermögenswerte implizit angenommen wird, dass die spezifischen Ansatzkriterien für selbsterstelltes immaterielles Vermögen erfüllt sind, muss der Nachweis darüber nur bei der Selbsterstellung erbracht werden, vgl. IAS 38.BCZ42.

469 Vgl. IAS 38.8 und .56; BAETGE, J./VON KEITZ, I., in: Baetge et al., Rechnungslegung nach IFRS, 2. Aufl., IAS 38, Rn. 24 und 59.

470 Vgl. IAS 38.6; WULF, I., Immaterielle Vermögenswerte, S. 35 f.

471 Vgl. IAS 38.51-.56; ausführlich dazu vgl. HEPERS, L., Intangible Assets, S. 158-168. Während der Forschungsphase kann ein künftiger Nutzen nicht nachgewiesen werden, vgl. SCHNORR, R., Aktivierungsgrundsätze, S. 310.

472 Vgl. BAETGE, J./VON KEITZ, I., in: Baetge et al., Rechnungslegung nach IFRS, 2. Aufl., IAS 38, Rn. 54.

473 Vgl. IAS 38.57.

Wahlrecht kritisiert. Vor allem die absichtliche Vermeidung eines Bilanzansatzes werde hierdurch ermöglicht.[474]

328. Bewertungskonzeption

Im Rahmen der Bewertung von Vermögenswerten, Schulden, Eigenkapital, Erträgen und Aufwendungen wird ein monetärer Betrag ermittelt, mit dem die Posten im Abschluss erfasst werden.[475] Der jeweilige **Charakter** des **zu bewertenden Postens** entscheidet über den anzuwendenden **Bewertungsmaßstab**, wobei die Wahl von der bestmöglichen Erfüllung des Ziels entscheidungsnützlicher Informationsvermittlung, gewährleistet durch die Anforderungen Relevanz und glaubwürdige Darstellung, sowie der Einhaltung der Kostenrestriktion determiniert wird.[476] Bewertungsfragen sind regelmäßig mit Schätzungen unter Unsicherheit verbunden. Besonders der Grad der Unsicherheit kann sich auf die Relevanz von Informationen auswirken, eine unvertretbar hohe Bewertungsunsicherheit mitunter gar den Ansatz eines Postens verhindern.[477] Damit eine Bewertung glaubwürdig ist, muss sie frei von Fehlern sein. Kritisch ist auch dies vor allem, wenn Schätzungen notwendig werden.[478]

Das Rahmenkonzept sieht zwei Kategorien von **Bewertungsmaßstäben** vor: Bewertung zu historischen Kosten oder zu Gegenwartswerten.[479] **Historische Kosten** sind jene Kosten, die in der Entstehung bzw. im Zugangszeitpunkt eines Abschlusspostens anfallen (**Anschaffungs- oder Herstellungskosten**).[480] Sie umfassen den Erwerbspreis sowie alle direkt zurechenbaren Kosten, um den Vermögenswert in einen betriebsbereiten Zustand zu versetzen. Bei Sachanlagen werden zusätzlich die geschätzten Abbruch- und Wiederherstellungskosten einbezogen.[481] Zu den Herstellungskosten

---

474 Vgl. LÜDENBACH, N./HOFFMANN, W.-D./FREIBERG, J., in: Haufe IFRS-Kommentar, 13. Aufl., § 13, Rn. 35; BAETGE, J./VON KEITZ, I., in: Baetge et al., Rechnungslegung nach IFRS, 2. Aufl., IAS 38, Rn. 57 und 62.

475 Vgl. ED/2015/3.6.2.

476 Vgl. ED/2015/3.6.3 und .BC6.38; KIRSCH, H.-J./SCHOO, L./KRAFT, A., Discussion Paper zum Conceptual Framework, S. 306; WAGENHOFER, A., Zukunft der internationalen Rechnungslegung, S. 546; ERB, C./PELGER, C., Künftiges IFRS-Rahmenkonzept, S. 23. Ein einziger Bewertungsmaßstab, der für sämtliche Abschlussposten herangezogen würde, würde regelmäßig nicht die entscheidungsnützlichsten Informationen vermitteln. Darum hat sich der IASB für einen *mixed measurement basis approach* entschieden. Vgl. ED/2015/3.BC6.8; ERB, C./PELGER, C., Neues Rahmenkonzept der IFRS-Rechnungslegung, S. 520.

477 Vgl. ED/2015/3.6.55. Vgl. auch die Ausführungen zur Relevanz im Allgemeinen in Abschnitt 324.1 sowie im Zusammenhang mit Ansatzentscheidungen in Abschnitt 327.2.

478 Vgl. ED/2015/3.6.57. Schätzungen sollten als solche erkenntlich sein, kurz erläutert werden und Wahl und Anwendung der Bewertungstechnik müssen fehlerfrei sein. Vgl. hierzu auch Abschnitt 324.2.

479 Vgl. ED/2015/3.BC6.16 f. Eine cashflowbasierte Bewertung wird dabei nicht als eigene Kategorie eingestuft, sondern als Bewertungstechnik.

480 Vgl. ED/2015/3.6.6 f. und .BC6.19 f. Näher konkretisiert wird dieser Bewertungsmaßstab in verschiedenen Standards, vor allem in IAS 16 und IAS 38. IAS 2 sieht für Vorräte ebenfalls eine Konkretisierung vor, die an dieser Stelle indes nicht näher betrachtet wird.

481 Vgl. IAS 16.15 f.; IAS 38.24 und .27 sowie LÜDENBACH, N./HOFFMANN, W.-D./FREIBERG, J., in: Haufe IFRS-Kommentar, 13. Aufl., § 8, Rn. 11 für die Zusammensetzung von Anschaffungskosten und Rn. 19 für die von Herstellungskosten. Da im englischsprachigen Standardtext nur von *cost* ausgegangen wird, eine Unterscheidung in Anschaffungs- und Herstellungskosten also unterbleibt, beinhalten Anschaffungs- und Herstellungskosten vom Erwerbspreis abgesehen im Wesentlichen die gleichen Kostenbestandteile, vgl. THIELE, S./ECKERT, T., in: Thiele/von Keitz/Brücks, IAS 16, Rn. 162. Zur Erfassung von Abbruch- und Wiederherstellungskosten als Teil der Anschaffungs- oder Herstellungskosten, um die Gesamtkosten von Sachanlagen den Erlösen daraus gegen-

selbsterstellter immaterieller Vermögenswerte zählen sämtliche Ausgaben ab dem Zeitpunkt der Erfüllung der Ansatzkriterien für Vermögen der Entwicklungsphase. Demnach werden hierunter analog alle direkt zurechenbaren Kosten gefasst, die notwendig sind, um den Vermögenswert in einen betriebsbereiten Zustand zu versetzen.[482]

Gegenwartswerte spiegeln die Wertverhältnisse am Tag der Bewertung.[483] Der IASB unterscheidet in die Bewertungsmaßstäbe beizulegender Zeitwert (Fair Value) und Nutzungswert (für Vermögenswerte; *value in use*) bzw. Erfüllungswert (für Schulden; *fulfilment value*).[484] Der **beizulegende Zeitwert** ist der Preis, der bei einer gewöhnlichen Transaktion zwischen typischen Marktteilnehmern am Tag der Bewertung für den Verkauf eines Vermögenswerts bzw. die Übertragung einer Schuld erzielt werden könnte, und soll damit die Einschätzungen aus Marktsicht reflektieren.[485] **Nutzungs- bzw. Erfüllungswerte** hingegen stellen unternehmensspezifische Werte dar. Sie werden regelmäßig anhand cashflowbasierter Bewertungstechniken ermittelt, indem die Barwerte künftiger Zahlungsströme, die aus der Nutzung eines Vermögenswerts resultieren bzw. zur Erfüllung einer Schuld notwendig sind, summiert werden.[486]

Die **Folgebewertung**, anhand derer der planmäßige Wertverzehr von Vermögen (*depreciation, amortisation*) sowie außerplanmäßige Wertverluste (*impairment*) abgebildet werden sollen, wird im Rahmenkonzept zwar angedeutet,[487] muss aber mittels Regelungen in einzelnen Standards, insbesondere IAS 16, IAS 36 und IAS 38, weiter konkretisiert werden.

So besteht grds. ein Wahlrecht zwischen dem Anschaffungskosten- und dem Neubewertungsmodell.[488] Nach dem **Anschaffungskostenmodell** werden die Anschaffungs- oder Herstellungskosten eines Vermögenswerts fortgeführt und davon am Bewertungsstichtag die kumulierten planmäßigen Abschreibungen und Wertminderungen abgezogen.[489] Gemäß **Neubewertungsmodell** hingegen ist ein Vermögenswert mit dem Neubewertungsbetrag, also dem zum Bewertungszeitpunkt beizulegenden Zeitwert, gemindert um bis dato angefallene kumulierte planmäßige Abschreibungen und Wertminderungen, anzusetzen.[490] Während für Sachanlagen der beizulegende Zeitwert lediglich verlässlich ermittelbar sein muss, gilt für immaterielle Vermögenswerte die zusätzliche Bedingung,

---

überzustellen, vgl. KLAHOLZ, T., Rückbau- und Wiederherstellungsverpflichtungen, S. 60-64; SCHARFENBERG, A., in: Beck IFRS HB, 5. Aufl., § 5, Rn. 51-54; THIELE, S./ECKERT, T., in: Thiele/von Keitz/Brücks, IAS 16, Rn. 166.

482 Vgl. IAS 38.65 f.

483 Vgl. ED/2015/3.6.19; ERB, C./PELGER, C., IFRS-Rahmenkonzept, S. 340.

484 Vgl. ED/2015/3.6.19 f. und .BC6.24.

485 Vgl. ED/2015/3.6.21 f. Mit IFRS 13 hat der IASB zudem einen Standard veröffentlicht, der die Bewertung zum beizulegenden Zeitwert grundlegend regelt. IFRS 13 ist konsistent mit dem ED/2015/3, vgl. ED/2015/3.BC6.25.

486 Vgl. ED/2015/3.6.34 und .BC6.27.

487 Vgl. ED/2015/3.6.6 f.

488 Vgl. IAS 16.29; IAS 38.72.

489 Vgl. IAS 16.30; IAS 38.74.

490 Vgl. LÜDENBACH, N./HOFFMANN, W.-D./FREIBERG, J., in: Haufe IFRS-Kommentar, 13. Aufl., § 8, Rn. 8 und 71.

dass bei der Herleitung deren beizulegender Zeitwerte auf einen aktiven Markt Bezug genommen werden muss.[491]

Auch wenn eine Fair Value-Bewertung für **Sachanlagen** häufig möglich ist, wird diese mangels aktiver Märkte für die i. d. R. sehr speziellen Vermögenswerte im Upstream-Geschäft doch zumeist auf Stufe 3 der Fair Value-Hierarchie vorzunehmen sein und damit den bewertenden Rohstoffunternehmen weitreichende Schätzungen und subjektive Ermessensentscheidungen abverlangen.[492] Zudem müssen für derartige Bewertungen, sofern sie denn mittels kapitalwertorientierter Verfahren durchgeführt werden, künftige Cashflows aus den Vermögenswerten prognostiziert werden. Die Verlässlichkeit derartiger Bewertungen scheint doch zumindest eingeschränkt und der Bewertungsaufwand recht hoch im Vergleich zum daraus resultierenden Nutzen für Bilanzierer und Adressaten, sodass Sachanlagen in der Praxis erfahrungsgemäß insgesamt **nur sehr selten** nach dem Neubewertungsmodell bewertet werden.[493] Noch seltener, wenn nicht gar **annähernd unmöglich**, ist die Neubewertung **immaterieller Vermögenswerte**. Der IASB selbst weist darauf hin, dass normalerweise kein aktiver Markt für einen immateriellen Vermögenswert existiert, da solches Vermögen meist einzigartig ist, Verträge zwischen einzelnen Parteien ausgehandelt werden und Transaktionen eher selten sind.[494] Diese Argumente dürften grds. auch auf immaterielle Vermögenswerte zutreffen, die während der *extractive activities* aktiviert werden. Sie sind i. d. R. untrennbar mit den jeweiligen rohstoffhaltigen Gebieten verbunden bzw. speziell auf diese Gebiete abgestimmt, für die sie erworben oder erstellt wurden. Dadurch lassen sie sich nicht auf andere Rohstoffprojekte übertragen und erfüllen somit die Eigenschaft der Einzigartigkeit. Käufer und Verkäufer treten – wenn es denn überhaupt zu einem Verkauf kommen sollte – in direkte Verhandlungen, sodass auch dies gegen die Existenz eines Markts spricht. Demnach kann das Neubewertungsmodell nur in Ausnahmefällen auf immaterielles Vermögen des Upstream-Geschäfts angewendet werden.[495] Aufgrund der im Ergebnis sehr geringen praktischen Relevanz des Neubewertungsmodells wird diese Bewertungsalternative in der vorliegenden Arbeit nicht näher betrachtet und insofern von der Untersuchung ausgeschlossen.

---

491 Vgl. IAS 16.31; IAS 38.75; LÜDENBACH, N./HOFFMANN, W.-D./FREIBERG, J., in: Haufe IFRS-Kommentar, 13. Aufl., § 8, Rn. 74; ENGEL-CIRIC, D., Aussagekraft des Jahresabschlusses, S. 782; BUSCH, J./ZWIRNER, C., Planmäßige Abschreibung, S. 416; HOFFMANN, W.-D./LÜDENBACH, N., Neubewertungskonzeption, S. 565; ZÜLCH, H./WILLMS, J., in: MüKo Bilanzrecht Bd. 1, IFRS 6, Rn. 29. Für die Ermittlung beizulegender Zeitwerte ist außerdem grds. IFRS 13 zu beachten.

492 Vgl. zur Kritik an der Fair Value-Bewertung auf unterster Stufe der Fair Value-Hierarchie stellvertretend BAETGE, J., DCF-Kalküle, S. 13-23; KÜMPEL, K./OLDEWURTEL, C./WOLZ, M., Fair value in den IFRS, S. 106 f.; CASTEDELLO, M./KLINGBEIL, C., IFRS 13. Anwendungsfragen, S. 486; BIEKER, M., IASB-Diskussionspapier "Fair Value Measurements" Teil I, S. 95 f.; KUßMAUL, H./WEILER, D., Fair-Value-Bewertung, S. 169 f.; LÖW, E./ANTONAKOPOULOS, N./WEILAND, T., Fair Value Measurements, S. 733; GROßE, J.-V., Fair Value Measurement, S. 290 f.

493 Vgl. MÜLLER, S./WOBBE, C./REINKE, J., Bilanzierung des Sachanlagevermögens, S. 637, i. V. m. BALLWIESER, W., in: Baetge et al., Rechnungslegung nach IFRS, 2. Aufl., IAS 16, Rn. 29; KPMG (Hrsg.), First Impressions: IFRS 6, S. 12 f.; WILLMS, J., Explorations- und Evaluierungsausgaben, S. 45.

494 Vgl. IAS 38.78.

495 Vgl. RICHTER, F., Bilanzierung des Upstream-Geschäfts, S. 51.

Planmäßige Abschreibung ist die systematische Verteilung des Abschreibungsbetrags eines Vermögenswerts über dessen Nutzungsdauer, wodurch die Anschaffungs- oder Herstellungskosten über die Perioden seiner Nutzung hinweg nach und nach aufwandswirksam werden.[496] Diese Periodisierung von Kosten folgt der Idee des in der IFRS-Rechnungslegung verankerten *matching principle*,[497] dass Ausgaben erst dann in den Aufwand fließen sollen, wenn die zugehörigen Erträge erwirtschaftet werden. Hierdurch wird eine periodengerechte Erfolgsermittlung (*accrual accounting*) gewährleistet. Die planmäßige Abschreibung beginnt, sobald ein Vermögenswert zur Nutzung bereit steht, d. h. sich am beabsichtigten Standort sowie im vom Management intendierten Zustand befindet.[498] Die Methode der Abschreibung soll den erwarteten Verbrauch des Nutzens aus dem Vermögenswert widerspiegeln. Es kommen eine lineare, eine degressive und eine leistungsabhängige Abschreibungsmethode in Betracht.[499]

Zusätzlich müssen Vermögenswerte regelmäßig auf ihre **Werthaltigkeit** bzw. auf Anhaltspunkte für eine mögliche Wertminderung hin **überprüft** werden.[500] Unternehmen sind verpflichtet, zu jedem Abschlussstichtag zu prüfen, ob Anhaltspunkte dafür vorliegen, dass ein Vermögenswert in seinem Wert gemindert sein könnte. Ein Wertminderungstest ist immer dann durchzuführen, wenn entsprechende Anhaltspunkte erkannt werden, und grds. einmal jährlich für sämtliche immateriellen Vermögenswerte mit unbegrenzter oder unbestimmbarer Nutzungsdauer.[501] Ein Wertminderungsbedarf entsteht, wenn der Buchwert eines Vermögenswerts seinen erzielbaren Betrag, also den höheren Wert aus Fair Value abzüglich Veräußerungskosten und Nutzungswert, übersteigt und die Vermögenslage damit überhöht dargestellt wird.[502] Der Vermögenswert ist dann in Höhe der Differenz zwischen Buchwert und erzielbarem Betrag erfolgswirksam abzuschreiben.[503] Wenn für einen einzelnen Vermögenswert kein erzielbarer Betrag geschätzt werden kann, soll stattdessen der erzielbare Betrag der **zahlungsmittelgenerierenden Einheit** (ZGE) geschätzt werden, zu der der Vermögenswert gehört. Eine ZGE ist die kleinste identifizierbare Gruppe von Vermögenswerten, die von den Mittelzuflüssen anderer Vermögenswerte bzw. -gruppen unabhängig Mittelzuflüsse erzeugt.[504] Sofern tatsächlicher Wertminderungsbedarf festgestellt wird, muss dieser aufwandswirksam erfasst werden, indem – nach Abschreibung eines evtl. bestehenden Geschäfts- oder Firmenwerts – die einzelnen Vermögenswerte der ZGE anteilig abgeschrieben werden.[505]

496 Vgl. IAS 16.6; IAS 38.8.
497 Vgl. zum *matching principle* Abschnitt 31.
498 Vgl. IAS 16.55; IAS 38.97.
499 Vgl. IAS 16.50, .60 und .62; IAS 38.97 f. Damit planmäßig abgeschrieben werden kann, muss die Nutzungsdauer des Vermögenswerts bestimmbar sein. Anderenfalls verbleibt nur die regelmäßige Prüfung auf Wertminderung, vgl. IAS 38.107.
500 Vgl. IAS 16.63; IAS 38.111. Die Wertminderung erfolgt nach den Vorgaben des IAS 36.
501 Vgl. IAS 16.63 und IAS 38.108 i. V. m. IAS 36.9 f.; WÖHRMANN, A., Intangible Impairment, S. 66-69.
502 Vgl. IAS 36.8 i. V. m. .6.
503 Vgl. IAS 36.59 f.
504 Vgl. IAS 36.6.
505 Vgl. IAS 36.66 i. V. m. .104.

33 Schließung von Regelungslücken nach IAS 8

Die auf Geschäftsvorfälle, sonstige Ereignisse und Bedingungen anzuwendenden Rechnungslegungsmethoden richten sich grds. nach den jeweils einschlägigen Standards (IFRS/IAS) und IFRIC-Interpretationen.[506] Indes können Sachverhalte oder Umstände eintreten, die bislang von keiner dieser Regelungen ausdrücklich erfasst werden, sodass eine **Regelungslücke** besteht.[507] Gleich mehrere Regelungslücken finden sich in der *Extractive-Activities*-Bilanzierung, da einerseits aufgrund der Branchenbesonderheiten mit IFRS 6 und IFRIC 20 Sonderregelungen für die Rohstoffindustrie geschaffen wurden, diese andererseits aber nicht in allen Phasen des Upstream-Geschäfts anwendbar sind. Sofern Regelungslücken bestehen, greift IAS 8 mit dem Ziel, Kriterien für die Auswahl von Rechnungslegungsmethoden vorzugeben, um die Relevanz und Verlässlichkeit sowie Vergleichbarkeit von Abschlüssen zu verbessern.[508] Als **Rechnungslegungsmethoden** gelten gemäß IAS 8.5 sämtliche Prinzipien, grundlegenden Überlegungen, Konventionen, Regeln und Praktiken, die für die Aufstellung von Abschlüssen herangezogen werden.

Im Fall einer Regelungslücke obliegt es dem **Management**, nach eigenem Ermessen eine geeignete **Rechnungslegungsmethode zu entwickeln** und anzuwenden, die zu **relevanten und verlässlichen** – und damit entscheidungsnützlichen – **Informationen** führt.[509] Die Verlässlichkeit soll sich dabei in einer den tatsächlichen Verhältnissen entsprechenden Abbildung der Vermögens-, Finanz- und Ertragslage und der Cashflows des Unternehmens unter dem Leitgedanken einer wirtschaftlichen Betrachtungsweise zeigen, die zudem neutral, vorsichtig und vollständig ist.[510] Konzeptionell basiert die Entwicklung von Rechnungslegungsmethoden nach IAS 8 auf „demselben theoretischen Fundament"[511] wie das IFRS-Rahmenkonzept – allerdings in der (veralteten) Fassung von 1989. Zwar hat sich das Oberziel der Entscheidungsnützlichkeit mit der Überarbeitung des Conceptual Framework nicht verändert und die meisten Kriterien finden sich auch in der neuen Fassung wieder. Jedoch wurden die qualitativen Anforderungen an die IFRS-Rechnungslegung grundlegend überarbeitet und umstrukturiert.[512] Dennoch entsprechen die von IAS 8 geforderte Relevanz und Verlässlichkeit im Wesentlichen den grundlegenden qualitativen Anforderungen Relevanz und glaubwürdige Darstellung, denn der IASB hat den Begriff Verlässlichkeit durch den Begriff glaubwürdige Darstellung mit dem Argument ersetzt, dass der neue Begriff verständlicher verkörpere, was ohne-

---

506 Vgl. IAS 8.7; BLAUM, U./HOLZWARTH, J./WENDLANDT, G., in: Baetge et al., Rechnungslegung nach IFRS, 2. Aufl., IAS 8, Rn. 38.

507 Eine Regelungslücke kann sich aufgrund eines insgesamt fehlenden IFRS oder auch innerhalb eines bestehenden IFRS ergeben, vgl. RUHNKE, K./NERLICH, C., Behandlung von Regelungslücken innerhalb der IFRS, S. 389 f.; KLEINMANNS, H., IFRS-Interpreten, S. 1326. Durch methodisches Schließen einer solchen Lücke sollen „begründete[...] und vertretbare[...] Lösungen" gefunden werden, vgl. LÜDENBACH, N./HOFFMANN, W.-D./FREIBERG, J., in: Haufe IFRS-Kommentar, 13. Aufl., § 1, Rn. 79.

508 Vgl. IAS 8.1; BLAUM, U./HOLZWARTH, J./WENDLANDT, G., in: Baetge et al., Rechnungslegung nach IFRS, 2. Aufl., IAS 8, Rn. 3 f.; KÖSTER, O., in: Thiele/von Keitz/Brücks, IAS 8, Rn. 102.

509 Vgl. IAS 8.10; HAMMEN, J., in: IFRS Kommentar, IAS 8, Rn. 15; KLEINMANNS, H., IFRS-Interpreten, S. 1325; SCHÖLLHORN, T./MÜLLER, M., Relevanz des Rahmenkonzepts (Teil II), S. 1668.

510 Vgl. IAS 8.10 (b).

511 BLAUM, U./HOLZWARTH, J./WENDLANDT, G., in: Baetge et al., Rechnungslegung nach IFRS, 2. Aufl., IAS 8, Rn. 55.

512 Vgl. Abschnitt 324.

hin seit jeher gemeint gewesen sei.[513] Aus diesem Grund bezieht sich auch die vorliegende Arbeit hinsichtlich der Anwendung von IAS 8 auf die fundamentalen Kriterien Relevanz und glaubwürdige Darstellung sowie auf die fördernde qualitative Anforderung der Vergleichbarkeit.[514]

Bei der Schließung einer Regelungslücke soll auf verschiedene **Quellen** zurückgegriffen werden, die der IASB **hierarchisch** anordnet. Demnach sind bevorzugt **Standards** und Interpretationen zu ähnlichen und verwandten Anwendungsfällen[515] zu **übertragen** oder sonst auf das **Rahmenkonzept** und die darin enthaltenen Definitionen, Erfassungskriterien und Bewertungskonzepte zurückzugreifen.[516] Darüber hinaus können auch Verlautbarungen anderer Standardsetzer mit IFRS-ähnlicher Konzeption,[517] Kommentare und andere Fachliteratur[518] sowie anerkannte Branchenpraktiken[519] herangezogen werden, sofern sie nicht mit den IFRS konfligieren.[520] Für ähnliche Bilanzierungsfragen sind die Rechnungslegungsmethoden **stetig** auszuwählen und anzuwenden.[521]

34 Zwischenfazit

Als Bezugsobjekt für die im vierten Kapitel der vorliegenden Arbeit durchgeführte Analyse der Bilanzierung investiver Aktivitäten in den verschiedenen Upstream-Phasen der *extractive activities* dient der IFRS-Regelungskanon und dabei vor allem das übergeordnete Ziel sowie die fundamenta-

---

513 Vgl. CF.BC3.20 und .24. Nach Abschluss der Rahmenkonzeptüberarbeitung plant der IASB eine Angleichung von IAS 8, vgl. ED/2015/3.BC20 f.; IASB (Hrsg.), Staff Paper 10G (October 2014), S. 1 und 4. Anderer Auffassung sind HOFFMANN/DETZEN, die aufgrund der Abweichungen des IAS 8 das Rahmenkonzept insofern als bedeutungslos bezeichnen, vgl. HOFFMANN, S./DETZEN, D., Joint Conceptual Framework, S. 54 f.

514 Die von IAS 8.1 geforderte Vergleichbarkeit stand im Rahmenkonzept a. F. (1989) noch auf einer Stufe mit Relevanz und Verlässlichkeit, wurde mit Überarbeitung des Conceptual Framework jedoch als fördernde qualitative Anforderung herabgestuft, vgl. KAMPMANN, H./SCHWEDLER, K., Gemeinsames Rahmenkonzept, S. 528 f.

515 Mittels Analogieschluss sollen Regelungen für sehr ähnliche Sachverhalte auf den zu bilanzierenden Sachverhalt übertragen werden, vgl. KÖSTER, O., in: Thiele/von Keitz/Brücks, IAS 8, Rn. 120; BLAUM, U./HOLZWARTH, J./WENDLANDT, G., in: Baetge et al., Rechnungslegung nach IFRS, 2. Aufl., IAS 8, Rn. 58.

516 Vgl. IAS 8.11; KAMPMANN, H./SCHWEDLER, K., Gemeinsames Rahmenkonzept, S. 524.

517 Vgl. IAS 8.BC16. So könnten z. B. die US-GAAP zu Rate gezogen werden oder die Veröffentlichungen des DRSC. Vgl. HAMMEN, J., in: IFRS Kommentar, IAS 8, Rn. 18.

518 Hierzu zählen bspw. Fachzeitschriftenbeiträge, Dissertationen sowie Verlautbarungen des IASB, die nicht den Verbindlichkeitsgrad von IFRS/IAS oder IFRIC-Interpretationen haben. Vgl. KÖSTER, O., in: Thiele/von Keitz/Brücks, IAS 8, Rn. 122; BLAUM, U./HOLZWARTH, J./WENDLANDT, G., in: Baetge et al., Rechnungslegung nach IFRS, 2. Aufl., IAS 8, Rn. 64, sowie zum Verbindlichkeitsgrad von IASB-Verlautbarungen allgemein KÖSTER, O., in: Thiele/von Keitz/Brücks, IAS 8, Rn. 113-116; BLAUM, U./HOLZWARTH, J./WENDLANDT, G., in: Baetge et al., Rechnungslegung nach IFRS, 2. Aufl., IAS 8, Rn. 65-71.

519 Der Rückgriff auf gängige Branchenpraktiken sollte indes besonderer Vorsicht unterliegen, da gerade diese von bilanzpolitisch motivierten Auslegungen geprägt sein können, vgl. RUHNKE, K./NERLICH, C., Behandlung von Regelungslücken innerhalb der IFRS, S. 393; BLAUM, U./HOLZWARTH, J./WENDLANDT, G., in: Baetge et al., Rechnungslegung nach IFRS, 2. Aufl., IAS 8, Rn. 64.

520 Vgl. IAS 8.12. Während die IFRS-Regelungen und Interpretationen sowie das Conceptual Framework zwingend vom Management zur Schließung von Regelungslücken heranzuziehen sind, erfolgt die Berücksichtigung weiterer Quellen auf freiwilliger Basis und ohne Vorgabe einer Rangfolge innerhalb dieser Alternativen. Vgl. BLAUM, U./HOLZWARTH, J./WENDLANDT, G., in: Baetge et al., Rechnungslegung nach IFRS, 2. Aufl., IAS 8, Rn. 60.

521 Vgl. IAS 8.13. Hierdurch wird vor allem die Vergleichbarkeit von Abschlüssen – sowohl in zeitlicher Hinsicht als auch zwischenbetrieblich – gestärkt, vgl. ADLER, H./DÜRING, W./SCHMALTZ, K., in: ADS International, Abschnitt 1, Rn. 84 f.; BLAUM, U./HOLZWARTH, J./WENDLANDT, G., in: Baetge et al., Rechnungslegung nach IFRS, 2. Aufl., IAS 8, Rn. 74. Zur Vergleichbarkeit siehe auch Abschnitt 325.1.

len und fördernden qualitativen Anforderungen an die Finanzberichterstattung, wie Abbildung 3-2 veranschaulicht.

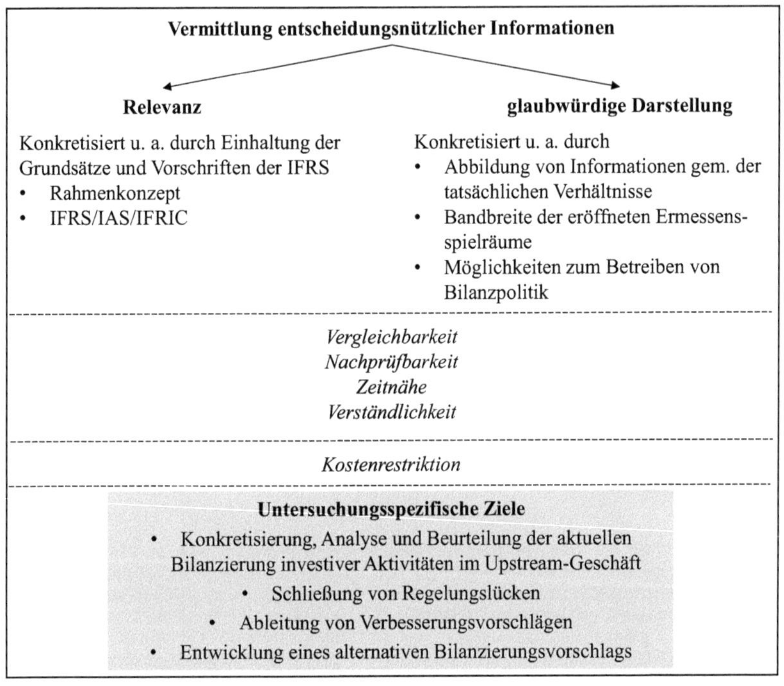

Abbildung 3-2: Analyserahmen

Operationalisiert wird die Entscheidungsnützlichkeit anhand der beiden Anforderungen, relevante und glaubwürdige Informationen abzubilden. Relevanz kann sowohl prognostischen als auch bestätigenden oder korrigierenden Wert für Adressaten haben. Die grundlegenden Ansatz- und Bewertungskonzeptionen der IFRS wurden entwickelt, um solche relevanten Informationen zu vermitteln, weshalb die Relevanz der Bilanzierung investiver Upstream-Aktivitäten besonders danach beurteilt wird, inwiefern sie diesen Konzeptionen entspricht oder ihnen entgegensteht. Zugleich gelten Informationen als glaubwürdig, wenn ihre Darstellung vollständig, neutral und fehlerfrei ist. Vor allem die Bereitstellung von Informationen, die ein Bild der tatsächlichen Verhältnisse vermitteln, und die Begrenzung bilanzpolitischer Spielräume tragen wesentlich zur glaubwürdigen Berichterstattung bei.

Im Ergebnis soll gewürdigt werden, inwieweit die aktuelle Bilanzierungspraxis sowie weitere vom IASB diskutierte Bilanzierungsmöglichkeiten dem Ziel der entscheidungsnützlichen Informationsvermittlung jeweils entsprechen. Darüber hinaus wird im fünften Kapitel der Versuch unternommen, innerhalb dieses Rahmens einen alternativen Bilanzierungsvorschlag zu entwickeln.

4 Konkretisierung der Bilanzierung von *extractive activities* nach IFRS und Beurteilung ihrer Eignung unter Berücksichtigung von Bilanzierungsalternativen

41 Überblick über die Bilanzierungsregelungen und -vorschläge für *extractive activities* nach IFRS

Seit der Jahrtausendwende wurden vom IASB bzw. seiner Vorgängerorganisation IASC diverse Veröffentlichungen herausgegeben, die einzelne Aspekte des Upstream-Geschäfts der *extractive activities* oder auch die gesamten dazugehörigen Bilanzierungsfragen thematisieren. Dennoch ist es dem IASB bis heute nicht gelungen, eine zufriedenstellende Gesamtlösung für die Bilanzierungsthemen der Rohstoffsuche und -förderung zu kodifizieren. Stattdessen werden bislang lediglich Ausschnitte dieses Themenkomplexes von verbindlich anzuwendenden Standards aufgefangen. Abbildung 4-1 zeigt die verschiedenen Veröffentlichungen in zeitlicher Reihenfolge.

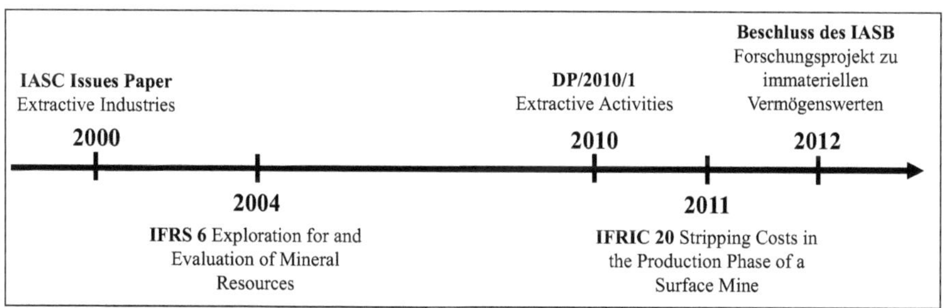

Abbildung 4-1: Überblick der Veröffentlichungen des IASB zum Thema *extractive activities*

Erstmalig befasste sich das IASC um die Jahrtausendwende mit den spezifischen bilanziellen Fragestellungen der rohstofffördernden Industrien und veröffentlichte im November 2000 sein umfangreiches **Issues Paper „Extractive Industries“**.[522] In diesem Thesenpapier wurden die wichtigsten Bilanzierungsfragen hinsichtlich der Upstream-Aktivitäten rohstofffördernder Unternehmen adressiert, verschiedene Lösungsansätze präsentiert sowie deren Vor- und Nachteile diskutiert, um im Anschluss an den zugehörigen Kommentierungsprozess einen Rechnungslegungsstandard zu erarbeiten.[523]

Mit der Erweiterung des IFRS-Anwenderkreises ab dem Jahr 2005[524] vergrößerte sich zugleich der Kreis rohstofffördernder Unternehmen, die fortan zur Aufstellung eines IFRS-(Konzern-)Abschlus-

---

522 Vgl. IASC (Hrsg.), Extractive Industries; LEIPPE, B./FALKENHAHN, G., in: Thiele/von Keitz/Brücks, IFRS 6, Rn. 7.

523 Vgl. IASC (Hrsg.), Extractive Industries, Preface und Rn. 1.2 f.; IFRS 6.IN2. Die Inhalte des Issues Paper sollen in dieser Arbeit nicht separat thematisiert werden.

524 Seit dem 01. Januar 2005 sind börsennotierte Unternehmen innerhalb der EU verpflichtet, ihre Konzernabschlüsse nach IFRS aufzustellen. Vgl. KOMMISSION DER EUROPÄISCHEN GEMEINSCHAFTEN (Hrsg.), Verordnung (EG)

ses verpflichtet wurden. In Ermangelung von Regelungen, die sich auf *extractive activities* anwenden ließen – diese Tätigkeiten wurden vielmehr von diversen Standards explizit ausgeschlossen – sah sich der IASB zum Handeln veranlasst. Er griff das Thesenpapier und die dazu eingegangenen Kommentierungen in Teilen wieder auf und entwickelte einen Branchenstandard, der sich nunmehr auf die Tätigkeiten der Exploration und Evaluierung beschränkt. Nach der Veröffentlichung eines ebenfalls zur Kommentierung freigegebenen Exposure Draft[525] folgte Ende 2004 die Herausgabe des **IFRS 6** mit dem Titel „Exploration und Evaluierung von Bodenschätzen". Mit diesem Standard wollte der IASB zumindest einen Rahmen vorgeben, der begrenzte Verbesserungen bei der bis dato praktizierten Bilanzierung[526] von *E&E*-Aktivitäten erreicht. Allerdings wurde – nicht zuletzt dem Zeitdruck geschuldet, rechtzeitig vor dem Jahr 2005 einen neuen Standard zu erlassen – IFRS 6 zunächst als **Interimslösung** entwickelt.[527]

Eine umfangreichere Untersuchung des Gesamtthemenkomplexes wurde parallel weiterverfolgt und eine Gruppe aus Vertretern der Standardsetzer Norwegens, Südafrikas, Kanadas und Australiens mit der weiteren Forschung sowie der Entwicklung eines Vorschlags beauftragt.[528] Die Bestrebungen, einen entsprechend überarbeiteten Standard zu entwickeln, fanden mit dem im Jahr 2010 veröffentlichten **Diskussionspapier „Extractive Activities"** (DP/2010/1) ihr vorläufiges Ende.

Im Jahr 2011 folgte die Veröffentlichung der **IFRIC 20** „Abraumkosten in der Produktionsphase eines Tagebaubergwerks" durch das International Financial Reporting Interpretations Committee. Wie dem Titel zu entnehmen ist, beschränkt sich diese auf einen einzigen Teilaspekt des Gesamtkanons an Bilanzierungsfragen zu *extractive activities* und gilt darüber hinaus ausschließlich für Tagebau treibende Unternehmen. Dadurch wurden die Regelungen für die Rohstoffindustrie zwar ergänzt, jedoch steht die Gesamtlösung in Form eines umfangreichen neuen IFRS weiterhin aus.

Der IASB beschloss im Jahr 2012 nunmehr, die Bilanzierung der *extractive activities* nicht weiter als eigenständiges Projekt zu verfolgen, sondern in ein übergeordnetes **Forschungsprojekt** zu immateriellen Vermögenswerten, insbesondere Forschungs- und Entwicklungskosten, einzubetten. Dieses Projekt erhielt indes zunächst den Status „inaktiv", eine baldige Aufnahme ist nach wie vor nicht zu erwarten.[529]

Nr. 1606/2002, S. L 243/1-L 243/4; VAN HELLEMANN, J./SLOMP, S., International Accounting Standards in Europe, S. 213-228; IASB (Hrsg.), Getting ready for 2005, S. 1.

525 Der Exposure Draft ED 6 wurde im Januar 2004 veröffentlicht.

526 Bis dato existierte keine Regelung in den IFRS, die auf die speziellen Sachverhalte der Rohstoffförderung anzuwenden war, und es bestanden unterschiedlichste Auffassungen zu ihrer Bilanzierung. Vgl. IFRS 6.IN1 (a) und (b). Siehe auch LEIPPE, B./FALKENHAHN, G., in: Thiele/von Keitz/Brücks, IFRS 6, Rn. 8; ZÜLCH, H./WILLMS, J., Exposure Draft (ED) 6, S. 267.

527 Vgl. IFRS 6.IN3 f., .2 und .BC2 f.; IASB (Hrsg.), E&E activities, S. 8.

528 Vgl. DP/2010/1, S. 7; WULF, I./LANGE, H., Diskussionspapier Extractive Activities, S. 320; PAARZ, M./MEYER, C., Projekt Rohstoffindustrie des IASB, S. 605; O. V., Bilanzierung in der Rohstoffindustrie, S. 496.

529 Vgl. IASB (Hrsg.), 2015 Agenda Consultation, Rn. 32, 37 und A27 f.

Da die genannten aktuellen Regelungen zu den *extractive activities* jeweils nur für Ausschnitte des gesamten Themengebiets gelten, orientiert sich die derzeitige Bilanzierung an den verschiedenen **Phasen**, in die die Upstream-Aktivitäten **seitens der Industrie** eingeteilt werden.[530] Die hier dargestellten IASB-Veröffentlichungen weisen allesamt unterschiedliche Anwendungsbereiche, Bedeutungs- und Verbindlichkeitsgrade auf. In Kapitel 4 soll daher zum einen die aktuelle Bilanzierung unter Berücksichtigung von IFRS 6 und IFRIC 20 sowie ggf. weiteren, branchenunspezifischen Standards, und zum anderen unterteilt nach den Upstream-Phasen

- Prospektion,
- Rechtebeschaffung,
- *E&E*,
- Erschließung und
- Produktion

konkretisiert sowie hinsichtlich einer sachgerechten Abbildung von Informationen analysiert werden. Mit dem DP/2010/1 wurde eine abweichende Bilanzierungsweise vorgeschlagen, die ebenfalls detailliert betrachtet werden soll. Obwohl sie eigentlich phasenunabhängig ist, soll ihre Untersuchung indes in der vorliegenden Arbeit auf *E&E*-Ausgaben beschränkt und sodann der momentanen *E&E*-Bilanzierung vergleichend gegenübergestellt werden, weil in dieser Phase die größten bilanziellen Änderungen resultieren würden.

42 Prospektion

421. Vorbemerkungen

Da IFRS 6 zwar als Branchenstandard für die Rohstoffindustrie entwickelt wurde, jedoch nur für die Phasen der Exploration und Evaluierung gilt, ist eine klare Trennung zu den zeitlich vorgelagerten Prospektionsaktivitäten notwendig. Deshalb werden in diesem Kapitel zunächst die Prospektionsphase bzw. die darauf entfallenden investiven Aktivitäten gegenüber den folgenden Upstream-Phasen abgegrenzt, um das Untersuchungsobjekt zu definieren.

Während einige der Prospektionsausgaben materielle Vermögenswerte begründen, weisen andere bilanziell zu erfassende Sachverhalte dieser Phase eher immateriellen Charakter auf. Dementsprechend zeigen die folgenden Ausführungen, dass zur Bilanzierung von Prospektionsausgaben auf IAS 16 und IAS 38 zurückgegriffen werden muss. Das Kapitel konkretisiert die Regelungen für Ansatz und Bewertung gemäß dieser Standards, analysiert deren Anwendung unter Aufdeckung prospektionsspezifischer Besonderheiten und beurteilt, inwiefern dadurch entscheidungsnützliche Informationen vermittelt werden.

530 Vgl. zur Phaseneinteilung Abschnitt 232.

422. Abgrenzung der Prospektion gegenüber nachfolgenden Upstream-Phasen

Gemeinhin versteht man in der **Bergbauliteratur** unter Prospektion die erste **großflächige Suche nach Hinweisen** auf mögliche Rohstoffvorkommen, bei der vor allem indirekte Untersuchungsmethoden eingesetzt werden und daher als Ergebnis lediglich eine erste vorsichtige Beurteilung zu Art und Umfang von Bodenschätzen im prospektierten Gebiet abgegeben werden kann.[531] Dem schließt sich die Explorationsphase an, in der der Nachweis erbracht werden soll, dass in dem vermutlich höffigen Gebiet tatsächlich Rohstoffe lagern. Die Untersuchungen werden detaillierter, umfassen direkte Nachweismethoden, und es werden erste Proben genommen. Spätestens dann ist ein direkter Zugang zum betreffenden Grundstück notwendig,[532] wofür Unternehmen zunächst die entsprechenden Rechte und Genehmigungen einholen müssen. Tatsächlich aber ist eine genaue Abgrenzung der Phasen in der Praxis nur schwer möglich, da einige Untersuchungsmethoden in mehreren Phasen angewendet werden und die Phasen überlappen können. An einer international anerkannten einheitlichen Definition mangelt es ebenfalls.[533] Der **IASB** grenzt **Prospektion** und Exploration voneinander ab, indem alle Ausgaben, die **vor dem Erhalt der Rechte** und Genehmigungen für die Exploration eines bestimmten Gebiets anfallen, nicht zur Exploration zählen.[534] Mit dieser Abgrenzung scheint der IASB die im Rahmen des Kommentierungsprozesses zum ED 6 vielfach geforderte klare Trennlinie gezogen zu haben.[535]

Diese Eingrenzung der Prospektionsphase schafft zudem einen gut erkennbaren Schnitt, bis zu welchem Zeitpunkt ein Unternehmen noch unter so großer Unsicherheit agiert, dass nicht einmal ein konkretes Zielgebiet eindeutig identifizierbar ist.[536] Die durch diese Phasenabgrenzung vermittelten Informationen sind **relevant**, weil der Erwerb der Explorations- und weiteren Rechte ein klares Signal sendet, dass die Kenntnisse des Unternehmens bis zu diesem Zeitpunkt so weit gediehen sind, dass mit konkreteren Erfolgsaussichten zu rechnen ist. Demnach können die Informationen auch als wesentlich i. S. v. qualitativer Wesentlichkeit bezeichnet werden.[537] Zudem ist die Abgrenzung mit dem Zeitpunkt der erteilten Genehmigungen für den Bilanzierer leicht operationalisierbar, da kaum Ermessenserwägungen seitens des Managements erforderlich sind, und dadurch **glaubwürdig darstellbar**. Der Erhalt der Genehmigungen ist inhaltlich wie zeitlich leicht **nachprüfbar** und gut **verständlich**, außerdem wird vor allem ein zwischenbetrieblicher **Vergleich** ermöglicht.

---

531 Vgl. Brock, H. R./Carnes, M. Z./Justice, R., Petroleum Accounting, S. 16; Gocht, W., Wirtschaftsgeologie und Rohstoffpolitik, S. 13, sowie ausführlich Abschnitt 232.

532 Vgl. PwC (Hrsg.), Financial reporting in the mining industry 2012, S. 13; Gocht, W., Wirtschaftsgeologie und Rohstoffpolitik, S. 13.

533 So fassen bspw. einige Unternehmen Prospektionsaktivitäten mit unter die Explorationsphase, vgl. IASC (Hrsg.), Extractive Industries, Rn. 2.8.

534 Vgl. IFRS 6.5 (a).

535 Vgl. DRSC (Hrsg.), Comment Letter ED 6, S. 3; CAR (Hrsg.), Comment Letter ED 6, S. 2; Institute of Chartered Accountants in England & Wales (Hrsg.), Comment Letter ED 6, S. 4; EFRAG (Hrsg.), Comment Letter ED 6, S. 2; FEE (Hrsg.), Comment Letter ED 6, S. 1; S.C.R.-Sibelco N. V. (Hrsg.), Comment Letter ED 6, S. 2; KPMG (Hrsg.), Comment Letter ED 6, S. 9; LSCA (Hrsg.), Comment Letter ED 6, S. 3; Foreningen af Statsautoriserede Revisorer (Hrsg.), Comment Letter ED 6, S. 3.

536 Vgl. Riese, J./Kurz, L., in: Beck IFRS HB, 5. Aufl., § 42, Rn. 9; KPMG (Hrsg.), Insights into IFRS, Rn. 5.11.240.30.

537 Vgl. Abschnitt 324.1.

Je nach politischem Umfeld und Rechtssystem kann es allerdings zu erheblichen Verzögerungen bei der Erteilung von Genehmigungen kommen. In einigen Ländern, z. B. in Teilen von Afrika, ist es durchaus üblich, dass Rohstoffunternehmen mit Explorations- und Evaluierungsarbeiten beginnen, obwohl formalrechtlich noch keine Erlaubnis dafür besteht. Dies liegt dann jedoch meist an langwierigen administrativen Prozessen, wobei die Erteilung der Genehmigung weniger eine substanziell-inhaltliche, sondern vielmehr eine Frage der Zeit ist, sodass berechtigterweise davon ausgegangen werden kann, dass die Erlaubnis erteilt werden wird.[538] Der Übergang von der Prospektions- in die Explorationsphase ist in diesem Fall schwieriger zu bestimmen. Er sollte auf den Zeitpunkt festgelegt werden, zu dem der Erhalt der notwendigen Rechte als so gut wie sicher vorausgesetzt werden kann. Bei dieser Einschätzung sollte daher vor allem auch berücksichtigt werden, ob sämtliche Anträge gestellt, Unterlagen erbracht und Auflagen erfüllt wurden, sodass einer Genehmigung unternehmensseitig nichts mehr im Wege steht. Zwar ist der Ermessensspielraum für den Bilanzierer bei dem Sonderfall einer noch nicht erteilten Genehmigung trotz begonnener Explorationstätigkeiten größer, insgesamt scheint die vom IASB getroffene **Abgrenzung** der Prospektionsphase aber **sachgerecht**.

423. Bilanzierung von Vermögenswerten aus Prospektionsaktivitäten

423.1 Abgrenzung der einschlägigen Bilanzierungsstandards für Vermögenswerte aus der Prospektion

Da während der Prospektion zunächst meist indirekte Nachweismethoden eingesetzt werden, die nicht unbedingt Geländezugang erfordern,[539] sind für diese Tätigkeiten häufig auch noch keine Rechte und Genehmigungen für die Untersuchung eines spezifischen abgegrenzten Areals einzuholen.[540] Vielmehr ist ein Erfolg zu diesem Projektzeitpunkt nicht annähernd absehbar, und die Arbeiten finden auf einem derart oberflächlichen Niveau statt, dass sie mit den reinen **Forschungsarbeiten** der Forschungs- und Entwicklungsabteilungen anderer Industrieunternehmen, bspw. aus der Pharma- oder Automobilbranche, **vergleichbar** sind.[541]

Zu den investiven Aktivitäten während der Prospektion zählen vor allem Ausgaben für den Erwerb oder die selbstständige Ermittlung von **Daten** über das jeweilige Untersuchungsgebiet. Außerdem werden, in Eigenleistung oder durch Beauftragung Dritter, die Daten **analysiert** und **Gutachten** erstellt.[542] Für die Untersuchungen und Analysen müssen **technische Geräte, Maschinen und an-**

538 Vgl. KPMG (Hrsg.), Insights into IFRS, Rn. 5.11.240.30.

539 Vgl. WULF, I./LANGE, H., Diskussionspapier Extractive Activities, S. 321; RIESE, J./KURZ, L., in: Beck IFRS HB, 5. Aufl., § 42, Rn. 10; ZÜLCH, H./WILLMS, J., Bewertung von mineralischen Ressourcen, S. 117. Ausführlich zur Prospektionsphase vgl. Abschnitt 232.

540 Vgl. IASC (Hrsg.), Extractive Industries, Rn. 2.6 f. In Ausnahmefällen können schon erste Prospektionsberechtigungen notwendig sein, damit ein zu untersuchendes Gebiet betreten werden darf, vgl. IASC (Hrsg.), Extractive Industries, Rn. 2.10.

541 Vgl. DELOITTE (Hrsg.), iGAAP 2015 Bd. A2, S. 2488; WRIGHT, C. J./GALLUN, R. A., International Petroleum Accounting, S. 14.

542 Vgl. KPMG (Hrsg.), Accounting in the Oil & Gas Industry, S. 3; KPMG (Hrsg.), Insights into IFRS, Rn. 5.11.240.20.

dere Ausrüstungsgegenstände angeschafft oder hergestellt werden. Zudem entstehen **Personal-** und **Materialkosten.** In Ausnahmefällen müssen dem Unternehmen zudem bereits erste **Genehmigungen** erteilt werden, wofür Kosten anfallen können.[543]

Die IFRS sehen **keine spezifischen Regelungen** für die Bilanzierung von Prospektionsaktivitäten vor.[544] In Literatur wie Praxis überwiegt die Auffassung, dass Prospektionsausgaben i. d. R. **sofort aufwandswirksam** erfasst werden sollen, da sie (noch) keinem konkreten Rohstoffvorkommen zugeordnet werden können und die gewonnenen Erkenntnisse von **hoher Unsicherheit** geprägt sind.[545] Davon geht auch der IASB aus.[546] Er weist außerdem darauf hin, dass eine sachgerechte Rechnungslegungsmethode für Prospektionstätigkeiten entwickelt werden kann, indem **bestehende Standards**, insbesondere die **Ansatzgrundsätze** für materielle und immaterielle Vermögenswerte gemäß **IAS 16** und **IAS 38**, sowie die **Definitionen** für Vermögenswerte und Ausgaben des **Rahmenkonzepts** bemüht werden.[547]

Technische Geräte, Maschinen und andere Ausrüstungsgegenstände sind typische materielle Vermögenswerte, die während der Prospektionsphase erstellt oder erworben und genutzt werden, und erfüllen die Anforderungen, die IAS 16.6 an **Sachanlagen** stellt: Sie sind materiell und werden für Zwecke der Rohstoffsuche sowie später beabsichtigten -förderung, also letztlich mit dem Ziel der Rohstoffproduktion, gehalten. Da sich diese Aktivitäten über einen langen Zeitraum erstrecken – allein die Prospektion dauert zumeist mehrere Jahre – wird die Nutzung in aller Regel langfristig sein. IAS 16 ist ausdrücklich auch auf solche Sachanlagen anzuwenden, die dafür genutzt werden, um Rechte für die Erkundung, Erschließung und Förderung von natürlichen, nicht-regenerativen Rohstoffen zu erhalten und auszuüben, sowie solche, die der Gewinnung von Bodenschätzen dienen.[548] Dementsprechend steht der Anwendung von IAS 16 auf im Verlauf der Prospektionsphase erstellte und erworbene Sachanlagen kein besonderes Verbot entgegen, weshalb **IAS 16 Gültigkeit** hat.[549] Die Sachanlagen sind somit zu aktivieren, sofern ein mit ihnen verbundener künftiger wirtschaftlicher Nutzenzufluss wahrscheinlich an das Unternehmen fließt und die Anschaffungs- oder Herstellungskosten verlässlich bestimmbar sind.[550]

Damit z. B. Daten, Analysen, Gutachten sowie Genehmigungen und ähnliche Ressourcen, die aus investiven Prospektionsaktivitäten resultieren, im Anwendungsbereich von IAS 38 liegen, müssen

---

543 Vgl. RICHTER, F., Bilanzierung des Upstream-Geschäfts, S. 33.

544 Vgl. RICHTER, F., Bilanzierung des Upstream-Geschäfts, S. 33.

545 Vgl. BROOKS, M., IFRS 6, S. 116; KPMG (Hrsg.), Insights into IFRS, Rn. 5.11.250.20; PwC (Hrsg.), Financial reporting in the mining industry 2012, S. 18.

546 Vgl. IFRS 6.BC13.

547 Vgl. IFRS 6.BC7 und .BC10. Dieser Vorgehensweise steht auch nicht entgegen, dass IAS 16.3 (c) und (d) sowie IAS 38.2 (c) und (d) einen Teil der rohstofffördernden Aktivitäten von ihrem Anwendungsbereich ausschließen, da Prospektionstätigkeiten den ausgeschlossenen Sachverhalten zeitlich vorgelagert sind und darum nicht davon erfasst werden.

548 Vgl. IFRS 6.IN5 und .3.

549 Vgl. IFRS 6.BC13. Als weiteres Beispiel für derartige zu aktivierende Sachanlagen werden Ausgaben für Infrastruktur wie etwa den Bau von Zufahrtsstraßen angeführt.

550 Vgl. IAS 16.7 sowie ausführlich zum Ansatz von Sachanlagen Abschnitt 327.3.

diese Ressourcen **immaterielles Vermögen** verkörpern. Zwar werden sowohl Vermögenswerte aus Exploration und Evaluierung als auch Ausgaben für die Erschließung und Gewinnung von Bodenschätzen von der Anwendung des Standards ausgeschlossen,[551] doch zählen Prospektionsausgaben nach Auffassung des IASB zu keiner dieser Phasen, sodass kein formales Anwendungsverbot besteht.[552] Wissenschaftliche und technische Erkenntnisse sowie Lizenzen werden vom IASB u. a. als Beispiele für immaterielle Vermögenswerte angeführt.[553] Die immateriellen Ressourcen aus der Prospektion repräsentieren solche, weshalb sie grds. unter die **Regelungen des IAS 38** fallen. Entsprechend müsste ein Unternehmen für den Ansatz eines immateriellen Vermögenswerts nachweisen, dass der fragliche Posten die Definition eines immateriellen Vermögenswerts sowie die Ansatzkriterien erfüllt.[554] Letztere werden in IAS 38.21 festgelegt und entsprechen denjenigen für Sachanlagen.[555]

Ein Unternehmen kann einen immateriellen Vermögenswert erwerben, durch Zuwendung der öffentlichen Hand in seinen Besitz gelangen oder ihn selbst schaffen. Bei einem **gesonderten Erwerb** gilt das Wahrscheinlichkeitskriterium bei den Ansatzvoraussetzungen stets als erfüllt, und die Anschaffungskosten des immateriellen Vermögenswerts bemessen sich nach dem Erwerbspreis sowie ggf. direkt zurechenbaren Kosten.[556] Bei einem Erwerb durch **Zuwendung der öffentlichen Hand** wird der immaterielle Vermögenswert dem Unternehmen i. d. R. kostenlos übertragen. Es handelt sich dabei z. B. um Zugangs- oder Nutzungsrechte, Lizenzen oder – besonders für die Rohstoffindustrie von Interesse – auch Prospektionsdaten und -erkenntnisse staatlicher Stellen.[557] Für **selbsterstellte** immaterielle Vermögenswerte gelten indes die besonderen Vorschriften aus IAS 38.52-.57, die strengere Anforderungen an die Erfüllung des Nutzenkriteriums stellen.[558] Ob bereits während der Prospektionsphase immaterielle Vermögenswerte erstellt werden, die diesen Anforderungen genügen, ist zweifelhaft. Denkbar wäre etwa der Ansatz von selbsterstellten Datensammlungen und Gutachten, wobei in dieser frühen Phase nur erste Erkenntnisse mit **hoher Unsicherheit** gewonnen werden können, für die es in aller Regel keinen Markt gibt.

Sofern es zum Ansatz von Vermögenswerten aus der Prospektion kommt, richtet sich deren Bewertung wiederum nach den Vorschriften aus IAS 16 und IAS 38 sowie IAS 36. Demnach stehen sowohl Zugangs- und Folgebewertung als auch planmäßige Abschreibungen und Wertminderungsprüfungen von Prospektionsvermögenswerten in Einklang mit der in Abschnitt 328. erläuterten **Bewertungskonzeption** der IFRS.

---

551 Vgl. IAS 38.2 (c) und (d).
552 Vgl. zur Phasenabgrenzung Abschnitt 422.
553 Vgl. IAS 38.9.
554 Vgl. IAS 38.18.
555 Vgl. hierzu ausführlich Abschnitt 327.4.
556 Vgl. IFRS 38.25 und .27.
557 Vgl. IAS 38.44.
558 Vgl. zum Ansatz immaterieller Vermögenswerte ausführlich Abschnitt 327.4.

423.2 Konkretisierung und kritische Analyse der Bilanzierung von Vermögenswerten während der Prospektionsphase

423.21 Ansatz von Sachanlagen während der Prospektionsphase

Die Anwendung von **IAS 16** kommt während der Prospektionsphase für sämtliche Sachanlagen in Betracht, die in dieser Zeit erworben oder hergestellt werden.[559] Konkret fallen darunter hauptsächlich **technische Geräte, Maschinen und andere Ausrüstungsgegenstände** sowie Fahrzeuge und evtl. bereits benötigte Infrastruktur wie z. B. Zufahrtsstraßen. Durch den Erwerb oder den Bau der Anlagegegenstände hat das Unternehmen die Besitz- und Nutzungsrechte daran.[560] Außerdem können diese Sachanlagen künftig dazu beitragen, Nutzen für das Unternehmen zu generieren – denn sie werden in der Absicht erworben oder erstellt, dem Unternehmen bei seinen Tätigkeiten und damit langfristig auch der Generierung von Zahlungsmittelzuflüssen zu dienen. Demnach handelt es sich um Ressourcen i. S. d. Rahmenkonzepts.[561] Da das Unternehmen exklusiven Zugriff auf diese Ressourcen hat und ihm auch der Nutzen daraus zufließt, hat es zudem die Verfügungsmacht. Die **Vermögenswerteigenschaft** wird somit von den hier betrachteten Sachanlagen aus Prospektionsaktivitäten **erfüllt**[562] – und zwar unabhängig davon, dass sich der Prozess der Rohstoffsuche und -förderung noch in einer sehr frühen und von Unsicherheit geprägten Phase befindet. Insofern trägt es zur **Relevanz** der Finanzberichterstattung bei, die Sachanlagen als Vermögenswerte darzustellen. Allerdings muss zunächst überprüft werden, ob diese Vermögenswerte auch die Ansatzkriterien erfüllen.[563]

Die Bestimmung der **Anschaffungs- oder Herstellungskosten** stellt für im Verlauf der Prospektionsphase zugegangene Sachanlagen keine größeren Probleme dar als bei jeglichen anderen Sachanlagen auch, sodass nur in sehr seltenen Fällen keine verlässliche Bewertung möglich ist.[564] Demnach ist davon auszugehen, dass diese Ansatzvoraussetzung i. d. R. erfüllt wird.

Der Einsatz von technischen Geräten, Maschinen und anderen Ausrüstungsgegenständen dient während der Prospektion zunächst der Entdeckung von Interessengebieten, in denen Bodenschätze vermutet werden. Zwar ist die Rohstoffsuche zu diesem Zeitpunkt noch wenig konkret, und die Erfolgsaussichten sind noch nicht quantifizierbar. Allerdings können die meisten dieser Anlagegegenstände für einen längeren Zeitraum und außerdem häufig in verschiedenen Gebieten zur Prospektion eingesetzt werden, wie z. B. Bagger. Andere Sachanlagen, bspw. Zufahrtsstraßen, sind nicht transportabel, dienen jedoch dem Unternehmen bei der Durchführung von Prospektions- und anderen Tätigkeiten und können auch in späteren Phasen – sofern benötigt – weitergenutzt werden. Somit wird durch die Nutzung der Sachanlagen indirekt ein **künftiger Zufluss von Nutzen** an das Unternehmen **erreicht**, da das Anlagevermögen das Unternehmen in seiner Geschäftstätigkeit insgesamt

---

559 Vgl. RICHTER, F., Bilanzierung des Upstream-Geschäfts, S. 34.
560 Vgl. ED/2015/3.4.8.
561 Vgl. ED/2015/3.4.6.
562 Vgl. zur Vermögenswertdefinition Abschnitt 327.2.
563 Vgl. IAS 16.7; Abschnitt 327.3.
564 Vgl. WAWRZINEK, W./LÜBBING, M., in: Beck IFRS HB, 5. Aufl., § 2, Rn. 128.

unterstützt.[565] Außerdem sind Verkauf, Vermietung oder Verpachtung der Vermögenswerte weitere Optionen, wodurch dem Unternehmen ebenfalls Nutzen zufließen würde.

423.22 Ansatz immaterieller Vermögenswerte in der Prospektionsphase

Denkbar wäre der Ansatz von immateriellen Vermögenswerten in Übereinstimmung mit **IAS 38** während der Prospektionsphase bspw. für **Daten, Analysen, Gutachten und Genehmigungen**. Prospektion ist die erste weitflächige Suche nach Anzeichen für Rohstoffanreicherungen im Erdboden und damit nach Interessengebieten für konkretere Untersuchungsschritte, dient also der reinen Erkenntnisgewinnung. Somit lassen sich klare **Parallelen** zwischen den Tätigkeiten der **bergwirtschaftlichen Prospektionsphase** und den Aktivitäten der **wissenschaftlichen Forschungsphase**[566] i. S. d. IFRS-Rechnungslegung ziehen.[567] Auch der IASB selbst verweist für die Kosten, die einem Rohstoffunternehmen vor dem Erhalt der Explorationsrechte entstehen, systematisch auf – nicht aktivierbare – Forschungskosten.[568] Diese Überlegung ist naheliegend. Dennoch soll geprüft werden, ob aus den Prospektionsaktivitäten aktivierungsfähige Vermögenswerte resultieren können.

Weil in der sehr frühen Upstream-Phase der Prospektion ein künftiger Erfolg aus diesen Aktivitäten und damit zugleich die Frage, ob die getätigten Ausgaben jemals künftigen Erträgen zugeordnet werden können, **besonders unsicher** sind, stellt die Bestimmung wahrscheinlicher künftiger Nutzenzuflüsse das entscheidende Kriterium für einen Ansatz dieser Ausgaben als immaterielle Vermögenswerte dar.[569] Ein **künftiger Nutzenzufluss** immateriellen Prospektionsvermögens kann vielerlei Formen annehmen und dem Unternehmen direkt oder indirekt zu Gute kommen. So wären z. B. die Vereinnahmung von Verkaufserlösen denkbar, Kosteneinsparungen oder andere Vorteile aus der Nutzung.[570] Prospektionsgenehmigungen nutzen einem Unternehmen, indem es seine Suchaktivitäten durchführen kann, wovon es sich Wissen über künftige Rohstoffproduktionsstandorte erhofft. Daten, Analysen und Gutachten bringen Erkenntnisse über das prospektierte Gebiet und die darin möglicherweise verborgenen Bodenschätze.

Bei der Prüfung der Ansatzvoraussetzungen muss unterschieden werden, ob die Vermögenswerte durch einen gesonderten Erwerb, Zuwendungen der öffentlichen Hand oder Selbsterstellung zugegangen sind. Beim **gesonderten Erwerb** eines immateriellen Vermögenswerts gilt das Wahrscheinlichkeitskriterium stets als erfüllt, denn die Transaktion selbst dient als Indikator für einen wahr-

565 Vgl. RICHTER, F., Bilanzierung des Upstream-Geschäfts, S. 44.

566 Vgl. Abschnitt 327.4.

567 Vgl. DRSC (Hrsg.), Comment Letter ED 6, S. 3; FEE (Hrsg.), Comment Letter ED 6, S. 1; RICHTER, F., Bilanzierung des Upstream-Geschäfts, S. 40.

568 Vgl. IFRS 6.BC20; LÜDENBACH, N./HOFFMANN, W.-D./FREIBERG, J., in: Haufe IFRS-Kommentar, 13. Aufl., § 42, Rn. 7.

569 Die Bestimmung der Anschaffungs- oder Herstellungskosten ist i. d. R. unproblematisch, vgl. WAWRZINEK, W./LÜBBING, M., in: Beck IFRS HB, 5. Aufl., § 2, Rn. 128. Vgl. zu den Ansatzkriterien für immaterielle Vermögenswerte bereits Abschnitt 327.4.

570 Vgl. ADLER, H./DÜRING, W./SCHMALTZ, K., in: ADS International, Abschnitt 8, Rn. 47 f.; THIELE, S./KÜHLE, U., in: Thiele/von Keitz/Brücks, IAS 38, Rn. 157.

scheinlichen Nutzenzufluss und der Kaufpreis als externer Beweis.[571] Demnach sind sämtliche erworbenen Daten, Analysen und Gutachten sowie Genehmigungen bereits während der Prospektionsphase als immaterielle Vermögenswerte anzusetzen. Ähnliches gilt für einen unentgeltlichen oder durch symbolischen Betrag abgegoltenen Erwerb durch **Zuwendung der öffentlichen Hand**, was wohl hauptsächlich Prospektionsberechtigungen und ggf. von staatlichen Stellen erhobene Daten betreffen dürfte.[572] Derartige Zuwendungen gewähren dem bedachten Unternehmen wirtschaftliche Vorteile, sodass von einem Nutzenzufluss ausgegangen werden kann.[573]

Schwieriger gestaltet sich die Beurteilung des Wahrscheinlichkeitskriteriums für **selbsterstelltes immaterielles Vermögen** der Prospektionsphase.[574] Um dessen „mangelnde Objektivität und hohe Individualität“[575] ausreichend zu berücksichtigen, muss der Erstellungsprozess zunächst in eine Forschungs- und eine Entwicklungsphase unterteilt werden. Da Prospektion lediglich die erste grobe Suche nach Bodenschätzen umfasst, scheinen solche Tätigkeiten nicht unter die Definition von **Entwicklung** fallen zu können, denn der konkrete Anwendungsbezug fehlt zunächst. Denkbar ist jedoch, dass zu einem späteren Zeitpunkt innerhalb der Prospektionsphase, also noch vor Erwerb der Explorationsrechte, doch nicht nur Forschungs-, sondern auch bereits Entwicklungskosten anfallen. Die reine Sammlung von Daten wird sicherlich nicht als Entwicklung bezeichnet werden können. Analysen[576] hingegen verwerten gesammelte Daten und Erkenntnisse, um sie zu neuen, aufschlussreicheren Informationen zu verdichten, sodass von Anwendung von Forschungsergebnissen – also der Daten – gesprochen werden könnte. Noch einen Schritt weiter gehen häufig Gutachten[577], indem sie die aus den gesammelten Daten und mittels Analysen generierten Informationen beurteilen und ggf. Empfehlungen aussprechen.

Werden Ausgaben der Entwicklungsphase zugeordnet, müssten außerdem die besonderen Ansatzvoraussetzungen für Vermögenswerte aus IAS 38.57 erfüllt werden. Wenn alle Geräte, Apparaturen, Technologien und das entsprechende Know-how vorhanden sind, um die Daten und Informationen auszuwerten, kann die technische Realisierbarkeit der Fertigstellung, bspw. einer Analyse oder eines Gutachtens, nachgewiesen werden.[578] Von einer Nutzungs- oder Verkaufsabsicht ist bei Rohstoffunternehmen grds. auszugehen, da ihre Prospektionstätigkeiten entweder dazu führen sollen, mit den gewonnenen Erkenntnissen tatsächlich eine Lagerstätte zu entdecken und auszubeuten, oder

---

571 Vgl. IAS 38.25; THIELE, S./KÜHLE, U., in: Thiele/von Keitz/Brücks, IAS 38, Rn. 171; BAETGE, J./VON KEITZ, I., in: Baetge et al., Rechnungslegung nach IFRS, 2. Aufl., IAS 38, Rn. 42.

572 Vgl. HEPERS, L., Intangible Assets, S. 152. Gegen den Ansatz von Prospektionsdaten würde indes sprechen, wenn das Unternehmen nicht die alleinige Verfügungsmacht darüber hätte.

573 Vgl. IAS 38.44; IAS 20.3 und .23 f.; THIELE, S./KÜHLE, U., in: Thiele/von Keitz/Brücks, IAS 38, Rn. 243 f.; RICHTER, F., Bilanzierung des Upstream-Geschäfts, S. 44.

574 Vgl. THIELE, S./KÜHLE, U., in: Thiele/von Keitz/Brücks, IAS 38, Rn. 171.

575 VELTE, P., Intangible Assets und Goodwill, S. 166.

576 Analyse wird im Lexikon definiert als „Untersuchung eines Sachverhalts unter Berücksichtigung seiner Teilaspekte“, siehe BROCKHAUS (Hrsg.), Brockhaus Enzyklopädie Bd. 1, S. 791.

577 Ein Gutachten enthält die „Aussage eines Sachverständigen in einer sein Fachgebiet betreffenden Frage“, siehe BROCKHAUS (Hrsg.), Brockhaus Enzyklopädie Bd. 11, S. 615.

578 Vgl. ADLER, H./DÜRING, W./SCHMALTZ, K., in: ADS International, Abschnitt 8, Rn. 106.

die Informationen an andere Unternehmen zu veräußern.[579] Konkrete Pläne zum weiteren Vorgehen können hier als Nachweis dienen.[580] Erfahrungen mit der Förderung von Bodenschätzen und konkrete Pläne für die weitere Verwertung der Analysen und Gutachten oder ein Markt mit potenziellen Käufern für Prospektionsergebnisse können die Fähigkeit zur Nutzung oder zum Verkauf belegen.[581] Ausreichende technische, finanzielle und sonstige Ressourcen lassen sich u. a. an Anlagen und Ausrüstungsgegenständen, Erfahrung und Know-how, Finanzierungs- und Personalplänen erkennen.[582] Die verlässliche Bewertbarkeit der Herstellungskosten stellt meist keine besondere Schwierigkeit dar. Zudem ist dieses Kriterium inhaltlich deckungsgleich mit dem grundsätzlichen Ansatzkriterium für alle immateriellen Vermögenswerte.[583]

Zum Nachweis über die **Art und Weise**, wie der selbsterstellte immaterielle Vermögenswert voraussichtlich künftigen wirtschaftlichen **Nutzen** erzielen wird, sind die Grundsätze aus IAS 36 anzuwenden.[584] Die wirtschaftlichen Vorteile müssen genau benannt und bewertet werden.[585] Ob aber eine derartige Nutzenbeurteilung für selbsterstellte immaterielle Vermögenswerte aus der Prospektion möglich ist, erscheint fraglich. Denn selbst wenn die Vermögenswerteigenschaft, wie u. U. bei unternehmensinternen Analysen und Gutachten, erfüllt ist, wird der künftige Nutzen aus einer solchen immateriellen Ressource nur schwerlich konkret abschätzbar und quantifizierbar sein. Sollen die Erkenntnisse verkauft werden, ließe sich der Nutzenzufluss anhand des Verkaufspreises ermitteln. Doch gibt es wohl kaum einen echten Markt für Prospektionsergebnisse, sodass nur im Einzelfall auf eine solche Transaktion Bezug genommen werden kann. Bei interner Nutzung der Analysen und Gutachten ist während der Prospektion nicht ansatzweise zuverlässig konkretisierbar, welcher Nutzen bzw. welche Cashflows damit – wenn überhaupt – jemals erwirtschaftet werden können, da in dieser frühen Phase der *extractive activities* die mit den Erkenntnissen verbundenen **Unsicherheiten viel zu groß** sind. Zu diesem Zeitpunkt ist weder bekannt, ob und welche Bodenschätze im prospektierten Gebiet tatsächlich lagern, noch ob sie jemals technisch förderbar sein werden und zu welchen wirtschaftlichen Konditionen ein künftiger Abbau bewältigt werden müsste.[586] Auch wenn mehrere selbsterstellte immaterielle Vermögenswerte zu einer ZGE zusammengefasst würden, könnte das nichts an dieser Einschätzung ändern. Die Art und Weise des Nutzens selbsterstellter immaterieller Vermögenswerte der **Prospektionsphase**, wie Analysen und Gutachten, kann demnach grds. nicht nachgewiesen werden, sodass der **bilanzielle Ansatz** an diesem Kriterium i. d. R. **scheitern** muss.

579 Ähnlich dazu LUTZ-INGOLD, M., Immaterielle Güter, S. 171 f.

580 Vgl. RAMSCHEID, M., in: Beck IFRS HB, 5. Aufl., § 4, Rn. 43.

581 Vgl. ADLER, H./DÜRING, W./SCHMALTZ, K., in: ADS International, Abschnitt 8, Rn. 109.

582 Vgl. IAS 38.61; LÜDENBACH, N./HOFFMANN, W.-D./FREIBERG, J., in: Haufe IFRS-Kommentar, 13. Aufl., § 13, Rn. 30; HEPERS, L., Intangible Assets, S. 165.

583 Vgl. IAS 38.21; LUTZ-INGOLD, M., Immaterielle Güter, S. 170. Vgl. zur Bewertbarkeit als Ansatzkriterium auch weiter oben im selben Abschnitt.

584 Vgl. IAS 38.60.

585 Vgl. HEPERS, L., Intangible Assets, S. 163 f.; LUTZ-INGOLD, M., Immaterielle Güter, S. 173.

586 Vgl. PwC (Hrsg.), Financial reporting in the mining industry 2007, S. 12; WRIGHT, C. J./GALLUN, R. A., International Petroleum Accounting, S. 10.

Insgesamt können also erworbene und durch öffentliche Zuwendungen erlangte immaterielle Prospektionsvermögenswerte meist aktiviert werden. Für selbsterstellte immaterielle Vermögenswerte dieser Phase wird ein Ansatz jedoch zumeist durch die Einstufung der Prospektionsaktivitäten als Forschung i. S. v. IAS 38.8 bzw. durch die geringe Wahrscheinlichkeit künftigen Nutzens daraus verhindert. Allerdings kann auch der **Ansatz** von gemäß Ansatzkriterien aktivierungsfähigem, i. d. R. erworbenem oder zugewendetem, immateriellen Prospektionsvermögen **unmöglich** sein – nämlich dann, wenn schon zuvor den **Definitionskriterien** „immateriell", „identifizierbar" und „Verfügungsmacht" **nicht entsprochen** werden kann. Die Immaterialität ist dabei meist unproblematisch.[587] Die Anforderung der Identifizierbarkeit[588] wird ebenfalls regelmäßig erfüllt sein.[589] Allerdings können branchenbezogene Besonderheiten die **Verfügungsmacht** von Rohstoffunternehmen über ihr Prospektionsvermögen mitunter begrenzen. Über Daten, Analysen und Gutachten hat ein Unternehmen stets Verfügungsmacht, wenn es diese selbst erstellt und dauerhaft geheim halten kann.[590] Sofern sie jedoch von einem Dritten, sei es z. B. von einem beauftragten anderen Unternehmen[591] oder einer staatlichen Behörde, erworben hat, ist die Exklusivität der Informationen und damit auch die Zugriffsbeschränkung für andere häufig fraglich. Hat ein Dritter die Erkenntnisse erarbeitet und dann an das Unternehmen veräußert, so kann eine vertragliche Verpflichtung zur Geheimhaltung die Verfügungsmacht des Unternehmens sicherstellen.[592] Staatliche Behörden stellen hingegen ihre Prospektionsdaten häufig – kostenfrei oder gegen Entgelt – öffentlich zur Verfügung, sodass alle Interessierten die selben Daten erhalten können. Dann hat das Unternehmen keine Verfügungsmacht. Problematisch ist die Geheimhaltung darüber hinaus auch in den Fällen selbsterstellter Daten, Analysen und Gutachten, wenn staatliche Stellen Explorationslizenzen und andere Genehmigungen nur dann erteilen, wenn das Unternehmen zuvor seine Erkenntnisse an die jeweilige Behörde weitergibt.[593] Sind bereits für die Prospektionsaktivitäten erste Genehmigungen erforderlich, so werden sie i. d. R. jeweils nur einem Unternehmen und nur für ein abgegrenztes Gebiet erteilt, sodass dieses Unternehmen die Verfügungsmacht erhält, denn eine Genehmigung entspricht

[587] Daten, Analysen und Gutachten sowie Genehmigungen sind keine finanziellen Ressourcen, und die physischen Elemente dieser Ressourcen, also z. B. Fotopapiere, Schriftstücke und Rechtsdokumente, elektronische Datenträger oder Bohrkerne aus ersten Probenahmen, sind nicht die wesentlichen Elemente, sondern vielmehr die darin bzw. darauf enthaltenen Erkenntnisse und Berechtigungen. Vgl. IAS 38.4; LÜDENBACH, N./HOFFMANN, W.-D./FREIBERG, J., in: Haufe IFRS-Kommentar, 13. Aufl., § 13, Rn. 8.

[588] Vgl. IAS 38.12; ADLER, H./DÜRING, W./SCHMALTZ, K., in: ADS International, Abschnitt 8, Rn. 49 f.

[589] Genehmigungen sind eindeutig identifizierbar, da sie auf Verträgen oder anderen staatlichen Berechtigungen basieren. Der entgeltliche Erwerb von Daten, Analysen und Gutachten gewährleistet eine Identifikation, da einerseits regelmäßig ein Kaufvertrag als rechtliche Grundlage besteht und zum anderen durch den Erwerbsvorgang die Ressource dem Unternehmen separat zugegangen ist. Werden die Informationen und Erkenntnisse vom Unternehmen selbst gewonnen und scheint eine Veräußerung oder Lizenzierung dieser ebenfalls denkbar, würde auch dies die Identifizierbarkeit bestätigen, vgl. BRANDT, E., Pharmazeutische FuE-Projekte, S. 64 f.; RICHTER, F., Bilanzierung des Upstream-Geschäfts, S. 39.

[590] Vgl. IAS 38.8; ADLER, H./DÜRING, W./SCHMALTZ, K., in: ADS International, Abschnitt 8, Rn. 42-46.

[591] Solange ein anderes Unternehmen die Prospektionsaktivitäten im Auftrag des bilanzierenden Unternehmens durchführt, dabei nach genauen Vorgaben vorgeht und unabhängig vom Erfolg bzw. den gewonnenen Erkenntnissen dafür entlohnt wird, ist dieses andere Unternehmen Vertragspartner und die Erkenntnisse gelten damit als unternehmensintern erarbeitet. Vgl. bspw. zu Vertragspartnern für Bohrungsarbeiten VAN DYKE, K., Fundamentals of Petroleum, S. 82-84. Vgl. auch EY (Hrsg.), International GAAP 2015 Bd. I, S. 1201.

[592] Vgl. RICHTER, F., Bilanzierung des Upstream-Geschäfts, S. 37 f.

[593] Vgl. SEBA, R. D., Worldwide Petroleum Production, S. 461.

einem durchsetzbaren Recht, mit dem anderen der Zugang zum Prospektionsgebiet verwehrt werden kann.

423.23 Zugangs- und Folgebewertung von Vermögenswerten aus Prospektionstätigkeiten

Sowohl die technischen Geräte, Maschinen und anderen Ausrüstungsgegenstände als auch Daten, Analysen, Gutachten und (erworbene) Genehmigungen können i. d. R. verlässlich mit ihren **Anschaffungs- oder Herstellungskosten** bewertet werden. Personal- und Materialkosten, die im Verlauf der Prospektion angefallen sind, werden in diese Kosten einbezogen, insoweit sie diesen Vermögenswerten direkt zurechenbar sind.[594] Die Zugangsbewertung zu Anschaffungs- oder Herstellungskosten führt unzweifelhaft zu **relevanten** Informationen, und aufgrund sehr geringer Ermessensspielräume kann auch die **glaubwürdige Darstellung** gewährleistet werden.

Wurde einem Unternehmen bspw. eine Prospektionsgenehmigung als **Zuwendung** der öffentlichen Hand gewährt, gelten die besonderen Bewertungsvorschriften des IAS 38.44 i. V. m. IAS 20.23-.27. Die Zuwendungen sind ertragswirksam zu vereinnahmen,[595] und der Vermögenswert selbst ist zum beizulegenden Zeitwert oder zum Nominalwert zu bewerten.[596] Ob ein Zeitwert verlässlich ermittelt werden kann, erscheint für Prospektionsgenehmigungen indes fraglich. Gemäß IFRS 13.9 soll ein beizulegender Zeitwert marktorientiert ermittelt werden. Die Bewertung anhand von Preisen für identische Vermögenswerte auf aktiven Märkten wird insofern bevorzugt.[597] Da jedes Prospektionsgebiet ganz spezielle Eigenheiten aufweist, sind solche Gebiete kaum vergleichbar. Damit kann es keinen Markt für identische Vermögenswerte geben, weshalb die präferierte Bewertungsmethode ausscheidet. Alternativ sieht der IASB die Zeitwertermittlung anhand von Preisen für ähnliche Vermögenswerte auf aktiven Märkten oder von Preisen für identische oder ähnliche Vermögenswerte auf inaktiven Märkten vor.[598] Dass Genehmigungen schon während der Prospektionsphase anfallen, ist sehr selten, weshalb es für diese wenigen Ausnahmefälle keinen Markt geben kann, was wiederum eine Bewertung auch nach dieser Methode eher unmöglich machen dürfte. Außerdem dürfen, sofern zuvor genannte Bewertungsweisen nicht anwendbar sind, marktorientierte beobachtbare oder nicht beobachtbare Faktoren für eine Zeitwertermittlung herangezogen werden, die als Inputs in Bewertungsmodelle wie z. B. Ertragswertverfahren einfließen.[599] Doch scheint auch eine solche Bewertung kaum auf Prospektionsgenehmigungen anwendbar, weil zu diesem frühen Projektzeitpunkt künftige Erfolge viel zu unsicher sind, um Zahlungsmittelströme o. Ä. daraus schätzen zu können, die die Anforderung einer glaubwürdigen Darstellung erfüllen. Zudem schadet

---

594 Vgl. IAS 16.17; IAS 38.28 und .66. Personal- und Materialkosten begründen keine ökonomischen Ressourcen, da sie allein kein Recht auf wirtschaftliche Vorteile gewähren, weshalb eine Qualifizierung als separate Vermögenswerte ausscheidet. Vgl. auch SCHARFENBERG, A., in: Beck IFRS HB, 5. Aufl., § 5, Rn. 30; ADLER, H./DÜRING, W./SCHMALTZ, K., in: ADS International, Abschnitt 8, Rn. 154; ERB, C./PELGER, C., Künftiges IFRS-Rahmenkonzept, S. 338 f.

595 Vgl. IAS 20.12; PELLENS, B. ET AL., Internationale Rechnungslegung, S. 360.

596 Vgl. ADLER, H./DÜRING, W./SCHMALTZ, K., in: ADS International, Abschnitt 8, Rn. 178.

597 Vgl. IFRS 13.76; BIEKER, M., IASB-Diskussionspapier "Fair Value Measurements" Teil II, S. 20 f.

598 Vgl. IFRS 13.81 f.; GROßE, J.-V., Fair Value Measurement, S. 291.

599 Vgl. IFRS 13.81 und .86. Vgl. zu möglichen Bewertungsverfahren für den beizulegenden Zeitwert CASTEDELLO, M., Fair Value Measurement, S. 916 f.; FISCHER, D. T., Fair Value Measurement, S. 342.

eine zu hohe Bewertungsunsicherheit der Relevanz. Es bleibt für Prospektionsgenehmigungen, die dem Unternehmen von der öffentlichen Hand zugewendet wurden, damit nur die Bewertung zum **Nominalwert**.[600]

Für die **Folgebewertung** von Sachanlagen oder immateriellem Vermögen gemäß dem Anschaffungskostenmodell können keine prospektionsspezifischen Besonderheiten oder Schwierigkeiten identifiziert werden. Mit dem Neubewertungsmodell werden Rohstoffunternehmen jedoch vor bilanzierungstechnische Herausforderungen gestellt. Allerdings ist eine Bewertung nach diesem Modell kaum zu erwarten, weshalb auf eine detaillierte Betrachtung an dieser Stelle verzichtet wird.[601]

Mit der **planmäßigen Abschreibung** wird der Abschreibungsbetrag über die Nutzungsdauer der Vermögenswerte verteilt.[602] Für **technische Geräte, Maschinen und andere Ausrüstungsgegenstände** ist die Feststellung der Nutzungsdauer wie auch die Verteilung des Abschreibungsbetrags unproblematisch, ebenso werden **Prospektionsgenehmigungen** i. d. R. für einen festgelegten Zeitraum erteilt[603] und damit ihre Nutzungsdauer festgelegt.

Ob auch aktivierte **Daten, Analysen und Gutachten** planmäßig abgeschrieben werden können, hängt davon ab, ob sich ihre **Nutzungsdauer** bestimmen lässt.[604] Regelmäßig dürfte dies nicht möglich sein, da dafür bekannt sein muss, wie lange bzw. in welchen der Upstream-Phasen die Vermögenswerte genutzt werden können und ob die rohstofffördernden Aktivitäten überhaupt bis in spätere Upstream-Phasen fortgeführt werden. Dies ist jedoch kaum absehbar und hängt maßgeblich davon ab, welche weiteren Erkenntnisse im Zeitverlauf gewonnen werden. Wie lange die einzelnen Phasen jeweils dauern werden, lässt sich während der Prospektionsphase ebenfalls nicht plausibel abgrenzen, da zu **große Unsicherheiten** darüber bestehen. Demnach **scheidet** dann eine planmäßige Abschreibung dieser immateriellen Vermögenswerte **aus**.[605]

423.24 Wertminderung von Vermögenswerten aus Prospektionstätigkeiten

Ist ein Wertminderungstest nicht zwingend, sondern nur bei Vorliegen von **Anhaltspunkten** für eine mögliche Wertminderung durchzuführen, müssen diese Anhaltspunkte zunächst identifiziert werden. Sie können sowohl aus unternehmensinternen wie auch -externen Quellen stammen.[606] Beispiele für solche Anhaltspunkte bezogen auf die hier betrachteten Vermögenswerte aus Prospektion sind etwa leistungsbeeinträchtigende Schäden an technischem Gerät, neuere Erkenntnisse, die zuvor getroffene Einschätzungen über ein mögliches Rohstoffvorkommen zum Negativen korrigieren, eine sich verschlechternde ökonomische Entwicklung, die die Wirtschaftlichkeit des Projekts

600 Vgl. RICHTER, F., Bilanzierung des Upstream-Geschäfts, S. 50.
601 Vgl. zu den Schwierigkeiten beim Neubewertungsmodell Abschnitt 328.
602 Vgl. IAS 16.48; IAS 38.97.
603 Vgl. PwC (Hrsg.), Financial reporting in the mining industry 2012, S. 26.
604 Vgl. RICHTER, F., Bilanzierung des Upstream-Geschäfts, S. 52.
605 Vgl. IAS 38.107.
606 IAS 36.12 nennt verschiedene Arten solcher Anhaltspunkte, die Orientierung für die Beurteilung bieten. Vgl. hierzu auch WÖHRMANN, A., Intangible Impairment, S. 70-80.

gefährdet, oder die behördliche Verweigerung von Genehmigungen, um die Arbeiten fortzusetzen.[607]

Für während der Prospektionsphase angesetzte Sachanlagen wie technische Geräte, Maschinen und andere Ausrüstungsgegenstände lassen sich in Bezug auf Wertminderungsfragen keine spezifischen Merkmale oder Hindernisse ausmachen. Darum wird von einer tiefergehenden Betrachtung an dieser Stelle abgesehen und von einer sachgerechten Bilanzierung ausgegangen.[608]

Die Bestimmung des **erzielbaren Betrags** ist bei **immateriellen Vermögenswerten** während der Prospektionsphase indes problematisch. Ein aktiver Markt mit beobachtbaren Preisen lässt sich für Daten, Analysen und Gutachten sowie Genehmigungen für Prospektionsaktivitäten grds. nicht identifizieren, weshalb darüber kein **beizulegender Zeitwert** ermittelt werden kann. Auch eine Zeitwertbewertung basierend auf anderen Inputfaktoren als Preisen scheidet aus. Zu große Ungewissheit besteht darüber, wie etwa künftige Zahlungsmittelströme aus den betrachteten Vermögenswerten erzielt werden können. Für die Berechnung des **Nutzungswerts** werden ebenfalls Schätzungen über die künftig erwarteten Zahlungsströme aus dem zu bewertenden Vermögenswert benötigt,[609] was für immaterielles Prospektionsvermögen nicht bzw. nur sehr vage und unter extremer Unsicherheit möglich ist. Da aufgrund des frühen Projektstadiums regelmäßig weder ein Fair Value noch ein Nutzungswert für immaterielle Vermögenswerte der Prospektion bestimmt werden kann, lässt sich dann auch kein erzielbarer Betrag ermitteln. Entsprechend wäre dieser mit Null zu bewerten und die betroffenen Vermögenswerte müssten gemäß IAS 36.59 stets **vollständig aufwandswirksam abgeschrieben** werden, wenn Anhaltspunkte einen Wertminderungstest erforderlich machen oder aufgrund unbestimmbarer Nutzungsdauer zum Abschlussstichtag verpflichtend auf Wertminderung getestet werden muss.[610]

Daten, Analysen und Gutachten der Prospektionsphase wie auch ggf. erhaltene Genehmigungen müssen zumeist für einzelne Prospektionsgebiete jeweils zu einer sog. **zahlungsmittelgenerierenden Einheit** zusammengefasst und die gesamte ZGE einem Wertminderungstest unterzogen werden, denn diese Vermögenswerte tragen alle gemeinsam dazu bei, dass aus dem Gebiet womöglich künftig Rohstoffe gefördert und damit Erträge generiert werden können.[611] Doch auch eine Beurteilung auf ZGE-Basis kommt zum gleichen Ergebnis wie die für die einzelnen Vermögenswerte; meist kann weder ein beizulegender Zeitwert abzüglich Veräußerungskosten noch ein Nutzungswert bestimmt werden. Es lassen sich zu diesem frühen Zeitpunkt der *extractive activities* keinerlei künf-

---

607 Vgl. RICHTER, F., Bilanzierung des Upstream-Geschäfts, S. 53.

608 Vgl. zum Wertminderungstest für Sachanlagen stellvertretend PKF (Hrsg.), Interpretation and Application of IFRS, S. 242-245; TANSKI, J. S., Sachanlagen nach IFRS, S. 147-168; LÜDENBACH, N., Impairment einer Sachanlage, S. 231.

609 Vgl. IAS 36.30; PwC (Hrsg.), Manual of accounting, Rn. 18.164.

610 Vgl. RICHTER, F., Bilanzierung des Upstream-Geschäfts, S. 54.

611 Die kleinste identifizierbare Gruppe von Vermögenswerten kann während der Prospektionsphase eigentlich nur auf Basis einzelner Prospektionsgebiete festgestellt werden, da die Erkenntnisse noch zu vage sind, um innerhalb eines Gebiets bereits weitere Unterteilungen zu ermöglichen. Vgl. PwC (Hrsg.), Manual of accounting, Rn. 18.104-18.105.1.

tige Zahlungsmittelzuflüsse belastbar schätzen. Sämtliche Vermögenswerte der ZGE sind demnach meist vollständig außerplanmäßig abzuschreiben, sobald es zu einem Wertminderungstest kommt. Durch Einbettung von Genehmigungen in die ZGE müssten diese dann sogar ebenfalls auf null abgeschrieben werden, obwohl sie bei einer Einzelbetrachtung der Vermögenswerte u. U. gar nicht wertminderungsbedürftig wären. Dies ließe sich umgehen und die Genehmigungen in der Bilanz belassen, indem die Daten, Analysen und Gutachten bereits unterjährig separat durch Wertminderung abgeschrieben würden und damit zum Bewertungsstichtag nicht mehr Teil der ZGE wären.[612]

Dass immaterielles Prospektionsvermögen wohl regelmäßig vollständig abgeschrieben werden muss, sofern es zu einem Wertminderungstest kommt, mag vordergründig dem Gedanken des IAS 38.25 widersprechen, der im Erwerbsfall das Nutzenkriterium per se als erfüllt erachtet.[613] Allerdings können in dieser frühen Projektphase noch keinerlei Aussagen über Erfolgswahrscheinlichkeiten gemacht werden, was immaterielles Prospektionsvermögen wie Daten, Analysen und Gutachten besonders betrifft, bei dem – von IAS 38.25 abstrahiert – doch zunächst mehr Hoffnungen als Wissen über künftigen Nutzen aus Bodenschätzen die Vermögenswerte begründen. Aus eben jenem Grund der hohen Unsicherheit wird der Ansatz von Forschungskosten nach IAS 38.51-.56 untersagt. Die hier betrachteten erworbenen immateriellen Prospektionsvermögenswerte sind inhaltlich ebenfalls eher der Forschung zuzuordnen. Insofern wirkt die durch einen Wertminderungstest ausgelöste Abschreibung dieser Vermögenswerte als Einschränkung gegen einen zu hohen, weil in Teilen nicht werthaltigen, Prospektionsvermögensausweis, sodass im Ergebnis weder selbsterstellte noch erworbene immaterielle Prospektionsvermögenswerte im Abschluss ausgewiesen werden – mit Ausnahme von möglicherweise nicht abzuschreibenden erworbenen Genehmigungen.

424. Zwischenfazit und Verbesserungsvorschläge

In IFRS 6.BC13 hat der IASB klargestellt, dass er davon ausgeht, dass die **meisten Prospektionsausgaben Aufwand** darstellen. Diese Auffassung kann hier im Ergebnis **bestätigt** werden. Die Prospektion ist die erste Phase im sehr langwierigen Prozess der Upstream-Aktivitäten von Rohstoffunternehmen. Zu dieser Zeit sind die Erfolgswahrscheinlichkeiten der bis dato noch recht oberflächlichen Suche nach Bodenschätzen kaum absehbar, weshalb unklar ist, ob die anfallenden Ausgaben jemals künftigen Erträgen zugeordnet werden können. Prospektionsaktivitäten erinnern inhaltlich sehr stark an **Forschung**, wie sie auch in anderen Branchen betrieben und in IAS 38.8 beschrieben wird.

Dieser Charakter von Forschungstätigkeit spiegelt sich in der Bilanzierung von Prospektionsausgaben deutlich wider, da unter Anwendung von IAS 38 i. d. R. keine selbsterstellten immateriellen Vermögenswerte aus Prospektion aktiviert werden. Durch Erwerb oder Zuwendungen der öffentli-

612 Vgl. RICHTER, F., Bilanzierung des Upstream-Geschäfts, S. 54 f.

613 Vgl. Abschnitt 327.4; EY (Hrsg.), International GAAP 2015 Bd. I, S. 1201; PwC (Hrsg.), Financial reporting in the mining industry 2012, S. 18.

chen Hand zugegangenes immaterielles Prospektionsvermögen hingegen wird zwar zunächst bilanziell erfasst. Da aber – von zeitlich begrenzt erteilten Genehmigungen abgesehen – meist keine Nutzungsdauern für diese Vermögenswerte bestimmbar sind, führt der daraufhin zwingend durchzuführende Wertminderungstest meist zur vollständigen Abschreibung noch in der Periode der Aktivierung, weil aufgrund des höchst unsicheren künftigen Nutzens ein erzielbarer Betrag nicht verlässlich bestimmt werden kann. Lediglich gemäß IAS 16 erfasste Sachanlagen sowie ggf. Prospektionsgenehmigungen verbleiben damit längerfristig als Aktivposten in der Bilanz.

Abschließend kann die Bilanzierung von Prospektionsausgaben gemäß IAS 16 und IAS 38 als **sachgerecht** beurteilt werden, werden doch **entscheidungsnützliche** sowie vergleichbare und verständliche Informationen vermittelt.[614] Wo zu hohe Unsicherheiten hinsichtlich der Werthaltigkeit von Prospektionsvermögen bestehen, wird der Ansatz entweder sofort verhindert oder durch spätere Wertminderungen zeitnah korrigiert. Insofern wird vor allem einer zu optimistischen Aktivierungspolitik Einhalt geboten und auch sonstigen Möglichkeiten zur bilanziellen Sachverhaltsgestaltung werden enge Grenzen gesetzt.

Um die **Entscheidungsgrundlage** für die Adressaten der Finanzberichterstattung weiter **zu verbessern**, sollten Unternehmen verpflichtet werden, den Aufwand aus **Prospektionsaktivitäten kenntlich** zu **machen**. Dies sind relevante Informationen für die Adressaten. Wissen über die Gesamthöhe der Ausgaben eines Unternehmens für Prospektionsaktivitäten lässt – ähnlich wie Forschungsaktivitäten anderer Industriezweige – Rückschlüsse auf die Tätigkeiten des Unternehmens sowie die Verwendung anvertrauter Ressourcen durch das Management zu. Auch wenn Suchausgaben und künftige Fördermengen nicht korreliert sind,[615] können verstärkte Prospektionsausgaben doch darauf hindeuten, dass im Unternehmen begründete Hoffnungen auf vielversprechende Bodenschatzvorkommen bestehen. Durch eine Beschreibung im Anhang, **welche Prospektionskosten in welchem Gebiet** angefallen sind, können Informationen zudem glaubwürdig dargestellt und vermittelt werden, die gut verständlich sind und die zeitliche wie zwischenbetriebliche Vergleichbarkeit von Abschlüssen stärken.

43 Beschaffung von Rechten und Genehmigungen

431. Vorbemerkungen

Der Branchenstandard IFRS 6 nennt ausschließlich Rechte zur Exploration eines bestimmten Gebiets, die erworben werden müssen.[616] Tatsächlich aber muss ein bergbaulich tätiges Unternehmen nicht nur die Rechte zur Exploration (und Evaluierung[617]) beschaffen, sondern auch für die folgen-

---

614 Vgl. RICHTER, F., Bilanzierung des Upstream-Geschäfts, S. 45.

615 Vgl. KPMG (Hrsg.), Oil and Gas 2008, S. 4.

616 Vgl. IFRS 6.9 und .BC11.

617 *E&E* werden von der rohstofffördernden Industrie regelmäßig als eine Phase betrachtet, weshalb unter dem Begriff Explorationsrechte auch die Rechte zur Evaluierung eines Gebiets subsumiert werden. Vgl. VAN DYKE, K., Fundamentals of Petroleum, S. 25-27.

den Phasen der Erschließung und Rohstoffförderung.[618] Demnach sind in sämtlichen dieser Upstream-Phasen entsprechende Berechtigungen erforderlich.[619] Dass sich IFRS 6 nur auf Explorationslizenzen bezieht, mag damit zusammenhängen, dass diese Berechtigungen diejenigen sind, die das Unternehmen zuerst nutzt. Sofern nämlich die Sucharbeiten nach Bodenschätzen erfolglos bleiben, wird das explorierte Gebiet auch nicht erschlossen, und damit werden keine Erschließungs- und Abbaurechte benötigt. Das Diskussionspapier des IASB zu den *extractive activities* konkretisiert daher auch weitergehend die zu erwerbenden Rechte als **Eigentumsrechte** am Rohstoffvorkommen einerseits und andererseits als **Explorations-, Erschließungs- und Abbaurechte** im Rahmen von Leasing- und Konzessionsverträgen sowie von Produktionsaufteilungsverträgen.[620] Dies entspricht der allgemeinen Auffassung und Praxis.[621] Sofern ein Unternehmen kein Eigentum an den Bodenschätzen hat,[622] werden ihm die Rechte zur Exploration, Erschließung und Produktion i. d. R. **gemeinsam** gewährt.[623]

Wie diese Rechte zu bilanzieren sind und ob dadurch entscheidungsnützliche Informationen vermittelt werden können, ist Inhalt dieses Kapitels. Zunächst wird der Erwerb der Rechte in die Upstream-Phasen des Rohstoffgeschäfts eingeordnet, da sich die Bilanzierung von *extractive activities* an den Phasen orientiert.

432. Einordnung des Rechteerwerbs in die Phasen des Upstream-Geschäfts

Bis heute ist nicht eindeutig geklärt, zu welcher Phase des Upstream-Geschäfts der Erwerb von Rechten für Exploration, Erschließung und Förderung zu zählen ist. Dies wirkt sich jedoch wesentlich darauf aus, nach welchen Rechnungslegungsregelungen die Rechteerlangung bilanziert werden muss. Da die **Prospektionsphase** vom IASB als Zeitraum definiert wird, bevor ein Unternehmen die Explorationsrechte für ein bestimmtes Gebiet erwirbt, scheidet eine Zuordnung des Rechteerwerbs zu dieser Phase aus. Rechte zur Exploration, Erschließung und Produktion können erst erworben werden, nachdem ein bestimmtes Interessengebiet identifiziert und definiert wurde, sodass die Rechtebeschaffung inklusive sämtlicher Aktivitäten, die zur Erhaltung der Rechte notwendig sind, häufig als **eigenständige Phase** angesehen wird, die zwischen Prospektion und Exploration

---

618 Explorationsrechte – einmal an ein Unternehmen vergeben – werden i. d. R. um Berechtigungen für die nachfolgenden Tätigkeiten erweitert.

619 Ausgenommen von der Betrachtung der Rechte und Genehmigungen sind an dieser Stelle die Berechtigungen, um erste Vorerkundungsarbeiten durchzuführen. Diese zählen eindeutig zur Prospektionsphase und wurden bereits in Abschnitt 42 diskutiert. Vgl. hierzu auch BROCK, H. R./CARNES, M. Z./JUSTICE, R., Petroleum Accounting, S. 74.

620 Vgl. DP/2010/1.3.13. Risiko-Service-Verträge hingegen werden im Diskussionspapier nicht einbezogen, da die Unternehmen in diesen Fällen als „weisungsgebundene[...] Dienstleister“ agieren, die mit ihren Aktivitäten nicht ihre eigenen Rechte ausüben, sondern diejenigen ihres Auftraggebers, vgl. RICHTER, F., Bilanzierung des Upstream-Geschäfts, S. 58.

621 Vgl. hierzu bereits ausführlich Abschnitt 24.

622 Dass ein Unternehmen Eigentumsrechte an noch im Erdboden befindlichen Rohstoffen erlangen kann, ist äußerst selten und nur von wenigen Rechtssystemen wie z. B. in den USA vorgesehen. Vgl. Abschnitt 24.

623 Vgl. PORTER, S. P., Petroleum Accounting Practices, S. 65; WRIGHT, C. J./GALLUN, R. A., International Petroleum Accounting, S. 11; WRIGHT, C. J./GALLUN, R. A., Oil & Gas Accounting, S. 11.

liegt.[624] In diesem Fall bestünde keine branchen- oder sachverhaltsspezifische Rechnungslegungsvorschrift.[625]

Doch auch eine Zuordnung zur **Explorationsphase** und damit die Erfassung der Rechte als Vermögenswerte gemäß IFRS 6 kommt in Betracht.[626] Dafür spricht, dass IFRS 6.9 (a) den Erwerb von Explorationsrechten explizit als Beispiel für *E&E*-Vermögenswerte nennt. Dies wird durch die Definition der Exploration in IFRS 6.5 (a) i. V. m. .BC11 unterstützt, nach der alle Ausgaben vor dem Rechteerwerb nicht zur Exploration zählen.[627] Der IASB widerspricht sich jedoch selbst, da er in IFRS 6.Appendix A abweichend definiert, dass Exploration die Suche nach Bodenschätzen sei, nachdem die Rechte gewährt wurden. Demnach wäre die Beschaffung der Rechte ein der Explorationsphase vorgelagerter Prozess. LEIPPE/FALKENHAHN ordnen den Rechteerwerb daher der Prospektionsphase zu.[628] Anderer Auffassung sind BECKER/BEERMANN/SCHMIDT, die den Widerspruch in IFRS 6 ebenfalls erkennen, aufgrund dessen aber ein faktisches Wahlrecht für die bilanzielle Erfassung des Erwerbs von Explorationsrechten sehen, sodass entweder eine Zuordnung zur Prospektions- oder zur Explorationsphase denkbar ist.[629] Nach beiden Literaturmeinungen wird dabei übersehen, dass der IASB unter Prospektion ausschließlich Ausgaben vor dem Erwerb der Rechte versteht, weshalb eine Einordnung in die Prospektionsphase nicht möglich ist.[630] Vielmehr besteht ein **faktisches Wahlrecht**[631] darin, den **Rechteerwerb als eigene Phase oder als Teil der Explorationsphase** zu behandeln. Je nach Phasenzuordnung wären die erworbenen Rechte entweder nach allgemeinen, branchenunspezifischen Standards oder nach IFRS 6 zu bilanzieren.[632]

Es ist jedoch zu vermuten, dass der IASB statt des faktischen Wahlrechts die Zuordnung zur Explorationsphase intendiert. Darauf weist z. B. auch die Klarstellung in DP/2010/1.3.29 i. V. m. .3.33 f. hin, dass Prospektion vor dem Rechteerwerb stattfindet, gleichzeitig aber Rechteerwerb und folgende (*E&E*-)Ausgaben als (gemeinsamer) Vermögenswert qualifizieren.[633] Sofern der IASB tatsächlich eine Zuordnung des Rechteerwerbs zu *E&E* vorsieht, ließe sich die Inkonsistenz im aktuell gültigen IFRS 6 bspw. durch folgende Umformulierung der Explorationsdefinition in Appendix A

---

624 Vgl. WRIGHT, C. J./GALLUN, R. A., International Petroleum Accounting, S. 10; WRIGHT, C. J./GALLUN, R. A., Oil & Gas Accounting, S. 11; WILLMS, J., Explorations- und Evaluierungsausgaben, S. 4; RICHTER, F., Bilanzierung des Upstream-Geschäfts, S. 14 und 59.

625 Vgl. BECKER, R./BEERMANN, T./SCHMIDT, L., in: Baetge et al., Rechnungslegung nach IFRS, 2. Aufl., IFRS 6, Rn. 2.

626 Vgl. KPMG (Hrsg.), Insights into IFRS, Rn. 5.11.110.10.

627 Vgl. KPMG (Hrsg.), Insights into IFRS, Rn. 5.11.60.20.

628 Vgl. LEIPPE, B./FALKENHAHN, G., in: Thiele/von Keitz/Brücks, IFRS 6, Rn. 120.

629 Vgl. BECKER, R./BEERMANN, T./SCHMIDT, L., in: Baetge et al., Rechnungslegung nach IFRS, 2. Aufl., IFRS 6, Rn. 2.

630 Vgl. IFRS 6.5. Noch deutlicher wird diese Auffassung im DP/2010/1, worin Prospektionsaktivitäten ausdrücklich als die Tätigkeiten vor dem Erwerb der Rechte erläutert werden, vgl. DP/2010/1.3.29.

631 Vgl. LÜDENBACH, N./HOFFMANN, W.-D./FREIBERG, J., in: Haufe IFRS-Kommentar, 13. Aufl., § 24, Rn. 9.

632 Weder für die Prospektionsphase noch für eine eigenständige Phase des Rechteerwerbs bestehen sachverhaltsspezifische Regelungen, sodass die Erfassung von Rechten und damit von immateriellen Vermögenswerten bei beiden Alternativen in den Anwendungsbereich von IAS 38 fallen muss. Vgl. BECKER, R./BEERMANN, T./SCHMIDT, L., in: Baetge et al., Rechnungslegung nach IFRS, 2. Aufl., IFRS 6, Rn. 2.

633 Vgl. zum Ansatzkonzept des DP/2010/1 ausführlich Abschnitt 443.3.

beheben: „Suche nach Bodenschätzen [...] ab dem Zeitpunkt, zu dem das Unternehmen die Rechte zur Exploration eines bestimmten Gebiets erhält".[634]

Ob eine Zuordnung des Rechteerwerbs in die *E&E*-Phase allerdings auch die in bilanzieller Hinsicht zufriedenstellendere Lösung ist oder nicht doch die Ausübung des faktischen Wahlrechts durch Anerkennung des Rechteerwerbs als eigenständiger, vorgelagerter Prozess und damit eine von *E&E* abweichende Bilanzierung entscheidungsnützlichere Informationen vermittelt, gilt es noch zu untersuchen. Darum wird im weiteren Verlauf dieses Abschnitts 43 die Erfassung von Rechten gemäß allgemeiner IFRS konkretisiert und analysiert. Im darauffolgenden Abschnitt 44 wird die Bilanzierung von *E&E*-Ausgaben nach IFRS 6 näher betrachtet. Erst im Anschluss an diese Untersuchung ist eine Beurteilung möglich, welcher Bilanzierungsweise für erworbene Explorations- und weitere Rechte – gemäß allgemeiner IFRS oder gemäß dem branchenspezifischen IFRS 6 – der Vorzug gegeben werden sollte.

433. Einschlägige Bilanzierungsstandards für Rechte bei Anerkennung des Rechteerwerbs als eigenständige Upstream-Phase

Rechte sind eindeutig immaterieller Natur und werden zumeist für mehrere Jahre gewährt. Für langfristige immaterielle Vermögenswerte sehen die IFRS normalerweise eine Bilanzierung gemäß **IAS 38** vor. Sofern die Rechtebeschaffung als ein der Exploration vorgelagerter Prozess verstanden wird, greifen die Ausschlussgründe aus IAS 38.2 (c) und (d) nicht, sodass der Anwendung des IAS 38 keine Ausnahmeregelung entgegensteht.[635]

Die Rechte werden i. d. R. aufgrund eines **Erwerbsvorgangs** erteilt, die erwerbenden Unternehmen müssen also eine Gegenleistung in Form des Kaufpreises erbringen. Damit erworbene Rechte als Aktivposten in der **Bilanz angesetzt** werden können, müssen sie die Definitions- und Ansatzvoraussetzungen für immaterielle Vermögenswerte erfüllen, die IAS 38 vorgibt.[636] Außerdem bestimmt dieser Standard, teils i. V. m. IAS 36, die **Zugangs- und Folgebewertung** der erfassten Rechte einschließlich der planmäßigen und ggf. außerplanmäßigen Abschreibungen.[637]

---

634 Das Wort „nachdem" wurde dabei durch den Passus „ab dem Zeitpunkt, zu dem" ersetzt.

635 So auch ESSER, M./HACKENBERGER, J., Immaterielle Vermögenswerte, S. 404. Eine Bilanzierung einiger Rechte gem. IAS 17 scheidet aus, da Leasingverträge zur Gewährung von Explorations-, Erschließungs- und Förderrechten von dessen Anwendungsbereich ausgeschlossen werden, vgl. IAS 17.2.

636 Vgl. zur Ansatzkonzeption für immaterielle Vermögenswerte ausführlich Abschnitt 327.4.

637 Vgl. Abschnitt 328.

434. Konkretisierung und kritische Analyse der Bilanzierung von Rechten bei Anerkennung des Rechteerwerbs als eigenständige Upstream-Phase

434.1 Ansatz von Explorations-, Erschließungs- und Förderrechten

Einem Unternehmen zugegangene Rechte sind aus Ereignissen der Vergangenheit entstandene Ressourcen. Die Rechte werden grds. nur einzelnen Unternehmen[638] gewährt und mit ihnen verbunden sind die Beherrschungsmöglichkeit i. S. d. Ausschlusses fremder Dritter sowie i. d. R. auch die (späteren) Rechte zur Aneignung der geförderten Rohstoffe, sodass sich die Rechte in der Verfügungsmacht des Unternehmens befinden.[639] Weil die Rechte vertraglich niedergeschrieben und übertragen werden, erfüllen sie zudem die Anforderung der Identifizierbarkeit, sind nicht-monetär und haben keine physische Substanz. Sie lassen künftigen wirtschaftlichen Nutzen für das Unternehmen erwarten, da sie zur Exploration eines Interessengebiets und ggf. Förderung von Rohstoffen berechtigen und zugleich andere Unternehmen davon abhalten, derartige Tätigkeiten im selben Gebiet durchzuführen.[640] Somit **erfüllen** die erworbenen Rechte die **Definition** immaterieller Vermögenswerte.[641]

Aufgrund ihres gesonderten **Erwerbs** sind die Rechte verlässlich bewertbar.[642] Das Kriterium eines wahrscheinlichen künftigen Nutzenzuflusses gilt aufgrund des Einzelerwerbs nach IAS 38.25 ebenfalls als erfüllt. Damit werden die Rechte **aktiviert**, wodurch relevante Informationen vermittelt werden.[643]

434.2 Bewertung von Explorations-, Erschließungs- und Förderrechten

Bei der Gestaltung der Verträge, die einem Unternehmen die Explorations-, Erschließungs- und Rohstoffförderrechte für ein bestimmtes Gebiet gewähren, bestehen vielerlei Varianten, da die konkreten Rahmenbedingungen für jedes Projekt einzeln verhandelt werden.[644] So können bspw. zeitliche Beschränkungen vereinbart werden, bis wann exploriert werden darf, oder die Gewährung von Rechten wird an zusätzliche Bedingungen wie z. B. den Bau von Wasserleitungen oder Krankenhäusern geknüpft. Auch die Zahlungsmodalitäten sind verhandelbar.

---

638 Rechte können auch mehreren Unternehmen gewährt werden, sofern diese ein gemeinsames Projekt im Interessengebiet als *joint operation* betreiben. Solche *joint operations* werden in der vorliegenden Arbeit indes nicht betrachtet. Weiterführende Erläuterungen zu *joint operations* finden sich z. B. bei PwC (Hrsg.), Financial reporting in the mining industry 2012, S. 74-92; WRIGHT, C. J./GALLUN, R. A., International Petroleum Accounting, S. 361-393; IASC (Hrsg.), Extractive Industries, Rn. 12.47-.57.

639 Vgl. BECKMANN, M., Umweltschutz und Öffentlichkeitsbeteiligung im Bergrecht, S. 153; IAS 38.13.

640 Vgl. DP/2010/1.3.14. Auch wenn die Rechte zur Exploration im Rahmen eines Leasingvertrages an das Unternehmen gewährt werden, gelten diese Rechte als Vermögenswerte, da das Recht zur Nutzung der geleasten Objekte beim Unternehmen liegt. Vgl. hierzu auch ED/2013/6.6 f. i. V. m. .37; DP/2009/1.3.16 f.

641 Vgl. zur Definition immaterieller Vermögenswerte IAS 38.8 und .11 f.

642 Vgl. IAS 38.26.

643 Vgl. IAS 38.21. Diese Einschätzung bestätigt der IASB im DP/2010/1, worin er die Aktivierungsfähigkeit der Explorationsrechte gemäß IAS 38 prüft, vgl. DP/2010/1.3.14-.16.

644 Vgl. zu Vertragsarten und Rechten ausführlich Abschnitt 24.

Bei Abschluss von **Konzessions- und Leasingverträgen** fallen i. d. R. Kosten für folgende Vertragsvereinbarungen an: Zeichnungs- bzw. Leasingbonus (*signature bonus, lease bonus*), Lizenzgebühren bzw. Konzessionsabgaben (*royalties*) und diverse Verzögerungszahlungen (z. B. *delay rentals, shut-in royalties*).[645] Sehr ähnlich dazu müssen für **Produktionsaufteilungsverträge** regelmäßig Bonuszahlungen und Lizenzgebühren entrichtet werden. Darüber hinaus kann das Unternehmen verpflichtet werden, Infrastruktur im Land des Rohstoffvorkommens zu schaffen, wie bspw. Straßen, Versorgungssysteme für Elektrizität und Wasser, Schulen und Krankenhäuser, oder Schulungen und Trainings für ihre Arbeitskräfte durchzuführen.[646] Werden **Eigentumsrechte direkt am Rohstoffvorkommen** erworben, stellt der Kaufpreis die Gegenleistung für den Erhalt der Rechte entweder am Grundstück und den im Erdboden liegenden Rohstoffen (sog. *fee interest*) oder nur an den Bodenschätzen (sog. *mineral interest*) dar.[647] Aufgrund der unterschiedlichen Vertragsarten zur Gewährung von Explorations-, Erschließungs- und Förderrechten bedarf es einer genauen Untersuchung, welche Kosten, die im Zusammenhang mit diesen Rechten anfallen, zu den Anschaffungskosten zählen, welche nachträglich als solche aktiviert werden dürfen, und welche Kosten sofort in den Aufwand fließen müssen.

Als **Erlangungskosten** der Rechte i. S. v. Erwerbspreisen sind die Bonuszahlungen (*signature bonus, lease bonus*), die bei Abschluss eines Vertrags fällig werden, in die Anschaffungskosten einzubeziehen.[648] Dabei schwankt die Höhe solcher Bonuszahlungen von geringen, nahezu symbolischen Beträgen bis hin zu hohen, zweistelligen Millionenbeträgen.[649] Unter den **direkt zurechenbaren** und damit ebenfalls zu den Anschaffungskosten zählenden **Kosten** werden z. B. Beratungs-, Rechts- und Verhandlungskosten sowie Kosten zur Beurteilung der geschäftlichen Rahmenbedingungen und für Personal subsumiert.[650] Außerdem zählen hierzu die für Produktionsaufteilungsverträge üblichen weiteren Kosten, die mit Verpflichtungen wie bspw. Infrastrukturschaffung und Mitarbeiterschulung verbunden sind.[651]

---

645 Vgl. EY (Hrsg.), International GAAP 2015 Bd. II, S. 2925 f.; IASC (Hrsg.), Extractive Industries, Rn. 2.16.

646 Wird eine Mindestinvestitionshöhe vereinbart, aber vom Unternehmen nicht gehalten, ist die Differenz zwischen vereinbartem Betrag und Höhe der tatsächlich getätigten Investitionen an den Staat zu zahlen. Vgl. EY (Hrsg.), International GAAP 2015 Bd. II, S. 2926-2928; WRIGHT, C. J./GALLUN, R. A., International Petroleum Accounting, S. 13; IASC (Hrsg.), Extractive Industries, Rn. 2.15.

647 Vgl. WRIGHT, C. J./GALLUN, R. A., Oil & Gas Accounting, S. 93. Da nur in sehr seltenen Ausnahmen Eigentum an Rohstoffvorkommen erworben werden kann, wird dieser Fall von der weiteren Betrachtung in dieser Arbeit ausgeschlossen, vgl. Abschnitt 24.

648 Vgl. RICHTER, F., Bilanzierung des Upstream-Geschäfts, S. 61.

649 Vgl. WRIGHT, C. J./GALLUN, R. A., International Petroleum Accounting, S. 14.

650 Der IASB weist darauf hin, dass mitunter bereits vor dem Erwerb von Rechten Ausgaben anfallen können, die mit dem Erwerb eines immateriellen Vermögenswerts – z. B. einer Explorationslizenz – in enger Verbindung stehen und darum diesem direkt zurechenbar sind, weshalb diese Ausgaben auch in die Anschaffungskosten des zu aktivierenden Rechts einfließen. Vgl. IFRS 6.BC12; ZÜLCH, H./WILLMS, J., in: MüKo Bilanzrecht Bd. 1, IFRS 6, Rn. 9; PwC (Hrsg.), Financial reporting in the mining industry 2012, S. 18; LEIPPE, B./FALKENHAHN, G., in: Thiele/von Keitz/Brücks, IFRS 6, Rn. 124.

651 Vgl. IASC (Hrsg.), Extractive Industries, Rn. 6.41-.43; BROCK, H. R./CARNES, M. Z./JUSTICE, R., Petroleum Accounting, S. 81; WRIGHT, C. J./GALLUN, R. A., International Petroleum Accounting, S. 14, 35 und 82 f.

Darüber hinaus können verschiedene Folgekosten aus den erworbenen Rechten entstehen bzw. für diese anfallen. Sofern diese Kosten dazu beitragen, dass bestehende Rechte erweitert werden, sie also an erwartbarem Nutzen in Form künftiger Vorteile hinzugewinnen, gelten sie als **nachträgliche Anschaffungskosten**, anderenfalls müssen sie sofort aufwandswirksam erfasst werden.[652] Häufig wird die Bonuszahlung zur Erlangung eines Rechts, also der Zeichnungsbonus, anfangs etwas geringer angesetzt, zugleich aber festgelegt, dass weitere Bonuszahlungen bei der Entscheidung zur Erschließung einer Lagerstätte (*development bonus*) sowie bei Erreichen eines bestimmten Produktionsniveaus (*production bonus*) fällig werden.[653] Da durch diese Zahlungen die zunächst reinen Explorationsrechte um die Gewährung zusätzlicher Aktivitäten erweitert werden, stellen sie nachträgliche Anschaffungskosten dar.[654] Ebenfalls als solche werden Bonuszahlungen für das Überschreiten vereinbarter Fördermengen oder -kapazitäten behandelt, da durch diese Zahlungen die Produktionsmenge ausgeweitet bzw. der Abbau beschleunigt wird, was ebenfalls mit einer Steigerung der mit den Rechten verbundenen wirtschaftlichen Vorteile einhergeht.[655]

Lizenzgebühren bzw. Konzessionsabgaben (*royalties*) hingegen sind laufende Geld- oder Sachleistungen während der Produktion, deren Höhe[656] sich als Teil der geförderten Rohstoffmengen oder erzielten Erlöse aus dem Verkauf bemisst, und die die Gegenleistung für die Gewinnung der Bodenschätze verkörpern.[657] Durch die Leistungen wird die Förderung zwar wie geplant erhalten, indes begründen sie keinen Zusatznutzen für das Unternehmen und die Ausgaben fließen daher direkt in den **Aufwand**.[658] Genauso müssen Verzögerungszahlungen (*delay rentals*) behandelt werden, da auch sie nur die Gültigkeit bestehender Rechte aufrechterhalten, jedoch keine zusätzlichen Vorteile erzeugen.[659]

IAS 38.97 verlangt, dass immaterielle Vermögenswerte mit begrenzter Nutzungsdauer **planmäßig abgeschrieben** werden und die gewählte Abschreibungsmethode dem erwarteten Verbrauch des künftigen wirtschaftlichen Nutzens entspricht. Wie sich dieser **Nutzenverbrauch** gestaltet und die jeweilige **Nutzungsdauer** bestimmt, unterscheidet sich dabei für die verschiedenen Arten von Rechten bzw. deren Gültigkeit in den einzelnen Upstream-Phasen.

---

652 Vgl. IAS 38.18.

653 Vgl. WRIGHT, C. J./GALLUN, R. A., International Petroleum Accounting, S. 42.

654 Vgl. RICHTER, F., Bilanzierung des Upstream-Geschäfts, S. 63; WRIGHT, C. J./GALLUN, R. A., International Petroleum Accounting, S. 85.

655 Vgl. RICHTER, F., Bilanzierung des Upstream-Geschäfts, S. 63.

656 Während in der Öl- und Gasindustrie z. B. 1/8 der Produktionsmenge lange Zeit üblich war, ist der Anteil zuletzt mitunter deutlich gestiegen auf bis zu 1/5 der Gesamtmenge, vgl. PORTER, S. P., Petroleum Accounting Practices, S. 70 und 72; BROCK, H. R./CARNES, M. Z./JUSTICE, R., Petroleum Accounting, S. 82.

657 Vgl. WILLMS, J., Explorations- und Evaluierungsausgaben, S. 25; WRIGHT, C. J./GALLUN, R. A., International Petroleum Accounting, S. 38 und 40.

658 Vgl. RICHTER, F., Bilanzierung des Upstream-Geschäfts, S. 64.

659 Verzögerungszahlungen werden dann entrichtet, wenn ein Unternehmen länger als zunächst vereinbart ein Gebiet explorieren möchte, wodurch sich die Förderung der Rohstoffe zeitlich verschiebt. Vgl. PORTER, S. P., Petroleum Accounting Practices, S. 70; BROCK, H. R./CARNES, M. Z./JUSTICE, R., Petroleum Accounting, S. 81 f.; RICHTER, F., Bilanzierung des Upstream-Geschäfts, S. 64; WRIGHT, C. J./GALLUN, R. A., International Petroleum Accounting, S. 38-40.

Erworbene **Explorationsrechte** berechtigen zunächst nur für die Durchführung von *E&E*-Tätigkeiten. Der wirtschaftliche Nutzen dieser Rechte wird demnach durch genau diese Tätigkeiten verbraucht, denn sie ermöglichen den Unternehmen die Suche nach und Beurteilung von Bodenschätzen. Da die Arbeiten während *E&E* stattfinden, sind die Rechte grds. auf diese Upstream-Phase begrenzt. Weil in dieser Zeit jedoch noch keine Rohstoffe gefördert werden, wird ein entsprechendes Leistungsmaß für eine leistungsgemäße Abschreibung nur in Ausnahmefällen bestehen.[660] Insofern muss meist auf die **lineare Abschreibungsmethode** zurückgegriffen werden. Sobald ein Unternehmen die Explorationsrechte erlangt hat, sind diese i. d. R. auch nutzungsbereit,[661] weshalb deren planmäßige Abschreibung bereits dann beginnt.[662] Sofern ein zu bilanzierendes Recht nur für einen gewissen Zeitraum gewährt wird, bemisst sich danach auch die **Nutzungsdauer.**[663] Wenn diese Voraussetzung allerdings nicht gegeben ist, muss die Nutzungsdauer geschätzt werden. Dies kann sich indes schwierig gestalten, da gerade wenn die Explorationsrechte erstmalig erlangt werden, das Unternehmen also noch ganz am Anfang seiner *E&E*-Tätigkeiten steht, die Zeiträume der einzelnen Upstream-Phasen nur schwer bestimmbar sind.[664] Die Einschätzungen zur Nutzungsdauer müssen anhand der betriebsinternen Pläne zur Untersuchung und Ausbeutung der einzelnen Rohstoffvorkommen getroffen werden, was von den Bilanzierern umfangreiche Beurteilungen verlangt, die unsicher sind und anfällig für Fehler oder bewusste Verzerrungen. Zunächst sollte die Nutzungsdauer daher maximal auf die geplante Höchstdauer der *E&E*-Aktivitäten festgelegt und mit fortschreitendem Erkenntnisgewinn ggf. angepasst werden.[665]

Fraglich bleibt, ob die ggf. notwendige Schätzung der Nutzungsdauer von Explorationsrechten überhaupt die Anforderungen erfüllen kann, relevant und glaubwürdig zu sein, da sie häufig von hoher **Bewertungsunsicherheit** geprägt ist.[666] Kann die Nutzungsdauer nicht verlässlich bestimmt werden, ist auf die planmäßige Abschreibung zu verzichten und stattdessen zwingend jährlich auf **Wertminderung** zu **testen.**[667] Da jedoch während der Explorationsphase bzw. in einem frühen Stadium dieser die Bestimmung des künftigen Nutzens aus einem Rohstoffprojekt und damit die Ermittlung des erzielbaren Betrags des Explorationsrechts nicht selten unmöglich ist, müssten dann

660 Vgl. RICHTER, F., Bilanzierung des Upstream-Geschäfts, S. 65 f.

661 Vgl. IAS 38.97.

662 Vgl. SEBA, R. D., Worldwide Petroleum Production, S. 11; RICHTER, F., Bilanzierung des Upstream-Geschäfts, S. 65.

663 Vgl. BECKMANN, M., Umweltschutz und Öffentlichkeitsbeteiligung im Bergrecht, S. 152 f. Dabei sind ggf. Verlängerungsperioden zu berücksichtigen, vgl. ESSER, M./HACKENBERGER, J., Immaterielle Vermögenswerte, S. 409.

664 Dies wird durch die besonderen und spezifischen Merkmale und Eigenheiten der einzelnen Lagerstätten zusätzlich erschwert, über die das Unternehmen zu diesem Zeitpunkt noch keine ausreichenden Kenntnisse haben kann. Vgl. die Abschnitte 232. und 233.

665 Vgl. RICHTER, F., Bilanzierung des Upstream-Geschäfts, S. 67.

666 Vgl. auch IAS 38.88.

667 Für Rechte, deren Nutzungsdauer bestimmbar ist, muss regelmäßig überprüft werden, ob Anhaltspunkte für eine mögliche Wertminderung vorliegen. Vgl. IAS 36.9 und .10 (a).

oftmals die Rechte schon im Jahr ihres Ansatzes wieder vollständig aufwandswirksam abgeschrieben werden.[668]

Werden zu einem späteren Zeitpunkt – gegen Ende von *E&E* bzw. im Anschluss daran – **weitere Rechte** erworben oder die **ursprünglichen erweitert**, sodass ein Unternehmen letztlich die Erlaubnis zur Gewinnung der Bodenschätze erhält, äußert sich deren wirtschaftlicher Nutzen nunmehr in der Förderung der Rohstoffe. Aufgrund des engen Produktionsbezugs dieser Rechte ist eine **leistungsabhängige Abschreibung**, bemessen anhand der Relation der Perioden- zur geplanten Gesamtfördermenge, meist diejenige Methode, die den Verbrauch des wirtschaftlichen Nutzens am besten widerspiegelt, die allerdings auch erst ab dem Beginn der Produktionsphase umsetzbar ist.[669] In dieser Phase liegen den Unternehmen auch bessere Informationen vor, die eine konkretere und verlässlichere Schätzung der **Nutzungsdauer** der Rechte erlauben.[670]

435. Zwischenfazit

Definiert ein Unternehmen den Rechteerwerb als eigene Phase vor Beginn von *E&E*, hat es die Rechte gemäß IAS 38 zu erfassen. Ein Ansatz als immaterielle Vermögenswerte ist unzweifelhaft geboten und erzeugt eine **entscheidungsnützliche** Abbildung im Abschluss. Hierdurch werden – selbst wenn solche Rechte mitunter wertmäßig nicht sonderlich bedeutsam sind – (zumindest qualitativ) stets wesentliche, **relevante Informationen** über die Geschäftstätigkeiten des Unternehmens und deren mögliche Weiterführung, die durch die Rechte gesichert wird, vermittelt.

Die Bestimmung der Anschaffungskosten von Explorations-, Erschließungs- und Förderrechten erfordert eine differenzierte Betrachtung der insgesamt in diesem Zusammenhang anfallenden Kosten, und die planmäßige Abschreibung ist von der Art der Rechte abhängig. Eine verlässliche Bewertung ist jedoch in aller Regel möglich. Schwieriger gestaltet sich indes die planmäßige Abschreibung der Rechte, sofern deren Nutzungsdauer nicht vertraglich vorgegeben ist, sondern geschätzt werden muss. Eine solche Schätzung kann von hoher **Bewertungsunsicherheit** geprägt sein, die sich ggf. negativ auf Relevanz und glaubwürdige Darstellung auswirkt.

Zusammengefasst kann die **Bilanzierung der Rechte gemäß IAS 38** allerdings trotz kleinerer Ermessensspielräume als **sachgerecht** befunden werden. Aufgrund des derzeit bestehenden faktischen Wahlrechts, den Rechteerwerb in *E&E* einzubeziehen oder als vorgelagerten Prozess zu definieren, werden den Bilanzierenden in der aktuellen Regelungslage indes unnötige **Ermessensspielräume** eröffnet, die eine glaubwürdige Darstellung erschweren. Die **zwischenbetriebliche Vergleichbarkeit** von Abschlüssen wird **konterkariert**, da keine einheitlichen Bilanzierungsregelungen ange-

---

668 Vgl. hierzu die gleiche Problematik bereits in der Prospektionsphase in den Abschnitten 423.23 und 423.24. Vgl. auch RICHTER, F., Bilanzierung des Upstream-Geschäfts, S. 67. Sobald genauere Kenntnisse vorliegen oder die Rechte um Erschließungs- und Förderberechtigungen erweitert werden, kann auch der erzielbare Betrag verlässlicher ermittelt werden.

669 Vgl. zu dieser Abschreibungsmethode auch ausführlich Abschnitt 463.

670 Vgl. RICHTER, F., Bilanzierung des Upstream-Geschäfts, S. 67.

wendet werden, sodass in der Konsequenz gleiche Sachverhalte – also Erwerbe von Explorations- und ähnlichen Rechten – von verschiedenen Unternehmen unterschiedlich dargestellt werden können. Die folgenden Ausführungen in Abschnitt 44 zeigen, wie die besonderen und von der hier betrachteten Bilanzierungsweise abweichenden Regelungen des IFRS 6 gestaltet sind und sich in der Finanzberichterstattung auswirken. Erst nach dieser Untersuchung ist ein Urteil darüber möglich, welche Bilanzierungsweise für erworbene Rechte die entscheidungsnützlicheren Informationen vermittelt.[671]

44 Exploration und Evaluierung von Rohstoffen

441. Vorbemerkungen

Das Upstream-Geschäft rohstofffördernder Unternehmen umfasst einige sehr **besondere Sachverhalte**, die bilanziell zu erfassen Rechnungsleger gerade während der *E&E*-Phase vor große Herausforderungen stellt. Ausgaben in dieser Phase können hinsichtlich der Frage, ob aus ihnen tatsächlich jemals künftiger wirtschaftlicher Nutzen generiert werden kann, regelmäßig noch nicht ausreichend beurteilt werden. Diese **Unsicherheit** gründet einerseits in der unzureichenden Kenntnislage betreffend die explorierten potenziellen Lagerstätten und andererseits in den außergewöhnlichen und hohen Risiken, die insgesamt mit den *extractive activities* einhergehen.[672] Aufgrund des **langjährigen Prozesses** von der Suche nach Bodenschätzen bis zu ihrer letztlichen Förderung müssen Ansatzentscheidungen betreffend *E&E*-Ausgaben zu einem verhältnismäßig frühen Zeitpunkt in diesem Prozess getroffen werden, sodass eventuelle Fehlentscheidungen langfristig die Vermögens- und Ertragslage zu verzerren drohen. Während der Prospektionsphase war das Resultat der hohen Unsicherheiten, dass ein Großteil der Ausgaben sofort aufwandswirksam wurde. In der *E&E*-Phase werden allerdings kontinuierlich neue Erkenntnisse gewonnen, sodass sich der Grad der Unsicherheit über den Erfolg eines Rohstoffprojekts ständig ändert und insgesamt im Zeitverlauf sinkt. Entsprechend lautet die **Grundfrage**, ob und **welche *E&E*-Ausgaben** vor dem Hintergrund des veränderlichen Unsicherheitsgrades für einen Ansatz als **Vermögenswerte** qualifizieren. Daran schließt sich direkt die Frage an, ob aufgrund der getroffenen Aktivierungsentscheidungen auch über mehrere Perioden hinweg die Vermögens- und die Ertragslage zutreffend im Abschluss dargestellt werden, indem die Kosten i. S. d. *matching principle* sachgerecht **periodisiert** werden und die Werthaltigkeit des angesetzten Vermögens gesichert und regelmäßig geprüft wird.

Ausgaben zur Exploration und Evaluierung mineralischer Ressourcen werden aktuell nach **IFRS 6** bilanziert. Mit der Herausgabe dieses Standards intendierte der IASB, zumindest einen Rahmen vorzugeben, der **begrenzte Verbesserungen** bei der Bilanzierung von *E&E*-Aktivitäten erreicht sowie Vorschriften für die Wertminderung von *E&E*-Vermögen macht. Zudem sollen Angaben zu erfassten Beträgen aus *E&E* im Anhang gemacht werden, die die Adressaten in ihren Einschätzun-

[671] Vgl. hierzu Abschnitt 443.23.

[672] Vgl. Abschnitt 23.

gen zu künftigen Zahlungsmittelströmen unterstützen.[673] Der **Anwendungsbereich** des IFRS 6 wurde dabei auf die *E&E*-Phasen **eingeschränkt**.[674] Die Fokussierung des IASB auf diese Tätigkeiten scheint verständlich vor dem Hintergrund, dass sie i. d. R. aufgrund der schwerwiegenden Risiken, aber auch vielversprechenden Chancen, zu den kritischsten Phasen im Upstream-Geschäft der Rohstoffförderer gehören.[675]

Mit dem **DP/2010/1** wurde ein von IFRS 6 deutlich abweichender **Bilanzierungsvorschlag** für *extractive activities* veröffentlicht, dessen ausgegebenes Ziel es ist, eine vergleichbarere Bilanzierungspraxis für die Aktivitäten der Rohstoffsuche und -förderung zu schaffen, die zudem mit den Definitions- und Ansatzkriterien des Conceptual Framework in Einklang gebracht werden könne.[676] Der Vorschlag ist nunmehr nicht auf *E&E* beschränkt, sondern darüber hinaus auch auf Bilanzierungsfragen der anschließenden Upstream-Phasen anwendbar und zudem nicht von jenen Phasen abhängig.[677] Allerdings basieren die Überlegungen weitestgehend nicht auf den einzelnen Phasen, da trotz der für Rohstoffunternehmen gängigen Begrifflichkeiten zu große Schwierigkeiten u. a. mit der klaren Abgrenzung sowie Zuordnung von Tätigkeiten und Ausgaben zu den Phasen gesehen werden.[678] Dennoch lässt sich dieses Konzept anhand von *E&E*-Ausgaben vollständig erläutern, da sich die Bilanzierungsweise für spätere Ausgaben unverändert fortsetzen würde und zugleich für *E&E*-Ausgaben die fundamentalsten Änderungen zu erwarten wären. Aus diesen Gründen wird die Betrachtung des DP/2010/1 in diesem Abschnitt 44 verortet und vornehmlich auf *E&E* beschränkt.

Im folgenden Abschnitt 442. wird zunächst die *E&E*-Phase gegenüber den anderen Upstream-Aktivitäten abgegrenzt, um das Betrachtungsobjekt dieses Abschnitts und zugleich den Anwendungsbereich des IFRS 6 zu definieren. Sowohl für IFRS 6 als auch das DP/2010/1 soll kritisch analysiert werden, ob die jeweiligen Bilanzierungsregelungen dem Ziel der Entscheidungsnützlichkeit von Informationen und den weiteren Anforderungen der Rechnungslegung entsprechen. Zu diesem Zweck werden, unterteilt in Ansatz- (Abschnitt 443.) und Bewertungsvorschriften (Abschnitt 444.), jeweils die Inhalte beider Konzepte vorgestellt. Aufgrund der besonderen Regelungssituation in IFRS 6, die die Übernahme anderer Bilanzierungspraktiken in den IFRS-Abschluss gestattet, werden zudem die gängigsten dieser Praktiken erörtert, um diese in der Untersuchung entsprechend berücksichtigen und würdigen zu können. Mit einem Vergleich der beiden Bilanzierungsweisen, der des IFRS 6 und der des DP/2010/1, soll zudem ermittelt werden, welche die sach-

---

673 Vgl. IFRS 6.IN4 und .2. Aufgrund des Zeitdrucks, einen bereits im Jahr 2005 anwendbaren Standard zu entwickeln, konnte keine umfassendere Lösung erarbeitet werden, sodass IFRS 6 zunächst als Interimslösung veröffentlicht wurde. Vgl. hierzu schon Abschnitt 41.

674 Vgl. IFRS 6.BC8.

675 Vgl. RICHTER, F., Bilanzierung des Upstream-Geschäfts, S. 71; IFRS 6.IN1 (d).

676 Vgl. DP/2010/1.3.7; CAIRNS, D., Extractive Industries, S. 63; WULF, I./LANGE, H., Diskussionspapier Extractive Activities, S. 320.

677 Vgl. DP/2010/1.1.1 f.; FISCHER, D. T., Diskussionspapier Extractive Activities, S. 140. Die Inhalte des Diskussionspapiers geben nur die Ergebnisse der Projektgruppe wieder, die das Papier erarbeitet hat, nicht die Ansichten des IASB, vgl. o. V., Bilanzierung in der Rohstoffindustrie, S. 496.

678 Vgl. DP/2010/1.3.5 f. Vgl. hierzu auch die Abschnitte 422., 432., 442. und 452.

gerechtere ist oder ob nicht eine davon abweichende, zweckdienlichere Vorgehensweise entwickelt werden sollte (Abschnitte 443.4 und 444.3).

442. Abgrenzung der Explorations- und Evaluierungs- gegenüber den weiteren Upstream-Phasen

Da IFRS 6 nur auf die Exploration und Evaluierung von Bodenschätzen anzuwenden ist, nicht aber auf andere Phasen des Upstream-Geschäfts,[679] ist die Abgrenzung der beiden Phasen zu den vorherigen bzw. nachgelagerten von Bedeutung. Nur so wird klar, welche Sachverhalte unter die Regelungen nach IFRS 6 fallen und welche stattdessen anhand anderer IFRS und dem Conceptual Framework bilanziert und beurteilt werden müssen. Eine zusätzliche, aus technischer Sicht zudem sehr schwierige Unterscheidung in Exploration einerseits und Evaluierung andererseits ist hingegen nicht notwendig, denn IFRS 6 ist ausnahmslos auf beide Phasen anzuwenden.[680]

Unter die *E&E*-Aktivitäten fallen die Suche nach Rohstoffen sowie die Erforschung und Beurteilung bzw. Bewertung von vermuteten und entdeckten Lagerstätten.[681] Die hierfür benötigten Technologien, Verfahren und Maschinen werden zu großen Teilen über einen längeren Zeitraum und dadurch auch in mehreren Upstream-Phasen eingesetzt, sodass **aus rein technischer Sicht keine trennscharfe Abgrenzung** zwischen Prospektion, Exploration und Evaluierung sowie ggf. Erschließung möglich ist.[682] Zwar definiert der IASB **Exploration** als die Suche nach Bodenschätzen, nachdem ein Unternehmen die Explorationsrechte für ein Interessengebiet erworben hat, und **Evaluierung** als jene Tätigkeiten zur Feststellung der technischen Machbarkeit und wirtschaftlichen Durchführbarkeit der Rohstoffförderung in diesem Gebiet.[683] Demnach operationalisiert er den **Beginn von *E&E*** durch den Erwerb der Rechte. Doch bleibt er in seinen Formulierungen inkonsistent, da er Ausgaben vor dem Rechteerwerb – und damit nicht den Erwerb der Rechte selbst – in IFRS 6.5 (a) vom Anwendungsbereich ausschließt, wohingegen die zuvor genannte Formulierung den Rechteerwerb nicht zur Exploration zählt.[684] Somit kann zwar die Abgrenzung der Explorations- zur Prospektionsphase grds. als sachgerecht und den Gedanken der **Entscheidungsnützlichkeit** fördernd bezeichnet werden,[685] das faktische Wahlrecht zur Einbeziehung des Rechteerwerbs **schränkt** dies jedoch **ein**. Aufgrund des – vermutlich unbewusst – eröffneten Ermessensspielraums

---

679 Vgl. IFRS 6.3 f. und .BC7 f.; IFRIC (Hrsg.), IFRIC Update January 2006, S. 3.

680 Vgl. IFRS 6.BC15. Vgl. bspw. auch VAN DYKE, K., Fundamentals of Petroleum, S. 25-46; PORTER, S. P., Petroleum Accounting Practices, S. 41-59; WRIGHT, C. J./GALLUN, R. A., Oil & Gas Accounting, S. 8-10; ZÜLCH, H./WILLMS, J., Exposure Draft (ED) 6, S. 267.

681 Vgl. hierzu ausführlich Abschnitt 232. Vgl. auch IASC (Hrsg.), Extractive Industries, Rn. 2.24 und .29. Während der Exploration wird in einem konkret umrissenen Gebiet nach einer Lagerstätte gesucht. Die geologischen, geochemischen und geophysikalischen Untersuchungstechniken der Prospektionsphase werden fortgeführt und ausgeweitet, bis durch Evaluierung letztlich genaue Kenntnisse zum Interessengebiet und dessen Bodenschätzen vorliegen, vgl. IASC (Hrsg.), Extractive Industries, Rn. 2.25; WILLMS, J., Explorations- und Evaluierungsausgaben, S. 26.

682 Vgl. Abschnitt 422.; IASC (Hrsg.), Extractive Industries, Rn. 2.46-.49; LÜDENBACH, N./HOFFMANN, W.-D./FREIBERG, J., in: Haufe IFRS-Kommentar, 13. Aufl., § 42, Rn. 3.

683 Vgl. IFRS 6.Appendix A.

684 Vgl. hierzu ausführlicher bereits Abschnitt 432.

685 Vgl. für eine detaillierte Diskussion dieser Abgrenzung Abschnitt 422.

ist die Darstellung der Informationen in ihrer Glaubwürdigkeit gemindert, und auch die zwischenbetriebliche Vergleichbarkeit leidet unter dieser Regelungsunschärfe in IFRS 6.[686]

Ausgaben nach dem Nachweis der technischen Machbarkeit und wirtschaftlichen Durchführbarkeit des Abbaus von Bodenschätzen im Interessengebiet werden ebenfalls von IFRS 6 ausgeschlossen und zählen somit nicht mehr zu *E&E*.[687] Demnach **endet** die **Evaluierungsphase** mit der finalen Machbarkeitsstudie, denn aufgrund dieser kann das Unternehmen eine Investitionsentscheidung treffen und bei positivem Urteil in die Erschließungsphase übergehen.[688] In der Praxis gestaltet sich jedoch auch diese Abgrenzung schwierig und ermessensbehaftet, da sich aus technischer Sicht einige der *E&E*-Tätigkeiten noch bis in die Erschließungs- und evtl. gar Produktionsphase ziehen können und für die Rechnungslegungsentscheidung lediglich der Nachweis über Wirtschaftlichkeit und Realisierbarkeit von IFRS 6 gefordert wird, nicht aber die Dokumentation, wann genau die eigentliche Investitionsentscheidung getroffen wurde.[689] Der aktuell vom IASB gewünschte Nachweis erfordert erhebliches Einschätzungsvermögen von den Bilanzierern und ist **aufgrund seiner Unschärfe anfällig für bilanzpolitisch motivierte Sachverhaltsgestaltungen.**[690] Zwar ist die Investitionsentscheidung i. d. R. als Auslöser für den Beginn von Erschließungsarbeiten die Konsequenz der finalen Machbarkeitsstudie bzw. sogar ein Teil davon, wird in den IFRS bislang jedoch nicht erwähnt. Den Übergang zur Erschließungsphase an der dokumentierten Investitionsentscheidung zu orientieren, könnte zu einer eindeutigeren Abgrenzung führen, die vor allem der glaubwürdigen Darstellung der vermittelten Informationen zuträglich wäre, aber auch einer verbesserten Nachprüfbarkeit und zwischenbetrieblichen Vergleichbarkeit.

443. Aktivierung von Vermögenswerten aus Exploration und Evaluierung

443.1 Vorbemerkungen

Noch im Boden lagernde Rohstoffe werden selbst nicht aktiviert. Stattdessen werden verschiedene Ausgaben, die zur Entdeckung und zum Abbau von Bodenschätzen angefallen sind, als Vermögenswerte angesetzt.[691] Für die Ausgaben, die vor der Rohstoffproduktion anfallen, muss ein Unternehmen daher entscheiden, ob diese bzw. welche Teile davon aktiviert und welche aufwandswirksam erfasst werden.

Zur Bilanzierung der Ausgaben, die während der *E&E*-Phase entstehen, müssen Unternehmen **IFRS 6** anwenden. Da IFRS 6 keine Methode vorschreibt, nach der Rohstoffunternehmen ihre Explorations- und Evaluierungskosten bilanziell abbilden sollen, kommen eine Fülle verschiedenster

---

686 Vgl. zum faktischen Wahlrecht ausführlicher Abschnitt 432.

687 Vgl. IFRS 6.5 (b) i. V. m. .10, .Appendix A und .BC7 f.

688 Vgl. PwC (Hrsg.), Financial reporting in the mining industry 2012, S. 14.

689 Vgl. KPMG (Hrsg.), Mining 2012, S. 4; RIESE, J./KURZ, L., in: Beck IFRS HB, 5. Aufl., § 42, Rn. 11; ZÜLCH, H./WILLMS, J., in: MüKo Bilanzrecht Bd. 1, IFRS 6, Rn. 7; BECKER, R./BEERMANN, T./SCHMIDT, L., in: Baetge et al., Rechnungslegung nach IFRS, 2. Aufl., IFRS 6, Rn. 2.

690 Vgl. KPMG (Hrsg.), Accounting in the Oil & Gas Industry, S. 2.

691 Vgl. LÜDENBACH, N./HOFFMANN, W.-D./FREIBERG, J., in: Haufe IFRS-Kommentar, 13. Aufl., § 42, Rn. 9; KPMG (Hrsg.), Mining 2009, S. 9; IASC (Hrsg.), Extractive Industries, Rn. 3.1. Siehe auch Abschnitt 422.

Ansätze in Betracht, wobei i. d. R. ausschließlich kostenbasierte Konzepte wie z. B. das *successful efforts accounting* oder das *full cost accounting* Anwendung finden.[692] Dies eröffnet Gestaltungsfreiräume, die zu sehr unterschiedlichen Ergebnissen im Abschluss führen – die Bilanzierungsweisen schwanken von sofortiger aufwandswirksamer Erfassung jeglicher Kosten bis zur nahezu vollständigen Aktivierung dieser Kosten.[693] In Abschnitt 443.2 wird untersucht, wie sachgerecht und entscheidungsnützlich die Abbildung von *E&E*-Aktivitäten nach IFRS 6 ist, wobei die Betrachtung danach differenziert wird, welche Bilanzierungsmethode innerhalb des von IFRS 6 vorgegebenen Rahmens gewählt wird.

Mit dem **DP/2010/1** wurde ein von IFRS 6 abweichender Vorschlag erarbeitet, wie die Sachverhalte der *extractive activities* künftig bilanziert werden könnten. Statt auf bestehenden Bilanzierungsmethoden aufzusetzen, wird ein sog. *MOG*-Vermögenswert als besonderes Vermögenswert-Konstrukt definiert. Dadurch wird die Bilanzierung einheitlicher gestaltet, bleiben den Unternehmen doch weniger Wahlmöglichkeiten. Wie die Erfassung von Ausgaben nach dem DP/2010/1 gestaltet ist, welche Konsequenzen diese Bilanzierungsweise für die Abschlüsse hat und ob dadurch entscheidungsnützliche Informationen vermittelt werden können ist Inhalt von Abschnitt 443.3.

In Abschnitt 443.4 werden die Ergebnisse aus den Untersuchungen zur Aktivierung von *E&E*-Tätigkeiten nach IFRS 6 und nach dem DP/2010/1 vergleichend gegenübergestellt, um abwägen zu können, mit welcher Bilanzierungsweise aussagekräftigere und entscheidungsnützlichere Informationen vermittelt werden.

443.2 Aktivierung von Vermögenswerten aus Exploration und Evaluierung nach IFRS 6

443.21 Konkretisierung von Rechnungslegungsmethoden zur Erfassung von Explorations- und Evaluierungsausgaben

443.211. Grundlegende Ansatzvorschriften des IFRS 6

In **IFRS 6** finden sich **keine eigenständigen Ansatzvorschriften** für Vermögenswerte aus Exploration und Evaluierung (*E&E*-Vermögenswerte[694]).[695] Der Standard verweist auf **IAS 8.10**, nach dessen Maßgabe vom Unternehmen eigenständig **Rechnungslegungsmethoden entwickelt** werden sollen, die zu einer relevanten und glaubwürdigen Informationsvermittlung führen.[696] Von der in **IAS 8.11 f.** vorgesehenen Hierarchie an zu berücksichtigenden Quellen und Leitlinien, die normalerweise für die Entwicklung einer Rechnungslegungsmethode zu befolgen ist, **befreit** IFRS 6.7

692 Vgl. IASC (Hrsg.), Extractive Industries, Rn. 4.1 und .3; OIAC SORP.35.

693 Vgl. WRIGHT, C. J./GALLUN, R. A., International Petroleum Accounting, S. 10; IASC (Hrsg.), Extractive Industries, Rn. 4.11 f.

694 Vgl. zur Definition von *E&E*-Vermögenswerten auch IFRS 6.Appendix A.

695 Vgl. BALLWIESER, W./DOBLER, M., in: Wiley Kommentar IFRS 2009, 5. Aufl., Abschnitt 24, Rn. 104.

696 Vgl. IFRS 6.6. Die aktuelle Fassung des IAS 8.10 nennt als eine der beiden Voraussetzungen derzeit noch die Zuverlässigkeit. Es kann jedoch davon ausgegangen werden, dass diese Bezeichnung zeitnah an das neue Rahmenkonzept angepasst und in glaubwürdige Darstellung umbenannt wird. Vgl. hierzu die Erklärung in IASB (Hrsg.), Staff Paper 10G (October 2014), Rn. 2 (a) und 4 (a) (i).

indes ausdrücklich, um „Störungen“ für Bilanzierer wie Bilanzleser zu vermeiden, die sich sonst beim Übergang auf die IFRS 6-Anwendung hätten ergeben können.[697] Als Konsequenz dieser Befreiung erlaubt der IFRS 6 die **Weiterführung der bisher verwendeten Bilanzierungsmethoden**[698], solange nur den fundamentalen qualitativen Anforderungen der IFRS-Rechnungslegung entsprochen wird.[699]

Seine *E&E*-Vermögenswerte hat ein Unternehmen entsprechend deren Art als **materielle oder immaterielle** Vermögenswerte zu **klassifizieren.**[700] Auch hierbei bleibt es grds. den Bilanzierern überlassen, eine geeignete Zuteilung zu entwickeln, da der IASB keine vorschnellen Entscheidungen zu einer solchen Regelung treffen wollte. Eine Orientierung an IAS 16, IAS 38 und dem Rahmenkonzept erleichtert dabei jedoch die Einstufung, zumal sich die Vorschriften zu Bewertung und Anhangangaben für die *E&E*-Vermögenswerte explizit nach IAS 16 oder IAS 38 richten sollen.[701] Ab dem Zeitpunkt, an dem die technische Machbarkeit und wirtschaftliche Durchführbarkeit der Gewinnung von Rohstoffen nachgewiesen sind, entfällt die Klassifizierung als *E&E*-Vermögenswerte, wobei vor Umklassifizierung ein Werthaltigkeitstest vorgeschrieben wird.[702] Anschließend liegen die Vermögenswerte außerhalb des Gültigkeitsbereichs von IFRS 6, weshalb dann branchenunspezifische IFRS-Standards angewendet werden.[703]

Die Entscheidung, welche Ausgaben in den Ansatz von *E&E*-Vermögenswerten einbezogen werden bzw. solche Vermögenswerte begründen, hängt von der durch das Unternehmen entwickelten, einheitlich angewendeten Rechnungslegungsmethode ab,[704] wobei IFRS 6.9 mit einer nicht abschließenden **Liste von Beispielen** Hilfestellung geben will.[705] In Anlehnung an diese Liste werden die folgenden Arten von Vermögenswerten als potenzielle *E&E*-Vermögenswerte definiert und im weiteren Verlauf dieses Abschnitts 44 zu verschiedenen Analyseaspekten als Untersuchungsobjekte herangezogen:

- Erwerb von Rechten zur Exploration, Erschließung und Förderung sowie ggf. von Eigentum an Rohstoffvorkommen (Rechte),
- topographische, geologische, geochemische und geophysikalische Analysen und Studien zur Erforschung potenzieller und entdeckter Lagerstätten (Studien),

---

697 Vgl. IFRS 6.BC17.

698 Abschnitt 443.212. stellt die gängigsten dieser Methoden vor.

699 Vgl. IFRS 6.IN5 und .BC17 i. V. m. .BC22; CORTESE, C. L./IRVINE, H. J./KAIDONIS, M. A., Powerful players, S. 85; ZÜLCH, H./WILLMS, J., Near Final Draft IFRS 6, S. 1026. Zu den fundamentalen Anforderungen an die IFRS-Rechnungslegung vgl. Abschnitt 324.

700 Vgl. IFRS 6.15 f. Die Klassifizierung ist stetig anzuwenden. Als Beispiele für immaterielle *E&E*-Vermögenswerte werden Bohrrechte genannt, für materielle Fahrzeuge und Bohrinseln. Vgl. auch KPMG (Hrsg.), Mining 2012, S. 9.

701 Vgl. IFRS 6.BC34; ZÜLCH, H./WILLMS, J., Near Final Draft IFRS 6, S. 1026.

702 Vgl. IFRS 6.17. Zur Folgebewertung von *E&E*-Vermögenswerten vgl. Abschnitt 444.

703 Vgl. LÜDENBACH, N./HOFFMANN, W.-D./FREIBERG, J., in: Haufe IFRS-Kommentar, 13. Aufl., § 42, Rn. 27.

704 Auch diese Bilanzierungsfreiheit wurde mit dem Umstand begründet, dass man einer umfassenden Überprüfung nicht vorweggreifen wolle, vgl. IFRS 6.BC25.

705 Vgl. hierzu auch IASC (Hrsg.), Extractive Industries, Rn. 4.8.

- Probebohrungen und -entnahmen (Probenahme),
- Erdbewegungen und Schaffung von Infrastruktur für *E&E*-Tätigkeiten (*E&E*-Infrastruktur),
- Erwerb und Erstellung von technischen Geräten, Maschinen, Anlagen und sonstigen Ausrüstungsgegenständen für *E&E*-Tätigkeiten (Ausrüstung),
- Tätigkeiten und Gutachten zur Beurteilung von Reserven und Ressourcen sowie Einschätzung von technischer Machbarkeit und wirtschaftlicher Durchführbarkeit der Rohstoffgewinnung unter Berücksichtigung von Markt-, Finanz- und Machbarkeitsstudien (Beurteilungen und Gutachten).

443.212. Konzepte zur Erfassung von Ausgaben aus Exploration und Evaluierung

443.212.1 *Successful efforts accounting*

IFRS 6 eröffnet den Unternehmen die Möglichkeit, die vor seiner Anwendung befolgten Bilanzierungsmethoden fortzuführen. Deshalb sollen die wichtigsten dieser Konzepte zur Erfassung von Ausgaben der rohstofffördernden Aktivitäten im Folgenden erläutert werden.

Aus Sicht des *successful efforts accounting* sind die Ausgaben, die es als Vermögenswerte zu aktivieren gilt, diejenigen für die Errichtung einer Förderstätte mit dem Ziel der Erschließung und Ausbeutung des darunter liegenden Mineralvorkommens (*property*). Damit wird deutlich, dass die aktivierten Ausgaben zwar die gesamten Anlagen und Systeme zur Produktion von Rohstoffen repräsentieren und entsprechend eng mit ihnen verbunden sind, nicht aber die in der Erdkruste noch verborgen liegenden Bodenschätze selbst.[706]

Das *successful efforts accounting* verlangt einen **direkten**, i. d. R. physischen **Zusammenhang** zwischen den kostenverursachenden Tätigkeiten des Unternehmens und der erfolgreichen Entdeckung eines Bodenschatzvorkommens, um die Aktivierung dieser Kosten zu rechtfertigen.[707] Basierend auf einer solchen Kausalbetrachtung[708] dürfen nur Ausgaben für Tätigkeiten aktiviert werden, die zur Entdeckung, Beurteilung und Erschließung[709] **wirtschaftlich nutzbarer Rohstoffreserven**, meist verstanden als nachgewiesene Reserven gemäß anerkannter Rohstoffklassifizierungsstandards[710], geführt haben, da nur dann auch künftiger wirtschaftlicher Nutzen erwartet werden kann.[711] Kosten für erfolglose Aktivitäten müssen hingegen sofort aufwandswirksam erfasst wer-

---

706 Vgl. GELLEIN, O. S., Cost Allocation, S. 43.

707 Vgl. IASC (Hrsg.), Extractive Industries, Rn. 6.11.

708 Vgl. für kausale Zusammenhänge MOXTER, A., Grundsätze ordnungsgemäßer Rechnungslegung, S. 181 f.

709 Während Erschließungskosten im *successful efforts accounting* normalerweise inbegriffen sind (vgl. IASC (Hrsg.), Extractive Industries, Rn. 4.21 f.), fallen sie nach IFRS 6 nicht mehr darunter, da der Standard nur für *E&E* gilt, Erschließungskosten hingegen nach einschlägigen anderen IFRS wie IAS 16 und IAS 38 zu bilanzieren sind. Vgl. IFRS 6.10 i. V. m. .BC7.

710 Vgl. hierzu Abschnitt 25 sowie ausführlich den noch folgenden Abschnitt 443.223.2.

711 Vgl. ZÜLCH, H./WILLMS, J., Bewertung von mineralischen Ressourcen, S. 117; NAGGAR, A., Oil and Gas Accounting, S. 72; LÜDENBACH, N./HOFFMANN, W.-D./FREIBERG, J., in: Haufe IFRS-Kommentar, 13. Aufl., § 42,

den.[712] Typischerweise fließen alle oder große Teile der Prospektionskosten, Kosten für Gebiete ohne Lagerstätten und noch nicht erforschte Gebiete, erfolglose Explorationstätigkeiten sowie Verwaltungs- und Gemeinkosten in den Aufwand.[713] Nach Schätzungen, die sich auf die Öl- und Gasindustrie beziehen, werden etwa 70 % aller Explorationskosten beim *successful efforts accounting* sofort als Aufwand erfasst.[714]

Die Beurteilung, ob es sich um erfolgreiche oder erfolglose Tätigkeiten handelt, fällt mitunter schwer. Häufig kann zum Zeitpunkt des Kostenanfalls **noch keine abschließende Einschätzung** getroffen werden, weil zunächst noch weitere Untersuchungen notwendig sind. Die Erkundungsarbeiten ziehen sich meist über viele Jahre, sodass die Ungewissheit hinsichtlich des Erfolgs eines Projekts über lange Zeit bestehen bleibt.[715] In diesen Fällen können die Kosten – je nach Gestaltung und Anwendung des *successful efforts accounting* durch das bilanzierende Unternehmen – entweder sofort in den **Aufwand** fließen **oder** alternativ zunächst in der Bilanz **abgegrenzt** (*deferred*) werden, denn das Konzept lässt grds. beide Möglichkeiten zu.[716] Sofern die weiteren gewonnen Erkenntnisse zu einem späteren Zeitpunkt auf einen Misserfolg hindeuten, wären die entsprechenden zuvor abgegrenzten Kosten dann ebenfalls erfolgswirksam zu berücksichtigen.[717]

Die Beurteilung über den Erfolg oder Misserfolg bei der Rohstoffsuche, ausgedrückt durch den Nachweis wirtschaftlich nutzbarer Reserven, trägt maßgeblich zur Ansatzentscheidung hinsichtlich angefallener Ausgaben bei. **Kostencenter** dienen zwar vor allem als Aggregationsebene für die Periodisierung von Kosten und Erträgen.[718] Doch erfüllen sie mitunter bereits zuvor eine wichtige Funktion i. V. m. der Ansatzentscheidung, denn die Erfolgsbeurteilung hinsichtlich eventueller Rohstofffunde findet jeweils innerhalb der Grenzen des Kostencenters statt, in dem die Ausgaben auch angefallen sind bzw. in dem sie ggf. aktiviert werden sollen. Häufig wird der notwendige direkte Zusammenhang zwischen Ausgaben und zuordenbaren Rohstoffreserven jedoch sogar noch enger als auf Kostencenterebene interpretiert.[719] Typischerweise werden Kostencenter für das *suc-*

Rn. 13; WILLMS, J., Explorations- und Evaluierungsausgaben, S. 37; ABOODY, D., Recognition versus Disclosure, S. 22.

712 Vgl. IASC (Hrsg.), Extractive Industries, Rn. 4.18; NAGGAR, A., Oil and Gas Accounting, S. 72.

713 Vgl. IASC (Hrsg.), Extractive Industries, Rn. 4.19.

714 Vgl. SEBA, R. D., Worldwide Petroleum Production, S. 363. Diese Schätzungen beziehen sich allerdings vornehmlich auf nach US-GAAP bilanzierende Unternehmen, denen der Ansatz von Kosten für geologische, geophysikalische und geochemische Untersuchungen pauschal untersagt ist. Nach IFRS 6 hingegen besteht kein solches Einbeziehungsverbot, sodass auch eine höhere Aktivierungsquote denkbar ist, vgl. EY (Hrsg.), US GAAP vs. IFRS: Oil and gas, S. 3.

715 Vgl. RICHTER, F., Bilanzierung des Upstream-Geschäfts, S. 87.

716 Mit „Abgrenzung" wird in dieser Arbeit stets der Vorgang der Aktivierung von Ausgaben bezeichnet, obwohl künftiger Nutzen daraus nicht bestimmbar ist und die angesetzten Kosten damit nicht die Ansatzvoraussetzungen des Conceptual Framework erfüllen. Stattdessen wird der Bilanzansatz mit gutem Glauben auf erfolgreiche Rohstofffunde begründet. Vgl. NAGGAR, A., Oil and Gas Accounting, S. 72; IASC (Hrsg.), Extractive Industries, Rn. 4.18 und 6.29 (d).

717 Vgl. LÜDENBACH, N./HOFFMANN, W.-D./FREIBERG, J., in: Haufe IFRS-Kommentar, 13. Aufl., § 42, Rn. 13; WILLMS, J., Explorations- und Evaluierungsausgaben, S. 37.

718 Dies wird in Abschnitt 444.1 thematisiert.

719 Vgl. IASC (Hrsg.), Extractive Industries, Rn. 6.22.

cessful efforts accounting nach Gebieten (*properties*) eingeteilt, wobei einzelne Konzessionen oder ähnliche Rechte die Basis darstellen.[720] Im Falle sehr großer Gebiete ist eine weitere Aufteilung anhand geologischer Merkmale angebracht, sodass meist Lagerstätten, Minen, Erzkörper, Gasreservoire oder Ölfelder als einzelne Kostencenter behandelt werden.[721] Jedem Kostencenter können verschiede Vermögenswerte – im Falle der IFRS 6-Anwendung *E&E*-Vermögenswerte – zugeordnet werden.[722]

443.212.2 *Full cost accounting*

Aus Sicht des *full cost accounting* repräsentieren die zu aktivierenden Ausgaben die Kosten des noch in der Erdkruste liegenden Mineralvorkommens. Sämtliche Aktivitäten, errichteten Anlagen usw. sind Bestandteil dieses Mineralvorkommens (*property*) bzw. werden diesem zugerechnet.[723] Das *full cost accounting* geht von einer finalen Betrachtungsweise aus. Ein direkter (physischer) Zusammenhang zwischen angefallenen Kosten und erfolgreichen Rohstoffprojekten ist für den Ansatz von Ausgaben als Vermögenswerte nicht erforderlich.[724] Demnach sind grds. **sämtliche Kosten** für Prospektion, Exploration, Evaluierung und Erschließung zu **aktivieren**.[725] Begründet wird dieses Vorgehen mit der ökonomischen Auffassung, dass zur erfolgreichen Suche nach und Förderung von Bodenschätzen alle durchgeführten Aktivitäten notwendig und unvermeidbar seien, und dass das hohe Risiko der Erfolglosigkeit dazu gehöre.[726]

Dem ursprünglichen Gedanken des *full cost accounting* folgend muss die gesamte Welt als ein großes **Kostencenter** betrachtet werden. Die Rohstoffsuche kennt keine Landesgrenzen. Stattdessen tragen alle Aktivitäten des Unternehmens gleichermaßen zum letztendlichen Erfolg bei, weshalb auch sämtliche weltweit angefallenen Kosten aktiviert und Erträgen aus sämtlichen entdeckten und geförderten Rohstoffen zugeordnet werden.[727] Es sind jedoch Modifizierungen denkbar. So werden häufig auch einzelne Länder als Kostencenter definiert oder Ländergruppen, die aufgrund geographischer oder geologischer Gemeinsamkeiten oder ähnlicher wirtschaftlicher und politischer Risiken zusammengefasst werden. Oder es werden, aus ähnlichen Beweggründen, separate Kostencen-

720 Vgl. IASC (Hrsg.), Extractive Industries, Rn. 4.20 und 6.86; WILLMS, J., Explorations- und Evaluierungsausgaben, S. 43.

721 Vgl. IASC (Hrsg.), Extractive Industries, Rn. 4.20 und 6.88.

722 Vgl. WILLMS, J., Explorations- und Evaluierungsausgaben, S. 43.

723 Vgl. GELLEIN, O. S., Cost Allocation, S. 43.

724 Vgl. RIESE, J./KURZ, L., in: Beck IFRS HB, 5. Aufl., § 42, Rn. 18; ZÜLCH, H./WILLMS, J., Bewertung von mineralischen Ressourcen, S. 117, WILLMS, J., Explorations- und Evaluierungsausgaben, S. 56 f. Vgl. zur finalen Betrachtungsweise auch LEFFSON, U., Grundsätze ordnungsmäßiger Buchführung, S. 306 f.; BAETGE, J./KIRSCH, H.-J./THIELE, S., Bilanzen, S. 268; ABOODY, D., Recognition versus Disclosure, S. 22.

725 Vgl. NAGGAR, A., Oil and Gas Accounting, S. 72; WRIGHT, C. J./GALLUN, R. A., Oil & Gas Accounting, S. 63; WILLMS, J., Explorations- und Evaluierungsausgaben, S. 57.

726 Vgl. LÜDENBACH, N./HOFFMANN, W.-D./FREIBERG, J., in: Haufe IFRS-Kommentar, 13. Aufl., § 42, Rn. 13; IASC (Hrsg.), Extractive Industries, Rn. 4.45 f. und 6.12; WRIGHT, C. J./GALLUN, R. A., Oil & Gas Accounting, S. 227.

727 Vgl. WILLMS, J., Explorations- und Evaluierungsausgaben, S. 59; IASC (Hrsg.), Extractive Industries, Rn. 6.84.

ter für *Onshore*- und *Offshore*-Aktivitäten des Unternehmens gebildet.[728] Zunächst aktivierte Kosten werden allerdings ggf. dann aufwandswirksam erfasst, wenn endgültig feststeht, dass in dem Gebiet, für welches das Kostencenter gebildet wurde, keine wirtschaftlich nutzbaren Reserven entdeckt und gefördert werden können.[729]

443.212.3 *Area of interest accounting*

Eine *area of interest* ist ein räumlich abgrenzbares Gebiet mit ähnlichen geologischen Strukturen, in dem Bodenschatzvorkommen vermutet werden oder bereits bekannt sind.[730] Durch diese **Kostencenter**-Bildung wird einerseits die enge Verbindung zwischen Interessengebiet und den darin befindlichen physischen Reserven deutlich und andererseits können die Kosten objektiv zugeordnet werden.[731] Das *area of interest accounting* als Konzept zur Erfassung von Ausgaben richtet sich nach diesen Interessengebieten und kann als **Mix aus *successful efforts accounting* und *full cost accounting*** bezeichnet werden. Je nach Gestaltung durch die Unternehmen entspricht es eher dem einen oder eher dem anderen Ansatz.[732] Das Grundprinzip ist, dass die im Unternehmen anfallenden Ausgaben den verschiedenen *areas of interest* direkt zugerechnet oder z. T. auch mittelbar zugewiesen und zunächst vollständig aktiviert werden.[733] Dennoch liegt hier der Gedanke einer Kausalbetrachtung insofern zugrunde, als – ähnlich wie beim *successful efforts accounting* – eigentlich nur Kosten für erfolgreiche Projekte aktiviert werden sollen, Kosten für noch nicht beurteilbare Projekte aber in der Bilanz abgegrenzt (*deferred*) werden.[734] Wenn für die betrachtete *area of interest* endgültig keine wirtschaftlich nutzbaren Rohstoffreserven attestiert werden können, müssen die abgegrenzten Kosten als Aufwand erfasst werden.[735]

443.212.4 Weitere Konzepte

Von einer gewissen Bedeutung vor allem im südafrikanischen Raum ist das ***appropriation accounting***, ein Konzept, das für Unternehmen geeignet ist, die nur eine einzige Mine betreiben. Das *appropriation accounting* orientiert sich großteils an einer Einnahmen-Ausgaben-Rechnung. Kritisiert wird dieses Konzept u. a., weil weltweit agierende Firmen mit mehreren Lagerstätten es nicht

---

728 Vgl. LÜDENBACH, N./HOFFMANN, W.-D./FREIBERG, J., in: Haufe IFRS-Kommentar, 13. Aufl., § 42, Rn. 13; IASC (Hrsg.), Extractive Industries, Rn. 4.46 und 6.85; KLINGSTEDT, J. P., Effects of Full Costing, S. 79.

729 Vgl. IASC (Hrsg.), Extractive Industries, Rn. 4.46 und .48; WILLMS, J., Explorations- und Evaluierungsausgaben, S. 60.

730 Vgl. RICHTER, F., Bilanzierung des Upstream-Geschäfts, S. 92; WILLMS, J., Explorations- und Evaluierungsausgaben, S. 60.

731 Vgl. IASC (Hrsg.), Extractive Industries, Rn. 6.88.

732 Vgl. IASC (Hrsg.), Extractive Industries, Rn. 4.16 (b) und .36; WILLMS, J., Explorations- und Evaluierungsausgaben, S. 19; RICHTER, F., Bilanzierung des Upstream-Geschäfts, S. 92.

733 Vgl. RIESE, J./KURZ, L., in: Beck IFRS HB, 5. Aufl., § 42, Rn. 20; IASC (Hrsg.), Extractive Industries, Rn. 4.36.

734 So auch im australischen Rechnungslegungsregelwerk festgehalten, vgl. AASB 6.Aus7.2; RICHTER, F., Bilanzierung des Upstream-Geschäfts, S. 96 f.

735 Vgl. IASC (Hrsg.), Extractive Industries, Rn. 4.36.

anwenden können, weil es inkonsistent zum Ansatz- und Periodisierungskonzept der IFRS ist und weil damit keine entscheidungsnützlichen Informationen bereitgestellt werden können.[736]

Einen anderen Ansatz verfolgt das in den 1970er Jahren in den USA zeitweise angewendete ***reserve recognition accounting***, wonach nachgewiesene Reserven mit ihrem Fair Value aktiviert und Veränderungen der nachgewiesenen Reserven erfolgswirksam in der Gewinn- und Verlustrechnung erfasst werden.[737] Umfangreiche Kritik wurde indes auch an diesem Konzept geübt, da es u. a. mit großen Schätzunsicherheiten verbunden ist und Vergleichbarkeit und Entscheidungsnützlichkeit von Informationen kaum gewährleistet werden können.[738]

Entsprechend der vom IASB eröffneten Möglichkeit, sämtliche Kosten der Exploration und Evaluierung umgehend als Aufwand zu erfassen,[739] spricht RICHTER vom ***zero cost accounting***.[740] Die Ertragslage wird durch diese Bilanzierungsvariante allerdings ungewöhnlich stark belastet.[741]

443.213. Vergleich der Bilanzierungskonzepte für *E&E*-Ausgaben

Die IFRS schreiben kein spezifisches Konzept zur Bilanzierung der Ausgaben aus *E&E* vor, weshalb grds. sämtliche hier vorgestellten Bilanzierungsmethoden in Betracht kommen. Tatsächlich aber werden drei dieser Konzepte mit Abstand am häufigsten angewandt:[742] Das *successful efforts accounting* wird von den meisten großen Öl- und Gasfirmen eingesetzt, zudem auch von vielen kleineren sowie einigen Unternehmen der Mineralbranchen.[743] Auf das Konzept des *full cost accounting* greifen bevorzugt mittelgroße bis kleine Öl- und Gasunternehmen zurück.[744] In der Mineralindustrie kommt *full cost accounting* hingegen kaum zum Einsatz.[745] Stattdessen nutzen sehr viele Unternehmen der Mineralindustrie – sei es im Tagebau oder Untertagebau – sowie auch einige

---

736 Vgl. IASC (Hrsg.), Extractive Industries, Rn. 4.56-.66; WILLMS, J., Explorations- und Evaluierungsausgaben, S. 20.

737 Vgl. COOPER, K. ET AL., Reserve Recognition Accounting, S. 83; DORAN, B. M./COLLINS, D. W./DHALIWAL, D. S., Extractive Petroleum Industry, S. 390 f.; GHICAS, D./PASTENA, V., Acquisition value of oil and gas firms, S. 128 f.

738 Vgl. zur Kritik am *reserve recognition accounting* stellvertretend NORBY, W. C., Reserve Recognition Accounting, S. 10; COOPER, K. ET AL., Reserve Recognition Accounting, S. 82 f.; CONNOR, J. E., Reserve Recognition Accounting, S. 92-96; LUTHER, R., Accounting Regulation in the Extractive Industries, S. 69 f.

739 Vgl. IFRS 6.BC17. Auch nach australischem Bilanzrecht haben Unternehmen die Wahl zu dieser Vorgehensweise, vgl. AASB 6.Aus.7.1 (a).

740 Vgl. RICHTER, F., Bilanzierung des Upstream-Geschäfts, S. 78. Die Bezeichnung wurde dabei von RICHTER selbst gewählt.

741 Vgl. RICHTER, F., Bilanzierung des Upstream-Geschäfts, S. 81. In Studien der KPMG konnten bislang keine Anwender identifiziert werden, vgl. KPMG (Hrsg.), Oil and Gas 2008, S. 4; KPMG (Hrsg.), Mining 2009, S. 4.

742 Vgl. KPMG (Hrsg.), Oil and Gas, S. 5; IASC (Hrsg.), Extractive Industries, Rn. 4.1.

743 Vgl. IASC (Hrsg.), Extractive Industries, Rn. 4.16 (a); BIERMAN, H./DUKES, R./DYCKMAN, T., Financial Accounting in the Petroleum Industry, S. 58; BALLWIESER, W./DOBLER, M., in: Wiley Kommentar IFRS 2009, 5. Aufl., Abschnitt 24, Rn. 107; MALMQUIST, D. H., Oil and Gas Industry Accounting Method Choice, S. 174.

744 Kritisch dazu SEBA, R. D., Worldwide Petroleum Production, S. 362. Vgl. auch BIERMAN, H./DUKES, R./DYCKMAN, T., Financial Accounting in the Petroleum Industry, S. 58; DEAKIN, E. B., Successful Efforts and Full Cost Methods, S. 724; MALMQUIST, D. H., Oil and Gas Industry Accounting Method Choice, S. 174.

745 Vgl. SEBA, R. D., Worldwide Petroleum Production, S. 361; IASC (Hrsg.), Extractive Industries, Rn. 4.16 (c).

Öl- und Gasunternehmen das *area of interest accounting*.[746] Besonders in Australien kommt das Konzept vorwiegend zum Einsatz.[747] Da das *area of interest accounting* Elemente vom *successful efforts* und vom *full cost accounting* vereint,[748] konzentriert sich die weitere **Analyse in dieser Arbeit** auf die beiden anderen Methoden, die Bilanzierung gemäß dem ***successful efforts accounting*** und dem ***full cost accounting*** in der IFRS-Rechnungslegung.[749]

Welches Konzept zur Bilanzierung von Ausgaben der *extractive activities* ein Unternehmen letztlich wählt, hängt auch davon ab, welche bilanzpolitischen Motive es in seiner Finanzberichterstattung verfolgt. Obwohl beiden Bilanzierungsweisen die selbe wirtschaftliche Ausgangslage zugrunde liegt, wirken sich die Konzepte sehr **unterschiedlich** auf die **Vermögens- und Ertragslage** des Unternehmens aus.[750] Denn während aufgrund der eingeschränkten Aktivierungspolitik beim *successful efforts accounting* anfangs hohe Aufwendungen verbucht werden müssen, dafür aber die GuV-Belastung durch geringere Abschreibungen in den Folgejahren sinkt, tritt beim *full cost accounting* der umgekehrte Effekt insofern ein, als anfänglich umfangreichen Aktivierungen später auch höhere Abschreibungen folgen.[751] Zudem bestehen innerhalb der jeweiligen Konzepte weitere Gestaltungsspielräume.[752]

Die unterschiedlichen Auffassungen hinsichtlich des **Bilanzierungsobjekts** – ob also ein Vorkommen bzw. Fördergebiet (*property*) im Wesentlichen aus der Förderstätte mit den dazu errichteten Anlagen besteht (*successful efforts accounting*) oder durch die in der Erdkruste verborgenen Rohstoffvorkommen repräsentiert wird, denen die Ausgaben für Suche und Erschließung angelastet werden (*full cost accounting*), und welchen Umfang solch ein *property* haben sollte – bestimmen maßgeblich die Wahl für eines der beiden Konzepte und zugleich auch den Umfang der **Kostencenter**.[753] Diesen Zusammenhang veranschaulicht Abbildung 4-2.

---

746 Vgl. BALLWIESER, W./DOBLER, M., in: Wiley Kommentar IFRS 2009, 5. Aufl., Abschnitt 24, Rn. 108; IASC (Hrsg.), Extractive Industries, Rn. 4.16 (b).

747 Vgl. hierzu den australischen Rechnungslegungsstandard AASB 6.Aus7.1 f.

748 Vgl. Abschnitt 443.212.3.

749 Vgl. GELLEIN, O. S., Cost Allocation, S. 43; KPMG (Hrsg.), First Impressions: IFRS 6, S. 5. Mit IFRS 6.BC17 deutet der IASB an, dass er bei der Entwicklung von IFRS 6 vor allem diese Konzepte im Sinn hatte. Sowohl der amerikanische, der britische als auch der australische Standardsetzer sehen ebenfalls diese Konzepte vor, vgl. SEC Regulation S-X 4–10 (b) und (c); SFAS 19.11; OIAC SORP.34-.40; AASB 6.Aus.7.1 f.

750 Vgl. RIESE, J./KURZ, L., in: Beck IFRS HB, 5. Aufl., § 42, Rn. 22; BIERMAN, H./DUKES, R./DYCKMAN, T., Financial Accounting in the Petroleum Industry, S. 59. Die Auswirkungen von *successful efforts accounting* und *full cost accounting* auf die Vermögens- und Ertragslage von Unternehmen haben bspw. JOHNSON, R. T., Full-Cost vs. Conventional Accounting, S. 479-484, und KLINGSTEDT, J. P., Effects of Full Costing, S. 79-86, analysiert.

751 Vgl. MALMQUIST, D. H., Oil and Gas Industry Accounting Method Choice, S. 174; CORTESE, C. L./IRVINE, H. J./KAIDONIS, M. A., Extractive industries accounting and economic consequences, S. 28 f.; SEBA, R. D., Worldwide Petroleum Production, S. 363-365; WILLMS, J., Explorations- und Evaluierungsausgaben, S. 73; FLORY, S. M./GROSSMAN, S. D., New Oil And Gas Accounting Requirements, S. 39.

752 Eine ausführliche Studie hierzu verfassten LILIEN/PASTENA, vgl. LILIEN, S./PASTENA, V., Intramethod Comparability, S. 690-702.

753 Vgl. GELLEIN, O. S., Cost Allocation, S. 43.

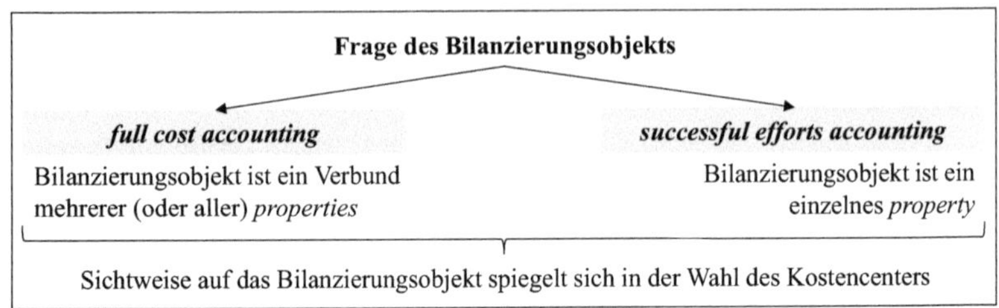

Abbildung 4-2: Bilanzierungsobjekt und Kostencenter

Fallen *E&E*-Ausgaben an, werden diese gemäß *full cost accounting* vollständig aktiviert. Nach *successful efforts accounting* hingegen ist für deren **Ansatz** ein direkter (physischer) Zusammenhang der Ausgaben zu entdeckten Reserven notwendig. Dieser Bezug sollte möglichst eng sein, begrenzt wird er durch die Abgrenzung des Kostencenters, sodass über diese hinaus keine Rohstofffunde zur Begründung einer Aktivierung der *E&E*-Ausgaben herangezogen werden dürfen.[754] Innerhalb der Kostencenter werden anschließend – sowohl nach dem *full cost* als auch nach dem *successful efforts accounting* – aus den aktivierten Ausgaben einzelne *E&E*-Vermögenswerte gebildet (vgl. Abbildung 4-3).[755]

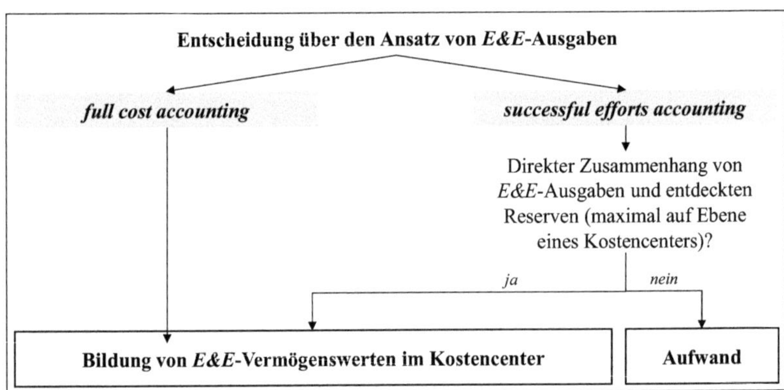

Abbildung 4-3: Ansatzentscheidung und Kostencenter[756]

---

754 Vgl. IASC (Hrsg.), Extractive Industries, Rn. 6.10 (d) i. V. m. .11 und .22. Da nach dem *full cost accounting* ohnehin sämtliche Ausgaben aktiviert werden, spielt die Bestimmung der Kostencenter hinsichtlich der Ansatzentscheidungen beim *successful efforts accounting* zunächst eine wichtigere Rolle, vgl. ZÜLCH, H./WILLMS, J., Explorations- und Evaluierungsausgaben, S. 1203.

755 Eine ausführliche Betrachtung hierzu folgt in Abschnitt 443.222.

756 Laut WILLMS muss zunächst die Ansatzentscheidung getroffen und dann der *E&E*-Vermögenswert einem Kostencenter zugeordnet werden, vgl. WILLMS, J., Explorations- und Evaluierungsausgaben, S. 43 f. Er übersieht dabei indes, dass zumindest beim *successful efforts accounting* bereits für die Ansatzentscheidung mitunter wichtig

Hauptaufgabe der Kostencentereinteilung ist die **Periodisierung** der Kosten der *E&E*-Vermögenswerte, was durch die Aktivierung und die spätere planmäßige Abschreibungen erreicht wird. Auch Tests auf Wertminderung werden regelmäßig an den Grenzen der Kostencenter orientiert, wie in Abschnitt 444.1 zu zeigen sein wird.

443.22 Kritische Analyse des Ansatzes von *E&E*-Vermögenswerten nach IFRS 6

443.221. Festlegung einer Rechnungslegungsmethode ohne Berücksichtigung der Auslegungshierarchie des IAS 8

Bevor die Aktivierung von *E&E*-Vermögenswerten gemäß dem *successful efforts* und dem *full cost accounting* nach IFRS 6 untersucht wird (siehe dazu Abschnitt 443.223.), ist zunächst zu klären, was die Befreiung von der Auslegungshierarchie des IAS 8 durch IFRS 6 für die Finanzberichterstattung von Rohstoffunternehmen bedeutet (vgl. die Ausführungen in diesem Abschnitt 443.221.) und auf welche Weise *E&E*-Vermögenswerte innerhalb von Kostencentern gebildet werden (vgl. den sich anschließenden Abschnitt 443.222.).

Nach IFRS 6.6 sollen rohstofffördernde Unternehmen für ihre Ausgaben während der Explorations- und der Evaluierungsphase eine **eigene Rechnungslegungsmethode** entwickeln, die den Anforderungen des IAS 8.10 und damit insbesondere der Bereitstellung **relevanter und glaubwürdig dargestellter Informationen** genügt. Allerdings **befreit** IFRS 6.7 zugleich von der Anwendung der Vorschriften aus **IAS 8.11 f.** Der IASB begründet dies vor allem mit kostenaufwendigen Untersuchungen und ggf. Methodenänderungen, die den Unternehmen ohne die Befreiung aufgebürdet würden, ohne dass mit IFRS 6 bereits eine dauerhaft gültige Regelung geschaffen wurde.[757] Kritiker bemängeln indes, dass **nahezu alle Bilanzierungsmethoden**, die sich weltweit in der Rohstoffindustrie etabliert haben, zur Erfassung von Ausgaben rohstofffördernder Unternehmen vor Erreichen der Produktionsphase **ungeprüft** unter IFRS 6 **übernommen** und weitergeführt werden können.[758] Die Hierarchie von Quellen, die für die Entwicklung einer Rechnungslegungsmethode normalerweise befolgt werden muss, besagt, dass zunächst Regelungen für ähnliche Sachverhalte in anderen IFRS und IFRIC-Interpretationen herangezogen werden sollen oder, wenn dies nicht möglich ist,

---

sein kann, ob die Tätigkeiten im Gebiet des Kostencenters erfolgreich waren oder nicht. Vgl. IASC (Hrsg.), Extractive Industries, Rn. 6.21 - 25.

757 Schließlich wurde IFRS 6 als Interimsstandard herausgegeben. Vgl. IFRS 6.BC2; FLEMING, C., Extracting accounting sense, S. 78. Diese Meinung teilten indes nicht alle IASB-Mitglieder, vgl. IFRS 6.DO2. Zur Stellung des IFRS 6 als Interimsstandard vgl. Abschnitt 41. Ursprünglich plante der IASB eine detailliertere Untersuchung und den anschließenden Erlass eines überarbeiteten, umfangreicheren Standards zu den *extractive activities*.

758 Vgl. RIESE, J./KURZ, L., in: Beck IFRS HB, 5. Aufl., § 42, Rn. 16; LÜDENBACH, N./HOFFMANN, W.-D./FREIBERG, J., in: Haufe IFRS-Kommentar, 13. Aufl., § 42, Rn. 13; ZÜLCH, H./WILLMS, J., Bewertung von mineralischen Ressourcen, S. 116; ZÜLCH, H./WILLMS, J., Explorations- und Evaluierungsausgaben, S. 1201. Vgl. für eine Übersicht der am häufigsten befolgten Bilanzierungsmethoden Abschnitt 443.212.

die allgemeinen Grundsätze des Conceptual Framework. Erst an dritter Stelle erlaubt IAS 8.12 dann den Rückgriff auf z. B. andere Standards oder Branchenpraktiken.[759]

Genau diese **IFRS-Konformität** wird jedoch insofern **ausgehebelt**, als unter Berücksichtigung der Anforderungen des Rahmenkonzepts an die Bilanzierung, vor allem hinsichtlich des Ansatzes von Vermögenswerten, manche der in der Rohstoffindustrie üblichen Methoden eigentlich nicht angewendet werden dürften, die aber dank des IFRS 6.7 nun auch in der IFRS-Rechnungslegung weitergeführt werden können.[760] Einzig die Tatsache, dass Unternehmen eine solche Methode schon ohne den IFRS 6 bzw. unter Befolgung nationaler Rechnungslegungsvorschriften eingesetzt haben, also das „Kriterium der ‚Vorherigkeit'"[761], rechtfertigt die Anwendung. Dadurch gehen zwei Arten von Aktivposten aus *E&E*-Tätigkeiten in die Bilanz ein – Vermögenswerte in Übereinstimmung mit dem Rahmenkonzept und aktivierter Aufwand, der keinen Vermögenswert darstellt – die jedoch von Bilanzlesern nicht als solche unterschieden werden können.[762] Dieser Informationsmangel **beeinträchtigt** die **Relevanz** der Abschlussinhalte erheblich.

Darüber hinaus führt die Befreiung von IAS 8.11 f. i. V. m. dem Wahlrecht, aus einer großen Vielfalt denkbarer Bilanzierungsmethoden für *E&E*-Ausgaben eine auszuwählen, zu ganz erheblichen Gestaltungsmöglichkeiten für die Bilanzierer.[763] Aufgrund dieser weitreichenden Ermessensspielräume ist auch die **glaubwürdige Darstellung** der dargebotenen Informationen **fragwürdig**. Adressaten ist ein zwischenbetrieblicher Vergleich nahezu unmöglich und das Verständnis der Abschlussinhalte wird ihnen deutlich erschwert.

Die Prüfreihenfolge des Rahmenkonzepts zur Vermittlung entscheidungsnützlicher Informationen sieht eigentlich vor, zunächst die relevanteste Form der Informationen über einen Sachverhalt zu bestimmen, um dann diese Informationen so glaubwürdig wie möglich darzustellen.[764] Welche der in der Praxis etablierten Alternativen zur Bilanzierung von *E&E*-Ausgaben die relevantesten Informationen bereitstellt, kann jedoch nicht pauschal beantwortet werden, da alle Methoden Vor- und Nachteile haben, deren Abwägung subjektiven Einschätzungen unterliegt.[765] Somit ist zu vermuten, dass einzig die Bedingung, relevante und glaubwürdig darstellbare Informationen durch die zu entwickelnde Rechnungslegungsmethode zu vermitteln, keine ausreichende Anleitung für Bilanzierer

---

759 Vgl. IAS 8.11 f.; LÜDENBACH, N./HOFFMANN, W.-D./FREIBERG, J., in: Haufe IFRS-Kommentar, 13. Aufl., § 1, Rn. 79.

760 Vgl. BALLWIESER, W./DOBLER, M., in: Wiley Kommentar IFRS 2009, 5. Aufl., Abschnitt 24, Rn. 104; BECKER, R./BEERMANN, T./SCHMIDT, L., in: Baetge et al., Rechnungslegung nach IFRS, 2. Aufl., IFRS 6, Rn. 5; FLEMING, C., Extracting accounting sense, S. 78 f.; RICHTER, F., Bilanzierung des Upstream-Geschäfts, S. 75; LEIPPE, B./FALKENHAHN, G., in: Thiele/von Keitz/Brücks, IFRS 6, Rn. 112 f.

761 LÜDENBACH, N./HOFFMANN, W.-D./FREIBERG, J., in: Haufe IFRS-Kommentar, 13. Aufl., § 42, Rn. 15.

762 Vgl. WILLMS, J., Explorations- und Evaluierungsausgaben, S. 117, i. V. m. LÜDENBACH, N./HOFFMANN, W.-D./FREIBERG, J., in: Haufe IFRS-Kommentar, 13. Aufl., § 42, Rn. 15.

763 Vgl. ZÜLCH, H./WILLMS, J., Bewertung von mineralischen Ressourcen, S. 117.

764 Vgl. Abschnitt 323.

765 Vgl. hierzu Abschnitt 443.213. sowie die folgenden Ausführungen in den Abschnitten 443.223.3, 443.223.4 und 443.224., die sich hauptsächlich auf das *successful efforts accounting* und das *full cost accounting* beziehen.

bilden kann. Die folgenden Untersuchungen sollen dazu beitragen, die geeignetste Bilanzierungsmethode zu identifizieren.

443.222. Aggregation von *E&E*-Vermögenswerten in Kostencentern und ihr bilanzieller Charakter

Kostencenter werden anhand geologischer, politischer, rechtlicher oder operativer Gemeinsamkeiten definiert.[766] Ausgaben für *E&E*-Tätigkeiten werden jeweils einem Kostencenter zugewiesen, denn diese Aggregationsebene erfüllt gleich mehrere Funktionen:

- Sofern nach *successful efforts accounting* bilanziert wird, entscheidet der direkte Zusammenhang der *E&E*-Ausgaben mit wirtschaftlich nutzbaren Rohstoffreserven über deren Aktivierung, wobei die Grenzen des Kostencenters[767] die größtmögliche Ebene vorgeben, auf der ein solcher Zusammenhang hergestellt werden kann,
- Kostencenter dienen vor allem der **Zuordnung der *E&E*-Ausgaben** zu den durch die spätere Produktion erwirtschafteten **Erträgen**,
- sie sind darüber hinaus für die planmäßige Abschreibung von Bedeutung, und
- auch die Bestimmung des erzielbaren Betrags zum Zweck der Prüfung auf Wertminderung bemisst sich nach dem Erfolg oder Misserfolg von bisherigen Aktivitäten zur Suche und Bewertung von Rohstoffen innerhalb des jeweiligen Kostencenters.[768]

Die Größe der Kostencenter variiert dabei erheblich, abhängig davon, welche Bilanzierungsmethode angewendet wird. So sehen Vertreter des *full cost accounting* die gesamte Welt als ein Kostencenter an oder bilden auf Länder- oder Ländergruppenebene sehr große Kostencenter, wohingegen sie nach dem *successful efforts accounting* meist deutlich kleiner ausfallen.[769] Je größer ein Kostencenter gewählt wird, desto eher können erfolgreiche Aktivitäten erfolglose im gleichen Kostencenter kompensieren.[770] Dadurch fließen Ausgaben für Aktivitäten, die zu keinem Erfolg führen werden, nach dem *Successful-Efforts*-Konzept i. d. R. früher in den Aufwand als nach dem *Full-Cost*-Konzept.[771] Insofern erfüllt das *successful efforts accounting* das IFRS-Gütekriterium der **Zeitnähe** besser. Insgesamt muss allerdings festgehalten werden, dass die Bestimmung von geeigneten Kostencentern durchaus mit Herausforderungen für die Bilanzierer verbunden ist und ihnen auch Mög-

---

766 Vgl. IASC (Hrsg.), Extractive Industries, Rn. 6.3 (b).

767 Das *area of interest accounting* würde grds. Kostencenter als Beurteilungsebene in solchen Aktivierungsfragen heranziehen, da diese i. d. R. als die Interessengebiete verstanden werden.

768 Vgl. hierzu bereits Abbildung 4 3, Abschnitt 443.213. und BECKER, R./BEERMANN, T./SCHMIDT, L., in: Baetge et al., Rechnungslegung nach IFRS, 2. Aufl., IFRS 6, Rn. 9, sowie ausführlich zu Funktion und Gestalt von Kostencentern in rohstofffördernden Unternehmen IASC (Hrsg.), Extractive Industries, Rn. 6.10 (d), .21-.26 und .83-.91. Zur planmäßigen und außerplanmäßigen Abschreibung von *E&E*-Vermögenswerten vgl. die Abschnitte 444.123. und 444.124.

769 Vgl. zur Bildung von Kostencentern nach dem *successful efforts accounting* und dem *full cost accounting* auch die Abschnitte 443.212.1 und 443.212.2.

770 Vgl. IASC (Hrsg.), Extractive Industries, Rn. 6.21.

771 Vgl. BECKER, R./BEERMANN, T./SCHMIDT, L., in: Baetge et al., Rechnungslegung nach IFRS, 2. Aufl., IFRS 6, Rn. 9.

lichkeiten zu **bilanzpolitischen Gestaltungen** eröffnet, was einer glaubwürdigen Darstellung zuwider läuft.[772] IFRS 6 trägt zur Begrenzung dieses Ermessensspielraums leider nicht bei, da die Wahl des Kostencenters im Zuge der Entwicklung einer Rechnungslegungsmethode durch die Unternehmen diesen allein überlassen wird. Wünschenswert wäre, dass der IASB künftig zumindest eine Obergrenze für die Größe von Kostencentern festlegt.[773]

Den verschiedenen Kostencentern werden die einzelnen *E&E*-Ausgaben zugewiesen und darin jeweils zu *E&E*-Vermögenswerten zusammengefasst.[774] Dabei verlangt IFRS 6.15 f., die *E&E*-Vermögenswerte entsprechend ihres bilanziellen Charakters, also ihrer spezifischen Merkmale i. V. m. IAS 16, IAS 38 und dem Conceptual Framework, einzeln zu beurteilen, als **materielle oder immaterielle Vermögenswerte zu klassifizieren** und diese Einteilung auch **stetig** beizubehalten, solange das Unternehmen sich in der Explorations- und Evaluierungsphase befindet.[775] Für viele der *E&E*-Vermögenswerte wird die Klassifizierung als materieller oder immaterieller Vermögenswert recht eindeutig sein und zu keinen Problemen führen, was auch einer entscheidungsnützlichen Berichterstattung zugutekommt.[776] Sofern ein *E&E*-Vermögenswert jedoch Charakterzüge sowohl materieller als auch immaterieller Natur trägt, erfordert die Klassifizierung eine genaue Abwägung, ob die zu einem *E&E*-Vermögenswert zusammengefassten Ausgaben letztlich überwiegend zu Erwerb bzw. Herstellung eines materiellen oder eines immateriellen Vermögenswerts beitragen.[777] Ein Explorationsbrunnen mag zwar z. B. ein physisches Objekt sein, er dient jedoch ausschließlich der Gewinnung von Erkenntnissen, sodass die immaterielle Komponente in diesem Fall die ausschlaggebende ist.[778]

Die Klassifizierung der *E&E*-Vermögenswerte in materielles und immaterielles Vermögen informiert die Adressaten über Eigenschaften und Charakter der aktivierten *E&E*-Ausgaben und damit auch darüber, in welchem Umfang tatsächlich physische Objekte angeschafft und in welchem Umfang Rechte und Erkenntnisse erlangt wurden. Es sind **qualitative Informationen**, die für die Ad-

---

772 Vgl. PwC (Hrsg.), Financial reporting in the mining industry 2012, S. 20 f.

773 Im DP/2010/1 stellt die vom IASB beauftragte Forschungsgruppe Überlegungen zur *unit of account* an, die zeigen, dass das grds. Problem der Aggregationsebene erkannt und erste Lösungsansätze erarbeitet wurden, vgl. Abschnitt 443.322.

774 Vgl. diesbezüglich auch ED/2015/3.4.57 f.

775 Vgl. LEIPPE, B./FALKENHAHN, G., in: Thiele/von Keitz/Brücks, IFRS 6, Rn. 145 f., i. V. m. IAS 16.6 und IAS 38.8. Ob von der Pflicht der Klassifizierung in materielle und immaterielle Vermögenswerte darauf geschlossen werden soll, dass *E&E*-Vermögenswerte, die in der Bilanz gesondert auszuweisen sind, als Sachanlagen und immaterielles Vermögen (aus *E&E*-Tätigkeit) explizit in der Bilanz geführt werden sollen, kann nicht klar beantwortet werden, vgl. BALLWIESER, W./DOBLER, M., in: Wiley Kommentar IFRS 2009, 5. Aufl., Abschnitt 24, Rn. 117. Die Tatsache, dass IFRS 6.25 an diese Klassifizierung u. a. auch die zum Vermögenswert zu veröffentlichenden Angaben knüpft, mag indes dafür sprechen.

776 Vgl. KPMG (Hrsg.), Insights into IFRS, Rn. 5.11.60.30; LEIPPE, B./FALKENHAHN, G., in: Thiele/von Keitz/Brücks, IFRS 6, Rn. 147.

777 Vgl. BDO (Hrsg.), An overview of IFRS 6, S. 11; LEIPPE, B./FALKENHAHN, G., in: Thiele/von Keitz/Brücks, IFRS 6, Rn. 148; KPMG (Hrsg.), Insights into IFRS, Rn. 5.11.60.30.

778 Vgl. KPMG (Hrsg.), Insights into IFRS, Rn. 5.11.60.40. Ähnlich geht auch IAS 38.4 vor, der die Einteilung eines Vermögenswerts mit materiellen und immateriellen Elementen ebenfalls an die Beurteilung knüpft, welches Element das wesentliche ist. Vgl. hierzu auch WULF, I., Immaterielle Vermögenswerte, S. 20-22.

ressaten durchaus von **Relevanz** sind. Auch sind die Gestaltungsmöglichkeiten begrenzt und sie tragen zu einer klareren Abbildung der tatsächlichen Verhältnisse bei, sodass grds. von einer **glaubwürdigen Darstellung** ausgegangen werden kann.

443.223. Konformität der Bilanzierung von *E&E*-Ausgaben nach IFRS 6 mit der allgemeinen IFRS-Ansatzkonzeption

443.223.1 Vorüberlegungen hinsichtlich des Ansatzes von *E&E*-Vermögenswerten

In Übereinstimmung mit der Klassifizierung der *E&E*-Vermögenswerte werden im Folgenden materielle sowie – erworbene und selbsterstellte – immaterielle Vermögenswerte betrachtet. Die in Abschnitt 443.211. bereits erarbeiteten Untersuchungsobjekte können dabei folgendermaßen klassifiziert werden:

- **materielle** Vermögenswerte sind zumeist *E&E*-Infrastruktur und Ausrüstung;
- erworbene oder selbsterstellte **immaterielle** Vermögenswerte sind i. d. R. Rechte, Studien, Probenahmen sowie Beurteilungen und Gutachten.

Auch wenn Ansatz und Bewertung von *E&E*-Vermögenswerten ausdrücklich von den Anwendungsbereichen der eigentlich für langfristige materielle und immaterielle Vermögenswerte vorgesehenen Standards IAS 16 und IAS 38 ausgenommen werden,[779] können diese Standards – neben dem Conceptual Framework – dennoch als Orientierung für die zu treffende Beurteilung der *E&E*-Bilanzierung dienen.[780] Schließlich verweist IFRS 6 für Ausweis- und Bewertungsfragen betreffend materielle und immaterielle *E&E*-Vermögenswerte explizit auf IAS 16 und IAS 38.[781] Insofern erhebt der IASB diese Standards indirekt zumindest teilweise doch zur Gültigkeit für *E&E*-Aktivitäten. Für Entscheidungen betreffend den **Ansatz** von *E&E*-Ausgaben als Vermögenswerte gilt dies jedoch nicht explizit, sodass für die diesbezügliche Untersuchung vornehmlich auf die Ansatzkriterien des **Conceptual Framework** zurückgegriffen werden muss. Gemäß Rahmenkonzept werden Vermögenswerte aktiviert, sofern durch ihren Ansatz **relevante** und **glaubwürdig** dargestellte Informationen vermittelt werden.[782]

Obwohl die Ansatzkriterien aus IAS 16.7 und IAS 38.21[783] augenscheinlich von denen des Rahmenkonzepts abweichen, ist für Aktivierungsentscheidungen dennoch eine Beurteilung notwendig, ob die **Anschaffungs- oder Herstellungskosten verlässlich bestimmbar** sind.[784] Ohne die Ermittlung eines Werts im Zugangszeitpunkt müssten die Vermögenswerte mit einem Wert von Null angesetzt werden, was de facto kein Bilanzansatz wäre. Doch nur bei einem korrekten, d. h. ein realis-

---

779 Vgl. IAS 16.3 (c) und (d); IAS 38.2 (c) und (d).

780 Vgl. hierzu ausführlich die Abschnitte 327. und 328.

781 Vgl. IFRS 6.12 und .25.

782 Außerdem dürfen die Kosten der Informationsbereitstellung deren Nutzen nicht übersteigen. Vgl. ED/2015/3.5.9 sowie Abschnitt 327.2.

783 Vgl. hierzu die Abschnitte 327.3 und 327.4.

784 IFRS 6.8 schreibt die Zugangsbewertung von *E&E*-Vermögenswerten zu Anschaffungs- oder Herstellungskosten vor.

tisches Bild zeichnenden Ausweis können relevante Informationen vermittelt werden. Zudem verlangt eine glaubwürdige Darstellung nach einer neutralen und fehlerfreien Bewertung, was durch eine verlässliche Ermittlung der Anschaffungs- oder Herstellungskosten gewährleistet werden kann.[785]

Darüber hinaus ist, auch wenn im ED/2015/3 nicht mehr explizit als Ansatzvoraussetzung für Vermögenswerte genannt, die Einschätzung der Wahrscheinlichkeit des künftigen wirtschaftlichen Nutzenzuflusses auch weiterhin entscheidend, da **zu hohe Unsicherheiten Informationen irrelevant** machen können.[786] Entsprechend verlangen relevante Informationen nach einer **Mindestsicherheit** darüber, dass **Nutzen** aus einem Vermögenswert generiert werden kann.

Besonders bedeutsam für den **Ansatz von *E&E*-Vermögenswerten** ist die Frage, wie hoch eine Mindestsicherheit über künftige Nutzenzuflüsse daraus sein muss, um eine Aktivierung zu **rechtfertigen**. Während bereits die im Rahmenkonzept a. F. gewählte Formulierung „wahrscheinlich" auslegungsbedürftig war und Raum für Interpretationen ließ, scheint mit der Herabstufung dieses ehemaligen Ansatzkriteriums als Indikator für die neuen Ansatzvoraussetzungen deren Verbindlichkeitsgrad geschwächt und die Aktivierung insgesamt zunächst erleichtert.[787] Doch ob dadurch auch für *E&E*-Vermögenswerte tatsächlich eine geringere Mindestsicherheit als „wahrscheinlich" und damit ein womöglich umfangreicherer Ansatz zugelassen werden kann, bedarf einer genaueren Betrachtung dieser Vermögensposten.

Inhaltlich weisen ***E&E*-Vermögenswerte sehr große Parallelen zu Eventualforderungen** auf, denn genau wie bei diesen ist auch bei *E&E*-Ausgaben die tatsächliche **Existenz von Vermögen** zum Zeitpunkt ihres Anfalls noch **unsicher**.[788] Ob überhaupt ein Vermögenswert besteht oder nicht, hängt von einer oder mehreren Bedingungen bzw. Ereignissen ab, die erst künftig evtl. eintreten und die vom Unternehmen nicht kontrolliert werden können.[789] Ob die getätigten *E&E*-Ausgaben Vermögenswerte repräsentieren, wird häufig dadurch bestimmt, ob Lagerstätten entdeckt und darin lagernde Bodenschätze als technisch und wirtschaftlich gewinnbar eingestuft werden können. Dass die Suche nach und Beurteilung von Rohstoffen tatsächlich erfolgreich ist, ist dabei nur teilweise von den Anstrengungen des Unternehmens beeinflussbar, sondern vor allem von den Gegebenheiten in der Natur bzw. den Elementen innerhalb der Erdkruste abhängig.[790] Regelmäßig ist die Beurteilung des Nutzens von *E&E*-Ausgaben erst sehr viel später – u. U. erst einige Jahre nach ihrem Anfall – möglich, weil die Erkenntnisse zuvor nicht ausreichend waren. IAS 37.33 erlaubt die Aktivierung von Eventualforderungen erst, wenn der Nutzenzufluss daraus „so gut wie sicher" ist. Damit wird eine deutlich höhere Sicherheit gefordert als für andere Vermögenswerte, um eine Über-

785 Vgl. ED/2015/3.5.13 (c) und .20.
786 Vgl. ED/2015/3.5.19 und Abschnitt 327.
787 Vgl. hierzu bereits Abschnitt 327.2.
788 Vgl. zu Eventualforderungen ebenfalls Abschnitt 327.2.
789 Vgl. VON KEITZ, I. ET AL., in: Baetge et al., Rechnungslegung nach IFRS, 2. Aufl., IAS 37, Rn. 69.
790 Vgl. Abschnitt 23.

bewertung des Vermögens zu verhindern.[791] Aufgrund der starken Ähnlichkeiten von *E&E*-Vermögenswerten und Eventualforderungen müsste daher für den Ansatz von *E&E*-Vermögenswerten ebenfalls ein **mindestens wahrscheinlicher künftiger Nutzenzufluss** gefordert werden, tendenziell aber sogar eine noch **höhere Sicherheitsschwelle**.[792] Aus diesem Grund scheint eine geringere Nutzenwahrscheinlichkeit für einen Ansatz, wie sie mit dem ED/2015/3 möglich sein könnte, im Fall der *E&E*-Vermögenswerte nicht angebracht.

Offen bleibt, wann genau die **Wahrscheinlichkeit** eines künftigen Nutzens für **ausreichend** befunden werden kann, um *E&E*-Ausgaben zu aktivieren. Sofern der Nutzen von der erfolgreichen Rohstoffförderung abhängt, können die **Klassifizierung von Rohstoffen** in Reserven und Ressourcen und die dadurch ausgedrückten Sicherheiten in Bezug auf Menge und Wert der Bodenschätze zur Konkretisierung herangezogen werden. Eine Orientierung an derart klassifizierten Rohstoffen ist aus Gründen der **Objektivierung** zu befürworten, werden doch so Informationen und Erkenntnisse in die Ansatzentscheidungen für *E&E*-Vermögenswerte einbezogen, die auch anderweitig unternehmensintern sowie ggf. zu externen Berichtszwecken verwendet und zudem oftmals durch externe Sachverständige zertifiziert werden. Auf welche Weise und unter welchen Voraussetzungen klassifizierte Rohstoffe im Rahmen der IFRS-Rechnungslegung, insbesondere hinsichtlich Ansatzentscheidungen, einbezogen werden, wird im nächsten Abschnitt betrachtet.

443.223.2 Einbezug der Rohstoffklassifizierung in Reserven und Ressourcen in die Rechnungslegung

443.223.21 Problematik mangelnder Regelungen in den IFRS

Trotz der **Vielfalt** der weltweit bestehenden **Rohstoffklassifikationssysteme**[793] gibt es keines, das eine allgemein akzeptierte und für die Finanzberichterstattung eingesetzte Definition für Reserven und Ressourcen enthält, die auf sämtliche Rohstoffe gleichermaßen angewendet wird. Die uneinheitlichen Definitionen **erschweren den Vergleich** von berichteten Informationen zu Reserven und Ressourcen verschiedener Unternehmen.[794] Bereits das IASC hat in seinem Thesenpapier darauf hingewiesen, dass eine entscheidungsnützliche Finanzberichterstattung rohstofffördernder Unternehmen zwingend auf konsistenten Beschreibungen und Klassifizierungen basieren muss und die abweichende Terminologie von Mineral- sowie Öl- und Gas-Industrie zu Schwierigkeiten führen kann.[795] Dennoch finden sich in **IFRS 6 keinerlei Vorschriften** darüber, nach **welcher Systematik** Unternehmen ihre Reserven und Ressourcen zu Rechnungslegungszwecken bestimmen sollen.[796] Der IASB ist sich der herausragenden Signifikanz dieser Rohstoffklassifizierung durchaus bewusst, unterlässt es aber trotzdem, entsprechende Vorgaben zu machen, mit dem Argument, dass Angaben

[791] Vgl. PELLENS, B. ET AL., Internationale Rechnungslegung, S. 443.

[792] Vgl. zu einer höheren Wahrscheinlichkeitsgrenze VON KEITZ, I. ET AL., in: Baetge et al., Rechnungslegung nach IFRS, 2. Aufl., IAS 37, Rn. 70; BRÜCKS, M./DUHR, A., Contingent Assets, S. 248.

[793] Vgl. hierzu bereits ausführlich Abschnitt 25.

[794] Vgl. DP/2010/1.2.6.

[795] Vgl. IASC (Hrsg.), Extractive Industries, Rn. 3.4 und .6.

[796] Vgl. KPMG (Hrsg.), Oil and Gas, S. 18; WILLMS, J., Explorations- und Evaluierungsausgaben, S. 29.

zu Reserven und Ressourcen erst mit Beendigung der Evaluierungsphase und damit außerhalb des Anwendungsbereichs von IFRS 6 berichtet werden müssen.[797] Dabei übersieht er jedoch, dass die nutzbaren Vorkommen nicht wie von ihm argumentiert nach Abschluss der Evaluierung, sondern eben gerade auch schon während *E&E* bestimmt werden.[798] Außerdem können durchaus bereits (nachgewiesene und wahrscheinliche) Reserven vorliegen, obwohl sich das Unternehmen noch nicht in der Erschließungsphase befindet, z. B. weil die finale Investitionsentscheidung noch nicht getroffen wurde.

Die fehlende Anleitung der IFRS, wie Bilanzierer ihre untersuchten Bodenschatzvorkommen klassifizieren sollen, schafft große – und unnötige – **Unsicherheit** für Anwender wie Adressaten.[799] Unternehmen haben grds. die Wahl zwischen sämtlichen bekannten Klassifikationssystemen – IFRS 6 lässt ihnen so viel Freiraum, dass sie sogar ein komplett eigenes System entwickeln könnten, wie sie ihre Reserven und Ressourcen bestimmen wollen. Da die Rohstoffklassifizierung allerdings besonders auch für unternehmensinterne Steuerungs- und Überwachungszwecke genutzt wird, erfahren diese Informationen in der Rechnungslegung eine Zweitverwendung i. S. d. *management approach*[800], sodass insofern wohl überwiegend **relevante**, wenn auch unternehmensspezifische, Informationen erzeugt werden. Dennoch kann ein derartig großer Ermessensspielraum bzgl. der Rohstoffklassifizierung **kaum** mehr zu einer **glaubwürdigen Darstellung** der im Abschluss berichteten Informationen führen. Die Abschlüsse sind nicht nur schwerlich vergleichbar,[801] auch die Nachvollziehbarkeit und damit Verständlichkeit wird mehr als eingeschränkt. Letztlich ist **fraglich**, ob Informationen **entscheidungsnützlich** sein können, wenn Adressaten ihre Aussagekraft nicht einschätzen können.

443.223.22 Bestrebungen des IASB für mehr Regelungssicherheit

Sowohl im Thesenpapier des IASC als auch im Diskussionspapier der später vom IASB beauftragten Forschergruppe wurde die Thematik der Klassifizierung von Rohstoffreserven und -ressourcen umfangreich diskutiert und beurteilt.[802] Zwei alternative Lösungen haben sich dabei herauskristallisiert: die Entwicklung eigener Reserven- und Ressourcendefinitionen durch den IASB oder der Rückgriff auf ein oder mehrere festzulegende bestehende Klassifizierungssysteme.[803] Für die prinzipienbasierte **Entwicklung der Definitionen durch den IASB** unter Mitwirkung weiterer Gremien der Rohstoffindustrie sprachen sich im Rahmen des Kommentierungsprozesses zum DP/2010/1 mehrere Institutionen aus, die damit ein global einheitliches und konsistentes Rahmenkonzept in-

797 Vgl. IFRS 6.BC55.
798 Vgl. Abschnitt 232.
799 Vgl. PwC (Hrsg.), Comment Letter on DP/2010/1, S. 4.
800 Vgl. zum *managment approach* stellvertretend KIRSCH, H.-J./KOELEN, P./KÖHLING, K., Möglichkeiten und Grenzen des management approach, S. 200-207; WEIßENBERGER, B. E./MAIER, M., Management Approach, S. 2077-2083.
801 Vgl. NORSK REGNSKAPSSTIFTELSE (Hrsg.), Comment Letter on DP/2010/1, S. 3.
802 Vgl. IASC (Hrsg.), Extractive Industries, S. 39-69; DP/2010/1.2.1-.68.
803 Vgl. IASC (Hrsg.), Extractive Industries, Rn. 3.53 (a) und (b); DP/2010/1.2.9 f.

tendierten.[804] Der IASB hat sich indes gegen diese Vorgehensweise entschieden, da er sich weder mit der notwendigen technischen und geologischen Kompetenz ausgestattet sieht, noch in der Lage, im Fall eigens entwickelter Definitionen diese auch langfristig gemäß technologischem Fortschritt und veränderter *best practice* zu aktualisieren.[805]

Stattdessen soll auf **bestehende Klassifikationssysteme** zurückgegriffen werden, um Rohstoffe in Reserven und Ressourcen einzuteilen. Der IASB empfiehlt für die Förderung von Öl und Gas und von Mineralen unterschiedliche Klassifikationsstandards, nämlich das **PRMS** und das **CRIRSCO Template**.[806] Für deren Einsatz zu Rechnungslegungszwecken stellt er allerdings die Bedingungen, dass diese Definitionen konsistent, mit den Anforderungen der Rechnungslegung kompatibel und zudem sowohl innerhalb der beiden Industrien als auch industrieübergreifend vergleichbar sein müssen.[807] Vertreter des SPE Oil and Gas Reserves Committee und des CRIRSCO wurden daher mit der im Abschnitt 252.4 vorgestellten Studie beauftragt, die Kompatibilität ihrer beider Klassifizierungsstandards und deren Eignung für die IFRS-Rechnungslegung zu untersuchen. Mit ihrem Mapping-Ansatz fanden sie weitreichende Übereinstimmungen zwischen PRMS und CRIRSCO Template, konnten jedoch auch geringfügige **Abweichungen** identifizieren.[808] Diese bestehen allerdings vor allem in Punkten, die sich in der Rechnungslegung **kaum auswirken**, oder die durch entsprechend einzuführende Hinweise in den IFRS **leicht behoben** werden könnten.

Im DP/2010/1 wird zudem diskutiert, ob die **unterschiedlichen Perspektiven** der IFRS und der Klassifikationsstandards für Rohstoffe schädliche Auswirkungen auf die Rechnungslegung haben können. Während die Klassifizierungen von Bodenschätzen stets auf unternehmensinternen Einschätzungen basieren, sollen nach IFRS Annahmen regelmäßig eher aus der Perspektive eines typischen Marktteilnehmers getroffen werden.[809] So wird durch die in IFRS 13.72-.90 kodifizierte Fair Value-Hierarchie bspw. sichergestellt, dass die Zeitwertbewertung bevorzugt auf marktbasierten Annahmen beruhen soll und damit der Einfluss unternehmensinterner Schätzungen auf Situationen limitiert wird, in denen keine externen Daten verfügbar sind.[810] Darum wird im Diskussionspapier untersucht, ob die Regelungen zur Fair Value-Bewertung auf die wichtigsten wirtschaftlichen Annahmen zur Bestimmung von Rohstoffreserven und -ressourcen übertragbar sind, da sowohl Zeit-

---

804 Vgl. bspw. EFRAG (Hrsg.), Comment Letter on DP/2010/1, S. 4 f.; KPMG (Hrsg.), Comment Letter on DP/2010/1, S. 2 und 5; NORSK REGNSKAPSSTIFTELSE (Hrsg.), Comment Letter on DP/2010/1, S. 3.

805 Vgl. DP/2010/1.2.9.

806 Vgl. DP/2010/1.2.67. Schon das IASC hat einen Vergleich der Öl- und Gas- mit der Mineralklassifizierung vorgenommen und kam zu dem Ergebnis, dass vor allem hinsichtlich der Definitionen von nachgewiesenen und wahrscheinlichen Reserven im Wesentlichen Übereinstimmung herrscht, vgl. IASC (Hrsg.), Extractive Industries, Rn. 3.49-.51.

807 Vgl. DP/2010/1.2.7 f. und .10. Das IASC befand, dass durch eine solche Vorgehensweise die Vergleichbarkeit und auch Verständlichkeit in den beiden Industriezweigen gewährleistet sei, vgl. IASC (Hrsg.), Extractive Industries, Rn. 3.53 (b).

808 Vgl. CRIRSCO/SPE (Hrsg.), Mapping of Classification Systems, S. 7-10.

809 Vgl. DP/2010/1.2.49 f.

810 Vgl. DP/2010/1.2.50. Vgl. auch KIRSCH, H.-J. ET AL., in: Baetge et al., Rechnungslegung nach IFRS, 2. Aufl., IFRS 13, Rn. 65; LÜDENBACH, N./HOFFMANN, W.-D./FREIBERG, J., in: Haufe IFRS-Kommentar, 13. Aufl., § 8a, Rn. 29, 32 und 35; LAUER, P., Fair-Value-Bewertung, S. 204-214.

werte als auch Reserven und Ressourcen möglichst unverzerrt bewertet werden sollen – sei es nach Wert oder nach Menge.[811] Letztlich kommt der IASB zu dem Schluss, dass die Übertragung der Fair Value-Hierarchie zwar wünschenswert ist, jedoch die meisten der zur Reserven- und Ressourcenklassifizierung benötigten Inputfaktoren auf Stufe 3 der Fair Value-Hierarchie einzuordnen sind, da sie mangels Marktbezug nicht beobachtbar sind.[812] Demnach ergäben sich auch in der Praxis keine wesentlichen Unterschiede in den Perspektiven von IFRS-Rechnungslegung und Rohstoffklassifizierung, sofern die von Unternehmen getroffenen Annahmen und Einschätzungen zur Rohstoffklassifizierung auch von anderen Marktteilnehmern so oder ähnlich getroffen würden.[813]

Nach eingehender Betrachtung befindet der IASB die Definitionen für Reserven und Ressourcen gemäß dem **CRIRSCO Template** und dem **PRMS** als **sachgerecht** und passend für eine **Anwendung in der IFRS-Rechnungslegung**. Die Überschneidungen der beiden Klassifikationssysteme seien ausreichend, um eine **vergleichbare Finanzberichterstattung** für Öl- und Gas-Unternehmen und für sonstige Rohstoffunternehmen zu gewährleisten.[814] Dieser Ansatz fand auch Zustimmung im Kommentierungsprozess zum DP/2010/1, da PRMS und CRIRSCO Template nicht nur häufig angewendet werden, sondern dadurch zudem sowohl industrieseitig als auch für die Adressaten **gut verständlich** und **vergleichbar** sind.[815] Trotzdem wurde bislang leider keine Regelung zur verpflichtenden Rohstoffklassifizierung nach dem CRIRSCO Template oder dem PRMS in den IFRS implementiert.

443.223.23 Objektivierung der Beurteilung des wirtschaftlichen Nutzens von Vermögenswerten durch klassifizierte Reserven

Werden Rohstoffe als **Reserven** eingestuft, besteht **kein Entdeckungsrisiko** mehr für sie, denn es ist bereits bekannt, dass Bodenschätze im untersuchten Gebiet lagern.[816] Außerdem ist Voraussetzung der Reservenklassifizierung, dass die Förderung der bis dato entdeckten und bewerteten Roh-

811 Vgl. DP/2010/1.2.51.

812 Vgl. IFRS 13.86 i. V. m. DP/2010/1.2.61. Inputfaktoren für solche Beurteilungen, die der Stufe 3 zugeordnet werden, sollen auf den besten verfügbaren Informationen beruhen und enthalten dann zwangsläufig auch unternehmensinterne Daten. Vgl. zur Fair Value-Bewertung auf Stufe 3 auch KIRSCH, H.-J. ET AL., in: Baetge et al., Rechnungslegung nach IFRS, 2. Aufl., IFRS 13, Rn. 87 f.; WAWRZINEK, W./LÜBBING, M., in: Beck IFRS HB, 5. Aufl., § 2, Rn. 264; GROßE, J.-V., Fair Value Measurement, S. 291; HITZ, J.-M./ZACHOW, J., Fair Value Measurement, S. 969 f.

813 Vgl. DP/2010/1.2.62.

814 Vgl. DP/2010/1.2.67; IASC (Hrsg.), Extractive Industries, Rn. 3.53 (b). Den Adressaten der Finanzberichterstattung wird daher empfohlen, den Mapping Report von SPE und CRIRSCO unterstützend heranzuziehen, um die Klassifizierungen und ggf. bestehende Unterschiede zwischen den Rohstoffarten besser verstehen und nachvollziehen zu können, vgl. DP/2010/1.2.68.

815 Vgl. stellvertretend EY (Hrsg.), Comment Letter on DP/2010/1, S. 5; DELOITTE (Hrsg.), Comment Letter on DP/2010/1, S. 4; SHELL INTERNATIONAL B.V. (Hrsg.), Comment Letter on DP/2010/1, S. 3. So auch bereits im Thesenpapier des IASC, vgl. IASC (Hrsg.), Extractive Industries, Rn. 3.53 (b). Zudem wurde darauf hingewiesen, dass SEC und FASB kürzlich erst ihre Anforderungen an die Berichterstattung über Reserven umfangreich überarbeitet haben und diese nun grds. dem PRMS entsprechen. Demnach wird kein Bedarf gesehen, eine neuerliche Prüfung durch den IASB anzuregen, vgl. EXXON MOBIL CORPORATION (Hrsg.), Comment Letter on DP/2010/1, S. 4.

816 Vgl. hier und im weiteren Verlauf dieses Abschnitts bzgl. der Rohstoffklassifizierung die Abschnitte 252.2, 252.3 und 252.4.

stoffe technisch machbar und **wirtschaftlich durchführbar** ist. Lediglich bzgl. der tatsächlich wirtschaftlich förderbaren Mengen verbleiben noch Unsicherheiten.[817]

Die Wirtschaftlichkeit eines Rohstoffprojekts bemisst sich nach den künftig zu generieren **erwarteten Zahlungsmittelüberschüssen**. Da solche Zahlungsmittelüberschüsse zugleich auch **wirtschaftlichen Nutzen** i. S. d. IFRS-Rechnungslegung repräsentieren[818] und die Wirtschaftlichkeit für die Reserven bereits bewiesen ist, kann der Nachweis über den Erfolg eines Rohstoffprojekts durch Klassifizierung von Reserven zugleich als Signal für die Rechnungslegung dienen, dass die Ausgaben, die diesen Rohstoffen zugeordnet werden können, höchst wahrscheinlich künftigen Nutzen generieren werden und damit als Vermögenswerte qualifizieren. Sofern also die zur Aktivierung von *E&E*-Ausgaben notwendige Nutzenbeurteilung davon abhängt, ob die diese Ausgaben verursachenden Tätigkeiten letztlich in der erfolgreichen Rohstoffgewinnung münden, kann der **Nutzennachweis durch die Klassifizierung von Reserven konkretisiert** werden.

Zwar wird durch diese Konkretisierung der Nachweis des Nutzens objektiviert, was grds. positiv zu werten ist. Allerdings wird die **objektivierende Wirkung** dadurch **eingeschränkt**, dass aufgrund der **fehlenden Regelungen in IFRS 6** hinsichtlich der Rohstoffklassifizierung die Wahl des Klassifikationssystems den Bilanzierern überlassen und nicht einmal eine erläuternde Anhangangabe dazu gefordert wird. Dieser Ermessensspielraum kann bewirken, dass Adressaten die Abschlussinformationen diesbezüglich als unzureichende Grundlage für ihre Entscheidungen ansehen.

Dieser Konflikt ließe sich durch einheitliche Anwendung des CRIRSCO Template zur Klassifizierung mineralischer Rohstoffe bzw. des PRMS für Öl und Gas lösen. Die Reservendefinitionen in diesen beiden Standards sind inhaltlich gleichbedeutend und wurden von ausgewiesenen Experten über einen langen Zeitraum entwickelt, sodass aus technischer Sicht keine Hindernisse in der konsistenten Rohstoffbeurteilung bestehen dürften.[819] Um auch die Kompatibilität der beiden Standards mit der **Rechnungslegung** nach IFRS zu beurteilen, haben Vertreter von CRIRSCO und SPE im Auftrag des IASB ihren Mapping-Ansatz vor diesem Hintergrund eingehend geprüft und die **Eignung bestätigt**. Diese Einschätzung teilt auch der IASB selbst.[820] Darum bleibt zu wünschen, dass eine entsprechende Regelung zeitnah in den IFRS implementiert wird.[821]

---

817 Derartige Unsicherheiten werden durch die weitere Unterteilung der Reserven, bspw. in nachgewiesene und wahrscheinliche Reserven, dargestellt.

818 Vgl. Abschnitt 327.

819 Vgl. hierzu den Mapping-Ansatz von CRIRSCO und SPE in Abschnitt 252.4. Im Kommentierungsprozess wurde u. a. vorgeschlagen, die von externen Standardsetzern übernommenen Definitionen in einen künftigen IFRS aufzunehmen, statt nur auf andere Standards zu verweisen, um ggf. stattfindende Änderungen in diesen Standards zunächst analysieren und beurteilen zu können und dann zu entscheiden, ob und wie Anpassungen in IFRS 6 vorzunehmen wären, vgl. SHELL INTERNATIONAL B.V. (Hrsg.), Comment Letter on DP/2010/1, S. 3.

820 Vgl. Abschnitt 443.223.22.

821 Für konkrete Vorschläge, wie derartige Regelungen betreffend die Rohstoffklassifizierung zu Rechnungslegungszwecken in den IFRS umgesetzt werden könnten, vgl. ausführlicher auch den Abschnitt 443.24.

Derzeit können Bilanzierer jedoch ein Klassifikationssystem frei wählen. Deshalb muss bei der weiteren Untersuchung in dieser Arbeit stets berücksichtigt werden, dass Aussagen zur Bilanzierung, sofern die Bilanzierung klassifizierte Rohstoffe einbezieht, grds. vor dem Hintergrund dieses Regelungsdefizits betrachtet werden müssen. Im Folgenden wird nun geprüft, ob der Ansatz materieller und immaterieller *E&E*-Vermögenswerte gemäß IFRS 6 – unter Anwendung des *successful efforts accounting* und des *full cost accounting* – mit der allgemeinen Ansatzkonzeption der IFRS-Rechnungslegung konform ist und ob dadurch entscheidungsnützliche Informationen vermittelt werden können.

443.223.3 Materielle *E&E*-Vermögenswerte

443.223.31 Prüfung der Definitionskriterien für Sachanlagen

Weil einige *E&E*-Vermögenswerte als materiell klassifiziert werden, weshalb sich dann auch deren Ausweis und Bewertung nach IAS 16 richten,[822] sollen diese materiellen *E&E*-Vermögenswerte auf ihre Eigenschaften als Sachanlagevermögen hin geprüft werden.[823] Sowohl ***E&E*-Infrastruktur** als auch **Ausrüstung** können eindeutig als materiell, also als **physische Gegenstände**, bezeichnet werden. Sie dienen der Suche und später beabsichtigten Förderung von Rohstoffen und damit der Herstellung von verkaufsfähigen Gütern. Außerdem werden sie in aller Regel für eine längere Zeit, d. h. über mehrere Perioden hinweg, im Unternehmen eingesetzt.[824]

Durch den Erwerb oder die Herstellung sind die mit den Ausgaben verbundenen ökonomischen Ressourcen dem Unternehmen bereits zugegangen und befinden sich in dessen Verfügungsmacht. Darüber hinaus kann auch davon ausgegangen werden, dass diese Ressourcen aus Rechten resultieren, die zumindest die Möglichkeit zur Generierung künftigen wirtschaftlichen Nutzens versprechen. Anderenfalls würde ein Unternehmen solche Ausgaben nicht tätigen. *E&E*-Ausgaben für materielle ökonomische Ressourcen **erfüllen** darum regelmäßig die allgemeine **Definition** für Sachanlagevermögen.[825]

---

822 Vgl. IFRS 6.15 i. V. m. .12 und .25.

823 Eine separate Untersuchung, inwiefern der Komponentenansatz des IAS 16 auf materielle *E&E*-Vermögenswerte anwendbar ist, soll in dieser Arbeit nicht vorgenommen werden.

824 Vgl. zur Definition von Sachanlagen IAS 16.6. Vgl. auch LÜDENBACH, N./HOFFMANN, W.-D./FREIBERG, J., in: Haufe IFRS-Kommentar, 13. Aufl., § 14, Rn. 3; TANSKI, J. S., Sachanlagen nach IFRS, S. 3; BAETGE, J./KIRSCH, H.-J./THIELE, S., Bilanzen, S. 300; COENENBERG, A. G./HALLER, A./SCHULTZE, W., Jahresabschluss und Jahresabschlussanalyse, S. 170.

825 Vgl. MÜLLER, S./WOBBE, C./REINKE, J., Bilanzierung des Sachanlagevermögens, S. 631.

443.223.32 Konkretisierung der IFRS-Ansatzvoraussetzungen für Sachanlagen und deren Erfüllung durch materielle *E&E*-Vermögenswerte

443.223.321. Verlässliche Bewertbarkeit

Gemäß dem Conceptual Framework können *E&E*-Ausgaben aktiviert werden, wenn dadurch relevante und glaubwürdig dargestellte Informationen über die Vermögenswerte vermittelt werden.[826] Um diese Anforderungen zu erfüllen, ist u. a. eine **verlässliche Beurteilung der Anschaffungs- oder Herstellungskosten** notwendig.[827]

In aller Regel darf sowohl bei Erwerbs- als auch bei Erstellungsvorgängen von materiellen *E&E*-Vermögenswerten davon ausgegangen werden, dass die dafür aufgebrachten Kosten bestimmt werden können, ohne dass größere Probleme oder Unsicherheiten auftreten, bspw. anhand von Kaufbelegen, Materialverbrauchsstatistiken und Stundenzetteln. Zwar bestimmt sich die Art bzw. der Umfang der *E&E*-Ausgaben, die einem *E&E*-Vermögenswert zugeordnet werden, nach der Wahl der Rechnungslegungsmethode – also z. B. nach dem *successful efforts accounting* oder dem *full cost accounting* – aber für deren Quantifizierung, also die Bestimmung der Höhe dieser Kosten, lassen sich speziell für **materielle *E&E*-Vermögenswerte keine Besonderheiten** identifizieren, die einer verlässlichen Bestimmbarkeit der Anschaffungs- oder Herstellungskosten entgegen stehen.[828]

443.223.322. Wahrscheinlichkeit eines künftigen wirtschaftlichen Nutzenzuflusses nach dem *successful efforts accounting*

Nach dem *successful efforts accounting* ist eine **Aktivierung** grds. nur für solche *E&E*-Ausgaben gerechtfertigt, die in **direktem Zusammenhang mit entdeckten, wirtschaftlich nutzbaren Rohstoffvorkommen** stehen.[829] Es muss also bereits ein Erforschungs- und Beurteilungsstadium erreicht sein, in dem bekannt ist, dass die Bodenschätze gefördert und gewinnbringend veräußert werden können. Allerdings werden mitunter *E&E*-Ausgaben – in Einklang mit dem *successful efforts accounting* – vom Unternehmen auch **vorläufig** in der Bilanz **aktivisch abgegrenzt**, die man-

---

826 Außerdem dürfen die Kosten der Informationsbereitstellung deren Nutzen nicht übersteigen. Vgl. ED/2015/3.5.9 sowie Abschnitt 327.2.

827 Vgl. hierzu auch bereits Abschnitt 443.223.1.

828 Vgl. KÜTING, K./LAUER, P., Bedeutung des Anschaffungskostenprinzips, S. 1188; WILLMS, J., Explorations- und Evaluierungsausgaben, S. 108 f.; RICHTER, F., Bilanzierung des Upstream-Geschäfts, S. 102. Da sich für die Ermittlung der Anschaffungs- oder Herstellungskosten für materielle *E&E*-Vermögenswerte keine Besonderheiten ergeben, die von übrigen, nach IAS 16 zu bewertenden Vermögenswerten abweichen, wird auf eine detaillierte Betrachtung an dieser Stelle verzichtet und stattdessen auf die weiterführende Literatur verwiesen. Vgl. zur Ermittlung von Anschaffungs- und Herstellungskosten für Sachanlagen daher stellvertretend BALLWIESER, W., in: Baetge et al., Rechnungslegung nach IFRS, 2. Aufl., IAS 16, Rn. 16-20; SCHARFENBERG, A., in: Beck IFRS HB, 5. Aufl., § 5, Rn. 23-54; GRAUMANN, M., Sachanlagen nach IAS, S. 710-712; MÜLLER, S./WOBBE, C./REINKE, J., Bilanzierung des Sachanlagevermögens, S. 631; KÜTING, K./HARTH, H.-J., Herstellungskosten Teil I, S. 2346 f.

829 Vgl. zum *successful efforts accounting* Abschnitt 443.212.1.

gels abschließender Beurteilbarkeit noch keinen Rohstoffen erfolgreich zugeordnet werden konnten.[830]

Würden materielle *E&E*-Vermögenswerte hingegen nicht unter Anwendung der branchenspezifischen Sonderregelungen des IFRS 6 i. V. m. dem *successful efforts accounting* bilanziert, sondern vielmehr als Sachanlagen **nach IAS 16**, sähe deren Erfassung anders aus. Es stellt sich vor allem die Frage, ob nach IAS 16 die gleichen oder nicht sogar mehr materielle Vermögenswerte aus *E&E* aktiviert würden als nach dem *successful efforts accounting*. Zur Beantwortung soll ein Beispiel dienen:

Ein Unternehmen, das unter Tage Rohstoffe sucht und fördern möchte, kauft als Ausrüstungsgegenstand einen Bagger, mit dem es einen Erkundungsstollen ausheben will. Die Ausgaben für den Bagger werden in Einklang mit dem *successful efforts accounting* einem bestimmten Kostencenter zugewiesen. Stellt sich heraus, dass die *E&E*-Bemühungen im Gebiet dieses Kostencenters erfolglos sind, dürfte der Bagger nicht aktiviert werden (oder müsste bei vorheriger Abgrenzung umgehend auf null abgeschrieben werden).[831] Fiele die Ansatzentscheidung hingegen auf Basis von IAS 16, würde der Bagger als Sachanlage unabhängig davon aktiviert, wie erfolgreich die Tätigkeiten in dem Kostencenter bzw. in dem Stollen sind, in dem er zum Einsatz kommt. Solange der Bagger auch an anderer Stelle eingesetzt oder verkauft werden könnte, bräuchte kein Wertverlust für ihn verzeichnet werden.[832]

Ob sich diese Einschätzung ändert, wenn *E&E*-spezifische Infrastruktur geschaffen wird, die ortsgebunden ist, soll nun ebenfalls untersucht werden. Darum wird vorheriges Beispiel verändert, indem nicht ein Bagger gekauft, sondern als *E&E*-spezifische Infrastruktur von einem Minenbetreiber eine Förderbandanlage zum Transport von Abraum und Probenahmen während *E&E*-Tätigkeiten errichtet wird. Auch hier käme es sowohl nach dem *successful efforts accounting* als auch nach IAS 16 zunächst zur Abgrenzung bzw. zum Ansatz eines Vermögenswerts in der Bilanz. Stellte sich die Erfolglosigkeit im Gebiet des betroffenen Kostencenters heraus, müsste im Fall des *successful efforts accounting* die Förderbandanlage sofort erfolgswirksam ausgebucht werden. Zwar käme es wohl auch beim Fall der IAS 16-Bilanzierung zu einer außerplanmäßigen Abschreibung, da IAS 16.63 i. V. m. IAS 36.9 zu jedem Abschlussstichtag nach einer Beurteilung für Anhaltspunkte einer Wertminderung verlangen. Dass im explorierten Gebiet keine Rohstoffe gefördert werden können und die *E&E*-Tätigkeiten darum voraussichtlich eingestellt werden, ist ein solcher Anhaltspunkt, sodass ein *impairment test* zwingend vorzunehmen wäre.[833] Allerdings könnte der erzielbare Betrag der Förderbandanlage, z. B. weil ein Verkauf von Einzelteilen oder zum Schrottwert mög-

830 Regelmäßig wird eine solche Beurteilung während der *E&E*-Phasen zumindest anfangs noch nicht möglich sein, vgl. PwC (Hrsg.), Financial reporting in the mining industry 2007, S. 12.

831 Vgl. BIERMAN, H./DUKES, R./DYCKMAN, T., Financial Accounting in the Petroleum Industry, S. 58.

832 Gegebenenfalls wäre der Wert des Baggers mithilfe eines Werthaltigkeitstests nach IAS 36 zu überprüfen, sollte eine alternative Nutzung schwierig sein und die Situation darum als Anhaltspunkt einer eventuellen Wertminderung gewertet werden. Vgl. auch Abschnitt 328.

833 Vgl. zu Anhaltspunkten für eine Wertminderung von Vermögenswerten IAS 36.12.

lich ist, dennoch größer null sein und die Anlage darum nicht vollständig, sondern lediglich auf den geringeren erzielbaren Betrag abgeschrieben werden. Abbildung 4-4 veranschaulicht schematisch die Überschneidungen und Unterschiede, welche materiellen *E&E*-Vermögenswerte gemäß dem *successful efforts accounting* und welche nach IAS 16 aktiviert werden.

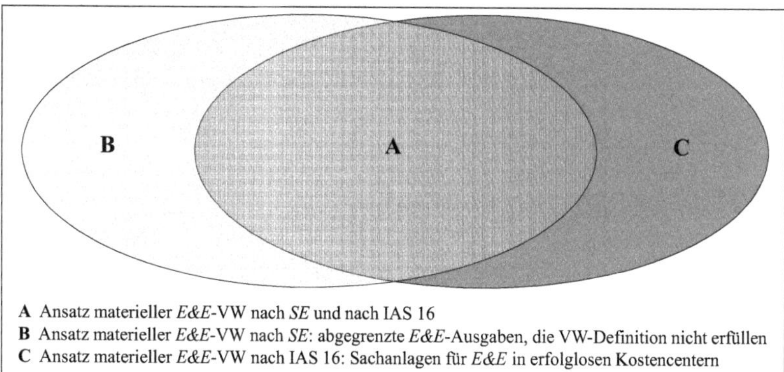

A Ansatz materieller *E&E*-VW nach *SE* und nach IAS 16
B Ansatz materieller *E&E*-VW nach *SE*: abgegrenzte *E&E*-Ausgaben, die VW-Definition nicht erfüllen
C Ansatz materieller *E&E*-VW nach IAS 16: Sachanlagen für *E&E* in erfolglosen Kostencentern

Abbildung 4-4: Ansatz materieller *E&E*-Vermögenswerte nach dem *successful efforts accounting* und nach IAS 16 im Vergleich

Das *successful efforts accounting* knüpft den Ansatz von *E&E*-Vermögenswerten an einen direkten Zusammenhang mit erfolgreich entdeckten Rohstoffvorkommen. Da **Reserven**, wie sie nach anerkannten Klassifikationssystemen bestimmt werden, solche Rohstoffe sind, die bereits entdeckt und deren technische und wirtschaftliche Förderbarkeit bewiesen sind – Unsicherheiten bestehen lediglich noch bzgl. der tatsächlich förderbaren Mengen – sind die zum Beurteilungszeitpunkt als Reserve klassifizierten Rohstoffe ausreichend, um theoretisch bereits den Förderbetrieb aufnehmen zu können. Dadurch kann der künftige Nutzen der *E&E*-Vermögenswerte ab diesem Zeitpunkt als ausreichend wahrscheinlich für eine Aktivierung erachtet werden.[834] Gleichzeitig können dadurch auch die Ansatzanforderungen des Conceptual Framework betreffend einen **künftigen wirtschaftlichen Nutzenzufluss** erfüllt werden.[835] Insofern sind aufgrund der grds. Übereinstimmung des Ansatzes von materiellen *E&E*-Vermögenswerten gemäß dem *successful efforts accounting* mit den Ansatzanforderungen des IASB an Sachanlagen die durch die **Aktivierung** vermittelten Informationen als **relevant** einzustufen.

Sofern jedoch anfallende Ausgaben gemäß *successful efforts accounting* in der Bilanz **aktivisch abgegrenzt** werden, ohne dass zu diesem Zeitpunkt ein künftiger Nutzen aus Rohstoffen beurteilbar ist, können die Ansatzkriterien aufgrund der bestehenden Unsicherheiten häufig nicht erfüllt wer-

834 Vgl. Abschnitt 443.223.1.

835 Vgl. LÜDENBACH, N./HOFFMANN, W.-D./FREIBERG, J., in: Haufe IFRS-Kommentar, 13. Aufl., § 42, Rn. 15; RICHTER, F., Bilanzierung des Upstream-Geschäfts, S. 86; ZÜLCH, H./WILLMS, J., Explorations- und Evaluierungsausgaben, S. 1208; WILLMS, J., Explorations- und Evaluierungsausgaben, S. 109.

den.[836] Ein Teil der abgegrenzten Ausgaben für materielle *E&E*-Vermögenswerte würde vermutlich auch dann aktiviert, wenn eine Ansatzbeurteilung nach dem Rahmenkonzept oder nach IAS 16 vorgenommen würde, da in diesen Fällen der Nutzen des Sachanlagevermögens nicht allein von den erfolgreich entdeckten Rohstoffen abhängig gemacht würde, sondern darüber hinaus auch andere Verwendungs- und Nutzenarten wie z. B. ein Verkauf[837] einen Ansatz rechtfertigen könnten.

Wenn indes *E&E*-Ausgaben abgegrenzt werden, obwohl künftiger wirtschaftlicher Nutzen daraus noch vollkommen unklar ist, steht diese Vorgehensweise der allgemeinen **Ansatzkonzeption** der IFRS entgegen. Der IASB sieht keine Abgrenzung von Ausgaben in der Bilanz vor, dies **widerspricht** dem von ihm weitestgehend verfolgten *asset liability approach*,[838] da so Bilanzierungshilfen statt tatsächliche Vermögenswerte erfasst würden.[839] Vielmehr stellt eine **Abgrenzung** von *E&E*-Ausgaben, obwohl deren Aktivierungsfähigkeit i. S. d. Rahmenkonzepts nicht gegeben ist, den **Periodisierungsgedanken** in den Vordergrund, wie er durch den *revenue expense approach* erklärt werden kann.[840] Demgemäß ist zu erfassendes Vermögen die Konsequenz einer korrekten und zutreffenden Erfolgsermittlung, weshalb Vermögenswerte grds. noch nicht erfolgswirksam gewordene Auszahlungen verkörpern.[841] Durch die Abgrenzung würden die Aufwendungen periodengerechter verteilt und den späteren Erträgen aus der Rohstoffförderung zugeordnet. Dadurch könnte das vermittelte Bild der Vermögens- und Ertragslage in der aktuellen wie auch in den folgenden Perioden besser der tatsächlichen Unternehmenssituation entsprechen.[842]

Idealtypisch müssten all jene Ausgaben als Vermögenswerte erfasst werden, die zur Entstehung künftiger Erträge beitragen. Dass dieser Fall der Ertragsgenerierung daraus tatsächlich eintritt, ist jedoch unsicher, und die Entscheidung, ab wann Vermögen aktiviert werden soll, bedarf deshalb der **Objektivierung.**[843] Die Ansatzhürde für Vermögenswerte im Conceptual Framework erfüllt diese Funktion, weil damit eine Schwelle definiert wird, ab wann eine Aktivierung von Ausgaben ausreichend objektiviert und damit gerechtfertigt ist. Eine aus Unsicherheit resultierende Überbewertung von Vermögen, wie sie durch aktivische Ausgabenabgrenzung entstehen kann, wird verhindert, indem wahrscheinlich nicht nutzenstiftendes und damit vermutlich nicht werthaltiges Vermögen von der Aktivierung ausgeschlossen wird.[844] Wenn sich nämlich zu einem späteren Zeitpunkt herausstellt, dass die Vermögenswerte tatsächlich keinen Nutzen erzeugen und damit auch keine Erträge erwirtschaften werden, können die abgegrenzten Ausgaben keinen solchen Erträgen mehr zuge-

836 Vgl. WRIGHT, C. J./GALLUN, R. A., Oil & Gas Accounting, S. 51. RICHTER spricht in diesem Zusammenhang von einem *full cost accounting* auf Zeit, bis also der Erfolg bzw. die Erfolglosigkeit bewiesen werden konnte, vgl. RICHTER, F., Bilanzierung des Upstream-Geschäfts, S. 88.

837 Vgl. hierzu bereits Abschnitt 327.3.

838 Vgl. zum *asset liability approach* Abschnitt 31.

839 Vgl. ZÜLCH, H./HOFFMANN, S., Praxiskommentar BilMoG, S. 53, i. V. m. Abschnitt 31.

840 Vgl. ebenfalls Abschnitt 31.

841 Vgl. GÜNTHER, B., Aktivische Bilanzierungshilfen, S. 33; Abschnitt 31.

842 Vgl. DENK, C. ET AL., Externe Unternehmensrechnung, S. 120; GRÄFER, H./SCHNEIDER, G., Rechnungslegung, S. 94; COENENBERG, A. G./HALLER, A./SCHULTZE, W., Jahresabschluss und Jahresabschlussanalyse, S. 79; GÜNTHER, B., Aktivische Bilanzierungshilfen, S. 310-312.

843 Vgl. GÜNTHER, B., Aktivische Bilanzierungshilfen, S. 121.

844 Vgl. Abschnitt 327.2.

ordnet werden und die eigentlich von vorn herein schon notwendige **aufwandswirksame** Erfassung dieser Ausgaben würde durch die Abgrenzung hinausgezögert und **periodenfremd** zu einem späteren Zeitpunkt vorgenommen.

Insgesamt kann festgestellt werden, dass das *successful efforts accounting* für materielle Vermögenswerte aus *E&E* **stellenweise den allgemeinen Ansatzvoraussetzungen widerspricht** und stattdessen **einerseits** die **aktivische Abgrenzung** von Ausgaben vorsieht, zugleich aber **andererseits** mitunter sogar **strengere Maßstäbe** anlegt. Dass die Nutzenbeurteilung für *E&E*-Ausgaben gemäß dem *successful efforts accounting* einzig am Zusammenhang mit erfolgreich entdeckten Rohstoffen festgemacht wird, scheint gerade bei Sachanlagevermögen nicht immer zielführend und notwendig. So hat das oben diskutierte Beispiel gezeigt, dass bei einer Ansatzentscheidung basierend auf IAS 16 und/oder dem Rahmenkonzept häufig ein höherer Vermögensansatz für *E&E*-Sachanlagen erreicht würde als nach dem *successful efforts accounting.*

443.223.323. Wahrscheinlichkeit eines künftigen wirtschaftlichen Nutzenzuflusses nach dem *full cost accounting*

Das *full cost accounting* verfolgt eine **finale Betrachtungsweise**, nach der sämtliche Kosten, die einem Unternehmen im Verlauf der Suche nach und Beurteilung von Lagerstätten entstehen, auch letztlich zur erfolgreichen Hebung von Bodenschätzen beitragen.[845] Somit werden **alle Kosten aktiviert**, die in Zusammenhang mit *E&E*-Tätigkeiten stehen – unabhängig davon, ob sie wirtschaftlich gewinnbaren Rohstoffreserven zugeordnet werden oder zumindest anderweitig künftigen wirtschaftlichen Nutzen generieren können.[846] Befürworter des Konzepts begründen dies damit, dass Ausgaben für erfolglose *E&E*-Tätigkeiten mit Ausschuss in der Vorratsproduktion vergleichbar seien und damit wie den Herstellungskosten zugehörig behandelt werden müssten.[847] Abbildung 4-5 zeigt den unterschiedlichen Umfang von aktivierten *E&E*-Ausgaben bei einer Bilanzierung nach IAS 16 im Vergleich zum *full cost accounting.*

Zwar wird ein Teil der angesetzten materiellen *E&E*-Vermögenswerte tatsächlich mit Rohstoffreserven in Verbindung stehen bzw. den Ansatzanforderungen des Conceptual Framework genügen, große Teile aber auch nicht. Die Berichterstattung wird hierbei nicht differenziert, sondern es werden lediglich entsprechend einer Pauschalbetrachtung die gesamten, nach Maßgabe des *full cost accounting* bestimmten materiellen *E&E*-Vermögenswerte ausgewiesen. Kritiker bemängeln daher, dass wegen des **fehlenden Ursache-Wirkungs-Zusammenhangs** zwischen angefallenen Kosten und künftigen Erträgen das ***matching principle*** **verletzt** wird.[848] Eine **Beurteilung** des möglicher-

---

845 Vgl. JOHNSON, R. T., Full-Cost vs. Conventional Accounting, S. 480.

846 Vgl. BIERMAN, H./DUKES, R./DYCKMAN, T., Financial Accounting in the Petroleum Industry, S. 60.

847 Vgl. KLINGSTEDT, J. P., Effects of Full Costing, S. 80; BIERMAN, H./DUKES, R./DYCKMAN, T., Financial Accounting in the Petroleum Industry, S. 60; IASC (Hrsg.), Extractive Industries, Rn. 4.51.

848 Vgl. BAKER, C. R., Defects in Full-Cost Accounting, S. 155. So schreibt auch IAS 1.28 vor, dass für das *matching principle* zunächst die Definitions- und Ansatzkriterien für Vermögenswerte erfüllt sein müssen, nur dann darf es zur Aktivierung von Ausgaben kommen, die entsprechend der künftigen Ertragserzielung aufwandswirksam abgeschrieben werden. Anderer Auffassung z. B. KLINGSTEDT, der gerade im *full cost accounting* die Ver-

weise künftig zu erwartenden **wirtschaftlichen Nutzens** aus nach dem *full cost accounting* erfassten materiellen *E&E*-Vermögenswerten ist **unmöglich**, was die Ansatzvoraussetzungen des Rahmenkonzepts wie auch des IAS 16 konterkariert.[849] Informationen über materielle *E&E*-Vermögenswerte nach dem *full cost accounting* können daher **keine relevanten Informationen** vermitteln, die Unsicherheit über deren Existenz wie auch künftige Nutzenzuflüsse sind zu erheblich. Im Ergebnis führt das *full cost accounting* also zu einer Aktivierung von Kosten, die keine Vermögenswerte i. S. d. IFRS-Rechnungslegung darstellen und damit zu einem überhöhten Vermögensausweis.[850] Dementsprechend kann die im vorangegangenen Abschnitt 443.223.322. geäußerte Kritik an aktivisch abgegrenzten *E&E*-Ausgaben auch auf die Bilanzierungsweise des *full cost accounting* übertragen werden.

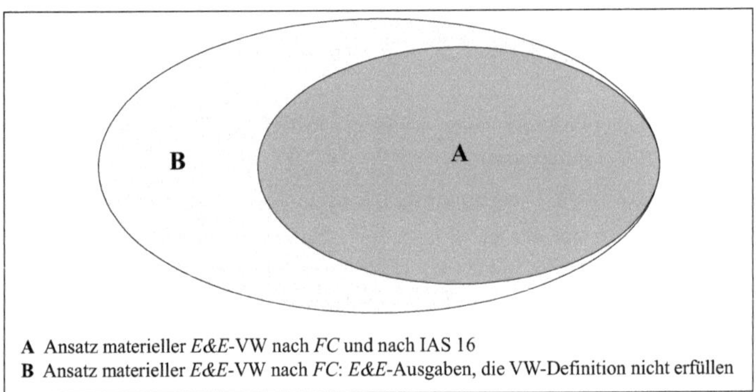

A Ansatz materieller *E&E*-VW nach *FC* und nach IAS 16
B Ansatz materieller *E&E*-VW nach *FC*: *E&E*-Ausgaben, die VW-Definition nicht erfüllen

Abbildung 4-5: **Ansatz materieller *E&E*-Vermögenswerte nach dem *full cost accounting* und nach IAS 16 im Vergleich**

443.223.4 Immaterielle *E&E*-Vermögenswerte

443.223.41 Prüfung der Definitionskriterien für immaterielle Vermögenswerte

Trotz des Ausschlusses von *E&E*-Vermögenswerten aus dem Anwendungsbereich von IAS 38 soll in diesem Abschnitt nicht nur geprüft werden, ob die Vermögenswertdefinition des Conceptual Framework erfüllt wird, sondern darüber hinaus auch, ob eine Immaterialität i. S. v. IAS 38.8 besteht. Vermögenswerte sind demgemäß immateriell, wenn sie identifizierbar sind, nicht-monetär und ohne physische Substanz. Sofern sie einzeln erworben wurden, stellt die **Identifizierbarkeit** keine größeren Schwierigkeiten dar, bei einem Erwerb, der mehrere Posten umfasst, und der Selbsterstellung erfordert die Identifikation immaterieller Vermögenswerte mitunter eine sorgfältigere

---

folgung des *matching principle* in Reinform sieht, vgl. KLINGSTEDT, J. P., Effects of Full Costing, S. 80. Vgl. zum *matching principle* auch Abschnitt 31.

849 Vgl. WILLMS, J., Explorations- und Evaluierungsausgaben, S. 117.

850 Vgl. KLINGSTEDT, J. P., Effects of Full Costing, S. 80 f.

Betrachtung.[851] Sämtliche Beispiele für immaterielle *E&E*-Vermögenswerte, also Rechte, Studien, Probenahmen sowie Beurteilungen und Gutachten,[852] lassen sich **zumeist eindeutig** identifizieren: Explorationslizenzen bspw. wurden vertraglich vereinbart und Wissen aus der Erforschung eines bestimmten Gebiets könnte an andere Rohstoffunternehmen veräußert werden. Da ihr Wert durch Berechtigungen oder Erkenntnisse und Informationen begründet wird, wohingegen ggf. mit ihnen verbundene materielle Komponenten nur unwesentliche Bestandteile sind, haben sie auch **keine** (wesentliche) **physische Substanz**.[853]

Sofern ein Unternehmen *E&E*-Aktivitäten in dem Gebiet, für das die zu beurteilenden Ausgaben angefallen sind, auch weiterhin durchführt, darf davon ausgegangen werden, dass es sich die erfolgreiche Entdeckung einer wirtschaftlich ausbeutbaren Lagerstätte zumindest erhofft,[854] weshalb ein **Nutzenzufluss** daraus **möglich** ist.[855] Problematisch könnte allerdings sein, wenn ein Unternehmen nach dem *full cost accounting* vorgeht und den Erfolg seiner *E&E*-Aktivitäten auf Ebene besonders großer Kostencenter beurteilt. Solange irgendwo in solch einem großen Kostencenter noch Hoffnung auf Erfolg besteht, werden alle angefallenen Kosten mit diesem denkbaren Erfolg in Verbindung gebracht und ihnen dadurch selbst **bei fehlendem konkreten Bezug** zu den hoffnungsvollen Gebieten ein **möglicher künftiger Nutzen unterstellt**. Im Falle von *E&E*-Ausgaben, die bekanntermaßen erfolglosen Aktivitäten zugeordnet werden müssen, kann aber selbst ein potenzieller Nutzen aus solchen Ressourcen m. E. nicht mehr angenommen werden, sodass die **Vermögenswertdefinition** der IFRS **verletzt** wird und es sich nach Maßgabe der IFRS-Ansatzkonzeption folglich um sofort aufwandswirksam zu erfassende *E&E*-Ausgaben handeln muss.

Aufgrund der insgesamt aber hohen Konformität immaterieller *E&E*-Vermögenswerte i. S. v. IFRS 6 mit der Vermögenswertdefinition des IASB kann von **überwiegend relevanten Informationen** für die Adressaten ausgegangen werden. Im weiteren Verlauf der Untersuchung wird daher unterstellt, dass alle immateriellen *E&E*-Vermögenswerte die Definitionskriterien erfüllen können, sodass für sie die allgemeinen Ansatzanforderungen der IFRS geprüft werden.

---

[851] Grundsätzlich sind Vermögenswerte identifizierbar, wenn sie einzeln oder im Verbund mit weiteren Vermögenswerten separierbar sind, d. h. vom Unternehmen abgetrennt und anderen übertragen werden können, oder aus einem Recht entstehen. Vgl. IAS 38.12, SCHELLHORN, M./WEICHERT, S., Forschungs- und Entwicklungskosten, S. 866 f.

[852] Vgl. zur Herleitung dieser Beispiele Abschnitt 443.211.

[853] Vgl. hierzu auch IAS 38.4.

[854] Wenn das Unternehmen keine begründeten Hoffnungen auf einen möglichen Explorationserfolg mehr hätte, würde es die Arbeiten einstellen. Die unbegründete Weiterführung und damit Kostenverursachung wäre unwirtschaftlich.

[855] Aber auch nach der strengeren Definition des IAS 38.8 wird das Nutzenkriterium in solch einer Situation erfüllt. Bei fortdauernder Tätigkeit kann regelmäßig solange ein Erfolg erwartet werden, bis das Gegenteil bewiesen ist und die Arbeiten eingestellt werden.

443.223.42 Konkretisierung der IFRS-Ansatzvoraussetzungen für immaterielles Vermögen und deren Erfüllung durch erworbene und selbsterstellte immaterielle *E&E*-Vermögenswerte

443.223.421. Verlässliche Bewertbarkeit

Ebenso wie für materielle ist auch für immaterielle Vermögenswerte die **verlässliche Bewertung der Anschaffungs- oder Herstellungskosten** eine Voraussetzung für deren Aktivierung.[856] Obwohl das *successful efforts accounting* und das *full cost accounting* zu unterschiedlichen Ergebnissen kommen, welche Ressourcen als Vermögenswert angesetzt werden sollen, haben die beiden Konzepte keine Auswirkungen auf die Ermittlung der Anschaffungs- oder Herstellungskosten der Höhe nach. Werden immaterielle *E&E*-Vermögenswerte erworben, können die Anschaffungskosten über den Kaufpreis zuverlässig ermittelt werden.[857] Durch die Transaktion mit einem Dritten wird die Bewertung objektiviert, sodass vor allem Nachprüfbarkeit und **glaubwürdige Darstellung** der Informationen **außer Frage** stehen.[858] Bei Selbsterstellung immaterieller *E&E*-Vermögenswerte werden allerdings ebenfalls keine Schwierigkeiten erwartet, die einer verlässlichen Bewertung der Herstellungskosten entgegenstehen könnten, solange das Unternehmen seine Kostenrechnungs- und Dokumentationssysteme sorgfältig und regelmäßig pflegt.[859] Abschließend bleibt festzustellen, dass die Bewertung immaterieller *E&E*-Vermögenswerte im Zugangszeitpunkt mit den Anforderungen der IFRS-Rechnungslegung übereinstimmt, sodass den Adressaten in dieser Hinsicht **entscheidungsnützliche Informationen** vermittelt werden können.

443.223.422. Wahrscheinlichkeit eines künftigen wirtschaftlichen Nutzenzuflusses nach dem *successful efforts accounting*

Da das *successful efforts accounting* einen **Ansatz** von *E&E*-Vermögen eigentlich nur dann zulässt, wenn die Ausgaben dafür in **direktem** (physischen) **Zusammenhang** mit erfolgreich entdeckten und beurteilten **Rohstoffen** stehen,[860] erfüllen die gemäß diesen Regelungen erfassten immateriellen *E&E*-Vermögenswerte wie z. B. Rechte, Studien, Probenahmen oder Beurteilungen und Gutachten – genau wie die in Abschnitt 443.223.322. betrachteten *E&E*-Sachanlagen – auch die Ansatzanforderungen des Rahmenkonzepts insofern, als der **Nutzen** dieser Vermögenswerte durch den geforderten engen Zusammenhang i. d. R. **ausreichend wahrscheinlich** ist.

Allerdings werden, ebenfalls dem *successful efforts accounting* entsprechend, mitunter *E&E*-Ausgaben **aktivisch abgegrenzt**, ohne dass die Nutzenanforderung erfüllt wird, sodass der Umfang aktivierter Ausgaben in diesem Fall größer ist, als wenn das Rahmenkonzept oder IAS 38 angewen-

---

856 Vgl. hierzu auch bereits Abschnitt 443.223.1.

857 Vgl. hierzu auch die Auffassung des IASB in IAS 38.26.

858 Vgl. KÜTING, K./LAUER, P., Bedeutung des Anschaffungskostenprinzips, S. 1188.

859 Vgl. IAS 38.62; LINK, L./OLDEWURTEL, C./KÜMPEL, K., Entwicklungskosten, S. 237; WILLMS, J., Explorations- und Evaluierungsausgaben, S. 114 und 120; KÜTING, K./LAUER, P., Bedeutung des Anschaffungskostenprinzips, S. 1188.

860 Vgl. zum *successful efforts accounting* Abschnitt 443.212.1.

det würden.[861] Andererseits kann das *successful efforts accounting* jedoch auch das Gegenteil, also einen geringeren Anteil an erfassten immateriellen *E&E*-Vermögenswerten, bewirken. Nach IAS 38.25 wird für **erworbenes immaterielles Vermögen** das Nutzenkriterium pauschal als erfüllt erachtet, sodass eine separate Prüfung auf Nutzen hinfällig wird, wohingegen beim *successful efforts accounting* auch Ausgaben für erworbenes immaterielles Vermögen sofort aufwandswirksam erfasst würden, wenn sie keinem erfolgreichen Rohstoffprojekt zugewiesen werden können. Dies veranschaulicht Abbildung 4-6.

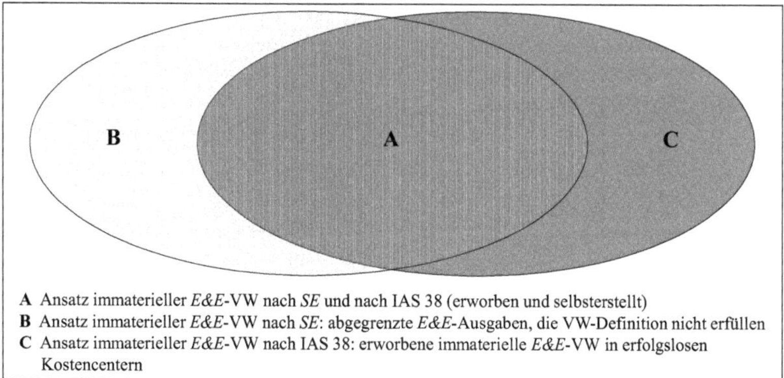

A Ansatz immaterieller *E&E*-VW nach *SE* und nach IAS 38 (erworben und selbsterstellt)
B Ansatz immaterieller *E&E*-VW nach *SE*: abgegrenzte *E&E*-Ausgaben, die VW-Definition nicht erfüllen
C Ansatz immaterieller *E&E*-VW nach IAS 38: erworbene immaterielle *E&E*-VW in erfolgslosen Kostencentern

Abbildung 4-6: Ansatz immaterieller *E&E*-Vermögenswerte nach dem *successful efforts accounting* und nach IAS 38 im Vergleich

Der IASB begegnet der **besonderen Unsicherheitssituation** hinsichtlich Bestehen und Werthaltigkeit von **selbsterstellten immateriellen Vermögenswerten**, indem er in IAS 38 zusätzliche Ansatzvorschriften für diese Vermögenswerte vorsieht. Weil selbsterstellte immaterielle *E&E*-Vermögenswerte aufgrund der hohen, spezifischen Risiken und Ungewissheiten während der *E&E*-Upstream-Phase[862] einer mindestens genauso großen Unsicherheit unterliegen wie andere immaterielle Vermögenswerte, soll der Frage nachgegangen werden, ob gemäß dem *successful efforts accounting* aktivierte selbsterstellte immaterielle *E&E*-Vermögenswerte auch die Ansatzvoraussetzungen aus IAS 38[863] erfüllen.

IAS 38.22 ordnet angefallene Ausgaben für selbsterstelltes immaterielles Vermögen einer Forschungs- und einer Entwicklungsphase zu, wobei lediglich **Entwicklungsausgaben** überhaupt für eine Aktivierung in Frage kommen.[864] Es kann argumentiert werden, dass nur Prospektionsarbeiten bergbauliche Forschungsaktivitäten darstellen, und dass mit den daraus gewonnenen Erkenntnissen

861 Vgl. hierzu auch bereits Abschnitt 443.223.322.
862 Vgl. zu den Risiken in der *E&E*-Phase die Abschnitte 232. und 233.
863 Vgl. Abschnitt 327.4.
864 Vgl. IAS 38.54 und .57.

die Explorations- und weiteren Rechte erworben werden, um schon während *E&E* die Gewinnung von Bodenschätzen in einem Interessengebiet zu entwickeln.[865] Diese Auffassung greift jedoch zu kurz, denn Exploration beschreibt zunächst die reine Suche nach Lagerstätten.[866] Solange nicht einmal die Existenz von Rohstoffen bewiesen ist, kann deren Abbau nicht konkret geplant werden. Frühestens wenn erste Evaluierungstätigkeiten das Bestehen einer Lagerstätte bestätigen und die gewonnenen Erkenntnisse darauf angewendet werden, einen detaillierten Plan zur Erschließung und Ausbeutung des Bodenschatzvorkommens zu erstellen, können die anfallenden *E&E*-Ausgaben der Entwicklungsphase i. S. d. IAS 38.8 zugewiesen werden.[867] Einer Zuordnung von nach dem *successful efforts accounting* aktivierten selbsterstellten immateriellen *E&E*-Vermögenswerten zur **Entwicklungsphase** kann allerdings uneingeschränkt **zugestimmt** werden, da durch den direkten Bezug der aktivierten Kosten zu klassifizierten Rohstoffreserven der vom Konzept verlangte Wissensstand und die Planungen ausreichend weit fortgeschritten sind, um dies zu rechtfertigen.

Die Einordnung von *E&E*-Ausgaben in die Entwicklungsphase allein ist jedoch nicht ausreichend für die Aktivierung selbsterstellter immaterieller Vermögenswerte, auch die übrigen Ansatzkriterien müssen erfüllt sein. Hinsichtlich der Beurteilung des **Nutzenkriteriums** setzt IAS 38.57 dabei deutlich **strengere Maßstäbe** an.[868] Deshalb ist im Detail zu prüfen, ob durch als Reserve klassifizierte Rohstoffe repräsentierter künftiger Nutzen auch den Anforderungen aus IAS 38.57 genügt und eine Aktivierung selbsterstellten immateriellen Vermögens somit rechtfertigt.[869] Dafür ist eine genauere Betrachtung der Voraussetzungen zur **Wirtschaftlichkeitsbeurteilung von Rohstoffen**, hier exemplarisch an den vom IASB favorisierten Klassifikationssystemen CRIRSCO Template und PRMS diskutiert, notwendig.[870]

Das CRIRSCO Template bemüht zur Einschätzung der Wirtschaftlichkeit bzw. wirtschaftlich förderbaren Mengen von Rohstoffen die sog. *modifying factors*, wohingegen das PRMS auf die *chance of commerciality* verweist, die es durch insgesamt fünf Kriterien konkretisiert.[871] Im Rahmen des Mapping von CRIRSCO Template und PRMS[872] befanden die Experten beider Standardsetzer, dass die beiden Bedingungen zur Bestimmung der Wirtschaftlichkeit grds. gleichgesetzt werden kön-

865 Diese Auffassung vertritt bspw. WILLMS, J., Explorations- und Evaluierungsausgaben, S. 112 f., i. V. m. PORTER, S. P., Petroleum Accounting Practices, S. 24. WILLMS diskutiert zudem, dass der *Successful-Efforts*-Ansatz daher modifiziert werden müsste, sodass Prospektionsausgaben grds. von der Aktivierung ausgeschlossen würden. Eine solche Modifizierung ist bei Anwendung des *successful efforts accounting* nach IFRS 6 jedoch nicht notwendig, da die Regelungen ohnehin nur für *E&E*-Ausgaben zulässig sind.

866 Vgl. Abschnitt 232.

867 Vgl. SCHELLHORN, M./WEICHERT, S., Forschungs- und Entwicklungskosten, S. 866

868 Vgl. Abschnitt 327.4.

869 Zwar können gem. der IFRS auch andere Nutzenarten wie bspw. ein Verkauf den Ansatz rechtfertigen (vgl. Abschnitt 327.), doch werden *E&E*-Vermögenswerte meist zu internen Zwecken erstellt, weshalb sich die Untersuchung an dieser Stelle auf den durch Rohstoffreserven konkretisierten wirtschaftlichen Nutzen beschränkt.

870 Vgl. grundlegend zu den Rohstoffklassifikationssystemen Abschnitt 25 sowie zur Objektivierung des Nutzens durch die Rohstoffklassifizierung Abschnitt 443.223.23.

871 Vgl. die Abschnitte 252.2 und 252.3.

872 Vgl. zum Mapping-Ansatz Abschnitt 252.4.

nen.[873] Damit darf vorausgesetzt werden, dass die **konkretisierenden Kriterien** zur Bestimmung der *chance of commerciality* im Grunde auch für die *modifying factors* erfüllt sein müssen. Die Wirtschaftlichkeit eines Rohstoffprojekts äußert sich vor allem durch den daraus zu erwartenden künftigen Nutzen, der in Form von Zahlungsmitteln an das Unternehmen fließen wird.

Hier lässt sich eine **Parallele** zur IFRS-Rechnungslegung ziehen, denn die **Beurteilung des künftigen Nutzens** wird auch im Rahmen von Ansatzentscheidungen für selbsterstellte immaterielle Vermögenswerte verlangt. Zum Ansatz von Ausgaben in der Entwicklungsphase spaltet IAS 38.57 das Nutzenkriterium in mehrere Unterkriterien auf, die zwingend kumulativ erfüllt sein müssen. Sowohl die **Sachverhalte** – Erforschung möglicher Rohstofflagerstätten bzw. Forschung zur Gewinnung neuer wissenschaftlicher oder technischer Erkenntnisse – als auch die **Anforderungskriterien** – zur Bestimmung der Wirtschaftlichkeit von Rohstoffprojekten bzw. zum Nachweis des Nutzens und damit des Eintritts in die Entwicklungsphase – **ähneln sich stark**.[874] Abbildung 4-7 zeigt, dass die Kriterien zur Wirtschaftlichkeitsbeurteilung im Zuge der Rohstoffklassifizierung in die Ansatzkriterien für Entwicklungskosten übersetzt werden können, da sie sich inhaltlich entsprechen.[875] Sofern ein Rohstoffunternehmen also bei seiner **Reservenbestimmung** zum Nachweis der Wirtschaftlichkeit alle Kriterien wie in Abbildung 4-7 aufgeführt kumulativ erfüllt, kommt es **gleichzeitig sämtlichen Anforderungen zum Ansatz von Entwicklungskosten i. S. d. IFRS** nach.

Abschließend bleibt damit festzuhalten, dass sowohl **erworbene als auch selbsterstellte immaterielle *E&E*-Vermögenswerte** die Anforderungen der IFRS-Ansatzkonzeption erfüllen, wenn sie nach dem ***successful efforts accounting*** **aktiviert** werden. Dadurch werden **relevante** und **glaubwürdig dargestellte** Informationen an die Adressaten vermittelt, die diesen als fundierte Entscheidungsgrundlage dienen können. Schwieriger gestaltet sich die Entscheidungsnützlichkeit von Informationen indes, wenn **noch nicht beurteilbare** Projekte *E&E*-Ausgaben verursachen, die dann **vorläufig aktivisch abgegrenzt** werden.[876] Vermutlich ist ein Teil des abgegrenzten immateriellen *E&E*-Vermögens – genau wie abgegrenzte Ausgaben für materielles *E&E*-Vermögen[877] – tatsächlich werthaltig und könnte so, wie es generell der Grundidee des *revenue expense approach* entspricht, periodengerechter bilanziert werden.[878] Allerdings kann der künftige wirtschaftliche Nutzen im Zeitpunkt des Anfalls dieser *E&E*-Ausgaben aufgrund der hohen Unsicherheiten über die langfristige Entwicklung noch nicht beurteilt werden, sodass es gemäß Conceptual Framework nicht zum Ansatz dieser Ausgaben kommen dürfte. Damit **widerspricht** diese Form aktivischer Ausgabenabgrenzung, wie sie das *successful efforts accounting* zulässt, der **IFRS-Ansatzkonzeption**, die

---

873 Vgl. CRIRSCO/SPE (Hrsg.), Mapping of Classification Systems, S. 7.

874 Vgl. zur Ähnlichkeit der Sachverhalte die Abschnitte 232. und 327.4 sowie zur Ähnlichkeit der Anforderungskriterien die Abschnitte 252.3 und 327.4.

875 Sämtliche der Kriterien zur Wirtschaftlichkeitsbeurteilung von Reserven werden durch eines oder mehrere der Ansatzkriterien für Entwicklungskosten inhaltlich abgedeckt. Beim Vergleich der Kriterien kann festgestellt werden, dass alle Kriterien des IAS 38.57 mindestens eine Entsprechung im PRMS finden.

876 Vgl. IASC (Hrsg.), Extractive Industries, Rn. 4.34.

877 Vgl. zur Kritik an derartigen aktivischen Abgrenzungen bereits Abschnitt 443.223.322.

878 Vgl. GRÄFER, H./SCHNEIDER, G., Rechnungslegung, S. 94.

zur Objektivierung von Ansatzentscheidungen unter Unsicherheit Definitions- und Ansatzkriterien für Vermögenswerte festlegt und damit konzeptionell näher am *asset liability approach* liegt.[879]

Kriterien zur Wirtschaftlichkeits-beurteilung von Reserven	**Inhaltliche Entsprechung in den Ansatzkriterien für Entwicklungskosten**
Nachweis eines angemessenen **Zeitplans** für die Erschließung	• Absicht zur Fertigstellung und Nutzung oder Verkauf des VW
Nachweis über Einhaltung zuvor definierter **Investment- und operativer Kriterien**	• Fähigkeit zur Fertigstellung und Nutzung oder Verkauf des VW • Art und Weise des künftigen wirtschaftlichen Nutzens nachweisbar • Verlässliche Bewertbarkeit des VW
Berechtigte Erwartung über die **Existenz eines Markts** für die produzierten (verkaufs-fähigen) Rohstoffmengen	• Fähigkeit zur Fertigstellung und Nutzung oder Verkauf des VW • Art und Weise des künftigen wirtschaftlichen Nutzens nachweisbar
Nachweis, dass alle notwendigen **Produktions- und Transporteinrichtungen** verfügbar sind bzw. sein werden	• Technische Realisierbarkeit der Fertigstellung des VW • Ausreichend Ressourcen für die Fertigstellung des VW vorhanden
Nachweis, dass sämtliche **rechtliche, vertragliche, umweltbezogene und andere soziale und wirtschaftliche Belange** für die tatsächliche Projektdurchführung bedacht, geklärt und ausgehandelt sind	• Technische Realisierbarkeit der Fertigstellung des VW • Fähigkeit zur Fertigstellung und Nutzung oder Verkauf des VW

Abbildung 4-7: Vergleich der Kriterien zur Wirtschaftlichkeitsbeurteilung bei der Rohstoffklassifizierung und der zum Ansatz von Entwicklungskosten

Erschwerend kommt hinzu, dass für Adressaten nicht erkennbar ist, welche *E&E*-bezogenen Aktivposten tatsächliche Vermögenswerte in Übereinstimmung mit dem Rahmenkonzept sind und welche zusätzlich aktivisch abgegrenzt wurden, wodurch der Informationsnutzen für Adressaten sinkt und die Abschlüsse an Verständlichkeit einbüßen. IFRS 6 lässt es an eindeutigen Regelungen vermissen, die den Graubereich weitgehender Autonomie für die Rechnungslegenden bei der Bilanzierung von *E&E*-Ausgaben einschränken. Darum können die mit der Abgrenzung von *E&E*-Ausgaben vermittelten Informationen **nicht glaubwürdig dargestellt** werden. Zudem ist ein **Vergleich** von Abschlussinhalten verschiedener Unternehmen nahezu **unmöglich**, obwohl sie vordergründig dem gleichen Konzept folgen mögen, und die Informationen entziehen sich jeglicher **Nachprüfbarkeit**. Bezieht man die Regelung des IAS 38.25 mit ein, wonach erworbenes immaterielles Vermögen per Definition künftigen Nutzenzufluss erwarten lässt, relativiert sich die Kritik an der reinen Abgrenzung von *E&E*-Ausgaben insofern, als die erworbenen immateriellen *E&E*-Vermögenswerte wohl auch nach IAS 38 nahezu vollständig aktiviert würden.

879 Vgl. Abschnitt 443.223.322. i. V. m. Abschnitt 31.

443.223.423. Wahrscheinlichkeit eines künftigen wirtschaftlichen Nutzenzuflusses nach dem *full cost accounting*

Nach dem *full cost accounting* wird **keine direkte Beziehung zwischen aktivierten Ausgaben und erfolgreichen *E&E*-Aktivitäten** verlangt. Entsprechend der dem Konzept zugrunde liegenden Auffassung, dass sämtliche Tätigkeiten letztlich zum gewinnbringenden Auffinden und Abbauen von Rohstoffen beitragen,[880] wird **pauschal unterstellt**, dass aus getätigten Ausgaben stets **Nutzenzuflüsse** generiert werden, weshalb alle anfallenden Kosten aktiviert werden – unabhängig davon, ob sie tatsächlich in Verbindung zu wirtschaftlich nutzbaren Reserven stehen.[881] Damit entfällt beim *full cost accounting* eine Prüfung von Ansatzkriterien, wie sie das Conceptual Framework vorsieht, vollständig, weshalb der Umfang aktivierter *E&E*-Ausgaben auch für immaterielles Vermögen gemäß *full cost accounting* grds. umfangreicher ist, als wenn der Ansatzkonzeption der IFRS gefolgt würde. Dies stellt Abbildung 4-8 schematisch dar.

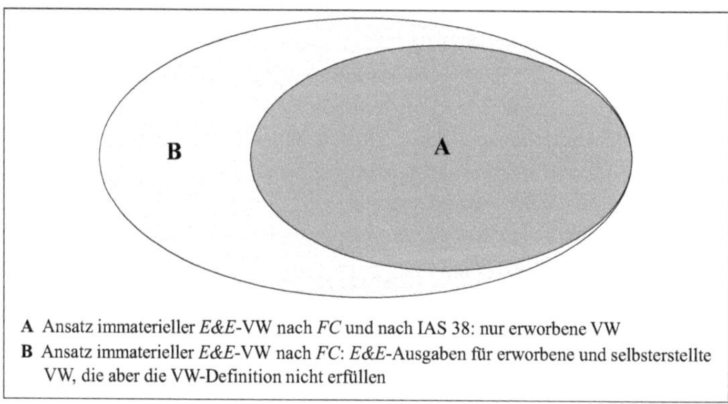

A Ansatz immaterieller *E&E*-VW nach *FC* und nach IAS 38: nur erworbene VW
B Ansatz immaterieller *E&E*-VW nach *FC*: *E&E*-Ausgaben für erworbene und selbsterstellte VW, die aber die VW-Definition nicht erfüllen

Abbildung 4-8: Ansatz immaterieller *E&E*-Vermögenswerte nach dem *full cost accounting* und nach IAS 38 im Vergleich

Als **erworbene immaterielle *E&E*-Vermögenswerte** werden gemäß *full cost accounting* alle Ausgaben aktiviert, die aus einem Erwerbsvorgang resultieren und vom Unternehmen als immateriell klassifiziert werden.[882] IAS 38.25 sieht vor, dass erworbene immaterielle Vermögenswerte stets aktiviert werden können, weil der Einzelerwerbsvorgang per Definition den Nutzenbeweis erbringt. Dementsprechend würden im Fall eines Erwerbsvorgangs immaterielle *E&E*-Vermögenswerte nach *full cost accounting* und nach IAS 38 i. d. R. im selben Umfang aktiviert, sodass **beide Vorgehensweisen** im Ansatzzeitpunkt zum **gleichen Ergebnis** kämen.[883]

---

880 Vgl. BRYANT, L., Relative Value Relevance, S. 9; KLINGSTEDT, J. P., Effects of Full Costing, S. 80.
881 Vgl. GELLEIN, O. S., Cost Allocation, S. 43; RICHTER, F., Bilanzierung des Upstream-Geschäfts, S. 82.
882 Vgl. IFRS 6.15.
883 Allerdings könnte eine Bilanzierung nach IAS 38 deutlich schneller zu einer außerplanmäßigen Abschreibung führen, sofern ein Wertminderungstest gem. IAS 36 durchgeführt würde und für das immaterielle Vermögen

Zur Beurteilung der **selbsterstellten immateriellen *E&E*-Vermögenswerte** sollen, wie bereits beim *successful efforts accounting*, auch beim *full cost accounting* zusätzlich zum allgemeinen Ansatzkonzept des IASB die besonderen Vorschriften aus IAS 38 herangezogen werden. Wie bereits in Abschnitt 443.223.422. herausgearbeitet, lassen sich nicht sämtliche *E&E*-Ausgaben pauschal der Entwicklungsphase zuordnen, weil nur ein Teil davon in Zusammenhang mit ausreichenden Erkenntnissen über die Rohstoffe und die potenzielle Förderstätte steht, die eine konkrete Planung und Entwicklung der künftigen Rohstoffförderung bereits zulassen. Da die finale Perspektive des *full cost accounting* jedoch eine **differenzierte Betrachtung** nach Erfolgsaussichten der einzelnen Vermögenswerte **ausschließt**, dürften diese nicht aktiviert werden, sondern müssten in Gänze der Forschungsphase zugeordnet werden, was eine **aufwandswirksame Erfassung** zur Folge hätte.[884]

Anderer Auffassung ist hier jedoch WILLMS, der die gesamten *E&E*-Tätigkeiten durchaus als Entwicklung anerkennt.[885] Möchte man dieser Sichtweise folgen, wären anschließend Bewertbarkeit und Nutzen der nach *full cost accounting* aktivierten selbsterstellten immateriellen *E&E*-Vermögenswerte zu beurteilen. Aber genauso, wie in Abschnitt 443.223.323. bereits für nach *full cost accounting* zu bilanzierende Sachanlagen aus *E&E* gezeigt, ist auch für selbsterstellte immaterielle *E&E*-Vermögenswerte eine differenzierte Beurteilung der Ansatzvoraussetzungen unmöglich, weshalb wiederum dem **Ansatzkonzept** der IFRS-Rechnungslegung **widersprochen** wird, sodass im Ergebnis dennoch Aufwand erfasst werden müsste. Ebenso ist auch die vorn bereits ausführlich dargelegte Kritik an der aktivischen Abgrenzung von Ausgaben auf die Bilanzierung selbsterstellter immaterieller *E&E*-Vermögenswerte gemäß *full cost accounting* übertragbar.[886]

443.224. Kritischer Vergleich der Vor- und Nachteile des *successful efforts accounting* und des *full cost accounting*

Die bisherige Diskussion der Bilanzierungsmethoden für *E&E*-Ausgaben, dem *successful efforts accounting* und dem *full cost accounting*, hat sich zunächst besonders auf den Ansatz und die Konformität mit der allgemeinen Ansatzkonzeption der IFRS konzentriert. Doch sind mit beiden Methoden einige weitere Vor- und Nachteile verbunden, die nun analysiert und vergleichend gegenübergestellt werden sollen, um abzuwägen, nach welcher Methode vermittelte Informationen höhere **Aussagekraft** für die Adressaten haben.

Eines der meistgenannten Argumente für das *successful efforts accounting* ist, dass nur durch den von ihm verlangten Bezug von Ausgaben zu wirtschaftlich nutzbaren Reserven und damit zu künftigem Nutzen aus den zu fördernden Rohstoffen gewährleistet wird, dass Aktivposten angesetzt werden, die auch die Voraussetzungen zur **Qualifikation als ansatzfähiger Vermögenswert** erfül-

kein erzielbarer Betrag ermittelbar wäre. Nach dem *full cost accounting* könnte u. a. durch große Kostencenter ein Wertminderungstest vermieden oder hinausgezögert werden. Vgl. hierzu Abschnitt 444.124.

884 Vgl. IAS 38.53 sowie zur Abgrenzungsproblematik zwischen Forschungs- und Entwicklungsphase ausführlich BEHRENDT-GEISLER, A./WEIẞENBERGER, B. E., Entwicklungskosten, S. 59-66.

885 Vgl. WILLMS, J., Explorations- und Evaluierungsausgaben, S. 119 f.

886 Vgl. dazu die Abschnitte 443.223.322. und 443.223.323.

len.[887] Solange ein künftiger wirtschaftlicher Nutzen nicht bestätigt ist oder sogar die Erfolglosigkeit eines Projekts bereits bewiesen wurde, darf kein Vermögenswert i. S. d. IFRS aktiviert werden, sondern die Kosten sind aufwandwirksam zu erfassen. Das *full cost accounting* ignoriert diese Restriktion jedoch, indem es sämtliche Kosten pauschal aktiviert.[888] Befürworter des *Full-Cost*-Ansatzes rechtfertigen dies u. a. damit, dass auf diese Weise die entstandenen Kosten der *E&E*-Tätigkeiten besser den künftigen Erträgen aus der Rohstoffförderung zugeordnet würden, wie es das ***matching principle*** vorsähe.[889] Allerdings wird dabei verkannt, dass Kosten aus eindeutig erfolglosen Projekten den Erträgen anderer, erfolgreicher Projekte angelastet werden, und dass das Conceptual Framework die Wirkung des *matching principle* durch die Definitions- und Ansatzkriterien für Vermögenswerte begrenzt.[890] Das *successful efforts accounting* hingegen beachtet diese Restriktion, und durch die spätere planmäßige Abschreibung der vormals aktivierten *E&E*-Ausgaben während der Rohstoffproduktion in dem Kostencenter, in dem sie auch angefallen sind, wird dieses Konzept dem *matching principle* (besser) gerecht.[891]

Wenn jedoch nach dem *successful efforts accounting* mangels Beurteilbarkeit der Erfolgsaussichten eines Projekts die dafür entstandenen *E&E*-Ausgaben vorläufig **aktivisch abgegrenzt** werden, werden auch bei diesem Konzept die Ansatzbestimmungen des Rahmenkonzepts sowie das *matching principle* verletzt.[892] Durch die Abgrenzung werden Nicht-Vermögenswerte aktiviert. Derartige Bilanzierungshilfen sollen zwar eine bessere Periodisierung von Ausgaben bewirken,[893] sind in der IFRS-Rechnungslegung indes grds. nicht vorgesehen. Mit dem vom IASB eher verfolgten *asset liability approach* wird die korrekte Darstellung der Vermögenslage in der Bilanz priorisiert und die Aktivierung von Vermögen darum durch Definitionen und Ansatzvoraussetzungen begrenzt, um eine Überbewertung zu vermeiden. Dadurch wird Situationen vorgebeugt, in denen abgegrenzte Ausgaben letztlich keinen Erträgen zugeordnet werden können und die Ausgaben dann verzögert periodenfremd aufwandswirksam erfasst würden.[894] Die **weitere Analyse** in diesem Abschnitt wird sich auf die **Vor- und Nachteile des *full cost accounting* und des *successful efforts accounting* ohne aktivische Abgrenzung** von *E&E*-Ausgaben beschränken, denn wenn ein Unternehmen Kosten in der Bilanz abgrenzt, entspricht dies weitgehend der Vorgehensweise des – und unterliegt damit auch den Kritikpunkten am – *full cost accounting.*

887 Vgl. BAKER, C. R., Defects in Full-Cost Accounting, S. 156; IASC (Hrsg.), Extractive Industries, Rn. 4.24.

888 Vgl. KLINGSTEDT, J. P., Effects of Full Costing, S. 80; IASC (Hrsg.), Extractive Industries, Rn. 4.26 und .53; NAGGAR, A., Oil and Gas Accounting, S. 74; BROOKS, M., IFRS 6, S. 117.

889 Vgl. IASC (Hrsg.), Extractive Industries, Rn. 4.50.

890 Vgl. FLORY, S. M./GROSSMAN, S. D., New Oil And Gas Accounting Requirements, S. 40; BAKER, C. R., Defects in Full-Cost Accounting, S. 153 und 155, sowie zum *matching principle* Abschnitt 31.

891 Vgl. BRYANT, L., Relative Value Relevance, S. 9; NAGGAR, A., Oil and Gas Accounting, S. 74; IASC (Hrsg.), Extractive Industries, Rn. 4.28; RICHTER, F., Bilanzierung des Upstream-Geschäfts, S. 87. Vgl. zur planmäßigen Abschreibung die Abschnitte 444.123. sowie 463.

892 Vgl. RICHTER, F., Bilanzierung des Upstream-Geschäfts, S. 83; IASC (Hrsg.), Extractive Industries, Rn. 4.26.

893 Vgl. DENK, C. ET AL., Externe Unternehmensrechnung, S. 120.

894 Vgl. hierzu bereits Abschnitt 443.223.322.

Das *successful efforts accounting* und das *full cost accounting* stellen zwei **unterschiedliche Wege** dar, mit **Unsicherheiten** im Zusammenhang mit der Bilanzierung von *E&E*-Aktivitäten umzugehen. Das ***successful efforts accounting*** kann als konservativeres Konzept bezeichnet werden, wonach während *E&E* grds. weniger Vermögen aktiviert und dafür im Entstehungszeitpunkt der *E&E*-Ausgaben mehr Aufwand erfasst wird.[895] Das Konzept neigt deshalb dazu, die Bildung **stiller Reserven** zu begünstigen.[896] Damit einher geht jedoch auch, dass diese stillen Reserven aus *E&E* später, wenn das Upstream-Geschäft die Produktionsphase erreicht und Erträge erwirtschaftet werden, auch **still** – und damit für die Adressaten nicht erkennbar – **aufgelöst** werden.[897] Insofern erzeugt das *successful efforts accounting* eine **verzerrte Darstellung der Vermögens- und Ertragslage** nicht nur im **Ansatzzeitpunkt**, sondern **auch in den späteren Perioden** der planmäßigen Abschreibung, also der Nutzung und des Verbrauchs des Vermögens aus der *E&E*-Phase.[898] Denn weil anfänglich womöglich zu viele Ausgaben sofort aufwandswirksam erfasst wurden, kann der Vermögensverbrauch mangels aktivierten Vermögens später nicht sachgerecht abgebildet werden.[899] Die Abschreibungsbeträge sind in den Folgejahren demnach systematisch zu niedrig. Die stillen Reserven durch **Nichtaktivierung aktivierungsfähigen Vermögens** beim *successful efforts accounting* resultieren einerseits daraus, dass der Nutzennachweis des Vermögens regelmäßig nur an klassifizierte Rohstoffe geknüpft wird und dadurch andere Nutzenarten wie z. B. ein Verkauf nicht beachtet werden, und andererseits daraus, dass aus den *E&E*-Ausgaben womöglich durchaus später Nutzen generiert wird, der aber zum Entstehungszeitpunkt nicht ausreichend konkret absehbar war, um das Vermögen bereits als solches zu bestimmen.[900]

Einen anderen Weg, mit den Unsicherheiten umzugehen, verfolgt das ***full cost accounting***, indem es diese ignoriert und sämtliche *E&E*-Ausgaben aktiviert werden. Hierbei werden ebenfalls **Vermögens- und Ertragslage sowohl im Ansatzzeitpunkt als auch in späteren Perioden verzerrt dargestellt**[901] – allerdings **spiegelbildlich** zum *successful efforts accounting*. Durch die Überbewertung des Vermögens und zugleich geringere Belastung des Jahreserfolgs im Entstehungszeitpunkt wird die Aufwandserfassung hinausgezögert und erst mit der planmäßigen Abschreibung beim Verbrauch der Vermögenswerte erfasst, wobei die Abschreibungsbeträge in diesem Fall dann systematisch zu hoch sind.[902]

---

895 Vgl. BAKER, C. R., Defects in Full-Cost Accounting, S. 152 und 157.

896 Vgl. KÜTING, K., Stille Reserven (II), S. 440.

897 Vgl. BÖCKLI, P., Rechnungslegung, Rn. 1110; PFAFF, D., Stille Reserven, S. 456; FONTANA, M./HANDSCHIN, L., Stille Reserven, S. 653 f.; WULF, I., Stille Reserven im Abschluss, S. 86.

898 Vgl. KÜTING, K., Stille Reserven, S. 761 f.; KÜTING, K., Stille Reserven (II), S. 440; WULF, I., Stille Reserven im Abschluss, S. 87; WULF, I., Stille Reserven, S. 1097.

899 Vgl. WULF, I., Stille Reserven im Abschluss, S. 93.

900 Vgl. zur Entstehung stiller Reserven auch FONTANA, M./HANDSCHIN, L., Stille Reserven, S. 650; WULF, I., Stille Reserven im Abschluss, S. 119.

901 Vgl. MALMQUIST, D. H., Oil and Gas Industry Accounting Method Choice, S. 174; BAKER, C. R., Defects in Full-Cost Accounting, S. 155; KLINGSTEDT, J. P., Effects of Full Costing, S. 81.

902 Vgl. SEBA, R. D., Worldwide Petroleum Production, S. 362; JOHNSON, R. T., Full-Cost vs. Conventional Accounting, S. 479; BAKER, C. R., Defects in Full-Cost Accounting, S. 154.

Dem Ziel der Vermittlung eines den tatsächlichen Verhältnissen entsprechenden Bildes der Unternehmenslage trotz Unsicherheiten nähern sich das *successful efforts accounting* und das *full cost accounting* also aus zwei verschiedenen Richtungen. Doch während das *full cost accounting* mit seiner Pauschalierung kaum zu verständlichen und relevanten Informationen beiträgt, versucht das *successful efforts accounting* mit der Objektivierung des künftigen Nutzens durch klassifizierte Reserven dieses Ziel zu erreichen, wodurch es weniger mit dem Ansatz- und Periodisierungskonzept der IFRS konfligiert.

Strittig ist, welchem Konzept insgesamt die größere **Aussagekraft** zugesprochen werden kann. Nach dem *full cost accounting* werden die **Jahresergebnisse** des Unternehmens über mehrere Perioden hinweg **geglättet**.[903] Einerseits kann bemängelt werden, dass durch die Vollaktivierung die Erfassung von Aufwand mutwillig hinausgezögert wird.[904] Diesem Argument muss zugestimmt werden, da bekanntlich erfolglose Projekte zu aktivierten Vermögenswerten führen, wodurch fälschlicherweise suggeriert wird, dass daraus künftiger Nutzen erwartet wird, obwohl bereits das Gegenteil bekannt ist – somit werden Informationen über Misserfolge nicht zeitnah bekanntgegeben. Andererseits vermeidet das *full cost accounting* anfänglich starke Schwankungen im Vermögens- und Ergebnisausweis – bei gleichbleibenden *E&E*-Ausgaben etwa wäre auch der Vermögenszuwachs gleichbleibend – wodurch der Gesamtumfang der *E&E*-Aktivitäten und -Ausgaben des Unternehmens reflektiert wird.[905] Doch entstehen daraus langfristig auch höhere Abschreibungsbeträge, die dann wiederum die Ertragslage in späteren Jahren stärker belasten.[906] Langsam und schrittweise wird so erst die Überbewertung aus der *E&E*-Phase korrigiert.

Das *successful efforts accounting* erzeugt hingegen deutlich **volatilere Ergebnisse**, da Verluste stets zeitnah dann erfasst werden, wenn sie auch auftreten.[907] Befürworter des *successful efforts accounting* vertreten die Ansicht, dass gerade die Schwankungen der Vermögens- und Ertragslage wichtige und bessere Informationen vermitteln, denn Erfolge wie Misserfolge des Managements bei der Suche nach Bodenschätzen werden reflektiert und sind voneinander unterscheidbar,[908] was zugleich eine vergleichsweise unverzerrtere Abbildung der tatsächlichen Lage gewährleistet, wohingegen das *full cost accounting* schlechte Planungen, Fehlentscheidungen und Misserfolge des Ma-

---

903 Vgl. FLORY, S. M./GROSSMAN, S. D., New Oil And Gas Accounting Requirements, S. 39; COLLINS, D. W./DENT, W. T., Elimination of Full Cost Accounting, S. 5.

904 Vgl. IASC (Hrsg.), Extractive Industries, Rn. 4.54.

905 Vgl. COLLINS, D. W./DENT, W. T., Elimination of Full Cost Accounting, S. 5; IASC (Hrsg.), Extractive Industries, Rn. 4.27 und .49; BIERMAN, H./DUKES, R./DYCKMAN, T., Financial Accounting in the Petroleum Industry, S. 60.

906 Vgl. SEDA, R. D., Worldwide Petroleum Production, S. 362; NAGGAR, A., Oil and Gas Accounting, S. 74; BAKER, C. R., Defects in Full-Cost Accounting, S. 154.

907 Vgl. BRYANT, L., Relative Value Relevance, S. 9; NAGGAR, A., Oil and Gas Accounting, S. 74; BAKER, C. R., Defects in Full-Cost Accounting, S. 157; IASC (Hrsg.), Extractive Industries, Rn. 4.27. Langfristig führt dies wiederum, wie bereits gezeigt, zu einer Entlastung des Jahresergebnisses, weil in den Jahren der Rohstoffförderung die Abschreibungsbeträge auf vormals aktivierte *E&E*-Ausgaben geringer sind als nach dem *full cost accounting*.

908 Vgl. BIERMAN, H./DUKES, R./DYCKMAN, T., Financial Accounting in the Petroleum Industry, S. 61; NAGGAR, A., Oil and Gas Accounting, S. 74.

nagements – zumindest vorübergehend – zu vertuschen vermag.[909] Zwar kann auch das *successful efforts accounting* keine vollständigen Informationen vermitteln, denn gerade der (geringere) Jahreserfolg in der Periode des Ausgabenanfalls könnte einen falschen Eindruck der Unternehmensleistung erwecken.[910] Werden z. B. die *E&E*-Aktivitäten aufgrund aussichtsreicher Interessengebiete oder einer guten wirtschaftlichen Entwicklung verstärkt ausgeweitet, fällt daraus automatisch auch mehr Aufwand an, weil eine Beurteilung der Rohstoffreserven anfangs noch nicht möglich ist. Dieser vermeintliche Verlust resultiert jedoch keineswegs aus Misswirtschaft, sondern aus Hoffnungen auf die Entdeckung von Lagerstätten. Dennoch sind die Informationen besser **vergleichbar** als die nach dem *full cost accounting*, da sie die Effektivität und Effizienz der *E&E*-Tätigkeiten besser widerspiegeln und schwankende Explorationserfolge charakteristisches Merkmal der Rohstoffbranche sind,[911] wodurch der Abschluss auch seine Rechenschaftsfunktion besser erfüllen kann.

Gegenstimmen argumentieren, dass das *full cost accounting* vergleichbarere Informationen bereitstelle, da die Schwankungen geringer seien, und der Gesamtumfang der Tätigkeiten besser ersichtlich würde.[912] Zudem lägen die Werte für aktivierte *E&E*-Ausgaben nach dem *Full-Cost*-Konzept näher am Wert der gesamten Rohstoffreserven.[913] Informationen über die für *E&E* getätigten **Gesamtausgaben** sind durchaus für Adressaten von Interesse, können nach dem *successful efforts accounting* indes durch einfache Addition der aktivierten und der aufwandswirksam erfassten *E&E*-Ausgaben ebenfalls ermittelt werden. Zwar liegen die aktivierten Ausgaben nach dem *full cost accounting* wertmäßig tatsächlich meist näher am Wert des Rohstoffvorkommens. Jedoch sind die Höhe der *E&E*-Ausgaben und künftige Fördermengen nicht korreliert, sodass mit diesem Argument der *Full-Cost*-Verfechter fälschlicherweise ein Zusammenhang suggeriert wird, der nicht existiert.

Des Weiteren wird dem *full cost accounting* regelmäßig zugesprochen, dass es Unternehmen die **Kapitalbeschaffung** erleichtere und zu umfangreicheren *E&E*-Tätigkeiten animiere.[914] Begründet wird dies mit dem zunächst vergleichsweise höheren Vermögensausweis sowie geringen Aufwendungen während der *E&E*-Phase, die die Bilanzen von *Full-Cost*-Unternehmen gesünder aussehen lassen.[915] Dies birgt allerdings auch die Gefahren, dass Adressaten falsche Schlüsse aus diesen Angaben ziehen und die künftig zu erwartenden Erfolge überschätzen, und dass Unternehmen selbst vor höchst riskanten *E&E*-Investitionen nicht zurückschrecken, da auch diese Ausgaben das Vermögen der Bilanz zunächst erhöhen.[916] In einer empirischen Untersuchung konnte DEAKIN diese

909 Vgl. NAGGAR, A., Oil and Gas Accounting, S. 74; BIERMAN, H./DUKES, R./DYCKMAN, T., Financial Accounting in the Petroleum Industry, S. 61; RICHTER, F., Bilanzierung des Upstream-Geschäfts, S. 85.

910 Vgl. IASC (Hrsg.), Extractive Industries, Rn. 4.31.

911 Vgl. NAGGAR, A., Oil and Gas Accounting, S. 74; IASC (Hrsg.), Extractive Industries, Rn. 4.30 und .55; KLINGSTEDT, J. P., Effects of Full Costing, S. 81.

912 Vgl. KLINGSTEDT, J. P., Effects of Full Costing, S. 81.

913 Vgl. BIERMAN, H./DUKES, R./DYCKMAN, T., Financial Accounting in the Petroleum Industry, S. 61; FLORY, S. M./GROSSMAN, S. D., New Oil And Gas Accounting Requirements, S. 40.

914 Vgl. COLLINS, D. W./DENT, W. T., Elimination of Full Cost Accounting, S. 40; FLORY, S. M./GROSSMAN, S. D., New Oil And Gas Accounting Requirements, S. 40.

915 Vgl. BAKER, C. R., Defects in Full-Cost Accounting, S. 152.

916 Vgl. SEBA, R. D., Worldwide Petroleum Production, S. 362; COLLINS, D. W./DENT, W. T., Elimination of Full Cost Accounting, S. 39; RICHTER, F., Bilanzierung des Upstream-Geschäfts, S. 85.

vermeintlich für das *full cost accounting* sprechenden Argumente widerlegen. Vor allem würde der Umfang der *E&E*-Aktivitäten keinesfalls vom Konzept zur bilanziellen Behandlung der Ausgaben abhängen. Der einzige signifikante Unterschied zwischen *Full-Cost-* und *Successful-Efforts*-Unternehmen sei, dass nach *full cost accounting* bilanzierende Unternehmen einen höheren Fremdkapitalanteil hätten. Eine Begründung dafür ließe sich aber nicht ableiten.[917]

443.225. Kritischer Vergleich der Gestaltungsmöglichkeiten bei Anwendung des *successful efforts accounting* und des *full cost accounting* innerhalb von IFRS 6

Relevanz und Glaubwürdigkeit werden u. a. auch durch Wahlrechte und Gestaltungsmöglichkeiten beeinflusst. Zu einer Beurteilung, ob das *successful efforts accounting* oder das *full cost accounting* bei der Anwendung auf *E&E*-Vermögenswerte i. S. v. IFRS 6 vorzuziehen ist, sind darum auch die von den Methoden jeweils gewährten Bilanzierungsfreiräume hinsichtlich der Güte der vermittelten Informationen zu betrachten und zu würdigen. Innerhalb beider Konzepte bestehen Spielräume mangels einer einheitlichen Ausübung, so z. B. für

- Wahlmöglichkeiten zur Bildung der Kostencenter,
- Einbezug der Rohstoffklassifizierung und
- aktivische Abgrenzung von Nicht-Vermögenswerten.[918]

Da mit IFRS 6 keinerlei Vorgaben gemacht werden, wie Unternehmen bei der Entwicklung ihrer Rechnungslegungsmethoden **Kostencenter** zu bilden haben, und nicht einmal eine Obergrenze dafür festgelegt wird, bestehen große Gestaltungsfreiräume für die Bilanzierer.[919] Typischerweise finden sich gerade beim *full cost accounting* besonders große Kostencenter, die Projekte mehrerer Länder umfassen, mitunter betrachten Unternehmen gar ihre weltweiten Aktivitäten in nur einem einzigen Kostencenter, wohingegen das *successful efforts accounting* doch deutlich engere Grenzen setzt.[920] Kostencenter bspw. auf Ebene einzelner Lagerstätten, Minen, Ölfelder oder ähnlicher geographischer Gebiete zu bilden ist dabei üblich.[921] Problematisch ist die sehr **unterschiedliche** Bildung von Kostencentern, weil sie auf vielfache Weise direkten Einfluss auf den Abschluss der Unternehmen hat. Beispielsweise wird die Beurteilung, ob *E&E*-Tätigkeiten zur erfolgreichen Entdeckung eines aussichtsreichen Bodenschatzvorkommens geführt haben oder nicht, maximal auf Ebene der Kostencenter vorgenommen.[922] Mit zunehmender Größe eines Kostencenters können erfolg-

---

917 Vgl. zu dieser Studie DEAKIN, E. B., Successful Efforts and Full Cost Methods, S. 722-734, sowie insbesondere zu den hier genannten Erkenntnissen S. 722 und 733.

918 Umfangreiche Untersuchungen solcher Spielräume innerhalb beider Konzepte werden bspw. in folgenden Beiträgen vorgenommen und diskutiert: LILIEN, S./PASTENA, V., Intramethod Comparability, S. 690-702; LILIEN, S./PASTENA, V., Determinants of Intramethod Choice, S. 145-168.

919 Vgl. EY (Hrsg.), International GAAP 2015 Bd. II, S. 2918.

920 Vgl. SEBA, R. D., Worldwide Petroleum Production, S. 363; WRIGHT, C. J./GALLUN, R. A., Oil & Gas Accounting, S. 63.

921 Vgl. FLORY, S. M./GROSSMAN, S. D., New Oil And Gas Accounting Requirements, S. 39; BIERMAN, H./DUKES, R./DYCKMAN, T., Financial Accounting in the Petroleum Industry, S. 61.

922 Nach *successful efforts accounting* werden Ansatzentscheidungen allerdings regelmäßig in noch engeren Grenzen getroffen, als sie das Kostencenter vorgibt, vgl. Abschnitt 443.212.1.

reiche Einzelprojekte in diesem Kostencenter erfolglose Tätigkeiten kompensieren, sodass Kosten für eigentlich erfolglose Projekte mitaktiviert werden können, statt dass Aufwand dafür gebucht wird.[923] Je höher die Aggregationsebene, desto stärker wirkt dieser **Kompensationseffekt**, der zugleich einen Informationsverlust bedingt, da u. U. sogar bekanntlich erfolglose *E&E*-Aktivitäten als Vermögenswerte aktiviert werden.[924]

Entsprechend präsentieren Unternehmen mit kleineren Kostencentern – typischerweise Anwender des *successful efforts accounting* – zumeist volatilere Jahresergebnisse als solche mit großen Kostencentern, die häufig das *full cost accounting* anwenden.[925] Während vielfach gerade der Informationsnutzen aus diesen Schwankungen geschätzt wird, argumentieren andere, dass größere Kostencenter zu stabileren Ergebnissen und damit einer verbesserten Vergleichbarkeit führen mögen.[926] Zwar könnte für die von IFRS 6 gewährten Freiräume sprechen, dass Unternehmen so gemäß dem *management approach* die Kostencenter zu Bilanzierungszwecken an den gleichen Grenzen orientieren können wie zu internen Steuerungs- und Überwachungszwecken. Allerdings muss doch bezweifelt werden, ob vor allem bei der *Full-Cost*-Bilanzierung mit sehr großen Kostencentern nicht intern auch Informationen auf niedrigerer Aggregationsebene vorliegen. Schließlich ist die Planung von Förderstätten und die Rohstoffgewinnung daraus ein sehr komplexer Prozess, in dem höchst detaillierte Informationen als Entscheidungsgrundlage genutzt werden.[927] Letztlich bleibt festzuhalten, dass durch die erheblichen Ermessensspielräume, die den Bilanzierenden bei der Wahl ihrer Kostencenter durch IFRS 6 offengehalten werden, und der weltweit uneinheitlichen Umsetzung des *successful efforts accounting* wie auch des *full cost accounting* inner- wie zwischenbetriebliche **Vergleichbarkeit** in hohem Maße **beeinträchtigt** werden, ebenso die **Verständlichkeit**. Ob dadurch noch **glaubwürdige Informationen** vermittelt werden können, scheint **höchst fragwürdig**.[928] Der IASB sollte dringend Regelungen veröffentlichen, wie Rohstoffunternehmen ihre Kostencenter zu Bilanzierungszwecken abgrenzen sollen, um nicht nur die Gestaltungsmöglichkeiten für die Rechnungsleger einzudämmen, sondern auch die Verständlichkeit und Vergleichbarkeit für die Adressaten zu erhöhen.

Weiterer Ermessensspielraum innerhalb beider Konzepte resultiert daraus, wie diese **klassifizierte** Rohstoffe, vor allem **Reserven**, zu unterschiedlichen Bilanzierungsentscheidungen jeweils einbeziehen. Zwar ist die Rohstoffklassifizierung für das *successful efforts accounting* von größerer Bedeutung, da dieses auch bereits die Ansatzentscheidung von *E&E*-Vermögenswerten an wirtschaftlich nutzbare Reserven knüpft, letztlich wird auf die Klassifizierung jedoch nach beiden Konzepten mehrfach zurückgegriffen.[929] Weder macht der IASB Vorschriften zur Klassifizierung von Rohstof-

---

923 Vgl. BIERMAN, H./DUKES, R./DYCKMAN, T., Financial Accounting in the Petroleum Industry, S. 58 f.

924 Vgl. BAKER, C. R., Defects in Full-Cost Accounting, S. 153; BIERMAN, H./DUKES, R./DYCKMAN, T., Financial Accounting in the Petroleum Industry, S. 59.

925 Vgl. FLORY, S. M./GROSSMAN, S. D., New Oil And Gas Accounting Requirements, S. 39.

926 Vgl. KLINGSTEDT, J. P., Effects of Full Costing, S. 81.

927 Vgl. die Abschnitte 21 und 23.

928 Vgl. KLINGSTEDT, J. P., Effects of Full Costing, S. 81.

929 Vgl. hierzu ausführlicher Abschnitt 443.223.2. Vgl. auch WILLMS, J., Explorations- und Evaluierungsausgaben, S. 34.

fen, noch hat sich eine international einheitliche Vorgehensweise herausgebildet. Die umfangreichen Gestaltungsmöglichkeiten der Unternehmen zur Festlegung ihrer Rohstoffklassen **beeinflussen** die **Entscheidungsnützlichkeit** der Abschlussinformationen **zum Negativen**, denn Adressaten können die dargebotenen Informationen kaum mehr nachvollziehen und ein aussagekräftiger Vergleich von Finanzberichten mehrerer Unternehmen wird so nicht möglich sein.[930]

Während das *full cost accounting* zunächst zur vollständigen Aktivierung jeglicher angefallener *E&E*-Ausgaben führt, werden beim *successful efforts accounting* eigentlich nur diejenigen *E&E*-Ausgaben in der Bilanz angesetzt, die in kausalem Zusammenhang zu erfolgreichen Projekten stehen. Da diese Beurteilung aber häufig zu früh getroffen werden muss, nämlich zu Zeiten, in denen noch keine Kenntnis über Erfolg oder Misserfolg der *E&E*-Tätigkeiten erlangt werden konnte, werden ein Teil der oder gar sämtliche Kosten regelmäßig **aktivisch abgegrenzt**, bis eine finale Entscheidung möglich wird.[931] Insofern wird der für den Ansatz eigentlich notwendigen Nutzenbeurteilung vorgegriffen und wirtschaftlicher Nutzen (vorläufig) pauschal unterstellt. Dadurch bietet das *successful efforts accounting* weiteren, sehr großzügigen Freiraum in der Bilanzierung von *E&E*-Ausgaben. Eigentlich sieht der vom IASB verfolgte *asset liability approach* keine solche Abgrenzung von Ausgaben vor, da sie dem Vermögenswertverständnis widerspricht und damit das Ansatzkonzept des Conceptual Framework konterkariert.[932] Doch **hebelt IFRS 6** mit seiner Forderung, die Unternehmen sollten eigene Rechnungslegungsmethoden für ihre *E&E*-Ausgaben entwickeln, und der gleichzeitigen Befreiung von den Vorschriften aus IAS 8.11 f. das eigentlich nach IFRS zu befolgende **Ansatzkonzept größtenteils aus**. Diese Vorgehensweise muss kritisiert werden, wird doch so ein Weg geschaffen, die Ansatzvoraussetzungen systemfremd gerade für Vermögenswerte aus solchen Sachverhalten zu lockern, die tendenziell sogar deutlich größeren Unsicherheiten unterliegen als Nicht-*E&E*-Vermögenswerte.[933] Dabei lässt sich dies m. E. auch nicht mit der starken Belastung der Unternehmen durch die hohen Aufwendungen begründen, die ohne die Abgrenzung über mehrere Perioden hinweg anfielen, ohne dass kompensierende Erträge generiert werden können, sodass die Mängel der Abgrenzung dadurch aufgewogen würden. Vielmehr sehen sich auch Unternehmen anderer Branchen mit besonderen und langfristigen Unsicherheiten konfrontiert, für die aber dennoch keine Ausnahmeregelungen zur allgemeinen Ansatzkonzeption der IFRS bestehen. So sind z. B. auch Pharmaunternehmen häufig erst sehr spät in der Lage, wirtschaftlichen Nutzen aus ihren Aktivitäten zur Entwicklung neuer Wirkstoffe nachzuweisen, weshalb die meisten dafür notwendigen Kosten sofort Aufwand darstellen.[934]

---

930 Ausführlich wird die Problematik der Rohstoffklassifizierung, vor allem der Bestimmung wirtschaftlich nutzbarer Reserven, ebenfalls in Abschnitt 443.223.2 diskutiert.

931 Vgl. IASC (Hrsg.), Extractive Industries, Rn. 4.34.

932 Vgl. Abschnitt 31; SPROUSE, R. T./MOONITZ, M., Accounting Principles, S. 8.

933 So sind etwa für Eventualforderungen, die einige Parallelen zu *E&E*-Vermögen aufweisen, sogar strengere Ansatzvoraussetzungen vorgesehen, vgl. Abschnitt 327.2.

934 Vgl. BEHRENDT-GEISLER, A./WEIßENBERGER, B. E., Entwicklungskosten, S. 59.

443.23 Zwischenfazit zur Aktivierung von *E&E*-Vermögenswerten nach IFRS 6

IFRS 6 verweist die Unternehmen hinsichtlich des Ansatzes von *E&E*-Vermögenswerten an IAS 8.10, mit dessen Hilfe sie eigene Rechnungslegungsmethoden entwickeln sollen. Von der Berücksichtigung der Quellenhierarchie, die normalerweise laut IAS 8.11 f. im Fall von Regelungslücken zu befolgen ist, werden Rohstoffunternehmen zu diesem Zweck jedoch befreit, wodurch ihnen nahezu sämtliche weltweit herausgebildeten Bilanzierungsweisen zur Verfügung stehen, um sie in ihrem IFRS-Abschluss zu adaptieren. Die besonderen Unsicherheiten, die noch während der *E&E*-Phase hinsichtlich eines möglichen künftigen Erfolgs aus diesen Aktivitäten bestehen, gilt es dabei in der Ansatzentscheidung von *E&E*-Ausgaben als Vermögenswerte zu berücksichtigen. Die am häufigsten verwendeten Bilanzierungsmethoden dafür sind das *successful efforts accounting* und das *full cost accounting*.

Die Untersuchung, ob diese beiden Konzepte auch der Ansatzkonzeption für Vermögenswerte nach IFRS gerecht werden und entscheidungsnützliche Informationen vermittelt werden, hat **Schwächen in beiden Konzepten** aufgedeckt, die die **Aussagekraft einschränken**. Dennoch kann festgestellt werden, dass das ***successful efforts accounting*** im Vergleich zum *full cost accounting* regelmäßig **relevantere Informationen** erzeugt.[935]

Nach dem ***successful efforts accounting*** (in der Form ohne rein aktivische Abgrenzung von Ausgaben) aktivierte *E&E*-Vermögenswerte sind i. d. R. **konform** mit der allgemeinen **Ansatzkonzeption** der IFRS und erfüllen darüber hinaus regelmäßig die Ansatzvoraussetzungen aus IAS 16 und IAS 38, sodass auch dem Grundgedanken des zuletzt vom IASB immer stärker in den Vordergrund gerückten *asset liability approach* entsprochen wird.[936] Gleichzeitig werden die aktivierten Ausgaben entsprechend dem *matching principle* periodisiert. Durch den engen Bezug zu wirtschaftlich nutzbaren Reserven erfolgt der Ansatz von *E&E*-Vermögenswerten jedoch relativ spät und selektiv, sodass hierdurch eine **verhältnismäßig vorsichtige Bilanzierung** erreicht wird. Denn die restriktive Ansatzpolitik begünstigt die Legung **stiller Reserven**, da im Entstehungszeitpunkt von *E&E*-Ausgaben die Unsicherheiten über die Entdeckung von Rohstoffreserven oftmals noch zu hoch sind. Außerdem würden nach IAS 16 und IAS 38 teils mehr *E&E*-Vermögenswerte erfasst, weil der Nutzennachweis darin liberaler geregelt wird als nach dem *successful efforts accounting*. Insofern zieht die mitunter etwas zu gering ausgewiesene Vermögens- und Ertragslage im Ansatzzeitpunkt einen in späteren Jahren entsprechend zu hohen Ertragsausweis nach sich, da die stillen Reserven mit der planmäßigen Abschreibung wiederum **still aufgelöst** werden. Dadurch wird das tatsächliche **Bild** in den Abschlüssen mehrerer Perioden **verzerrt**. Dennoch kann dem *successful efforts accounting* zugesprochen werden, **nützliche Informationen** zu vermitteln, denn Verluste aus erfolglosen Projekten werden umgehend erfasst und Schwankungen im Ergebnis gezeigt, wodurch die Adressaten zeitnah über Erfolge und Misserfolge informiert werden.

---

935 Vgl. RIESE, J./KURZ, L., in: Beck IFRS HB, 5. Aufl., § 42, Rn. 22.

936 Vgl. Abschnitt 31.

Werden, ebenfalls nach *successful efforts accounting*, indes noch nicht beurteilbare ***E&E*-Ausgaben aktivisch abgegrenzt**, wird die **Relevanz** der so erzeugten Informationen **stark eingeschränkt**. Zum einen wird dadurch die Aktivierungsschwelle, wie sie die IFRS eigentlich – in Einklang mit dem *asset liability approach* – für Vermögen vorsieht, deutlich herabgestuft, obwohl gerade *E&E*-Vermögenswerte i. d. R. einer noch größeren Unsicherheit hinsichtlich eines künftigen wirtschaftlichen Nutzens unterliegen als andere Vermögenswerte. Allein mit einer verbesserten Periodisierung der *E&E*-Ausgaben ist dieser Mangel nicht aufzuwiegen, die vermittelten Informationen verlieren an Relevanz statt hinzuzugewinnen. Zum anderen ist für die Adressaten nicht erkennbar, welche *E&E*-Vermögenswerte tatsächlich bestehen und welche aus systemfremden Abgrenzungen resultieren, wodurch **Verständlichkeit** und besonders **glaubwürdige Darstellung beeinträchtigt** werden. Zwar sind die Auswirkungen der aktivischen Abgrenzungen weniger gravierend als die Aktivierung nach dem *full cost accounting*, da zumindest die *E&E*-Ausgaben für bekanntlich erfolglose Projekte sofort aufwandswirksam erfasst werden, wohingegen das *full cost accounting* dies aufgrund erheblich größerer Kostencenter oftmals zu kompensieren vermag. Dennoch kann die für das ***full cost accounting*** **geübte Kritik** weitgehend auf die aktivische Abgrenzung gemäß *successful efforts accounting* **übertragen** werden.

Das ***full cost accounting*** zwingt die Bilanzierer zur völligen **Missachtung der Ansatzvoraussetzungen**, da es die Vermögenswerte nicht einzeln beurteilt, sondern pauschal sämtliche *E&E*-Ausgaben aktiviert. Die demnach frühzeitige und umfangreiche Aktivierung kommt dem *revenue expense approach* näher, steht der Periodisierungsgedanke doch stärker im Vordergrund.[937] Das *full cost accounting* führt zunächst generell zu einem **höheren Vermögensausweis** sowie einer verbesserten **Ertragslage** im Vergleich zum *successful efforts accounting*. Durch die Ergebnisglättung erscheinen die Bilanzen dieser Unternehmen während des Anfalls von *E&E*-Ausgaben gesünder. Allerdings bewirkt diese künstliche Glättung auch, dass z. B. Misserfolge nicht zeitnah abgebildet werden. Zudem resultieren in den **späteren Perioden** deutlich höhere Abschreibungsbeträge, die wiederum den **Jahreserfolg stärker belasten** als es die eigentliche wirtschaftliche Situation des Unternehmens erfordern würde. Die **Vermögens-** und die **Ertragslage** der Rohstoffunternehmen werden durch das *full cost accounting* **extrem verzerrt** dargestellt und die pauschalierte Aktivierung macht die Einschätzung der tatsächlichen Lage für Adressaten nahezu unmöglich.

Bilanzierungsfreiräume und **Gestaltungsmöglichkeiten** erschweren die Vergleichbarkeit von Finanzinformationen. Darüber hinaus leiden Verständlichkeit und Nachprüfbarkeit. Vor dem Hintergrund der Prinzipal-Agenten-Theorie gestalten sich zu große Ermessensspielräume bei der Bilanzierung besonders schwierig, da die Rechnungslegung eigentlich dem Abbau von Informationsasymmetrien zwischen Unternehmensführung und -eignern sowie weiteren Adressaten dienen soll.[938] Dem **Ziel der Verbesserung der Informationslage** für die Adressaten laufen jedoch zu große Er-

937 Vgl. Abschnitt 31.

938 Vgl. WULF, I., Immaterielles Anlagevermögen, S. 338, sowie Abschnitt 322.

messensspielräume **zuwider**.[939] So gewähren die Regelungen aus IFRS 6 derartige Spielräume vor allem hinsichtlich der Wahlmöglichkeiten zur Bildung von Kostencentern, dem Einbezug klassifizierter Rohstoffe und der aktivischen Abgrenzung von Nicht-Vermögenswerten. Die Auswirkungen dieser Gestaltungsoptionen sind für die Adressaten oftmals nicht erkennbar, weshalb die Vermittlung insbesondere glaubwürdig dargestellter, aber auch relevanter, und damit **entscheidungsnützlicher Informationen** insoweit **fraglich** ist.

Zwar muss man nach der Betrachtung der Gestaltungsmöglichkeiten innerhalb des ***successful efforts accounting*** sowie des *full cost accounting* zu dem Schluss kommen, dass erstgenanntes Konzept diesbezüglich **größere Ermessensspielräume** eröffnet, was eine weniger glaubwürdige Darstellung von Informationen über bilanzierte *E&E*-Ausgaben suggeriert. Allerdings wird die Glaubwürdigkeit auch maßgeblich durch eine neutrale und unverzerrte Abbildung gewährleistet. Der Ansatz von *E&E*-Ausgaben gemäß *full cost accounting*, obwohl nachweislich kein werthaltiges, künftigen Nutzen erwarten lassendes Vermögen besteht, führt zu einer unsachgemäßen Darstellung der tatsächlichen Verhältnisse und **schränkt** damit die **Glaubwürdigkeit** entsprechend **ein**. In der Gesamtsicht ist das ***successful efforts accounting*** – erheblich deutlicher noch in der Form ohne aktivische Abgrenzungen – **das aussagekräftigere Konzept**, mit dem **entscheidungsnützlichere Informationen** vermittelt werden können.[940] Dass die Vorteile des *successful efforts accounting* gegenüber denen des *full cost accounting* überwiegen, bestätigen auch Finanzanalysten.[941]

Da also, je nachdem, welche Bilanzierungsmethode Rohstoffunternehmen unter Anwendung von IFRS 6 zur Aktivierung von *E&E*-Ausgaben verwenden, die mit den Abschlüssen vermittelten Informationen von sehr unterschiedlichem Entscheidungsnutzen sein können, wobei auch das hier favorisierte *successful efforts accounting* selbst ohne aktivische Abgrenzungen Schwächen aufweist, sollte der IASB dringend eine einheitliche und entscheidungsnützlichere Bilanzierungsregelung erarbeiten. Die Begründung des IASB, die IFRS 6-Regelungen seien nur vorläufig anzuwenden, ist angesichts des langen Zeitraums seit Inkrafttreten des Standards sowie keinerlei erkennbarer Bemühungen des Boards, die Überarbeitung weiter voranzutreiben,[942] nicht mehr länger haltbar.

Außerdem wiegen die Mängel der Bilanzierung gemäß IFRS 6 vergleichsweise deutlich schwerer als diejenigen, die bei der Untersuchung der Erfassung erworbener **Explorationsrechte** gemäß IAS 38 identifiziert wurden.[943] Insofern ist eine Bilanzierung dieser Explorationsrechte nach **IAS 38** vor dem Hintergrund des Ziels **entscheidungsnützlicher** Informationen stets vorzuziehen.

---

939 Vgl. zum bilanzpolitischen Instrumentarium erläuternd VEIT, K.-R., Bilanzpolitik, S. 3-36; HINZ, M., Sachverhaltsgestaltungen, S. 11-90.
940 Vgl. ZÜLCH, H./WILLMS, J., Explorations- und Evaluierungsausgaben, S. 1201.
941 Vgl. NAGGAR, A., Oil and Gas Accounting, S. 72.
942 Das Projekt wurde vom IASB nach Veröffentlichung des DP/2010/1 nicht weiterverfolgt, vgl. Abschnitt 41.
943 Vgl. hierzu bereits die Ausführungen in Abschnitt 43.

443.24 Verbesserungsvorschläge für die Klassifizierung von Rohstoffen zu Bilanzierungszwecken

Zwar unterteilen Unternehmen grds. alle von ihnen kontrollierten Rohstoffe in die verschiedenen Reserven- und Ressourcenkategorien, die das jeweils verwendete Klassifikationssystem vorgibt. Für Rechnungslegungszwecke sind indes lediglich **Reserven** von Interesse – und zwar unabhängig davon, ob nach dem *successful efforts accounting*, dem *full cost accounting* oder einer anderen Rechnungslegungsmethode bilanziert wird. Sofern künftig die Einteilung von Bodenschätzen anhand des Mapping-Ansatzes durch einen IFRS verlangt wird, könnten die folgenden **zusätzlichen Vorschriften** für mehr Transparenz und eine gewisse Objektivierung bei deren Bestimmung dienlich sein:

- Verpflichtende Beurteilung der Reserven durch einen **Sachverständigen**,
- klare **Vorgaben zum Ausweis** der Rohstoffe im Anhang und
- einheitliche **Anforderungskriterien** für die Beurteilung der **Wirtschaftlichkeit** eines Rohstoffprojekts bzw. -vorkommens.

Das CRIRSCO Template verlangt, dass jegliche veröffentlichte Berichterstattung über die Reserven und Ressourcen eines Unternehmens auf Informationen und entsprechender Dokumentation von Untersuchungsergebnissen beruht, die durch einen externen **Sachverständigen** (*competent person*) erstellt wurden.[944] Zwar liegt die Gesamtverantwortung beim Unternehmen, doch für die einzelnen Ergebnisse zeichnet der bescheinigende Sachverständige verantwortlich, dessen Name im Bericht veröffentlicht werden muss.[945] Der Sachverständige muss nachweislich Experte der Mineralindustrie sein, wozu u. a. die Mitgliedschaft in einem entsprechenden Berufsverband gehört, der eine eigene Berufssatzung (*code of ethics*) verfolgt und die Befugnis hat, bspw. im Falle von groben Fehleinschätzungen disziplinarisch einzugreifen und so seine Mitglieder zu kontrollieren und zur Verantwortung zu ziehen. Darüber hinaus wird ein Mindestmaß an relevanter Berufspraxis vom Sachverständigen verlangt, das i. d. R. auf fünf Jahre festgelegt ist.[946] Zwar werden auch Beurteilungen von Öl- und Gasvorkommen zumeist von Sachverständigen (*qualified evaluators*) vorgenommen, derart detaillierte Vorschriften wie sie das CRIRSCO macht sind im PRMS indes nicht vorgesehen.[947] Ein künftiger IFRS sollte die **Klassifizierung sämtlicher Rohstoffe unter Verant-**

---

944 Vgl. CRIRSCO (Hrsg.), International Reporting Template, Rn. 8. Den Einsatz von Sachverständigen in der Mineralindustrie fordern auch einige andere Standardsetzer, vgl. JORC (Hrsg.), JORC Code, Rn. 9-11; SAMREC WORKING GROUP (Hrsg.), SAMREC Code, Rn. 7-11; NI 43-101.1.1, .2.1 und .3.1.

945 Vgl. CRIRSCO (Hrsg.), International Reporting Template, Rn. 9 f. Bei größeren Rohstoffvorkommen kann die Beurteilung der Reserven und Ressourcen auch von einem Team aus Sachverständigen durchgeführt werden. Sofern die Namen aller Teammitglieder veröffentlicht werden, teilen sie sich auch die Verantwortung, anderenfalls trägt nur der genannte Sachverständige die Verantwortung für alle Ergebnisse.

946 Vgl. CRIRSCO (Hrsg.), International Reporting Template, Rn. 11; CRIRSCO/SPE (Hrsg.), Mapping of Classification Systems, Appendix B. Was unter relevanter Berufspraxis zu verstehen ist, unterliegt dabei auch einer gewissen Auslegung. So sollte der Sachverständige mit gleichen oder sehr ähnlichen Lagerstättentypen gearbeitet haben wie die zu untersuchende, denn ein Experte für die Beurteilung von Kiesen ist z. B. nicht unbedingt der richtige Sachverständige für eine Goldlagerstätte.

947 Vgl. CRIRSCO/SPE (Hrsg.), Mapping of Classification Systems, S. 10 und Appendix B.

wortung externer Sachverständiger nach dem Vorbild des CRIRSCO Template **verpflichtend** vorschreiben. Dies würde zur **Objektivierung** der Reserven- und Ressourcenermittlung und damit auch des Abschlusses beitragen.[948] Da die Sachverständigen ihrer berufsständischen Praxis folgen und vorgegebene Prozesse und Grundsätze[949] einhalten, einschlägige Erfahrungswerte vorweisen und für ihre getroffenen Beurteilungen die Verantwortung tragen müssen, werden die Unverzerrtheit und Neutralität der Berichterstattung gefördert. Informationen über Reserven sind zweifelsohne relevant, durch den verpflichtenden Einsatz von Sachverständigen könnte ihre glaubwürdige Darstellung verbessert werden.

Um die Verständlichkeit und Nachvollziehbarkeit der im Abschluss berichteten Informationen zu verbessern, sollte der IASB konkrete **Vorgaben** machen, welche **Angaben** im Zusammenhang mit Reserven und Ressourcen verpflichtend gefordert werden sollten.[950] So sollte verbindlich sein, dass jedes Unternehmen zumindest die von ihm **kontrollierten Mengen** an nachgewiesenen und wahrscheinlichen **Rohstoffreserven** angibt, da diese aus Rechnungslegungssicht von besonderem Interesse sind. Weil Unternehmen regelmäßig aufgrund der rechtlichen Vereinbarungen einen Teil der Rohstoffe in einem Fördergebiet oder den Erlös aus deren Verkauf an den Vertragspartner – meist einen Staat – abgeben müssen, sollte nicht nur die Gesamtmenge der nachgewiesenen und wahrscheinlichen Reserven angegeben werden, sondern auch, welcher Teil davon dem Unternehmen tatsächlich zusteht und zu seiner künftigen Erlöserzielung beiträgt. Darüber hinaus kann die Aufteilung dieser Angaben in geographische Gebiete, z. B. in Länder, für die Adressaten aufschlussreich sein, etwa wenn diese sich besonders für ganz bestimmte Projekte interessieren. Die Angabe von Vorjahreswerten erleichtert die zeitliche Vergleichbarkeit der Informationen und lässt, bspw. auch in Kombination mit Ausgaben für Such-, Erschließungs- und Förderaktivitäten, Rückschlüsse auf die Bemühungen und Erfolge des Unternehmens zu, Bodenschätze zu entdecken und zu erschließen. Außerdem ermöglichen diese Angaben, Informationen des Abschlusses besser nachzuprüfen, z. B. weil die Leistungsmenge für planmäßige Abschreibungen nach der *unit of production method*[951] anhand bestimmter Rohstoffkategorien bemessen wird. Insgesamt kann den Informationen über Reservemengen sowohl ein vorhersagender als auch ein bestätigender Wert zugesprochen

---

948 Vgl. zur Notwendigkeit der Objektivierung von Abschlussinformationen, vor allem auch bei Schätzungen, z. B. Lorson, P./Gattung, A., Faithful representation, S. 556-565; Moxter, A., Grundsätze ordnungsgemäßer Rechnungslegung, S. 16 f.; Baetge, J., Objektivierung des Jahreserfolges, S. 19-22; Leffson, U., Grundsätze ordnungsmäßiger Buchführung, S. 198 f. Vgl. auch die Abschnitte 324.2 und 325.2. Objektivierung kann indes nicht mit Sicherheit gleichgesetzt werden. Restrisiken bleiben weiterhin bestehen, denn es handelt sich um Schätzungen unter Unsicherheit, die die glaubwürdige Darstellung von Informationen nicht per se verhindern, vgl. Pellens, B. et al., Internationale Rechnungslegung, S. 93.

949 Willms schlägt bspw. vor, diese Grundsätze eines Verhaltenskodex am Code of Ethical Principles for Professional Valuers des IVSC zu orientieren, vgl. Willms, J., Explorations- und Evaluierungsausgaben, S. 32 f., i. V. m. IVSC (Hrsg.), Code of Ethical Principles. Auch EY weist in seinem Kommentierungsschreiben auf den IVSC hin, vgl. EY (Hrsg.), Comment Letter on DP/2010/1, S. 6.

950 Aufgrund der höchst unterschiedlichen Eigenschaften von Rohstoffen und ihren Lagerstätten kann keine Einheit pauschal vorgeschrieben werden, in der über alle Reserven und Ressourcen zu berichten ist. Vielmehr bestimmen die Charakteristika der Bodenschätze, wie Volumen- und Mengenangaben ausgewiesen werden, also z. B. in *cubic feet of gas* oder Tonnen von Gestein mit prozentualem Mineralisierungsgrad. Hierfür kann bedenkenlos auf die üblichen Branchenpraktiken zurückgegriffen werden.

951 Vgl. zu planmäßigen Abschreibungen die Abschnitte 444.123. und 463.

werden, sodass die Informationen die fundamentale qualitative Rechnungslegungsanforderung der Relevanz erfüllen.[952]

Als weitere Vorschrift, die zu einer Verbesserung der aktuellen Regelungen der IFRS beitragen kann, sollte der IASB **einheitliche Anforderungskriterien** für die **Beurteilung der Wirtschaftlichkeit** aller Rohstoffprojekte bzw. -vorkommen, unabhängig von der Rohstoffart und darum unabhängig von der Anwendung des CRIRSCO Template oder des PRMS, verlangen. In Abschnitt 443.223.422. konnte gezeigt werden, dass sich sowohl die **Sachverhalte** Erforschung möglicher Rohstofflagerstätten bzw. Forschung zur Gewinnung neuer wissenschaftlicher oder technischer Erkenntnisse i. S. v. IAS 38 **stark ähneln** als auch die **Anforderungskriterien** zur Bestimmung der Wirtschaftlichkeit von Rohstoffprojekten bzw. zum Nachweis des Nutzens und damit des Eintritts in die Entwicklungsphase inhaltlich entsprechen. Wenn also ein Rohstoffunternehmen bei seiner Reservenbestimmung zum Nachweis der Wirtschaftlichkeit alle Kriterien der *chance of commerciality*[953] kumulativ erfüllt, kommt es gleichzeitig sämtlichen Anforderungen zum Ansatz von Entwicklungskosten i. S. d. IFRS nach. Umgekehrt lässt sich daraus schließen, dass der IASB die **Kriterien** zum Nachweis des Nutzens – und damit indirekt auch der Wirtschaftlichkeit – **aus IAS 38.57** ebenso **für den Wirtschaftlichkeitsnachweis von Reserven** für alle Arten von Rohstoffen **verbindlich vorschreiben** könnte und dadurch dem Kriterienkatalog des PRMS gefolgt würde. Die Aufnahme einer solchen Vorschrift ist dem IASB zu empfehlen, da dadurch einerseits **einheitliche Kriterien für die gesamte Rohstoffindustrie** bereitgestellt würden und andererseits auf **bewährte Rechnungslegungsvorschriften** zurückgegriffen werden kann, deren Anwendung verständlich und nachweislich operationalisierbar ist.

Zudem lassen sich Parallelen zwischen den verschiedenen Rohstoffklassifizierungsstufen und der Unterscheidung in Forschung und Entwicklung gemäß IAS 38 ziehen: Reserven liegen erst vor, wenn die Rohstoffe auch tatsächlich entdeckt wurden, deren Unterteilung richtet sich zudem nach der Unsicherheit hinsichtlich der wirtschaftlich gewinnbaren Mengen. **Ressourcen** hingegen wurden noch nicht entdeckt, sodass die Suche nach Rohstoffen mit reinen **Forschung**saktivitäten gleichgesetzt werden kann. Erst wenn ein entdecktes Vorkommen zur Produktionsreife fortentwickelt wird, also konkrete Planungsschritte unternommen werden, kann von der Anwendung von Forschungsergebnissen und damit von **Entwicklung** gesprochen werden, was nur beim **Reservenstatus** möglich ist.

Zwar stellen die aktuellen Regelungen des **IFRS 6** eine unzureichende Beurteilungsgrundlage für die Adressaten der Abschlüsse dar. Mit den Vorschlägen, die Rohstoffklassifizierung durch unternehmensexterne Sachverständige verpflichtend vorzuschreiben, klare Anforderungen an die Be-

---

952 Vgl. Abschnitt 324.1 sowie WILLMS, J., Explorations- und Evaluierungsausgaben, S. 71. Die Relevanz von Angaben zu Reserven bzw. damit künftig erzielbaren Zahlungsmittelzuflüssen bestätigen bspw. auch BERRY, K. T./WRIGHT, C. J., Value Relevance of Oil and Gas Disclosures, S. 763-767; CHUNG, K.-H./GHICAS, D./PASTENA, V., Accounting Information in the Oil and Gas Industry, S. 887 und 894.

953 Vgl. hierzu bereits Abbildung 4-7.

richterstattung über Reserven festzulegen und die Beurteilung der Wirtschaftlichkeit im Rahmen der Rohstoffklassifizierung an den Kriterien des IAS 38.57 auszurichten, könnte die **Unsicherheit** für Bilanzierer wie Adressaten indes **verringert** werden.[954]

Das im April 2010 vom IASB veröffentlichte Diskussionspapier zu den *extractive activities* schlägt eine von IFRS 6 abweichende Vorgehensweise zur Bilanzierung von Kosten der Rohstoffsuche und -beurteilung vor. Diese soll nachfolgend dargestellt und gewürdigt werden, um letztlich abwägen zu können, welcher Methode – der des IFRS 6 oder der des DP/2010/1 – der Vorzug gegeben werden sollte.

443.3 Vorschlag zur Aktivierung von Vermögenswerten aus Exploration und Evaluierung nach dem DP/2010/1

443.31 Aktivierung von Vermögenswerten nach dem DP/2010/1

Im Diskussionspapier wird festgestellt, dass während der Prospektion – verstanden als die Tätigkeiten vor der Erlangung der Explorations- und ähnlichen Rechte – zumeist keine Ausgaben anfallen, die als ansatzfähige Vermögenswerte qualifizieren, sodass sie aufwandswirksam erfasst werden müssen.[955] Mit dem **Erwerb der Rechte** für Exploration **beginnt der Aktivierungsprozess**, da diese Rechte die Definition eines Vermögenswerts i. S. d. IFRS erfüllen.[956] Exploration und Evaluierung dienen der Generierung von Informationen. Während der Erschließungsaktivitäten wie auch teils noch in der Produktionsphase werden fortlaufend weitere Erkenntnisse über das Vorkommen gewonnen.[957] Im Diskussionspapier wird die Auffassung vertreten, dass die **Rechte nicht isoliert** betrachtet werden können. Vielmehr seien **Informationen** über das Gebiet, für das die Rechte gelten, **integraler Bestandteil** des Vermögenswerts, der durch den Rechteerwerb begründet wurde – die Informationen selbst stellten keinen eigenständigen Vermögenswert dar.[958] Weil sich der Informationsgewinn über den Zeitraum sämtlicher der Erlangung der Rechte nachfolgender Aktivitäten und Arbeiten im Interessengebiet erstreckt und ständig zunimmt, wird der Wert des zunächst für den Rechteerwerb aktivierten Vermögenswerts kontinuierlich gesteigert.[959] Darum sollen alle nach dem Erwerb der Rechte **anfallenden Kosten**, die dieser Erkenntnisgewinnung dienen, auf den ur-

[954] Dennoch verbleiben weitreichende Ermessensspielräume bei der Rohstoffklassifizierung, die sich vor allem aus den notwendigen Schätzungen ergeben und die sich auch auf die Rechnungslegung durchschlagen können. Vgl. zu Unsicherheit und Ermessensspielräumen bei Schätzungen bspw. ED/2015/3.2.12 f.; FISCHER, D. T., Neugefasstes Rahmenkonzept, S. 224 f.; OWEN, N. A./INDERWILDI, O. R./KING, D. A., World oil reserves, S. 4743-4749.

[955] Vgl. DP/2010/1.3.29 i. V. m. .Appendix A. Diese Auffassung wird auch von den Kommentierenden geteilt, vgl. stellvertretend SHELL INTERNATIONAL B.V. (Hrsg.), Comment Letter on DP/2010/1, S. 4, sowie Abschnitt 42.

[956] Vgl. EY (Hrsg.), IASB discussion paper on extractive activities, S. 2; CAIRNS, D., Extractive Industries, S. 63; PAARZ, M./MEYER, C., Projekt Rohstoffindustrie des IASB, S. 606.

[957] Vgl. DP/2010/1.3.12 sowie Abschnitt 232.

[958] Vgl. DP/2010/1.3.18.

[959] Die gesamten Aktivitäten vom Rechteerwerb über Exploration und Erschließung bis zur Produktion bilden gem. Diskussionspapier ein Kontinuum zusammenhängender Tätigkeiten, weshalb der dahinterstehende Vermögenswert stets der selbe bleibe und mitwachse, vgl. DP/2010/1.3.28.

sprünglich aktivierten Vermögenswert **addiert** und somit dessen **Wert erhöht** werden.[960] Im Diskussionspapier wird dieser Vermögenswert dann mit ***minerals or oil and gas property*** (*MOG*-Vermögenswert) bezeichnet.[961]

Unternehmen brauchen dabei nicht zu beurteilen, ob die Kosten erfolgreichen Tätigkeiten zugeordnet werden, da auch Informationen über Misserfolge zu einem besseren Verständnis der geologischen Parameter beitragen.[962] Diese Vorgehensweise erstreckt sich nicht nur auf Explorations- und Evaluierungsausgaben, worauf dieses Kapitel den Fokus legt, sondern auch auf Kosten der Informationsgewinnung, die später entstehen.[963] **Sachanlagen** nimmt das Diskussionspapier indes explizit davon aus und verlangt, diese separat nach **IAS 16** zu bilanzieren.[964]

Grundsätzlich nimmt die Unsicherheit über ein (mögliches) Bodenschatzvorkommen mit fortschreitendem Erkenntnisgewinn ab. Um diesen Zuwachs an Wissen und damit die unterschiedlichen Unsicherheitsstufen kenntlich zu machen, wird der **Ausweis** der aktivierten Vermögenswerte **in Kategorien** vorgeschlagen.[965] In den frühen Phasen Exploration und Evaluierung soll z. B. von „Explorationsrechten" oder „Explorationsvermögen" gesprochen werden, später dann von „Förderrechten" oder „Fördervermögen" – unterteilt danach, ob sich das Vorkommen bereits in Produktion befindet oder noch nicht. Um hierbei eine einheitliche Anwendung zu gewährleisten und zwischen quantitativen Rohstoff- und finanziellen Informationen Konsistenz zu schaffen, ordnet das Diskussionspapier das Explorationsvermögen dem Status von Rohstoffressourcen zu und das Fördervermögen dem Status von Rohstoffreserven.[966]

Darüber hinaus wird mit dem Diskussionspapier versucht, die **Bilanzierungseinheit** (*unit of account*) – und damit auch die Grenzen des *MOG*-Vermögenswerts – zu definieren und Anleitung zu ihrer Bestimmung zu geben.[967] Die Bilanzierungseinheit gibt das Aggregationsniveau vor, auf dem

---

960 Vgl. DP/2010/1.3.20 f.; CAIRNS, D., Extractive Industries, S. 63; EY (Hrsg.), IASB discussion paper on extractive activities, S. 2; PAARZ, M./MEYER, C., Projekt Rohstoffindustrie des IASB, S. 606. Dies trifft ausdrücklich auch auf Aktivitäten zu, die der Erschließungs- oder Produktionsphase zuzuordnen sind, da auch diese nicht von den alles ermöglichenden Rechten separierbar seien, vgl. DP/2010/1.3.23 f.

961 Vgl. DP/2010/1.3.33 f. Ebenfalls gängig ist die Bezeichnung *minerals or oil and gas asset*, was die Stellung als Vermögenswert verdeutlicht.

962 Vgl. WULF, I./LANGE, H., Diskussionspapier Extractive Activities, S. 322; DP/2010/1.3.35. Genauso werden ggf. weitere Genehmigungen, die ein Unternehmen erst nach dem ursprünglichen Erwerb der Explorationsrechte zusätzlich erworben hat, den aktivierten Rechten zugerechnet, vgl. DP/2010/1.3.22.

963 Vgl. DP/2010/1.3.23-.25.

964 Vgl. DP/2010/1.3.26 und .32.

965 Vgl. WULF, I./LANGE, H., Diskussionspapier Extractive Activities, S. 322.

966 Vgl. DP/2010/1.3.36-.38. Zur Bestimmung von Ressourcen und Reserven, auch zu Rechnungslegungszwecken, vgl. bereits die Abschnitte 25, 443.223.2 und 443.24.

967 Im Diskussionspapier wird stets auf die Bilanzierungseinheit (*unit of account*) rekurriert, nicht die Bildung von Kostencentern. Auch wenn die Bilanzierungseinheiten ähnliche Funktionen übernehmen wie die Kostencenter, die beim *successful efforts* oder *full cost accounting* bemüht werden, bestehen doch Unterschiede. Während Kostencentern verschiedene Abschlussposten häufig lediglich zugeordnet werden, werden in einer Bilanzierungseinheit i. d. R. mehrere Rechte und ggf. Verpflichtungen zusammengefasst und als eine Einheit in Bezug auf Ansatz- und Bewertungsfragen behandelt. Vgl. für eine umfangreiche Diskussion der Bilanzierungseinheitsthematik JOHNSON, L. T., Unit of account, S. 1-14.

Vermögenswerte und Schulden zu Zwecken des Ansatzes und des Ausweises sowie der Bewertung in der Finanzberichterstattung zusammengefasst werden.[968] Der im Zeitverlauf abnehmende Unsicherheitsgrad von Upstream-Aktivitäten spiegelt sich dabei auch in der Bestimmung der Bilanzierungseinheiten wider, denn während diese zunächst auf den Gesamtumfang des erworbenen Explorationsrechts festgelegt werden, sollen sie mit **zunehmendem Erkenntnisgewinn verkleinert** werden.[969] Dies soll an einem einfachen Beispiel verdeutlicht werden: Ein Unternehmen erwirbt zunächst die Explorationslizenz für ein sehr großes Interessengebiet, in dem es Bodenschätze zu finden hofft. Die *unit of account* für das Explorationsvermögen wird in Übereinstimmung mit dem Interessengebiet definiert. Mit Fortgang der Sucharbeiten deuten neue Erkenntnisse darauf hin, dass in diesem Interessengebiet insgesamt vier einzelne Vorkommen bestehen könnten. Die ursprüngliche *unit of account* wird daraufhin korrespondierend zu den vermuteten Vorkommen, auf die sich die weiteren Arbeiten konzentrieren, in vier Bilanzierungseinheiten aufgespalten. Kommt das Unternehmen zu der Erkenntnis, dass nur drei Vorkommen tatsächlich bestehen und ausgebeutet werden können, müssen die in der vierten – erfolglosen – Bilanzierungseinheit aktivierten Vermögenswerte aufwandswirksam abgeschrieben werden.[970] Spätestens wenn die Erschließungsarbeiten beginnen, kann von Fördervermögen ausgegangen werden und die verbliebenen Bilanzierungseinheiten sollten dann so weit verkleinert worden sein, dass sie einzelnen Gebieten oder kleinen Gruppen zusammenhängender Gebiete entsprechen, die vom Unternehmen einzeln gesteuert werden und die im Wesentlichen unabhängige Zahlungsströme generieren können, was regelmäßig einzelnen Minen, Tagebauen oder Ölfeldern entspricht.[971]

Zwar fordert das Diskussionspapier grds. die Behandlung von **Sachanlagen** nach IAS 16, dennoch zählen sie mitunter in die **selbe Bilanzierungseinheit** wie *MOG*-Vermögenswerte.[972] Werden die Sachanlagen nämlich im gleichen Interessengebiet eingesetzt, sodass ein **enger Zusammenhang** zu den auf Rechten basierenden *MOG*-Vermögenswerten besteht, können sie als eine Art separate **Komponente** innerhalb der selben *unit of account* angesehen werden. Anderenfalls bilden die Sachanlagen separate *units of account*.[973] Die Beantwortung der Frage, welches Anlagevermögen keinesfalls von den Rechten separiert werden kann und darum Element der selben Bilanzierungseinheit sein muss, ist seitens der Bilanzierer einzelfallspezifisch zu beurteilen.[974] Dabei soll der **Komponentenansatz** des IAS 16 unterstützen. Anzeichen dafür, dass Sachanlagevermögen in separaten *units of account* bilanziert werden sollte, sind z. B. wenn die Sachanlagen großteils unabhän-

---

968 Vgl. DP/2010/1.3.39; ED/2015/3.4.57; EY (Hrsg.), IASB discussion paper on extractive activities, S. 2. Auch die zugehörigen Aufwendungen und Erträge, die in der Gewinn- und Verlustrechnung erfasst werden, zählen zur gleichen Bilanzierungseinheit, vgl. JOHNSON, L. T., Unit of account, S. 5.

969 Vgl. DP/2010/1.3.65; PAARZ, M./MEYER, C., Projekt Rohstoffindustrie des IASB, S. 606. Vgl. zur abnehmenden Unsicherheit IASC (Hrsg.), Extractive Industries, Rn. 6.15.

970 Die Kosten für die Explorationslizenz, die dieser vierten Bilanzierungseinheit zugeordnet werden, werden jedoch auf die übrigen drei verteilt, da die Lizenz für das gesamte Interessengebiet erteilt wurde und in diesem erfolgreich Rohstoffe gefunden wurden.

971 Vgl. DP/2010/1.3.65. Vgl. außerdem ausführlich die Überlegungen im Diskussionspapier zur Eingrenzung der Bilanzierungseinheit DP/2010/1.3.44-.57.

972 Vgl. DP/2010/1.3.26 f.

973 Vgl. DP/2010/1.3.32 i. V. m. .58-.64 sowie vor allem .66-.68.

974 Vgl. DP/2010/1.3.66.

gige Zahlungsmittelzuflüsse generieren können, wenn sie physisch und wirtschaftlich separierbar sind – dem würde z. B. eine zu hohe Spezialisierung widersprechen, die einen anderweitigen Einsatz unmöglich macht – oder wenn sie eine von der Bilanzierungseinheit deutlich abweichende Nutzungsdauer aufweisen.[975] Die Erfassung von Sachanlagen in einer gemeinsamen *unit of account* mit *MOG*-Vermögenswerten betrifft jedoch meist erst solche, die während der Erschließungs- und Produktionsphase installiert bzw. genutzt werden, da erst dann die für die einzelnen Lagerstätten individualisierten, zur Ausbeutung benötigten Anlagen eingesetzt werden, wohingegen z. B. vorherig genutzte Sachanlagen wie Fahrzeuge oder Bohrausrüstungen einfacher austauschbar sind.[976]

443.32 Kritische Analyse der Aktivierung von Vermögenswerten nach dem DP/2010/1

443.321. Zusammenfassung von Rechten und Informationen zu einem *minerals or oil and gas property*-Vermögenswert

Im Rahmen des Kommentierungsprozesses zum Diskussionspapier wurde die grundlegende Problematik beim Ansatz von Vermögenswerten mit der Frage „[H]ow to account for uncertainty[?]“[977] umschrieben. Nicht die Besonderheiten der Rohstoffindustrie bereiteten die größten Schwierigkeiten bei der Bilanzierung von *extractive activities*, sondern vielmehr die übergeordnete Problematik, wie allgemein mit **Unsicherheiten** in der Finanzberichterstattung umzugehen sei. Hierfür nutzen die IFRS das Konzept der Wahrscheinlichkeit, welches noch in den Ansatzanforderungen an Vermögenswerte im Conceptual Framework (2010) explizit enthalten war.[978] Mit der Veröffentlichung des ED/2015/3 wurde die vormalige Anforderung eines wahrscheinlichen Nutzenzuflusses zwar als Indikator für die neuen Ansatzkriterien herabgestuft. Weil zu hohe Unsicherheiten Informationen irrelevant machen, wird so auch weiterhin ein – nicht weiter konkretisiertes – Mindestmaß an Sicherheit verlangt.[979] Damit ist die Frage des Ansatzes von Vermögenswerten wohl mehr denn je auch eine Frage der **Auslegung** geworden. Indes konnte bereits in Abschnitt 443.223.1 gezeigt werden, dass gerade für diejenigen potenziellen Vermögenswerte, die aus ***E&E*-Sachverhalten** resultieren, große inhaltliche bzw. definitorische **Parallelen zu Eventualforderungen** bestehen. Insofern gibt es keinen Anlass, eine tatsächliche Abschwächung der geforderten Nutzenwahrscheinlichkeit in Kauf zu nehmen, deutet gerade diese Parallele doch eher darauf hin, dass **im Zweifel eine möglichst hohe Sicherheit** erst einen Ansatz von solchem Vermögen rechtfertigen kann.[980]

---

975 Vgl. DP/2010/1.3.66 f.; PAARZ, M./MEYER, C., Projekt Rohstoffindustrie des IASB, S. 606.

976 Vgl. DP/2010/1.3.66 i. V. m. .26. Die Bilanzierung des Sachanlagevermögens noch während der *E&E*-Phase inklusive der Entscheidung, dieses separat oder – deutlich seltener – innerhalb einer Bilanzierungseinheit mit *MOG*-Vermögen zu erfassen, gestaltet sich i. d. R. unkritisch, weshalb in dieser Arbeit nicht detaillierter darauf eingegangen wird. Vgl. stattdessen BHP BILLITON (Hrsg.), Comment Letter on DP/2010/1, S. 5; RWE (Hrsg.), Comment Letter on DP/2010/1, S. 3; PwC (Hrsg.), Comment Letter on DP/2010/1, S. 5.

977 BHP BILLITON (Hrsg.), Comment Letter on DP/2010/1, S. 10.

978 Vgl. BHP BILLITON (Hrsg.), Comment Letter on DP/2010/1, S. 1 f. Demnach ist ein Vermögenswert nur dann anzusetzen, wenn u. a. ein erwarteter künftiger wirtschaftlicher Nutzen daraus wahrscheinlich ist, vgl. CF.4.38.

979 Vgl. hierzu ausführlich Abschnitt 327.2.

980 Für Ausgaben des Upstream-Geschäfts konnte gezeigt werden, dass der Ansatz von Vermögenswerten dadurch legitimiert werden kann, dass der Nutzen daraus an solche Rohstoffe geknüpft wird, die als Reserven klassifiziert

Diese Ausführungen zeigen, dass künftiger wirtschaftlicher Nutzen als Ansatzvoraussetzung für Vermögenswerte ein bewährtes Konzept ist, das IFRS-Rechnungsleger seit Jahren befolgen und das weitläufig verstanden und akzeptiert wird. Darum richtete sich **massive Kritik** der Kommentierenden gegen die Vorgehensweise im Diskussionspapier, für Bilanzierungsfragen betreffend die *extractive activities* **von den allgemeinen Ansatzgrundsätzen** des Rahmenkonzepts **abzurücken.**[981] Auch Unternehmen anderer Branchen, etwa Pharma- oder Technologieunternehmen, sind über ähnlich **lange Zeiträume** hinweg ähnlichen **Risiken und Unsicherheiten** wie z. B. hohen Anfangsinvestitionen oder kaum absehbaren Erfolgsaussichten zu Projektbeginn ausgesetzt.[982] Dennoch gelten für sie keine branchenspezifischen Sondervorschriften, sondern sie müssen sich nach den allgemeinen Regelungen des Rahmenkonzepts, der IFRS und der IFRIC-Interpretationen richten. Dabei wird mit Nachdruck vor allem auch auf den Ansatz selbsterstellter immaterieller Vermögenswerte nach IAS 38 verwiesen.[983] Im DP/2010/1 wird nicht ausreichend begründet, weshalb für die Rohstoffbranche Ausnahmeregelungen notwendig sind. Die Kommentierenden bezweifeln eine angemessene Untersuchung diesbezüglich durch den IASB, die sie darum dringend einfordern.[984]

Der Aktivierungsprozess soll gemäß dem Vorschlag im Diskussionspapier mit dem Ansatz der **erworbenen Rechte** für die Exploration eines bestimmten Gebiets beginnen, wodurch zunächst ein greifbarer Anknüpfungspunkt geschaffen wird. Aufgrund des immateriellen Charakters dieser Rechte werden die Ansatzanforderungen des IAS 38 bemüht. Durch den Einzelerwerbsvorgang zur Erlangung der Rechte gilt das Nutzenkriterium per se als erfüllt und mittels des gezahlten Preises können auch die Anschaffungskosten verlässlich bestimmt werden.[985] Damit kann diesem Vorgehen zunächst uneingeschränkt **zugestimmt** werden, da es mit der Ansatzkonzeption der IFRS in Einklang steht und geeignet ist, entscheidungsnützliche Informationen zu vermitteln.[986]

Dass diese immateriellen Vermögenswerte, begründet auf einem juristisch durchsetzbaren Recht, dann **zu *MOG*-Vermögenswerten fortentwickelt** werden, indem sämtliche Kosten der Informationsgewinnung aus *E&E* und Erschließung addiert werden und der Wert des ursprünglich aktivierten Rechte-Vermögenswerts entsprechend erhöht wird, folgt dem gleichen Grundgedanken, der auch

werden. Bei Reserven besteht kein Entdeckungsrisiko mehr und die technische sowie wirtschaftliche Förderbarkeit wurden bereits festgestellt. Vgl. hierzu Abschnitt 443.223.2.

981 Vgl. stellvertretend PwC (Hrsg.), Comment Letter on DP/2010/1, S. 4; NORSK REGNSKAPSSTIFTELSE (Hrsg.), Comment Letter on DP/2010/1, S. 1; EFRAG (Hrsg.), Comment Letter on DP/2010/1, S. 5; BDO (Hrsg.), Comment Letter on DP/2010/1, S. 1; DE BEERS GROUP (Hrsg.), Comment Letter on DP/2010/1, S. 2.

982 Vgl. zu den Risiken Abschnitt 233.

983 Vgl. BHP BILLITON (Hrsg.), Comment Letter on DP/2010/1, S. 2; KPMG (Hrsg.), Comment Letter on DP/2010/1, S. 1 und 6; EY (Hrsg.), Comment Letter on DP/2010/1, S. 2 f.; NORSK REGNSKAPSSTIFTELSE (Hrsg.), Comment Letter on DP/2010/1, S. 1 und 3 f.

984 Vgl. EY (Hrsg.), Comment Letter on DP/2010/1, S. 2 f.; PwC (Hrsg.), Comment Letter on DP/2010/1, S. 4 f.; KPMG (Hrsg.), Comment Letter on DP/2010/1, S. 1.

985 Vgl. DP/2010/1.3.14 f. i. V. m. IAS 38.25 f. Vgl. zur Aktivierungsfähigkeit erworbener Rechte ausführlich Abschnitt 433.

986 Vgl. RIO TINTO (Hrsg.), Comment Letter on DP/2010/1, S. 5; NORSK REGNSKAPSSTIFTELSE (Hrsg.), Comment Letter on DP/2010/1, S. 4; DELOITTE (Hrsg.), Comment Letter on DP/2010/1, S. 3.

dem *full cost accounting* zugrunde liegt. Die gesamte Förderstätte inklusive des Rohstoffvorkommens selbst stellt das Bilanzierungsobjekt dar, dessen Kosten aktiviert werden sollen. Einer finalen Betrachtungsweise folgend sind sämtliche Tätigkeiten wirtschaftlich notwendig, um letztlich erfolgreich Bodenschätze aufzuspüren und zu fördern.[987] Darum sollen die dafür **notwendigen Ausgaben vollständig periodisiert** werden, indem erst mit der planmäßigen Abschreibung in der späteren Produktionsphase, in der auch entsprechende Erträge generiert werden, diese Ausgaben aufwandswirksam werden.[988]

Durch die Vermischung von Kosten einerseits für das erworbene Recht und andererseits für die verschiedenen *E&E*-Aktivitäten und deren Ansatz als ein *MOG*-Vermögenswert[989] entsteht ein **Konglomerat verschiedenster Werte und Sachverhalte**. Den Adressaten wird es dadurch nahezu unmöglich gemacht nachzuvollziehen, wie sich die *MOG*-Vermögenswerte zusammensetzen. Außerdem sind erworbene Rechte eindeutig als eigenständige, separierbare Vermögenswerte identifizierbar, sodass der Vorschlag des Diskussionspapiers den Grundsätzen des IAS 38 widerspricht, da **identifizierbare immaterielle Vermögenswerte einzeln** im Abschluss angesetzt werden sollen.[990] Darüber hinaus wird für sämtliche Kosten der Informationsgewinnung pauschal unterstellt, aufgrund der verbesserten Kenntnislage zu einer Werterhöhung der ursprünglich erworbenen Rechte beizutragen. Tatsächlich aber führen **nicht alle Informationen** automatisch auch dazu, dass erworbene **Rechte wertvoller** werden.[991] Gerade erfolglose *E&E*-Bemühungen z. B. können nämlich gar zu einem Wertverlust einer Explorationslizenz führen, weil die Aussichten auf Rohstoffförderung sinken.[992]

Resultierend aus dieser konzeptionellen Problematik des Bilanzierungsvorschlags im Diskussionspapier muss angezweifelt werden, ob so verstandene *MOG*-Vermögenswerte die Definitions- und Ansatzkriterien der IFRS-Rechnungslegung erfüllen können. Ein Vermögenswert wird definiert als eine ökonomische Ressource, die in der Verfügungsmacht des Unternehmens steht und aus der möglicherweise künftig wirtschaftlicher Nutzen erzielt werden kann.[993] Da *MOG*-Vermögenswerte dadurch entstehen und wachsen, dass ein Unternehmen seine Tätigkeiten zur Lokalisierung und Beurteilung von Rohstofflagerstätten fortführt, kann wohl häufig von der **Erfüllung der Definition** ausgegangen werden. Auch wenn sich ein Erfolg womöglich noch nicht konkret abzeichnet, so

---

987 Vgl. Abschnitt 443.212.2. Abweichend hierzu entspricht die Abgrenzung der Bilanzierungseinheit allerdings eher der *Successful-Efforts*-Sicht, vgl. hierzu Abschnitt 443.322.

988 Vgl. auch schon die Abschnitte 443.223.323. und 443.223.423. dazu.

989 Die Zusammenfassung von erworbenen Rechten und sich anschließenden Kosten zur Erkenntnisgewinnung zu einem *MOG*-Vermögenswert soll sich hauptsächlich auf immaterielle Elemente beziehen, da Sachanlagen grds. nach IAS 16 zu behandeln sind. Vgl. DELOITTE (Hrsg.), Comment Letter on DP/2010/1, S. 3, sowie Abschnitt 443.223.3.

990 Vgl. IAS 38.11; NORSK REGNSKAPSSTIFTELSE (Hrsg.), Comment Letter on DP/2010/1, S. 4.

991 Vgl. PwC (Hrsg.), Comment Letter on DP/2010/1, S. 4; RIO TINTO (Hrsg.), Comment Letter on DP/2010/1, S. 5; EFRAG (Hrsg.), Comment Letter on DP/2010/1, S. 6; NORSK REGNSKAPSSTIFTELSE (Hrsg.), Comment Letter on DP/2010/1, S. 4; OIAC (Hrsg.), Comment Letter on DP/2010/1, S. 5.

992 Vgl. DE BEERS GROUP (Hrsg.), Comment Letter on DP/2010/1, S. 2.

993 Vgl. ED/2015/3.4.5 f.

würde ein wirtschaftlich handelndes Unternehmen seine Arbeiten doch einstellen, sobald es sich keinen Erfolg mehr erhofft.[994]

Für den **Ansatz** eines Vermögenswerts müssen außerdem die dadurch vermittelten Informationen relevant und glaubwürdig dargestellt sein. Informationen in Form eines *MOG*-Vermögenswerts sind insofern relevant, als sie den Adressaten den **Gesamtumfang** der Ausgaben veranschaulichen, die in Zusammenhang mit der Untersuchung, Beurteilung und Erschließung eines Interessengebiets angefallen sind. Viel mehr Informationsgehalt mögen aktivierte *MOG*-Vermögenswerte jedoch nicht vermitteln, da ihre Zusammensetzung für Dritte nicht nachvollziehbar ist und darum **keine belastbare Einschätzung** eines tatsächlich erwartbaren **Erfolgs** bzw. künftigen Nutzens daraus möglich ist. Aufgrund dieser Pauschalierung ist die Bilanzierungsweise mit dem Grundgedanken des IFRS-Ansatzkonzepts kaum vereinbar. Die Berücksichtigung von **Unsicherheit** zur Prüfung der Aktivierungsfähigkeit wird nach dem Vorschlag des DP/2010/1 gänzlich **außen vor gelassen**.[995]

Würde nicht die Ansatzkonzeption des Rahmenkonzepts, sondern die des Standards für immaterielle Vermögenswerte zugrunde gelegt, fiele das **negative Urteil hinsichtlich der Ansatzfähigkeit** noch deutlicher aus. Da *MOG*-Vermögenswerte aus erworbenen und selbsterstellten Elementen zusammengesetzt werden, sie aber insgesamt auf den Planungen, Entscheidungen und Tätigkeiten der Unternehmen gründen, liegt es nahe, ihnen in der Gesamtsicht den **Charakter der Selbsterstellung** zu unterstellen. Demnach wären die speziellen Regelungen aus IAS 38.51-.67 einschlägig. Diese verlangen eine noch strengere Beurteilung über Art und Umfang des wirtschaftlichen Nutzens, der den Unternehmen wahrscheinlich zufließen muss, um den Ansatz eines Vermögenswerts zu rechtfertigen. Ein solcher **Nachweis** kann beim Bilanzierungskonzept des DP/2010/1 **nicht erbracht** werden. Vielmehr entspricht die Vorgehensweise im Vorschlag einer leicht **modifizierten Variante des *full cost accounting***, da sämtliche Ausgaben der Informationsgewinnung ohne Unterscheidung aktiviert werden.[996] Das *full cost accounting* wurde in dieser Arbeit bereits ausführlich gewürdigt, sodass auf obige Diskussion verwiesen wird.[997] Die dort geäußerte Kritik betreffend den Ansatz von Vermögenswerten, wie z. B. der resultierende Effekt der anfänglichen Überbewertung der Vermögens- und Ertragslage, der sich in späteren Perioden durch höhere Abschreibungsbeträge ins Gegenteil verkehrt, kann im Wesentlichen auf den Diskussionsvorschlag übertragen werden.[998]

---

994 Die Verfügungsmacht über den *MOG*-Vermögenswert wird an dieser Stelle unterstellt, da er vom Unternehmen durch das Zusammenfügen erworbener und selbsterstellter Elemente gebildet wird. Außenstehende haben keine Zugriffsmöglichkeit auf den *MOG*-Vermögenswert.

995 Vgl. EFRAG (Hrsg.), Comment Letter on DP/2010/1, S. 5; BHP Billiton (Hrsg.), Comment Letter on DP/2010/1, S. 2 und 4 f.; RWE (Hrsg.), Comment Letter on DP/2010/1, S. 2 und 6; Rio Tinto (Hrsg.), Comment Letter on DP/2010/1, S. 2; PwC (Hrsg.), Comment Letter on DP/2010/1, S. 4; EY (Hrsg.), Comment Letter on DP/2010/1, S. 2 und 6; BDO (Hrsg.), Comment Letter on DP/2010/1, S. 5.

996 Vgl. EY (Hrsg.), Comment Letter on DP/2010/1, S. 2 und 6.

997 Vgl. zur Kritik am *full cost accounting* die Abschnitte 443.223.323. und 443.223.423.

998 Vgl. RWE (Hrsg.), Comment Letter on DP/2010/1, S. 1; PetroChina Company Limited (Hrsg.), Comment Letter on DP/2010/1, S. 5. Zwar sind die Einschätzungen unterschiedlich, wie hoch die durchschnittlichen Erfolgsquoten bei der Rohstoffsuche sind – bei Öl und Gas werden bspw. 20-40 % genannt – doch zeigt dies deutlich, dass damit ein außerordentlich hoher Anteil von Ausgaben für erfolglose Unterfangen anfällt, der dennoch

Einige Kommentierende zeigten sich überrascht über die Nähe des Vorschlags zum *full cost accounting*, da das *successful efforts accounting* oder das *area of interest accounting* in der Praxis wesentlich häufiger angewendet würden und auf deutlich höhere Akzeptanz träfen. Im DP/2010/1 selbst wird darauf hingewiesen, dass die Umsetzung des Bilanzierungsvorschlags für viele Unternehmen große Änderungen hervorrufen würde, die aber bewusst zugunsten eines einheitlichen Konzepts in Kauf genommen würden.[999] Einige Kommentierende äußerten hingegen explizit den Wunsch, stattdessen bei der aktuellen Fassung des IFRS 6 verbleiben zu wollen, um weiterhin nach dem *successful efforts accounting* bilanzieren zu können, das ihrer Auffassung nach in Einklang mit dem Conceptual Framework gebracht werden könne und die Unternehmenstätigkeiten am besten widerspiegele.[1000] Alternativ solle vom IASB geprüft werden, ob nicht eine Bilanzierung nach bestehenden, branchenunspezifischen Standards möglich sei, denn dadurch käme es nur insoweit zum Ansatz von Vermögenswerten, wie die technische und wirtschaftliche Machbarkeit der Rohstoffförderung in einem bestimmten Gebiet nachgewiesen werden kann.[1001] Demnach sind selbst Unternehmen, die eine Branchenregelung mit umfangreichen Aktivierungsmöglichkeiten vermeintlich begrüßen würden, bereit, strengere Ansatzkriterien zu befolgen, um eine mit der Ansatzkonzeption der IFRS kompatible Finanzberichterstattung über ihre *extractive activities* zu erreichen.

Die glaubwürdige Darstellung von Informationen verlangt nach neutraler und fehlerfreier Berichterstattung. Weil die Ansatzregelungen im Diskussionspapier kaum Ermessensspielräume offenlassen, wird die Glaubwürdigkeit der Informationen in dieser Hinsicht zwar nicht beeinträchtigt. Da aber sämtliche Kosten der Informationsgewinnung undifferenziert aktiviert werden, wird die **Vermögens- und Ertragslage langfristig deutlich verzerrt** dargestellt, was die Aussagekraft und Glaubwürdigkeit wiederum beeinträchtigt. Außerdem ist der Informationsgehalt von *MOG*-Vermögenswerten so schwierig einzuschätzen, dass die Relevanz deren Ansatzes nicht bestätigt werden kann. Im Ergebnis führt der Vorschlag des Diskussionspapiers **nicht** zur Vermittlung **entscheidungsnützlicher Informationen**, denn die Bilanzierungsweise gemäß DP/2010/1 widerspricht letztlich dem Ziel, den allgemeinen Grundsätzen und dem Ansatzkonzept der IFRS-Rechnungslegung.

443.322. Kategorisierung von *MOG*-Vermögenswerten und Wahl der Bilanzierungseinheit

Im Diskussionspapier wird der Ausweis der *MOG*-Vermögenswerte nach **Kategorien** – Explorationsvermögen und Fördervermögen (vor oder in Produktion) – verlangt. Die Kategorien knüpfen an die Klassifizierungsstufen Rohstoffressourcen und -reserven, wie sie industrieseitig zur Einteilung

---

aktiviert wird, vgl. NORSK REGNSKAPSSTIFTELSE (Hrsg.), Comment Letter on DP/2010/1, S. 4; OIAC (Hrsg.), Comment Letter on DP/2010/1, S. 5; RWE (Hrsg.), Comment Letter on DP/2010/1, S. 2.

999 Vgl. DP/2010/1.3.34.

1000 Vgl. hierzu z. B. die Anmerkungen von EXXON MOBIL CORPORATION (Hrsg.), Comment Letter on DP/2010/1, S. 2 und 5; RWE (Hrsg.), Comment Letter on DP/2010/1, S. 1.

1001 Vgl. EFRAG (Hrsg.), Comment Letter on DP/2010/1, S. 1 und 5; BHP BILLITON (Hrsg.), Comment Letter on DP/2010/1, S. 2 und 4 f.; RIO TINTO (Hrsg.), Comment Letter on DP/2010/1, S. 2; DE BEERS GROUP (Hrsg.), Comment Letter on DP/2010/1, S. 3; DELOITTE (Hrsg.), Comment Letter on DP/2010/1, S. 3; BDO (Hrsg.), Comment Letter on DP/2010/1, S. 5.

von Bodenschätzen verwendet werden.[1002] Diese Informationen werden auch in der Rechnungslegung genutzt, geben sie doch Auskunft über den aktuellen Kenntnis- und Entwicklungsstand und sind damit sehr gute Indikatoren hinsichtlich der bestehenden **Unsicherheiten** für die einzelnen explorierten Interessengebiete und Förderstätten. Während für Reserven die technische und wirtschaftliche Förderbarkeit bereits festgestellt werden konnte, ist die künftige Förderung von Rohstoffen aus verschiedenen Gründen bei Ressourcen noch deutlich ungewisser.[1003] Die Regelung im DP/2010/1 ist dementsprechend positiv zu werten, da sie sowohl klar und nachprüfbar sowie für Rohstoffunternehmen gut umsetzbar ist, als auch verständliche, vergleichbare und **relevante Informationen** für die Adressaten bereithält. Zudem kann über die Zertifizierung der Rohstoffe durch externe Sachverständige die Objektivität der Informationen gesteigert werden.

Allerdings muss schon im Vorfeld der Einteilung in Kategorien eine grundlegendere und weichenstellende Wahl vom Unternehmen getroffen werden, nämlich die der **Bilanzierungseinheit**.[1004] Durch die Bilanzierungseinheit wird festgelegt, welche Rechte und Verpflichtungen in Bezug auf Ansatz und Bewertung gemeinsam betrachtet werden sollen. Beim Erwerb von Explorations- und ähnlichen **Rechten** bilden diese die Basis der späteren *MOG*-Vermögenswerte und gleichzeitig stellen die geographischen Grenzen, die dieses Recht setzt, den **Maximalrahmen** der Bilanzierungseinheit zum Rechtserwerbszeitpunkt dar. Mit fortschreitendem Erkenntnisgewinn soll die Bilanzierungseinheit weiter eingegrenzt werden, sodass regelmäßig der ursprüngliche ***MOG*-Vermögenswert aufgespalten** werden muss und dadurch mehrere kleinere Bilanzierungseinheiten resultieren. Bis die Einteilung der finalen Bilanzierungseinheiten – i. d. R. orientiert z. B. an einzelnen Minen oder Ölfeldern – erreicht wird, kann sich dieser Prozess mehrfach wiederholen. Im Endergebnis werden die einzelnen Bilanzierungseinheiten darum regelmäßig einen ähnlichen Umfang haben wie Kostencenter, die von *Successful-Efforts*-Bilanzierern gebildet werden.[1005]

Gleichzeitig werden während des Prozesses der kontinuierlichen Verkleinerung der Bilanzierungseinheiten jene Teile der ursprünglichen *unit of account* abgespalten, in denen die Erkenntnisse auf einen **Misserfolg** schließen lassen, sodass die Arbeiten in diesem Gebiet eingestellt werden. Die betroffenen *MOG*-Vermögenswerte werden dann **umgehend außerplanmäßig abgeschrieben**. Insofern wird beim DP/2010/1 im Vergleich zum *full cost accounting* der Aufwand bei erfolglosen *E&E*-Aktivitäten schneller erfasst, weil die größeren und im Zeitverlauf nicht anzupassenden Kostencenter nach *full cost accounting* die Kompensation erfolgloser durch erfolgreiche Aktivitäten begünstigen.[1006] Damit wird dem im Ansatzzeitpunkt regelmäßig zu hohen Vermögensansatz zumindest **zeitnäher** mit einer **Wertkorrektur** begegnet als beim *full cost accounting*, was die Kritik am Aktivierungskonzept des DP/2010/1 zwar nicht aufhebt, aber doch zumindest etwas relativiert.

1002 Vgl. Abschnitt 25.

1003 Vgl. hierzu bereits ausführlich Abschnitt 443.24.

1004 Zwischen der Wahl der Bilanzierungseinheit nach dem DP/2010/1 und der eines Kostencenters bei IFRS 6-Befolgung bestehen große Parallelen. Siehe zum Vergleich die Abschnitte 443.212. und 443.213.

1005 Vgl. die Abschnitte 443.212.1 und 443.213.

1006 Vgl. zur kompensierenden Wirkung großer Kostencenter die Abschnitte 443.222. und 444.124.

Durch die sukzessive Verkleinerung der Bilanzierungseinheit unterliegt das an sich schon schwer verständliche ***MOG*-Vermögenswertkonstrukt** einer zusätzlichen **Komplexität**, die die ohnehin kaum vorhandene Relevanz der dadurch vermittelten Informationen weiter reduziert. Eine stark vereinfachte schematische Darstellung, wie sich die Eingrenzung der Bilanzierungseinheit auf die *MOG*-Vermögenswerte auswirken kann, zeigt Abbildung 4-9.

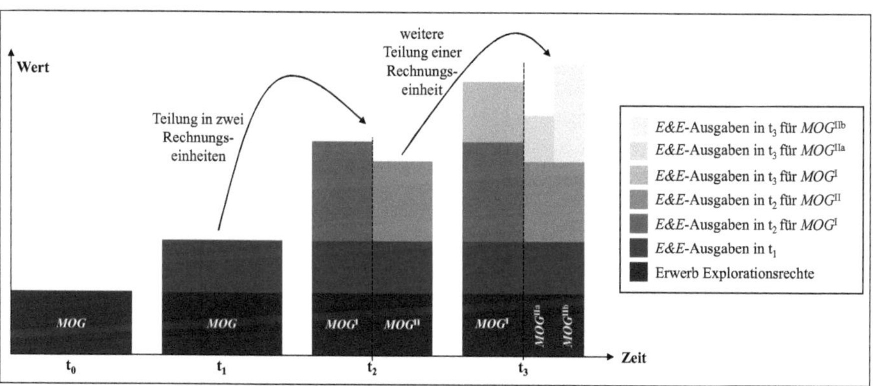

Abbildung 4-9: Auswirkung der Verkleinerung der Bilanzierungseinheit auf *MOG*-Vermögenswerte nach dem Diskussionspapier

Zwar orientiert sich die erste Eingrenzung der Bilanzierungseinheit anhand der durch ein Recht auf Exploration vorgegebenen geographischen Grenzen an einem neutralen, also subjektiv nicht beeinflussbaren, Sachverhalt. Die Glaubwürdigkeit der Informationen hierüber wird daher kaum anzuzweifeln sein, zudem werden Vergleichbarkeit, Nachprüfbarkeit und Verständlichkeit gefördert.[1007]

Allerdings scheint fraglich, wie die Regelungen zur Bilanzierungseinheit in der Praxis tatsächlich umgesetzt werden können. Es **mangelt an Anleitung** über Zeitpunkt, Kriterien und konkrete Vorgehensweise für die kontinuierliche **Eingrenzung der Bilanzierungseinheiten.**[1008] So könnte z. B. eine zu jedem Abschlussstichtag verpflichtende Prüfung der Bilanzierungseinheiten gewährleisten, dass die ausgewiesenen *MOG*-Vermögenswerte jeweils in der kleinstmöglichen *unit of account* zusammengefasst werden, womit zugleich eine Art Werthaltigkeitsprüfung insofern verbunden wäre, als mit der Abspaltung erfolgloser Teile vorherige Überbewertungen von Vermögen korrigiert würden. Wann genau jedoch ein Misserfolg als solcher anzuerkennen wäre, unterläge weiterhin den Einschätzungen der Bilanzierer.

1007 Vgl. PwC (Hrsg.), Comment Letter on DP/2010/1, S. 5; Rio Tinto (Hrsg.), Comment Letter on DP/2010/1, S. 6; BDO (Hrsg.), Comment Letter on DP/2010/1, S. 5.

1008 Vgl. Shell International B.V. (Hrsg.), Comment Letter on DP/2010/1, S. 4; Exxon Mobil Corporation (Hrsg.), Comment Letter on DP/2010/1, S. 2; BHP Billiton (Hrsg.), Comment Letter on DP/2010/1, S. 5; PwC (Hrsg.), Comment Letter on DP/2010/1, S. 5; KPMG (Hrsg.), Comment Letter on DP/2010/1, S. 6.

Auch wie mit ***E&E*-Ausgaben** umgegangen werden soll, die **für ein weitläufiges Gebiet** und nicht zielgerichtet in nur einer Bilanzierungseinheit angefallen sind, bleibt offen.[1009] Es könnten Maßstäbe definiert werden, wonach diese Ausgaben auf die verschiedenen Bilanzierungseinheiten aufzuteilen wären – bspw. gemäß der geschätzten Werte der klassifizierten Rohstoffe in den einzelnen Teilgebieten oder anhand der bislang in den Bilanzierungseinheiten jeweils aktivierten *MOG*-Vermögenswerte – oder aber die Ausgaben würden sofort bei ihrem Anfall als Aufwand erfasst.

Diese im Vorschlag des DP/2010/1 gewährten **Ermessens- und Gestaltungsspielräume** zeigen, wie unterschiedlich dadurch die Vermögens- und Ertragslage beeinflusst werden kann. Zudem wurde im Kommentierungsprozess angemerkt, dass nicht immer nur eine Verkleinerung, sondern ggf. auch eine Vergrößerung der Bilanzierungseinheiten möglich ist, was zwar nur selten der Fall sein dürfte, aber im DP/2010/1 nicht in Erwägung gezogen wird.[1010] Demnach ist der Vorschlag zur Wahl der Bilanzierungseinheit nicht ausreichend fortentwickelt, um ihn anwenden zu können.[1011] Dies jedoch läuft dem im Papier ausgegebenen Ziel der vergleichbaren Bilanzierung entgegen, der Vorschlag bedürfte darum dringend einer Nachschärfung.

Einige der Kommentierenden forderten statt der besonderen branchenspezifischen Regelungen des Diskussionspapiers zur Bilanzierungseinheit die Befolgung der allgemeinen IFRS-Grundlagen und Standards sowie eine **prinzipienbasierte Vorschrift**, die an zentraler Stelle im Rahmenkonzept verankert und dann auf *extractive activities* angewendet werden solle.[1012] Etwa fünf Jahre nach Veröffentlichung des DP/2010/1 hat der IASB nun die Frage der Bilanzierungseinheit bei der Überarbeitung seines Rahmenkonzepts thematisiert.[1013] Gründe für die Bildung einer Bilanzierungseinheit sind demnach z. B. wenn alle Rechte und Verpflichtungen aus einer einzigen Ressource, etwa einem Vertrag, herrühren oder die Elemente der Bilanzierungseinheit einem gemeinsamen Risiko unterliegen.[1014] Ähnliche Überlegungen werden auch im DP/2010/1 angestellt. Außerdem solle die Bildung einer Bilanzierungseinheit relevantere Informationen vermitteln, als wenn die zugehörigen Rechte und Verpflichtungen einzeln angesetzt würden. Dies sei bspw. der Fall, wenn diese Elemente gemeinsam zur Erzielung von Zahlungsmittelzuflüssen genutzt würden sowie gemeinsam an den Schätzungen über von ihnen unabhängig generierte künftige Zahlungsmittelzuflüsse gemessen würden.[1015] Auch dieses Argument könnte auf Bilanzierungseinheiten i. S. d. DP/2010/1 zutreffen, denn spätestens wenn es sich um Fördervermögen handelt und einzelne Förderstätten erschlossen wer-

---

1009 Vgl. BHP BILLITON (Hrsg.), Comment Letter on DP/2010/1, S. 5; OIAC (Hrsg.), Comment Letter on DP/2010/1, S. 6.

1010 Vgl. EY (Hrsg.), Comment Letter on DP/2010/1, S. 7.

1011 Vgl. KPMG (Hrsg.), Comment Letter on DP/2010/1, S. 7; NORSK REGNSKAPSSTIFTELSE (Hrsg.), Comment Letter on DP/2010/1, S. 5.

1012 Vgl. EFRAG (Hrsg.), Comment Letter on DP/2010/1, S. 6 f.; KPMG (Hrsg.), Comment Letter on DP/2010/1, S. 7; BHP BILLITON (Hrsg.), Comment Letter on DP/2010/1, S. 5 f.; EXXON MOBIL CORPORATION (Hrsg.), Comment Letter on DP/2010/1, S. 6.

1013 Vgl. ED/2015/3.4.57-.63; IASB (Hrsg.), Staff Paper 10E (June 2014), S. 1-11. Ausführlich wird die Wahl der Bilanzierungseinheit gem. ED/2015/3 von der EFRAG diskutiert, vgl. EFRAG (Hrsg.), Comment Letter on ED/2015/3, S. 23 und 47-59.

1014 Vgl. ED/2015/3.4.61 (a), (b) und (e); IASB (Hrsg.), Staff Paper 10E (June 2014), Rn. 11.

1015 Vgl. ED/2015/3.4.62 (a) (iii); IASB (Hrsg.), Staff Paper 10E (June 2014), Rn. 12.

den, trifft das Management auf dieser Basis der geschätzten unabhängigen Zahlungsmittelzuflüsse seine Entscheidungen.[1016] Allerdings geht der **IASB** bei seiner Idee einer **Bilanzierungseinheit** davon aus, dass **nur solche Rechte und Verpflichtungen** darin einfließen, die auch **einzeln die Ansatzvoraussetzungen erfüllen**. Dies ist beim Vorschlag des Diskussionspapiers jedoch **nicht der Fall**. Damit beginnt die Kernproblematik bereits bei der Bildung der ***MOG*-Vermögenswerte**. Aufgrund der definitorisch abweichenden Ausgangslage würde eine Bilanzierungseinheit i. S. d. DP/2010/1 dem Grundgedanken einer Bilanzierungseinheit laut künftigem IFRS-Rahmenkonzept widersprechen.

443.33 Zwischenfazit zum Aktivierungsprozess nach dem DP/2010/1

Ziel des Diskussionspapiers „Extractive Activities" war, ein Bilanzierungskonzept zu schaffen, das zu einer vergleichbareren Finanzberichterstattung rohstofffördernder Unternehmen führt, und mit dem die Definitions- und Ansatzvoraussetzungen des Conceptual Framework für Vermögenswerte berücksichtigt werden. Es wurde darum ein konsistenter und von den Phasen des Upstream-Geschäfts weitgehend unabhängiger Vorschlag erarbeitet. Zwar folgt das DP/2010/1 mit dem Ansatz der Rechte der Ansatzkonzeption des Rahmenkonzepts der IFRS. Bezüglich der undifferenzierten Aktivierung der nachfolgenden *E&E*- (und weiteren) Kosten zur Informationsgewinnung muss jedoch festgestellt werden, dass sich der Vorschlag im DP/2010/1 über die Prüfung der **Ansatzvoraussetzungen** insofern **hinwegsetzt**, als er die durch die *E&E*-Ausgaben erlangten Erkenntnisse schlichtweg als integrale Bestandteile der Rechte definiert. Diese Argumentation ist allerdings problematisch, da *MOG*-Vermögenswerte letztlich Konglomerate verschiedenster (erworbener und selbsterstellter) Werte und Sachverhalte darstellen und die Vorgehensweise im Diskussionsvorschlag gegen das Primat der Einzelbetrachtung verstößt.[1017] Dadurch wird auch eine Beurteilung unmöglich, ob überhaupt potenziell Nutzen aus den aktivierten Werten generiert werden könnte. Stattdessen wird die **Unsicherheit**, ob die Aktivitäten letztlich erfolgreich sein werden, **wegdefiniert**. Im DP/2010/1 wird eine stete Werterhöhung aufgrund hinzugewonnener, ausschließlich wertvoller Informationen pauschal unterstellt. Damit wird die Ansatzkonzeption der IFRS-Rechnungslegung verfehlt, die Aktivierung erinnert vielmehr an eine Finalbetrachtung wie sie das *full cost accounting* vorsieht.[1018]

Die Kategorisierung von *MOG*-Vermögenswerten entsprechend des jeweiligen Projektfortschritts in Explorations- und Fördervermögen (vor oder in Produktion) informiert klar und verständlich über die verschiedenen Unsicherheitsstufen, auf denen sich die *MOG*-Vermögenswerte befinden. Das DP/2010/1 enthält darüber hinaus zwar z. T. begrüßenswerte Ideen, um eine zu großzügige Bilanzierungseinheitsbildung zu vermeiden. Leider fehlt es aber an konkreter Anleitung, wie diese Vorschläge umzusetzen sind. Zudem werden Bilanzierungseinheiten i. S. d. Rahmenkonzepts aus sol-

---

1016 Vgl. DE BEERS GROUP (Hrsg.), Comment Letter on DP/2010/1, S. 4.

1017 So fordert etwa IAS 38.11, dass einzeln identifizierbare immaterielle Vermögenswerte separat erfasst werden sollen.

1018 Vgl. PwC (Hrsg.), Comment Letter on DP/2010/1, S. 2.

chen Elementen gebildet, die separat bereits ansatzfähig sind, was hingegen auf viele Bestandteile der *MOG*-Vermögenswerte nicht zutrifft.

MOG-Vermögenswerte sind keine Abschlusselemente i. S. d. Conceptual Framework. Mit dem Bilanzierungskonzept des DP/2010/1 wird gegen die Ansatzvoraussetzungen der IFRS verstoßen, sodass **keine relevanten Informationen** vermittelt werden. Auch werden Vermögens- und Ertragslage verzerrt und es verbleiben umfangreiche Ermessensspielräume, vor allem bei der Wahl der Bilanzierungseinheit, sodass die **Glaubwürdigkeit stark eingeschränkt** wird. Der Vorschlag vermag **keine entscheidungsnützliche Berichterstattung** zu gewährleisten.

443.4 Würdigender Vergleich der Aktivierung von *E&E*-Ausgaben nach IFRS 6 und nach dem DP/2010/1

IFRS 6 wurde zunächst nur als Interimsstandard veröffentlicht, dem mit dem Diskussionspapier „Extractive Activities" ein Vorschlag entgegengestellt wurde, wie die Bilanzierung rohstofffördernder Aktivitäten alternativ gestaltet werden könnte. Nach der ausführlichen Würdigung beider **Bilanzierungsweisen** in den vorangegangenen Abschnitten 443.2 und 443.3 soll nun abschließend beurteilt werden, welcher vor dem Hintergrund der Zielsetzung einer entscheidungsnützlichen Informationsvermittlung der **Vorzug** zu geben ist und welche Kritikpunkte dabei verbleiben.

Weil **IFRS 6** keine eigenständigen Vorschriften zur Bilanzierung von *E&E*-Ausgaben macht, sondern auf IAS 8.10 zur Entwicklung einer Rechnungslegungsmethode verweist, werden den Bilanzierern bedeutsame **Gestaltungsspielräume** eröffnet, etwa bei der Wahl einer Bilanzierungsmethode[1019], der Abgrenzung von Kostencentern und der Rohstoffklassifizierung in Reserven und Ressourcen. Wählen Rohstoffunternehmen das ***successful efforts accounting***, erfüllen die aktivierten *E&E*-Vermögenswerte regelmäßig auch die **Ansatzkriterien** des IFRS-Rahmenkonzepts, da der geforderte Kausalzusammenhang mit wirtschaftlich nutzbaren Reserven die Unsicherheit über künftigen Nutzen ausreichend mindert.[1020] Die sehr restriktive Ansatzpolitik begünstigt indes die Bildung **stiller Reserven**, die später wiederum still aufgelöst werden, was die Darstellung der Vermögens- und Ertragslage geringfügig verzerrt. Dennoch sind die vermittelten Informationen weitgehend entscheidungsnützlich, werden doch nur werthaltige Vermögenswerte als solche gezeigt und Misserfolge durch zeitnahe Aufwandserfassung sichtbar. Bei **aktivischer Abgrenzung** durch *Successful-Efforts*-Bilanzierer wird die **Aussagekraft** der Informationen jedoch **deutlich gemindert**, werden so auch Vermögenswerte ausgewiesen, deren künftiger Nutzen noch gar nicht erkennbar ist.

Noch gravierender sind die Kritikpunkte für das ***full cost accounting***. Die finale Betrachtungsweise erzeugt eine vollkommen undifferenzierte Aktivierung jeglicher *E&E*-Ausgaben, die der IFRS-

---

1019 Die meisten Unternehmen konzentrieren sich auf das *successful efforts accounting* oder das *full cost accounting*. Ebenfalls häufig kommt das *area of interest accounting* zur Anwendung, das jedoch ein Mix aus den beiden anderen Konzepten darstellt und darum in der vorliegenden Arbeit nicht gesondert betrachtet wurde, vgl. Abschnitt 443.212.3.

1020 Vgl. WRIGHT, C. J./GALLUN, R. A., International Petroleum Accounting, S. 78.

Ansatzkonzeption widerspricht und für Adressaten nur wenig aussagekräftig ist. Zunächst werden durch die Pauschalierung **Vermögens- und Ertragslage überbewertet**. Die später dann entsprechend zu hohen Abschreibungsbeträge **konfligieren** mit dem vom IASB zur Periodisierung verfolgten ***matching principle***, weil regelmäßig kein Zusammenhang zwischen diesen Aufwendungen und generierten Erträgen existiert. Dies ist auch auf die oftmals sehr großen Kostencenter zurückzuführen. Insgesamt kann das *full cost accounting* demnach zu **keiner entscheidungsnützlichen Bilanzierung** beitragen.

Die Anwendung des **IFRS 6 kann** also – wie die Untersuchung des *successful efforts accounting* gezeigt hat – durchaus zu einer **entscheidungsnützlichen** Berichterstattung führen, wobei dies abhängig ist von der konkreten Ausgestaltung der Rechnungslegungsmethoden durch die Unternehmen. Die großen Gestaltungsmöglichkeiten, die IFRS 6 eröffnet, **stellen** die **Entscheidungsnützlichkeit des Standards insgesamt** jedoch **in Frage.**[1021]

Das **DP/2010/1** legt fest, wie Unternehmen ihre Rohstoffe klassifizieren sollen, und gibt einheitliche Ansatzregelungen vor, wodurch **zunächst vergleichbarere** Abschlüsse[1022] gewährleistet sind. Der Ansatz der Rechte stellt einen greifbaren Anknüpfungspunkt für den weiteren Aktivierungsprozess dar. Allerdings liegt der Bildung der *MOG*-Vermögenswerte die gleiche finale Betrachtungsweise zugrunde, wie auch das *full cost accounting* sie für die Aktivierung von *E&E*-Ausgaben verfolgt, sodass die diesbezügliche **Kritik am *full cost accounting*** gleichermaßen auf das DP/2010/1 **übertragbar** ist. Das Problem der Unsicherheit wird dabei einfach wegdefiniert. Außerdem **widerspricht** das Konstrukt eines *MOG*-Vermögenswerts dem Primat der **Einzelbetrachtung**, stattdessen entsteht ein Konglomerat verschiedenster Elemente, dessen inhaltliche Zusammensetzung kaum nachvollziehbar ist. Ob diese Informationen noch relevant sind, muss doch stark bezweifelt werden. Zwar würden aufgrund der kontinuierlichen Eingrenzung der Bilanzierungseinheiten Wertkorrekturen bei Misserfolgen tendenziell schneller erfasst als in den großen Kostencentern des *full cost accounting*. Doch ist die **Entscheidungsnützlichkeit** der mit diesem Bilanzierungsvorschlag vermittelten Informationen letztlich zu **verneinen**, denn der vermeintliche Vorteil besserer Vergleichbarkeit wird zum Preis der Missachtung der fundamentalen qualitativen Anforderungen an die IFRS-Rechnungslegung erkauft.

Die Untersuchung hat gezeigt, dass die Anwendung des IFRS 6 zwar höchst problematisch sein kann, der Vorschlag im DP/2010/1 jedoch grds. dem Ziel der IFRS-Rechnungslegung widerspricht. Vor dem Hintergrund dieser Ergebnisse muss dem **aktuell gültigen Standard** der **Vorzug** gegeben werden, wobei auch für ihn derart große Mängel identifiziert wurden, dass dringend eine **Überarbeitung empfohlen** wird.[1023]

1021 Vgl. ZÜLCH, H./WILLMS, J., Bewertung von mineralischen Ressourcen, S. 119.

1022 Vgl. WULF, I./LANGE, H., Diskussionspapier Extractive Activities, S. 320.

1023 Anregungen, an welchen Stellen Verbesserungen vorgenommen werden könnten, finden sich u. a. in den Abschnitten 443.223.3, 443.223.4, 443.224. und 443.23.

444. Bewertung von Vermögenswerten aus Exploration und Evaluierung

444.1 Bewertung von *E&E*-Vermögenswerten nach IFRS 6

444.11 Bewertungsvorschriften des IFRS 6

In IFRS 6 werden – ähnlich wie auch für den Ansatz – nur wenige konkrete Vorschriften zur Bewertung von *E&E*-Vermögenswerten gemacht, stattdessen wird mehrfach auf andere Standards verwiesen. Allerdings sieht IFRS 6 einige Sonderregelungen vor. In diesem Abschnitt 444.1 wird die Bewertung von *E&E*-Vermögenswerten gemäß IFRS 6 vorgestellt, konkretisiert und überprüft, inwiefern diese Bilanzierung zur Vermittlung entscheidungsnützlicher Informationen beiträgt.

Hinsichtlich des Werts, mit dem *E&E*-Vermögenswerte zum Zeitpunkt ihres **Zugangs** erfasst werden sollen, schreibt IFRS 6.8 die Bewertung zu **Anschaffungs- oder Herstellungskosten** vor. Zwar nennt der IASB beispielhaft einige Ausgaben, die in die Anschaffungs- oder Herstellungskosten einbezogen werden können,[1024] doch macht er darüber hinaus keine konkreten Vorgaben. Lediglich für Verpflichtungen zur Beseitigung von Schäden, die während *E&E* entstehen, und Wiederherstellung bzw. Rekultivierung beanspruchter Flächen legt er fest, dass sie verpflichtend nach IAS 37 zu behandeln und die Kosten dafür als Teile der Anschaffungs- oder Herstellungskosten der aktivierten *E&E*-Vermögenswerte zu erfassen sind.[1025]

Für die **Folgebewertung** von *E&E*-Vermögenswerten besteht die Wahl, entweder dem **Anschaffungskosten-** oder dem **Neubewertungsmodell** zu folgen, und zwar – entsprechend der Klassifizierung der *E&E*-Vermögenswerte als materiell oder immateriell – nach IAS 16 oder IAS 38.[1026] Damit entfalten IAS 16 und IAS 38 für die Folgebewertung von *E&E*-Vermögen bindende Wirkung.[1027] Unabhängig von der Wahl des grds. anzuwendenden Bewertungsmodells sind Vermögenswerte i. d. R. **planmäßig** über ihre Nutzungsdauer ab dem Zeitpunkt **abzuschreiben**, zu dem sie im betriebsbereiten Zustand und an dem vom Management intendierten Standort zur Nutzung zur Verfügung stehen.[1028] Besteht eine Sachanlage aus mehreren bedeutsamen Teilen, werden die

---

[1024] Vgl. IFRS 6.9 sowie bereits Abschnitt 443.211.

[1025] Vgl. IFRS 6.11; KPMG (Hrsg.), First Impressions: IFRS 6, S. 10 f.; PwC (Hrsg.), Financial reporting in the mining industry 2007, S. 56-59; LÜDENBACH, N./HOFFMANN, W.-D./FREIBERG, J., in: Haufe IFRS-Kommentar, 13. Aufl., § 42, Rn. 14 und 16. Derartige Verpflichtungen im Zusammenhang mit der Schließung von Förderstätten liegen jedoch nicht im Fokus dieser Arbeit. Weiterführend zu Beseitigungs- und Rekultivierungsrückstellungen vgl. stellvertretend BINGER, M., Ansatz von Rückstellungen, S. 195-205; FOCKEN, E./SCHAEFER, W., Bilanzierung des Sachanlagevermögens, S. 2346-2348; PELLENS, B. ET AL., Internationale Rechnungslegung, S. 452-455; ORTHAUS, S./PELGER, C., Bilanzielle Abbildung von Umweltkatastrophen, S. 221-227; SCHRIMPF-DÖRGES, C. E., in: Beck IFRS HB, 5. Aufl., § 13, Rn. 132-140; VON KEITZ, I. ET AL., in: Baetge et al., Rechnungslegung nach IFRS, 2. Aufl., IAS 37, Rn. 146, 192 und 199.

[1026] Vgl. IFRS 6.12 i. V. m. .15 und IFRS 6.BC30. Der IASB wollte damit eine konsistente Regelung zu IAS 16.29 und IAS 38.72 schaffen.

[1027] Vgl. ZÜLCH, H./WILLMS, J., Explorations- und Evaluierungsausgaben, S. 1204.

[1028] Vgl. IAS 16.43, .50 und .55 sowie IAS 38.97. Die planmäßige Abschreibung entfällt indes bei Vermögenswerten mit unbegrenzter bzw. unbestimmbarer Nutzungsdauer.

gesamten Anschaffungs- oder Herstellungskosten auf diese Komponenten aufgeteilt und jede **Komponente** separat planmäßig abgeschrieben.[1029]

Zudem sieht auch IFRS 6 eine Prüfung auf **Wertminderung** der *E&E*-Vermögenswerte vor. Eine solche ist allerdings, abweichend zu IAS 36, ausschließlich dann notwendig, wenn besondere Tatsachen oder Umstände darauf hindeuten, dass der Buchwert der *E&E*-Vermögenswerte über deren erzielbarem Betrag liegt. Tritt dieser Fall ein, richtet sich das weitere Vorgehen dann nach den Vorschriften des IAS 36.[1030] Als **auslösende besondere Tatsachen oder Umstände** werden folgende Beispiele genannt:

- Der Gültigkeitszeitraum eines Rechts für ein bestimmtes Gebiet läuft ohne Aussicht auf Verlängerung ab,
- es sind keine erheblichen *E&E*-Ausgaben mehr für ein bestimmtes Gebiet geplant,
- die *E&E*-Tätigkeiten in einem bestimmten Gebiet blieben erfolglos und die Aktivitäten sollen eingestellt werden oder
- trotz geplanter Erschließung eines bestimmten Gebiets wird der Buchwert der *E&E*-Vermögenswerte durch die Veräußerung geförderter Rohstoffe voraussichtlich nicht vollständig wiedererlangt.[1031]

Zum Zweck der Wertminderungsprüfung verpflichtet IFRS 6.21 die Unternehmen, eigenständig eine Rechnungslegungsmethode zu entwickeln, nach der sie ihre *E&E*-Vermögenswerte entweder einer **zahlungsmittelgenerierenden Einheit** (ZGE) oder alternativ einer **Gruppe von ZGE** zuordnen, wobei weder eine einzelne ZGE noch eine Gruppe von ZGE die Größe eines Geschäftssegments i. S. v. IFRS 8 überschreiten darf. Die Prüfung auf Wertminderung soll entsprechend auf Ebene einer oder mehrerer ZGE erfolgen.[1032]

Sobald die technische Machbarkeit sowie Wirtschaftlichkeit der Förderung von Rohstoffen nachgewiesen wird, sind die mit diesen Rohstoffen in Zusammenhang stehenden *E&E*-Vermögenswerte nicht mehr als solche zu behandeln, sondern in Vermögenswerte außerhalb des Anwendungsbereichs von IFRS 6 umzugliedern.[1033] Um einem überhöhten Vermögensausweis vorzugreifen, sollen die *E&E*-Vermögenswerte unmittelbar vor ihrer **Reklassifizierung** auf Wertminderung geprüft und ein ggf. resultierender Abschreibungsbedarf aufwandswirksam erfasst werden.[1034]

1029 Vgl. IAS 16.43 f.

1030 Vgl. IFRS 6.18.

1031 Vgl. IFRS 6.19 f.

1032 Vgl. IFRS 6.22.

1033 Nach Maßgabe ihrer Art sind die Vermögenswerte nach der Umgliederung entweder als Sachanlagen gem. IAS 16 oder als immaterielle Vermögenswerte gem. IAS 38 zu bilanzieren. Vgl. hierzu Abschnitt 454.2.

1034 Vgl. IFRS 6.17.

444.12 Kritische Analyse der Bewertung von *E&E*-Vermögenswerten nach IFRS 6

444.121. Zugangsbewertung zu Anschaffungs- oder Herstellungskosten

Die Bewertung von *E&E*-Vermögenswerten mit ihren Anschaffungs- oder Herstellungskosten im Zugangszeitpunkt ist zunächst konzeptionell konsistent mit der Vorgehensweise für materielle und immaterielle Vermögenswerte.[1035] Zudem greift der IASB damit auf einen bewährten und in der Bewertungskonzeption des Rahmenkonzepts verankerten Wertmaßstab zurück.[1036] Allerdings legt IFRS 6 nicht konkret fest, wie die Anschaffungs- oder Herstellungskosten von *E&E*-Vermögenswerten zusammengesetzt bzw. welche Ausgaben hinzugerechnet werden sollen.[1037] Auch wird diesbezüglich auf keine anderen IFRS verwiesen, sodass den Unternehmen bilanzieller Freiraum entsteht. Dieser betrifft vor allem die Frage, ob **allgemeine Verwaltungs- und Gemeinkosten** einbezogen werden. Der IASB knüpft deren bilanzielle Behandlung an die vom Unternehmen verfolgte Rechnungslegungsmethode und beantwortet somit die Frage in IFRS 6.BC28 mit einem **Wahlrecht**, sofern denn ein direkter Bezug dieser Ausgaben zu den zu aktivierenden *E&E*-Ausgaben besteht.[1038] Während IAS 16.19 (d) bspw. ein generelles Verbot für derartige Ausgaben enthält, berücksichtigen IAS 38.67 (a) und IAS 2.12 diese zumindest insoweit, wie sie direkt dazu dienen, die Vermögenswerte in ihren nutzungsbereiten Zustand zu versetzen. Demnach können die Bilanzierenden verschiedenen innerhalb der IFRS bestehenden Grundsätzen folgen bzw. sich daran orientieren.[1039]

Trotz der unterschiedlichen Handhabe zur Erfassung allgemeiner Verwaltungs- und Gemeinkosten für Sachanlagen, immaterielles Vermögen und Vorräte sollte der IASB künftig festlegen, dass sich nicht nur die Folgebewertung von *E&E*-Vermögenswerten[1040], sondern auch bereits die Bestimmung der Anschaffungs- oder Herstellungskosten im Zugangszeitpunkt je nach Klassifizierung der *E&E*-Vermögenswerte als materiell oder immateriell nach IAS 16 oder nach IAS 38 richten sollte.[1041] Damit würde größere **Vergleichbarkeit** zu den übrigen materiellen und immateriellen Vermögenswerten des Unternehmens hergestellt und das Wahlrecht umgangen, das derzeit die **glaubwürdige Darstellung** der Informationen **beeinträchtigt**.[1042]

1035 Vgl. IFRS 6.8. Zur Bestimmung der Anschaffungskosten erworbener Rechte, die der *E&E*-Phase zugerechnet werden können, vgl. ausführlich Abschnitt 434.2.

1036 Vgl. Abschnitt 328. Die Anschaffungs- oder Herstellungskosten entsprechen ferner dem beizulegenden Zeitwert im Zugangszeitpunkt, vgl. HACHMEISTER, D./LAMPENIUS, N., Fair Value oder Anschaffungskosten, S. 124.

1037 Lediglich auf die Einbeziehung von Ausgaben für Rekultivierungs- und Wiederherstellungsverpflichtungen i. S. v. IAS 37 geht IFRS 6.11 ein und macht diese zu Pflichtbestandteilen von Anschaffungs- oder Herstellungskosten.

1038 Vgl. RIESE, J./KURZ, L., in: Beck IFRS HB, 5. Aufl., § 42, Rn. 27. Die Methode muss mit einer gemäß anderer IFRS verfügbaren Methode vereinbar sein. Vgl. auch IASC (Hrsg.), Extractive Industries, Rn. 4.14. Eine andere Auffassung vertrat der IASB noch im ED 6, worin er zunächst ein generelles Verbot vorschlug, vgl. IFRS 6.BC66 (a) i. V. m. ED 6.8 (b).

1039 Vgl. RICHTER, F., Bilanzierung des Upstream-Geschäfts, S. 102.

1040 Vgl. IFRS 6.12.

1041 Ähnlicher Auffassung KPMG (Hrsg.), First Impressions: IFRS 6, S. 7. Vgl. zur Klassifizierung der *E&E*-Vermögenswerte die Abschnitte 443.211. und 443.222.

1042 Vgl. ENGEL-CIRIC, D., Aussagekraft des Jahresabschlusses, S. 780.

Eine Prognoserelevanz muss der Bewertung zu Anschaffungs- oder Herstellungskosten grds. weitgehend abgesprochen werden. Die Höhe der *E&E*-Ausgaben eines Unternehmens ist nicht mit dessen Erfolgen bei der Entdeckung von Rohstoffreserven korreliert und die Anschaffungs- oder Herstellungskosten können demnach wohl kaum als Indikator für den Wert eines Bodenschatzvorkommens bzw. Erträge daraus dienen, sondern lediglich den mindestens zu erwartenden künftigen Zahlungsmittelzufluss repräsentieren. Durch das spätere ***matching*** der vormals aktivierten Ausgaben zu den tatsächlich realisierten Erträgen daraus wird eine **periodengerechte** Gewinnermittlung gewährleistet und die Erfassung unrealisierter Erträge vermieden.[1043] Demnach sind die vermittelten Informationen **relevant** i. S. v. einem bestätigenden Wert und bilden die tatsächlichen Verhältnisse am Tag der Bewertung ab. Auch wird die glaubwürdige Darstellung durch Ermessensspielräume nur geringfügig eingeschränkt, sodass die Bewertung von *E&E*-Vermögen im Zugangszeitpunkt nach IFRS 6 insgesamt durchaus zu **entscheidungsnützlichen Informationen** führt.

444.122. Wahl zwischen fortgeführten Anschaffungs- oder Herstellungskosten und Neubewertungsmodell

Das Wahlrecht, die *E&E*-Vermögenswerte entweder nach dem Anschaffungskosten- oder nach dem Neubewertungsmodell zu bewerten, ist insofern zu befürworten, als die Regelung aus IFRS 6.12 damit konsistent zu den Folgebewertungsvorschriften für materielle und immaterielle Vermögenswerte ist und es zu keiner Branchenausnahme kommt.[1044] Doch auch wenn ein Wahlrecht grds. Abwägung von den Bilanzierern erfordert und die Vergleichbarkeit von Informationen eingeschränkt wird, kann diese Problematik für *E&E*-Vermögenswerte weitgehend vernachlässigt werden. Denn in der Praxis greifen Rohstoffunternehmen weit **überwiegend** allein auf das **Anschaffungskostenmodell** zurück.[1045]

444.123. Planmäßige Abschreibung von *E&E*-Vermögenswerten

Wann die **planmäßige Abschreibung** von während der Explorations- und Evaluierungsphase aktivierten Vermögenswerten **beginnt**, kann nicht pauschal festgelegt werden, sondern erfordert eine separate Beurteilung für die einzelnen *E&E*-Vermögenswerte bzw. einzeln abzuschreibenden Komponenten. Denn nur solche, die bereits **während der *E&E*-Tätigkeiten** eines Rohstoffunternehmens **genutzt** und damit verbraucht werden, werden **in dieser Zeit** auch schon planmäßig **abgeschrieben**, um den Aufwand periodengerecht zu erfassen. Einige *E&E*-Vermögenswerte hingegen werden ihre Betriebsbereitschaft in diesen frühen Upstream-Phasen noch nicht erreicht haben, da ihr Wertverzehr erst mit der Gewinnung der Bodenschätze einsetzt.[1046] Darum beginnt deren plan-

---

1043 Vgl. Abschnitt 31 i. V. m. Abschnitt 328.

1044 Mit dieser Argumentation zur Vermeidung systematischer Inkonsistenzen begründete auch der IASB selbst das gestattete Wahlrecht, vgl. IFRS 6.BC29 f.; RIESE, J./KURZ, L., in: Beck IFRS HB, 5. Aufl., § 42, Rn. 35.

1045 Vgl. PwC (Hrsg.), Financial reporting in the mining industry 2012, S. 23. So auch die Untersuchungsergebnisse von RICHTER, F., Bilanzierung des Upstream-Geschäfts, S. 103 i. V. m. 179-184. Diese Dominanz kann vor allem durch die Schwierigkeiten in Zusammenhang mit dem Neubewertungsmodell erklärt werden. Vgl. ausführlicher zum Neubewertungsmodell bereits Abschnitt 328.

1046 Vgl. RICHTER, F., Bilanzierung des Upstream-Geschäfts, S. 104 f.

mäßige Abschreibung gemäß dem *matching principle*, wenn die Rohstoffe gefördert und Erträge aus ihrer Veräußerung erwirtschaftet werden.[1047]

Schon während der noch laufenden *E&E*-Aktivitäten werden z. B. regelmäßig Sachanlagen wie Fahrzeuge, Bagger und Bohrgestänge oder auch Explorationslizenzen planmäßig abgeschrieben.[1048] Deren Nutzenverbrauch ist nicht an die späteren Erträge aus der Rohstoffgewinnung gebunden, sondern äußert sich deutlich früher, indem dieses Vermögen das Unternehmen bei dessen laufender Geschäftstätigkeit unterstützt. Die resultierenden Abschreibungsbeträge der einzelnen Perioden fließen entweder in den Aufwand oder, sofern diese Vermögenswerte dazu genutzt werden, einen anderen Vermögenswert herzustellen, in dessen Herstellungskosten.[1049] Die angewendete **Abschreibungsmethode** soll den erwarteten Verlauf bestmöglich widerspiegeln, den der Verbrauch des wirtschaftlichen Nutzens aus dem abzuschreibenden Vermögenswert voraussichtlich nehmen wird.[1050] Besonders gut eignet sich dazu die leistungsabhängige Abschreibungsmethode (*unit of production method*).[1051] Demnach bemisst sich der Periodenabschreibungsbetrag als Periodenleistung des Vermögenswerts im Verhältnis zur Gesamtleistung multipliziert mit dem Abschreibungsausgangsbetrag. So können bspw. für Fahrzeuge die geschätzte Gesamtkilometerleistung oder für Bohrvorrichtungen die erwarteten Gesamtbohrmeter oder bewegbaren -erdmassen herangezogen werden. Bei immateriellen Vermögenswerten wie Explorationslizenzen bietet sich hingegen häufig eine lineare Abschreibung über die Dauer, für die dem Unternehmen die *E&E*-Arbeiten gewährt werden, an.[1052] Auch wenn der tatsächliche Verlauf des Nutzenverbrauchs von Vermögenswerten nicht verlässlich bestimmt werden kann, ist eine lineare Abschreibung geboten.[1053]

Die **planmäßige Abschreibung** von Vermögenswerten bereits **während der *E&E*-Phase** ist insgesamt als unproblematisch zu werten. Im Kontext von *extractive activities* können keine spezifischen Schwierigkeiten identifiziert werden, die einer **entscheidungsnützlichen** Informationsvermittlung entgegenstehen. Den Grundsätzen der Bewertungskonzeption, konkretisiert durch die Bewertungsvorschriften aus IAS 16 und IAS 38, wird ausnahmslos gefolgt. Allerdings wird ein großer Teil der

---

1047 Vgl. WRIGHT, C. J./GALLUN, R. A., Oil & Gas Accounting, S. 51; BECKER, R./BEERMANN, T./SCHMIDT, L., in: Baetge et al., Rechnungslegung nach IFRS, 2. Aufl., IFRS 6, Rn. 21; ZÜLCH, H./WILLMS, J., in: MüKo Bilanzrecht Bd. 1, IFRS 6, Rn. 30; IASC (Hrsg.), Extractive Industries, Rn. 4.23 und .45; PWC (Hrsg.), Financial reporting in the mining industry 2012, S. 23.

1048 Vgl. LEIPPE, B./FALKENHAHN, G., in: Thiele/von Keitz/Brücks, IFRS 6, Rn. 131; RICHTER, F., Bilanzierung des Upstream-Geschäfts, S. 104; KPMG (Hrsg.), Insights into IFRS, Rn. 5.11.150.30; KPMG (Hrsg.), First Impressions: IFRS 6, S. 11 f.

1049 Vgl. IFRS 6.16; KPMG (Hrsg.), Accounting in the Oil & Gas Industry, S. 4; KPMG (Hrsg.), First Impressions: IFRS 6, S. 9 f.

1050 Vgl. BAETGE, J./BEERMANN, T., Sachanlagevermögen, S. 343; BUSCH, J./ZWIRNER, C., Planmäßige Abschreibung, S. 416.

1051 Vgl. ZÜLCH, H./TEUTEBERG, T., Abschreibungsmethoden, S. 1631; BECKER, R./BEERMANN, T./SCHMIDT, L., in: Baetge et al., Rechnungslegung nach IFRS, 2. Aufl., IFRS 6, Rn. 21.

1052 Sind Explorationslizenzen mit einer Verlängerungsoption belegt, die das Unternehmen in Anspruch zu nehmen gedenkt, sollte dies, sofern ausreichend verlässlich voraussehbar, bei der Bestimmung der Nutzungsdauer berücksichtigt werden. Alternativ ist ggf. später die Nutzungsdauer unter Anwendung von IAS 8.34 und .36 i. V. m. .32 (d) anzupassen. Vgl. ZÜLCH, H./WILLMS, J., Explorations- und Evaluierungsausgaben, S. 1208.

1053 Vgl. IAS 16.55 und .62; IAS 38.97 f.; BUSCH, J./ZWIRNER, C., Planmäßige Abschreibung, S. 416.

E&E-Vermögenswerte zunächst mit Übergang in die Erschließungsphase reklassifiziert und weitergeführt, wie in Abschnitt 454.2 zu zeigen sein wird. Da sie noch nicht betriebs- bzw. nutzungsbereit sind und ihre planmäßige Abschreibung darum erst in der Produktionsphase beginnt, wird diese in Abschnitt 463. thematisiert.

444.124. Test auf Wertminderung für *E&E*-Vermögenswerte

444.124.1 Wertminderung beim Vorliegen besonderer Tatsachen und Umstände

Dass *E&E*-Vermögenswerte nicht, wie IAS 36 vorschreibt, regelmäßig auf Wertminderung zu prüfen sind, sondern nur beim Vorliegen besonderer Tatsachen und Umstände,[1054] begründet der IASB mit der **Schwierigkeit**, für eben dieses Vermögen verlässlich einen **erzielbaren Betrag** zu ermitteln. Während der Explorations- und Evaluierungsphase werden noch keine Erträge erwirtschaftet. Zudem lägen den Unternehmen noch keine ausreichenden Informationen über die Bodenschätze dafür vor, dass künftige Cashflows aus deren Abbau und Veräußerung ausreichend verlässlich geschätzt werden könnten.[1055] Die Konsequenz mangelnder Verlässlichkeit ist jedoch, dass eine Wertermittlung meist unmöglich wird und die betreffenden Vermögenswerte vollständig außerplanmäßig abgeschrieben werden müssen.[1056] Mit seiner Sonderregel versucht der IASB genau jenen Fall zu vermeiden, indem er die Wertminderungsprüfung an **branchenspezifische Indikatoren** knüpft, solange technische und wirtschaftliche Förderbarkeit der Rohstoffe nicht nachgewiesen sind.[1057] Jene besonderen Tatsachen und Umstände fanden im Kommentierungsprozess zum dem finalen IFRS 6 vorhergegangenen Exposure Draft ED 6 insofern großen Zuspruch, als die Indikatoren im Wesentlichen für geeignet erachtet wurden, eine vermutliche Wertminderung anzuzeigen.[1058]

Gleichwohl werden mit diesen **Sondervorschriften** *E&E*-Vermögenswerte gegenüber anderen Vermögenswerten **privilegiert**.[1059] Daher stellt sich die Frage, ob eine solche Ausnahmeregelung überhaupt notwendig ist und die dadurch vermittelten Informationen dem Primat der Entschei-

1054 Vgl. IFRS 6.20.

1055 Vgl. IFRS 6.BC36; KPMG (Hrsg.), Insights into IFRS, Rn. 5.11.180.10. Neben Faktoren wie z. B. Preisvolatilität für die Rohstoffe, Zinsentwicklung oder Wechselkursen sind jedoch gerade die künftigen Cashflows die bestimmende Größe bei der Berechnung von beizulegendem Zeitwert abzüglich Veräußerungskosten sowie Nutzungswert. Vgl. KPMG (Hrsg.), Mining 2014, S. 3; KPMG (Hrsg.), Mining 2012, S. 29. Vgl. hierzu auch die Ausführungen in den Abschnitten 23 und 25 betreffend die Erstellung von Machbarkeitsstudien und Beurteilung von Reserven und Ressourcen.

1056 Vgl. LÜDENBACH, N./HOFFMANN, W.-D./FREIBERG, J., in: Haufe IFRS-Kommentar, 13. Aufl., § 42, Rn. 22; RIESE, J./KURZ, L., in: Beck IFRS HB, 5. Aufl., § 42, Rn. 38.

1057 Vgl. IFRS 6.BC37 und .39; ZÜLCH, H./WILLMS, J., in: MüKo Bilanzrecht Bd. 1, IFRS 6, Rn. 35; ZÜLCH, H./WILLMS, J., Bewertung von mineralischen Ressourcen, S. 119.

1058 Die Vorschläge aus ED 6.13 wurden großteils genauso oder sehr ähnlich in IFRS 6.20 übernommen. Vgl. stellvertretend DRSC (Hrsg.), Comment Letter ED 6, S. 6; SANTOS (Hrsg.), Comment Letter ED 6, S. 3; ALKANE EXPLORATION (Hrsg.), Comment Letter ED 6, S. 4; NORTHERN GOLD NL (Hrsg.), Comment Letter ED 6, S. 3; TOTAL S.A. (Hrsg.), Comment Letter ED 6, S. 5; REDOVISNINGSRÅDET (Hrsg.), Comment Letter on ED 6, S. 3; BHP BILLITON (Hrsg.), Comment Letter ED 6, S. 3; DELOITTE TOUCHE TOHMATSU (Hrsg.), Comment Letter ED 6, S. 7.

1059 Vgl. PETERSEN, K./BANSBACH, F./DORNBACH, E., IFRS Praxishandbuch, S. 186; LÜDENBACH, N./HOFFMANN, W.-D./FREIBERG, J., in: Haufe IFRS-Kommentar, 13. Aufl., § 42, Rn. 22.

dungsnützlichkeit genügen können. Der Begründung, dass eine verlässliche Ermittlung des erzielbaren Betrags unmöglich sei, widersprechen BECKER/BEERMANN/SCHMIDT, die eine Wertermittlung basierend auf den internen Planungsrechnungen des Unternehmen mittels eines gewichteten Erwartungswerts jederzeit für möglich erachten und darum fordern.[1060] Da Rohstoffunternehmen i. d. R. sehr detaillierte Einschätzungen der explorierten Gebiete von Anfang an vornehmen und kontinuierlich aktualisieren,[1061] muss diesem Argument durchaus Gewicht beigemessen und die zwingende Notwendigkeit der erleichternden Sondervorschriften angezweifelt werden. Sofern jedoch die Verlässlichkeit eines dergestalt ermittelten erzielbaren Betrags doch zu starke Zweifel aufkommen ließe, würde auch die Begründung des IASB nachvollziehbarer. Darum sollen die Folgen der Sondervorschrift nun konkretisiert und beurteilt werden.

Zunächst handelt es sich bei den in IFRS 6.20 aufgeführten besonderen Tatsachen und Umständen lediglich um eine **Liste mit Beispielen**, nicht aber um einen exakten und abschließenden Kriterienkatalog.[1062] Insofern wird von den Bilanzierern ein hohes Maß an **Auslegung und Interpretation** verlangt, was sie im eigenen Unternehmen als solche oder gleichwertige Indikatoren anerkennen und wie stark diese Indikatoren ausgeprägt sein müssen, um tatsächlich einen Wertminderungstest auszulösen. Auch legt IFRS 6 keine zeitlichen Grenzen fest, wann diese besonderen Tatsachen und Umstände zu ermitteln sind, sodass unklar ist, wie oft ein Vorliegen solcher Anhaltspunkte geprüft oder ob sie stattdessen kontinuierlich beobachtet und überwacht werden müssen. Offen bleibt zudem, wie der IASB den Ablauf der Gültigkeit von Rechten „in naher Zukunft" versteht, und wie er ein „bestimmtes Gebiet" definiert.[1063] Diese umfangreichen Ermessensspielräume können dazu genutzt werden, eine **Wertminderung** von *E&E*-Vermögenswerten deutlich **hinauszuzögern**. Besonders nach dem *full cost accounting* bilanzierende Unternehmen dürften an dieser Sondervorschrift ein gesteigertes Interesse haben, weil sie aufgrund umfangreicherer Aktivierungen von *E&E*-Ausgaben[1064] ein deutlich höheres Verlustpotenzial durch außerplanmäßige Abschreibungen haben als entsprechend der *Successful-Efforts*-Methode bilanzierende Unternehmen.[1065]

Zwar sind diejenigen Informationen, die vermittelt werden, wenn tatsächlich ein Wertminderungstest durchgeführt wird, von hoher Relevanz für die Adressaten, schließlich können diese so erkennen, welche Wertverluste aus erfolglosen Aktivitäten resultieren. Wegen der verzögerten Wertminderungsprüfung aufgrund der Auslösung einzig durch besondere Tatsachen und Umstände, die zudem hochgradig flexibel ausgelegt werden können, werden relevante Informationen indes regelmäßig vom Unternehmen zurückgehalten, indem es ein *impairment* verschiebt oder unterlässt. Auch in diesem Aspekt wiegt der Malus **mangelnder Relevanz** bei *Full-Cost*-Bilanzierern schwerer als bei Befolgern des *successful efforts accounting*, da Erstgenannte grds. *E&E*-Ausgaben für deutlich un-

1060 Vgl. BECKER, R./BEERMANN, T./SCHMIDT, L., in: Baetge et al., Rechnungslegung nach IFRS, 2. Aufl., IFRS 6, Rn. 24.

1061 Vgl. Abschnitt 232.

1062 Eine erweiterte Liste möglicher Indikatoren findet sich bei KPMG (Hrsg.), Mining 2012, S. 26.

1063 Vgl. KPMG (Hrsg.), First Impressions: IFRS 6, S. 14 f.

1064 Vgl. hierzu die Abschnitte 443.212.2, 443.223.323., 443.223.423. und 443.224.

1065 Vgl. RIESE, J./KURZ, L., in: Beck IFRS HB, 5. Aufl., § 42, Rn. 41.

sicherere Projekte sowie mitunter wissentlich erfolglosen Aktivitäten zuordenbare *E&E*-Ausgaben nicht nur aktivieren, sondern auch längerfristig in der Bilanz fortführen können.[1066]

Die **Sondervorschriften** zur Wertminderung von *E&E*-Vermögenswerten eröffnen derart großen Gestaltungs- und Ermessensspielraum, dass Unternehmen deren außerplanmäßige Abschreibung nahezu beliebig steuern können, sodass aus den Regelungen des IFRS 6 diesbezüglich **keine glaubwürdig darstellbaren** Informationen resultieren.[1067] Die eigentliche Funktion des *impairment test*, einen überhöhten Vermögensausweis zu erkennen und zu korrigieren, wird für die Dauer der *E&E*-Aktivitäten damit faktisch außer Kraft gesetzt.[1068] Somit können i. d. R. **keine entscheidungsnützlichen Informationen** vermittelt werden. Überdies wäre eine solche Sonderregelung für *Successful-Efforts*-Bilanzierer[1069] nicht einmal notwendig, um eine frühzeitige vollständige Abschreibung zu verhindern. Da sie ohnehin nur solche *E&E*-Ausgaben aktivieren, die in kausalem Zusammenhang mit wirtschaftlich förderbaren Rohstoffreserven stehen, dürften sie zum Aktivierungszeitpunkt sicherlich bereits in der Lage sein, einen erzielbaren Betrag verlässlich zu ermitteln. Es käme einzig dann zur außerplanmäßigen Abschreibung, wenn im Nachhinein der Reservenfeststellung Gründe gegen eine künftige Förderung oder für geringere Erträge daraus als zunächst angenommen aufkämen.

444.124.2 Bildung zahlungsmittelgenerierender Einheiten zum Zweck der Prüfung auf Wertminderung

Das Konstrukt der zahlungsmittelgenerierenden Einheit in den IFRS wurde für Zwecke der Wertminderung in den Fällen geschaffen, in denen einzelne Vermögenswerte keine unabhängigen Cashflows generieren, wodurch deren erzielbarer Betrag nicht bestimmt werden kann.[1070] Eine ZGE wird daher definiert als die **kleinste identifizierbare Gruppe von Vermögenswerten**, die von anderen (Gruppen von) Vermögenswerten weitgehend **unabhängig Mittelzuflüsse** generiert.[1071] Die Abgrenzung der einzelnen ZGE fußt dabei auf intern für die Unternehmenssteuerung und Entscheidungsfindung genutzten Daten, folgt also dem Konzept des sog. *management approach*.[1072]

1066 Vgl. PwC (Hrsg.), Financial reporting in the mining industry 2007, S. 15.

1067 Vgl. LÜDENBACH, N./HOFFMANN, W.-D./FREIBERG, J., in: Haufe IFRS-Kommentar, 13. Aufl., § 42, Rn. 22; ZÜLCH, H./WILLMS, J., Explorations- und Evaluierungsausgaben, S. 1205.

1068 Vgl. ZÜLCH, H./WILLMS, J., in: MüKo Bilanzrecht Bd. 1, IFRS 6, Rn. 35; ZÜLCH, H./WILLMS, J., Bewertung von mineralischen Ressourcen, S. 120.

1069 Die Aussage bezieht sich auf das *successful efforts accounting* ohne aktivische Abgrenzungen.

1070 Vgl. IAS 36.22. Sofern Vermögenswerte nur im Verbund Mittelzuflüsse erzeugen, darf vom Einzelbewertungsgrundsatz abgewichen werden, vgl. BARTELHEIMER, J./KÜCKELHAUS, M./WOHLTHAT, A., Impairment of Assets, S. 23 f.; MERSCHDORF, M., Management Approach, S. 52 f.; LÜDENBACH, N., Impairment einer Sachanlage, S. 231.

1071 Vgl. IAS 36.6; BEYHS, O., Impairment of Assets, S. 100-113.

1072 Vgl. MERSCHDORF, M., Management Approach, S. 53. Vgl. zum *management approach* in der IFRS-Rechnungslegung WEIßENBERGER, B. E./MAIER, M., Management Approach, S. 2077-2083; KIRSCH, H.-J./KOELEN, P./KÖHLING, K., Möglichkeiten und Grenzen des management approach, S. 200-207.

In den *extractive activities* entspricht die **ZGE** regelmäßig einem **Kostencenter**.[1073] Da IFRS 6 jedoch keinerlei Vorgaben macht, wie Unternehmen ihre Kostencenter bestimmen sollen, und zur Abgrenzung der ZGE auch nicht auf IAS 36 verweist, verbleibt den Bilanzierern umfangreicher Raum zur Auslegung der Regelungen und zur Gestaltung.[1074] Dass dieser genutzt wird, zeigt sich in den sehr unterschiedlich großen Kostencentern. Besonders *Full-Cost*-Bilanzierer bilden sehr große Kostencenter, sehen mitunter gar die gesamte Welt als ein einziges Kostencenter an, beschränken diese indes zumeist auf Landes- bzw. Ländergruppengrenzen.[1075] Vertreter des *successful efforts accounting* stellen einen kausalen Zusammenhang zu aktivierender Ausgaben mit den zugehörigen Rohstoffreserven her, weshalb deren Kostencenter i. d. R. deutlich kleiner ausfallen. So ist es üblich, einzelne Vorkommen wie z. B. Ölfelder oder Minen oder durch gemeinsame Produktions- und Förderanlagen verbundene Vorkommen, die nur im Verbund Mittelzuflüsse erzeugen können, als separate Kostencenter und damit auch als ZGE zu behandeln.[1076] Die mangelnde Anleitung diesbezüglich in IFRS 6 erscheint kritisch, da die Größe der ZGE erheblichen Einfluss auf die Wertminderung haben kann.[1077]

IFRS 6.21 ermöglicht, dass einzelne *E&E*-Vermögenswerte ZGE-Gruppen zugeordnet werden dürfen. Eine derartige Vorgehensweise sieht IAS 36 indes nur in Ausnahmefällen für gemeinschaftliche Vermögenswerte vor, gestattet sie den Unternehmen doch, eine gezielte Auswahl und Zuordnung zu treffen.[1078] IFRS 6.21 beschränkt diese Möglichkeit nicht auf gemeinschaftliche Vermögenswerte, weshalb der bestehende Ermessensspielraum zusätzlich vergrößert wird.[1079] Dass auch der *impairment test* selbst gemäß IFRS 6.22 auf Ebene mehrerer, aggregierter ZGE stattfinden darf, weicht die Konzeption des IAS 36 deutlich auf und schafft eine ***E&E*-spezifische Sonderebene**[1080] – und das, obwohl unternehmensintern zumeist ausreichende Informationen für die einzelnen ZGE vorliegen.[1081] Je höher die Ebene für den Wertminderungstest, desto mehr Vermögenswerte bzw. ZGE umfasst sie und desto stärker steigt die Wahrscheinlichkeit eines **Kompensationseffekts**.[1082] Denn positive Cashflows aus erfolgreichen Rohstoffprojekten können die Wertminderung für die

---

1073 Vgl. BECKER, R./BEERMANN, T./SCHMIDT, L., in: Baetge et al., Rechnungslegung nach IFRS, 2. Aufl., IFRS 6, Rn. 30. Vgl. zu Bestimmung und Funktion der Kostencenter nach *successful efforts* und *full cost accounting* bereits Abschnitt 443.222.

1074 Vgl. RICHTER, F., Bilanzierung des Upstream-Geschäfts, S. 107; KPMG (Hrsg.), Insights into IFRS, Rn. 5.11.190.20.

1075 Vgl. Abschnitt 443.212.2 i. V. m. Abschnitt 443.222.

1076 Vgl. Abschnitt 443.212.1 i. V. m. Abschnitt 443.222. Vgl. auch EY (Hrsg.), US GAAP vs. IFRS: Oil and gas, S. 19; PWC (Hrsg.), Real Time, S. 11; BECKER, R./BEERMANN, T./SCHMIDT, L., in: Baetge et al., Rechnungslegung nach IFRS, 2. Aufl., IFRS 6, Rn. 28; KPMG (Hrsg.), Mining 2014, S. 3.

1077 Vgl. WILLMS, J., Explorations- und Evaluierungsausgaben, S. 207.

1078 Vgl. IAS 36.100-.103; MÜLLER, S./REINKE, J., Zahlungsmittelgenerierende Einheiten, S. 526. Gemeinschaftliche Vermögenswerte erzeugen jedoch selbst keine Mittelzu-, sondern nur Mittelabflüsse durch ihren Verbrauch und werden, bspw. zu Verwaltungszwecken, in mehreren ZGE eingesetzt.

1079 Vgl. LÜDENBACH, N./HOFFMANN, W.-D./FREIBERG, J., in: Haufe IFRS-Kommentar, 13. Aufl., § 42, Rn. 25.

1080 Vgl. BECKER, R./BEERMANN, T./SCHMIDT, L., in: Baetge et al., Rechnungslegung nach IFRS, 2. Aufl., IFRS 6, Rn. 26; BALLWIESER, W./DOBLER, M., in: Wiley Kommentar IFRS 2009, 5. Aufl., Abschnitt 24, Rn. 112.

1081 Vgl. KPMG (Hrsg.), First Impressions: IFRS 6, S. 15. Bereits während der *E&E*-Aktivitäten werten die Unternehmen ihre Daten kontinuierlich aus und aktualisieren ihre Bewertungs- und Berechnungsmodelle für die Machbarkeitsstudien, vgl. Abschnitt 232.

1082 Vgl. ZÜLCH, H./WILLMS, J., Explorations- und Evaluierungsausgaben, S. 1205.

gesamte Gruppe von ZGE verhindern, obwohl einzelne Vermögenswerte oder ZGE innerhalb der aggregierten Gruppe negative Wertentwicklungen erwarten lassen. Mangels Anleitung in IFRS 6 ist es Unternehmen damit bspw. möglich, bewusst noch nicht einschätzbare oder gar bekanntlich erfolglose *E&E*-Aktivitäten einer ZGE mit erfolgreichen, bereits produzierenden ZGE zwecks Wertminderungsprüfung auf einer hierarchisch höheren Ebene zu gruppieren, um damit ein *impairment* zu verhindern.[1083] Besonders nach *full cost accounting* bilanzierende Unternehmen profitieren von diesen Sonderregeln, wären doch sonst einige ihrer ZGE, würden diese separat betrachtet, abzuschreiben, da aufgrund der undifferenzierten, umfangreichen Aktivierung von *E&E*-Ausgaben ohne Berücksichtigung der Ansatzvoraussetzungen für sie allein häufig keine erzielbaren Beträge ermittelbar wären oder bereits feststeht, dass die Aktivitäten erfolglos waren.[1084]

Allerdings erhöht die Zusammenfassung mehrerer ZGE zu einer Gruppe auf höherer Ebene die Wahrscheinlichkeit dafür, dass die gesamte Gruppe auf Wertminderung geprüft werden muss. Denn wenn in einem bestimmten Gebiet, also in einer ZGE, auslösende besondere Tatsachen oder Umstände identifiziert werden, muss die gesamte Gruppe, der diese ZGE zugeordnet ist, einem Test unterzogen werden.[1085] Regelmäßig wird aber, wenn ein Unternehmen produzierende und noch in der *E&E*-Phase befindliche ZGE auf übergeordneter Ebene aggregiert, dann der zuvor beschriebene Kompensationseffekt eintreten, wodurch im Ergebnis eine Wertminderung oftmals verhindert werden kann.

Die hier beschriebenen Gestaltungsmöglichkeiten bei der Zuordnung einzelner *E&E*-Vermögenswerte auf Gruppen von ZGE und vor allem die Sonderregel, die Wertminderungsprüfung auf Ebene von zu einer Gruppe aggregierten ZGE zuzulassen, **schränken** die **Entscheidungsnützlichkeit** der vermittelten Informationen **erheblich ein.**[1086] Zum einen begrenzt ein Wertminderungstest auf zu hoher Aggregationsebene die Relevanz. Wenn z. B. einzelne Projekte als erfolglos eingestuft werden müssen, kann die Werthaltigkeit der damit in Zusammenhang stehenden aktivierten Vermögenswerte kaum unverändert fortbestehen und eine entsprechende Wertanpassung würde diese Entwicklung den Adressaten signalisieren. Diese wird jedoch durch die Sondervorschriften weitgehend verhindert.[1087] Zum anderen sind die Abschlüsse von Rohstoffunternehmen nicht sonderlich vergleichbar, da jedes dieser Unternehmen eigene Rechnungslegungsmethoden festlegt. Die Fülle an Interpretations- und Ermessensspielräumen, die IFRS 6 in Bezug auf die Ebene der Wertminderungsprüfung gewährt, kann von Bilanzierern intensiv für deren eigene Motive genutzt werden, sodass die vermittelten Informationen nicht als neutral angesehen werden können. Damit steht auch deren Glaubwürdigkeit in Frage.

1083 Vgl. PwC (Hrsg.), Financial reporting in the mining industry 2012, S. 24; PwC (Hrsg.), Financial reporting in the mining industry 2007, S. 15.

1084 Vgl. Lüdenbach, N./Hoffmann, W.-D./Freiberg, J., in: Haufe IFRS-Kommentar, 13. Aufl., § 42, Rn. 25; KPMG (Hrsg.), Insights into IFRS, Rn. 5.11.190.30; KPMG (Hrsg.), First Impressions: IFRS 6, S. 15. Vgl. zur Ansatzproblematik beim *full cost accounting* die Abschnitte 443.212.2, 443.223.323., 443.223.423. und 443.224.

1085 Vgl. BDO (Hrsg.), An overview of IFRS 6, S. 14; PwC (Hrsg.), Real Time, S. 11.

1086 Vgl. Zülch, H./Willms, J., Bewertung von mineralischen Ressourcen, S. 120 f.

1087 Für eine Einzelbetrachtung und *impairment* erfolgloser Projekte argumentiert PwC (Hrsg.), Financial reporting in the mining industry 2007, S. 39.

Um die Entscheidungsnützlichkeit zu verbessern, könnte der IASB die Sondervorschriften für *E&E*-Vermögenswerte streichen und durch einen Verweis auf IAS 36 bezüglich der Bildung von ZGE und Wertminderungsprüfung auf ZGE-Ebene eine höhere Regelungssicherheit schaffen.[1088] Dadurch würde die Finanzberichterstattung vergleichbarere und relevantere Informationen vermitteln. Schließlich würden der Kompensationseffekt deutlich gemindert und gezielt ausnutzbare Gestaltungsmöglichkeiten stark eingeschränkt. Zwar würde dies besonders für diejenigen Unternehmen, die ihre ZGE auf höchster Ebene, der eines Segments i. S. v. IFRS 8, oder nur geringfügig kleiner bilden, einen Einmaleffekt besonders hoher Abschreibungen hervorrufen. Indes ist das Abschreibungspotenzial nur dann derart hoch, wenn die Unternehmen bereits ihre Ansatzpolitik unter Ausnutzung der von IFRS 6 gewährten – dem Ziel der Entscheidungsnützlichkeit nicht zuträglichen – Freiheiten festgelegt haben und zusätzlich die Erleichterungen hinsichtlich der Wertminderungsprüfungen ausgeschöpft haben, was hauptsächlich *Full-Cost*-Bilanzierer betreffen dürfte.[1089] Zudem ist spätestens bei Beendigung der *E&E*-Aktivitäten und damit der Entscheidung, ein Projekt einzustellen oder mit der Erschließung fortzufahren, ohnehin verpflichtend ein Wertminderungstest nach Maßgabe des IAS 36 durchzuführen.

444.124.3 Verpflichtender Wertminderungstest vor dem Übergang in die Erschließungsphase

Sobald die technische und wirtschaftliche Förderbarkeit eines Rohstoffvorkommens nachgewiesen wird, dürfen die zuzuordnenden *E&E*-Vermögenswerte nicht mehr als solche klassifiziert werden, sondern sind umzugliedern und künftig außerhalb des IFRS 6-Regelungskanons zu bilanzieren.[1090] Unmittelbar vor der Reklassifizierung müssen die betreffenden Vermögenswerte zunächst einem Wertminderungstest unterzogen werden.[1091]

Der IASB lässt offen, ob er die unmittelbar vor der Umgliederung stehenden *E&E*-Vermögenswerte bereits den Wertminderungsvorschriften des IAS 36 unterstellt oder ob auch hierfür noch die besonderen Regelungen des IFRS 6.21 f. gelten.[1092] Es darf m. E. angenommen werden, dass dieser *impairment test* nun **in Einklang mit IAS 36** durchgeführt werden soll,[1093] da die Sondervorschriften des IFRS 6 für die Ausnahmesituation geschaffen wurden, dass noch keine ausreichenden Informationen zur Bestimmung künftiger Erträge aus den explorierten Rohstoffen und damit eines erzielbaren Betrags vorlägen. Spätestens mit der Entscheidung zur Erschließung einer Lagerstätte

---

1088 Vgl. BECKER, R./BEERMANN, T./SCHMIDT, L., in: Baetge et al., Rechnungslegung nach IFRS, 2. Aufl., IFRS 6, Rn. 10.

1089 Vgl. BECKER, R./BEERMANN, T./SCHMIDT, L., in: Baetge et al., Rechnungslegung nach IFRS, 2. Aufl., IFRS 6, Rn. 12.

1090 Damit unterliegen die Vermögenswerte nach Beendigung der *E&E*-Phase den branchenunspezifischen IFRS für Sachanlagen und immaterielle Vermögenswerte. Vgl. IFRS 6.BC56; PETERSEN, K./BANSBACH, F./DORNBACH, E., IFRS Praxishandbuch, S. 186, sowie die Ausführungen in Abschnitt 45.

1091 Vgl. IFRS 6.17 und .BC56.

1092 Vgl. RICHTER, F., Bilanzierung des Upstream-Geschäfts, S. 110.

1093 So auch bspw. BECKER, R./BEERMANN, T./SCHMIDT, L., in: Baetge et al., Rechnungslegung nach IFRS, 2. Aufl., IFRS 6, Rn. 34; WILLMS, J., Explorations- und Evaluierungsausgaben, S. 50.

sind die Reserven jedoch bekannt und die erwarteten Rückflüsse daraus berechenbar,[1094] sodass die Begründung zur Gewährung der Sonderregelungen entfällt. Es kann nicht länger eine ganze Gruppe von ZGE, womöglich gar in der Größe eines Geschäftssegments, betrachtet werden. Stattdessen muss die Prüfung auf unterster Ebene stattfinden. In der Regel bilden dann einzelne Vorkommen bzw. Förderstätten oder mehrere eng zusammenhängende Abbaugebiete mit gemeinsamen Produktions- und Förderanlagen eine ZGE, denn die Veräußerung der daraus geförderten Rohstoffe erzielt weitgehend unabhängig Mittelzuflüsse.[1095] Da unmittelbar vor dem Übergang in die Erschließungsphase also die einzelnen ZGE Gegenstand des *impairment test* sind, scheint es sinnvoll, dies mit einem **expliziten Verweis** auf IAS 36 im Standard klarzustellen sowie auch bereits während der *E&E*-Aktivitäten auf dieser untersten Ebene zu testen,[1096] weil hierdurch nicht nur die im vorherigen Abschnitt 444.124.2 thematisierte Problematik gemindert, sondern zudem mehr Konsistenz und inner- wie zwischenbetriebliche Vergleichbarkeit geschaffen würden.

Allerdings kommt es zum Zeitpunkt der Reklassifizierung von *E&E*-Vermögenswerten nur höchst **selten** zu Erfassung eines **Wertminderungsaufwands**. So wird der erzielbare Betrag in den meisten Fällen deutlich über dem Buchwert liegen.[1097] Schließlich würde kein ökonomisch handelndes Unternehmen in unrentable Projekte investieren und entdeckte Vorkommen erschließen und zu Förderstätten mitsamt der benötigten Infrastruktur ausbauen, deren Ausbeutung ein Verlustgeschäft ist.[1098]

444.13 Zwischenfazit und Verbesserungsvorschläge zur Bewertung von *E&E*-Vermögenswerten nach IFRS 6

Die Bewertung von *E&E*-Vermögenswerten mit ihren **Anschaffungs- oder Herstellungskosten** im Zugangszeitpunkt ist zu befürworten, ist dies doch auch für Sachanlagen und immaterielle Vermögenswerte der einschlägige Bewertungsmaßstab. Ein zusätzlicher **Verweis**, dass die Anschaffungs- oder Herstellungskosten von *E&E*-Vermögenswerten abhängig von ihrer Klassifizierung nach den Vorschriften des **IAS 16** bzw. **IAS 38** bestimmt werden sollten, könnte zudem die wenigen verbleibenden Ermessensspielräume weiter schmälern.

Ebenfalls positiv zu werten ist die grds. Orientierung der Folgebewertung an IAS 16 und IAS 38. Zwar wird hierdurch ein Wahlrecht zwischen Anschaffungskosten- und Neubewertungsmodell gewährt, doch können die Auswirkungen des Wahlrechts im Fall des IFRS 6 vernachlässigt werden,

---

1094 Vgl. Abschnitt 232. und 442.

1095 Vgl. BECKER, R./BEERMANN, T./SCHMIDT, L., in: Baetge et al., Rechnungslegung nach IFRS, 2. Aufl., IFRS 6, Rn. 34; WILLMS, J., Explorations- und Evaluierungsausgaben, S. 50.

1096 Vgl. BECKER, R./BEERMANN, T./SCHMIDT, L., in: Baetge et al., Rechnungslegung nach IFRS, 2. Aufl., IFRS 6, Rn. 34.

1097 Vgl. ZÜLCH, H./WILLMS, J., Explorations- und Evaluierungsausgaben, S. 1205; WILLMS, J., Explorations- und Evaluierungsausgaben, S. 50. Besonders wenn die Rechnungslegungsmethode der Unternehmen vorsieht, nur solche *E&E*-Vermögenswerte zu aktivieren, die in direktem Zusammenhang mit nachweislich wirtschaftlich förderbaren Reserven stehen, dürfte dem Übergang in die Erschließungsphase kein *impairment* vorausgehen. Wird ein solcher Zusammenhang für die Aktivierungsentscheidung nicht unterstellt, ist die Gefahr größer.

1098 Vgl. KLINGSTEDT, J. P., Effects of Full Costing, S. 80.

da ohnehin nur die Anschaffungskostenmethode praktische Relevanz hat, und diesbezüglich Regelungskonsistenz innerhalb der IFRS gewährleistet wird.

Hinsichtlich der **außerplanmäßigen Abschreibungen** führt IFRS 6 **Sondervorschriften** für *E&E*-Vermögenswerte ein, die jedoch allesamt **kaum zielführend** sind. Da nur besondere Tatsachen und Umstände einen Wertminderungstest auslösen, diese Indikatoren jedoch stark auslegungsbedürftig wie auch gestaltbar sind, eröffnet IFRS 6 den Unternehmen Möglichkeiten und Wege, nur selten einen Wertminderungstest durchführen zu müssen. Wird dennoch ein *impairment test* ausgelöst, bringt die mit IFRS 6.21 f. eingeführte Sonderebene zur Prüfung auf Wertminderung, in der mehrere ZGE zusammengefasst werden dürfen, eine weitere Erleichterung für die Bilanzierer. Bei Aggregation vieler und großer ZGE auf hoher Ebene steigt die Wahrscheinlichkeit des Kompensationseffekts, sodass wiederum eine außerplanmäßige Abschreibung häufig vermieden oder zumindest verschoben werden kann. Diese Erleichterungen werden vom IASB damit begründet, dass den Unternehmen während ihrer *E&E*-Tätigkeiten noch keine ausreichenden Informationen vorlägen, um den Vorschriften aus IAS 36 folgen zu können, ohne hohe außerplanmäßige Abschreibungen zu riskieren. Dem ist entgegen zu halten, dass diese Problematik vor allem *Full-Cost*-Bilanzierer treffen dürfte. Für diese Unternehmen wurde allerdings bereits gezeigt, dass auch deren Ansatzpolitik massiv gegen Ziel und Grundsätze der IFRS-Rechnungslegung verstößt.[1099] Darüber hinaus argumentieren BECKER/BEERMANN/ SCHMIDT zutreffend, dass Rohstoffunternehmen jederzeit über ausreichend detaillierte interne Planungsdaten und -berechnungen verfügen, um einen erzielbaren Betrag für ihre *E&E*-Vermögenswerte zu ermitteln – und zwar in Form eines wahrscheinlichkeitsgewichteten Erwartungswerts für die möglichen Cashflows aus den vermuteten und ggf. bereits entdeckten Rohstoffen.[1100] Darum **sollten** Rohstoffunternehmen auch für *E&E*-Vermögenswerte die Regelungen aus **IAS 36 uneingeschränkt befolgen**. Relativiert wird die besondere Werthaltigkeitsproblematik von *Full-Cost*-Abschlüssen durch den verpflichtenden *impairment test* vor dem Übergang der *E&E*-Vermögenswerte in das Erschließungsvermögen, wodurch mögliche Überbewertungen korrigiert werden.

444.2 Vorschlag zur Bewertung von Vermögenswerten aus Exploration und Evaluierung nach dem DP/2010/1

444.21 Bewertungsempfehlungen des DP/2010/1

Nach umfangreicher Diskussion[1101], welcher Wertmaßstab für die Abbildung von Vermögenswerten aus den *extractive activities* von Rohstoffunternehmen am besten geeignet ist – (historische) Anschaffungs- oder Herstellungskosten oder eine ständige Bewertung zu Zeitwerten – empfiehlt das Diskussionspapier nicht nur für die Zugangsbewertung, sondern auch für die gesamte Folgebewertung eine Bilanzierung auf Basis von **Anschaffungs- oder Herstellungskosten**.[1102] Das in

1099 Vgl. die Abschnitte 443.223.323., 443.223.423. sowie besonders 443.224.

1100 Vgl. BECKER, R./BEERMANN, T./SCHMIDT, L., in: Baetge et al., Rechnungslegung nach IFRS, 2. Aufl., IFRS 6, Rn. 24.

1101 Vgl. DP/2010/1.4.8-.44.

1102 Vgl. DP/2010/1.4.84; WULF, I./LANGE, H., Diskussionspapier Extractive Activities, S. 322.

IFRS 6 gewährte Wahlrecht, alternativ das Neubewertungsmodell zu befolgen, sieht das DP/2010/1 nicht vor.[1103] Für die planmäßige Abschreibung wird wiederum auf IAS 16 und IAS 38 verwiesen, abhängig davon, ob die Vermögenswerte materieller oder immaterieller Natur sind. Wenn einzelne Komponenten der Vermögenswerte unterschiedliche Nutzungsdauern aufweisen, sind diese getrennt planmäßig abzuschreiben.[1104] Beispielsweise werden Explorationsrechte separat gemäß der Laufzeit und vertraglichen Bedingungen abgeschrieben, wohingegen die Abschreibung der meisten anderen Vermögenswerte bzw. Komponenten erst mit der Produktion von Rohstoffen beginnt und sich für diese Ressourcen die *unit of production method* am besten eignet, um den Wertverzehr bzw. Nutzenverbrauch widerzuspiegeln.[1105]

Hinsichtlich außerplanmäßiger Abschreibungen soll differenziert werden, ob die Vermögenswerte noch als Explorationsvermögen oder als (vor der Produktion stehendes bzw. bereits produzierendes) Fördervermögen geführt werden. Während beim Status von Fördervermögen die Kenntnislage ausreichend ist, um den erzielbaren Betrag der Vermögenswerte zwecks **Wertminderungstest** zu bestimmen und darum die Vorschriften des IAS 36 angewendet werden können und sollen, sieht das Diskussionspapier – ähnlich dem IFRS 6 – aufgrund der besonderen Unsicherheitssituation Sondervorschriften für Explorationsvermögen vor, indem es dieses von der Anwendung des IAS 36 weitgehend ausnimmt.[1106] Stattdessen ist nur dann ein *impairment* durchzuführen, wenn eine hohe Wahrscheinlichkeit (*high likelihood*) dafür besteht, dass der erzielbare Betrag der Vermögenswerte nicht vollständig wiedererlangt werden kann und spezifische Indikatoren für die Entscheidung über Fortführung oder Abschreibung der Vermögenswerte sprechen.[1107]

444.22 Kritische Analyse der Bewertung von Vermögenswerten aus Exploration und Evaluierung nach dem DP/2010/1

444.221. Bevorzugung des Bewertungsmaßstabs historische Kosten gegenüber der Zeitwertbewertung

Im Kommentierungsprozess zum DP/2010/1 erhielt der Vorschlag, ausschließlich nach dem **Anschaffungskostenmodell** zu bewerten, breite **Zustimmung**. So kamen auch die Kommentierenden überein, dass Anschaffungs- oder Herstellungskosten im Vergleich zur Zeitwertbewertung zu verständlicheren, objektiveren und damit nachprüfbareren, verlässlicheren Informationen führen, die zudem einfacher und kostengünstiger ermittelt werden können.[1108] Zwar wird in DP/2010/1.4.40 angemerkt, dass das Anschaffungskostenmodell keine sonderlich relevanten Informationen vermit-

1103 Allerdings findet trotz dieses Wahlrechts nach IFRS 6 die Neubewertung nahezu keine Anwendung, weshalb IFRS 6 und das DP/2010/1 diesbezüglich zum gleichen Ergebnis führen dürften, vgl. PAARZ, M./MEYER, C., Projekt Rohstoffindustrie des IASB, S. 606.

1104 Vgl. DP/2010/1.4.46.

1105 Vgl. DP/2010/1.4.47.

1106 Vgl. DP/2010/1.4.54 und .57-.59.

1107 Vgl. DP/2010/1.4.73.

1108 Vgl. stellvertretend EXXON MOBIL CORPORATION (Hrsg.), Comment Letter on DP/2010/1, S. 6; SHELL INTERNATIONAL B.V. (Hrsg.), Comment Letter on DP/2010/1, S. 5; BHP BILLITON (Hrsg.), Comment Letter on DP/2010/1, S. 6; NORSK REGNSKAPSSTIFTELSE (Hrsg.), Comment Letter on DP/2010/1, S. 5 f.

tele, da aus ihnen keine künftig erwartbaren Nutzenzuflüsse geschätzt werden könnten. Der aberkannten Relevanz widersprachen jedoch zu Recht mehrere Kommentierende, indem sie durchaus die unzureichende Prognoseeigenschaft anerkannten,[1109] jedoch auf die Vorteile hinwiesen, dass hierdurch wichtige Informationen i. S. d. Rechenschaft vermittelt würden und neben der Verwendung anvertrauter Mittel durch das Management auch dessen Erfolg anhand der *financial performance* beurteilt werden könne.[1110] Die **Entscheidungsnützlichkeit** der Bewertung mittels Anschaffungskostenmodell wird damit bestätigt.[1111]

Auch wenn das Neubewertungsmodell zur verbesserten Substanzerhaltung beitragen soll,[1112] können die bzgl. der **Fair Value-Bewertung** von *MOG*-Vermögenswerten im Diskussionspapier geäußerten **Bedenken** geteilt werden. Subjektive Schätzungen wären notwendig, die kaum Objektivierung durch Marktwerte o. Ä. erführen, dadurch würden große Ermessensspielräume eröffnet, was der Vergleichbarkeit schadete, und hohe Volatilität würde durch schwankende Rohstoffpreise sowie neue Explorationserkenntnisse erzeugt.[1113] Um einigermaßen zuverlässige, den Adressaten nutzenstiftende Zeitwerte zu ermitteln, entstünden daher unverhältnismäßig hohe Kosten.[1114] Insofern widerspricht auch der Vorschlag, im Anhang zusätzlich Angaben über die geschätzten Fair Values zu verlangen, der im DP/2010/1 enthaltenen Begründung zur Ablehnung von Zeitwerten, denn dadurch würden die aufwendigen und dennoch wenig verlässlichen Bewertungen nicht verhindert, sondern lediglich von der Bilanz in den Anhang verschoben – der jedoch als prüfungspflichtiger Abschlussbestandteil[1115] mit der gleichen Sorgfalt erstellt werden muss und den Unternehmen dadurch hoher Aufwand entsteht.[1116]

444.222. Planmäßige Abschreibung von *MOG*-Vermögenswerten

Der Bewertungsvorschlag im Diskussionspapier geht nur knapp auf die planmäßige Abschreibung ein. Zwar sind die zu bewertenden *MOG*-Vermögenswerte nicht mit *E&E*-Vermögenswerten i. S. v. IFRS 6 vergleichbar, da sie nach einem anderen Ansatzkonzept gebildet werden,[1117] doch impliziert

---

1109 Vgl. EY (Hrsg.), IASB discussion paper on extractive activities, S. 3.

1110 Vgl. EFRAG (Hrsg.), Comment Letter on DP/2010/1, S. 7; SHELL INTERNATIONAL B.V. (Hrsg.), Comment Letter on DP/2010/1, S. 5.

1111 Vgl. hierzu auch bereits die Abschnitte 444.121. und 444.122. Die Relevanz der mit den zu Anschaffungs- oder Herstellungskosten bewerteten *MOG*-Vermögenswerten vermittelten Informationen kann jedoch mit zusätzlichen Anhangangaben zu den vermuteten und entdeckten Rohstoffvorkommen verbessert werden, vgl. DE BEERS GROUP (Hrsg.), Comment Letter on DP/2010/1, S. 5; RIO TINTO (Hrsg.), Comment Letter on DP/2010/1, S. 7; EY (Hrsg.), IASB discussion paper on extractive activities, S. 3; EXXON MOBIL CORPORATION (Hrsg.), Comment Letter on DP/2010/1, S. 6; EY (Hrsg.), Comment Letter on DP/2010/1, S. 7.

1112 Vgl. BALLWIESER, W., in: Baetge et al., Rechnungslegung nach IFRS, 2. Aufl., IAS 16, Rn. 30; PELLENS, B. ET AL., Internationale Rechnungslegung, S. 337 f.

1113 Vgl. WULF, I./LANGE, H., Diskussionspapier Extractive Activities, S. 322 f.; BACHERT, K., Fair Value Accounting, S. 24; EY (Hrsg.), IASB discussion paper on extractive activities, S. 3; EXXON MOBIL CORPORATION (Hrsg.), Comment Letter on DP/2010/1, S. 6; KPMG (Hrsg.), Comment Letter on DP/2010/1, S. 7.

1114 Vgl. FISCHER, D. T., Diskussionspapier Extractive Activities, S. 141; RWE (Hrsg.), Comment Letter on DP/2010/1, S. 4; RIO TINTO (Hrsg.), Comment Letter on DP/2010/1, S. 7.

1115 Vgl. ISA 200.11 (a) und .A8.; IDW PS 200.12.

1116 Vgl. WULF, I./LANGE, H., Diskussionspapier Extractive Activities, S. 323 f.; KPMG (Hrsg.), Oil and Gas, S. 7.

1117 Vgl. Abschnitt 443.3.

die zwecks Abschreibung in DP/2010/1.4.46 f. verlangte Trennung der *MOG*-Vermögenswerte in ihre Komponenten gemäß der unterschiedlichen Nutzungsdauern, dass die planmäßige Abschreibung im Ergebnis kaum von der der *E&E*-Vermögenswerte abweichen würde.[1118] Darum soll an dieser Stelle auf die Abschnitte 444.123. und 463. verwiesen werden.

444.223. Test auf Wertminderung für *MOG*-Vermögenswerte

444.223.1 *MOG*-Vermögenswerte der Kategorie Explorationsvermögen

Für *MOG*-Vermögenswerte, die als Explorationsvermögen geführt werden, liegen – weil die *E&E*-Tätigkeiten noch nicht abgeschlossen sind – keine ausreichenden Kenntnisse über die in der Erdkruste befindlichen Rohstoffe vor, um entscheidungsrelevante und verlässliche Informationen über zu erwartende künftige Cashflows aus deren Gewinnung und Veräußerung abschätzen zu können. Darum ist auch die Bestimmung eines erzielbaren Betrags der *MOG*-Vermögenswerte, wie ihn IAS 36 fordert, regelmäßig (noch) nicht möglich.[1119] Entsprechend sieht das Diskussionspapier ein **alternatives Wertminderungskonzept** vor, nach dem Unternehmen so lange kein *impairment* vornehmen brauchen, bis eine **hohe Wahrscheinlichkeit** (*high likelihood*) besteht, dass der erzielbare Betrag nicht vollständig wiedererlangt werden kann.[1120] Diese Anforderung wird allerdings nicht näher ausgeführt, sodass es weitgehend den Bilanzierenden überlassen wird festzulegen, wann eine derartige Situation erreicht wird.[1121]

Stattdessen soll das Unternehmen **besondere Indikatoren** entwickeln und diese beobachten, da es ausschließlich bei Vorliegen solcher Indikatoren zu einem *impairment test* kommen soll. Von den Inhalten des IAS 36 wird demnach bewusst abgewichen.[1122] Wie genau diese Indikatoren spezifiziert werden sollen, wird zwar ebenfalls weitgehend offen gelassen. Indes steht zu vermuten, dass diese inhaltlich mit den besonderen Tatsachen und Umständen vergleichbar sind, die gemäß IFRS 6.19 f. einen Wertminderungstest während der *E&E*-Phase auslösen.[1123] Damit würden für die branchenbesonderen *MOG*-Vermögenswerte ebenso besondere Ausnahmeregeln hinsichtlich der Prüfung auf deren Werthaltigkeit geschaffen. In Ermangelung ausreichender Konkretisierung birgt der Diskussionsentwurf daher enormes Gestaltungspotenzial für die Bilanzierer, da die Auslegung der hohen Wahrscheinlichkeit wie auch der Indikatoren in deren Ermessen liegt und bewusst genutzt werden kann, um einen Wertminderungstest hinauszuzögern oder auch gezielt herbeizufüh-

1118 Vgl. KPMG (Hrsg.), Oil and Gas, S. 9.

1119 Vgl. EY (Hrsg.), IASB discussion paper on extractive activities, S. 3; RWE (Hrsg.), Comment Letter on DP/2010/1, S. 4.

1120 Vgl. WULF, I./LANGE, H., Diskussionspapier Extractive Activities, S. 323.

1121 Vgl. OIAC (Hrsg.), Comment Letter on DP/2010/1, S. 7; EY (Hrsg.), IASB discussion paper on extractive activities, S. 3.

1122 Vgl. PAARZ, M./MEYER, C., Projekt Rohstoffindustrie des IASB, S. 607.

1123 Vgl. WULF, I./LANGE, H., Diskussionspapier Extractive Activities, S. 323; PAARZ, M./MEYER, C., Projekt Rohstoffindustrie des IASB, S. 607; EXXON MOBIL CORPORATION (Hrsg.), Comment Letter on DP/2010/1, S. 7.

ren.[1124] Letztlich muss die **glaubwürdige Darstellung** derartiger Finanzinformationen stark **angezweifelt** werden, auch sind die Abschlüsse nicht vergleichbar.

Die **besonderen *Impairment*-Regelungen** für *MOG*-Vermögenswerte mit dem Status Explorationsvermögen im DP/2010/1 sind indes erforderlich, weil der Wertminderungstest nach IAS 36 für Rechnungsleger konzipiert ist, die bereits den Ansatz ihrer Vermögenswerte, wie es das Conceptual Framework und die konkretisierenden Standards IAS 16 und IAS 38 vorsehen, an das Aktivierungskriterium knüpfen, wonach ein künftiger Nutzen erwartbar und wahrscheinlich sein muss.[1125] Diese Voraussetzung gewährleistet die verlässliche Schätzung von Cashflows und damit die eines erzielbaren Betrags. Da *MOG*-Vermögenswerte mittels einer **abweichenden Ansatzkonzeption** gebildet und aktiviert werden, müsste bei Prüfung auf Wertminderung gemäß den Regelungen des IAS 36 in den meisten Fällen eine vollständige Abschreibung resultieren, weil **kein verlässlicher Wert des erzielbaren Betrags** ermittelt werden kann.[1126] *MOG*-Vermögenswerte sind keine Vermögenswerte, wie sie das Rahmenkonzept definiert. Statt einer Einzelbetrachtung der Sachverhalte, wie IAS 38.11 sie fordert,[1127] werden erworbenes und selbsterstelltes Vermögen – teils nachweislich nutzenstiftend, teils noch unsicher hinsichtlich künftigen Nutzens – zusammengefasst, wodurch allein aufgrund der unverständlichen Zusammensetzung ggf. Schwierigkeiten bei der Bestimmung eines erzielbaren Betrags entstehen könnten.[1128] Schwerwiegender dabei ist jedoch, dass beim Status von Explorationsvermögen noch keine Reserven klassifiziert wurden und demnach noch keine wirtschaftlich nutzbaren Bodenschätze festgestellt wurden.[1129] Mögliche Schätzungen eines erzielbaren Betrags unterlägen **enormen Unsicherheiten**, sind doch beim Ressourcenstatus weder Menge noch Qualität und häufig nicht einmal die tatsächliche Existenz der Rohstoffe bekannt. Selbst ob überhaupt bereits entsprechende Techniken zur Gewinnung der Bodenschätze bestehen oder daran noch geforscht werden müsste, ist zu diesem Zeitpunkt oft unklar.[1130] Diese gravierenden Unsicherheiten stehen der Verlässlichkeit ermittelter Werte entgegen, was dann die vollständige Abschreibung hervorrufen könnte. Dies sucht das Diskussionspapier mit seiner Sonderregelung zu verhindern. Insofern sind die **erleichternden Wertminderungsvorschriften als Ausfluss der besonderen Ansatzvorschriften** zu werten und ähnlich **kritisch** zu sehen wie die in IFRS 6 gewährten Ausnahmen.[1131]

1124 Vgl. hierzu auch bereits die kritische Analyse in Abschnitt 444.124.1.

1125 Vgl. Norsk RegnskapsStiftelse (Hrsg.), Comment Letter on DP/2010/1, S. 6 f.; Rio Tinto (Hrsg.), Comment Letter on DP/2010/1, S. 7; PwC (Hrsg.), Comment Letter on DP/2010/1, S. 7.

1126 Vgl. KPMG (Hrsg.), Oil and Gas, S. 11.

1127 Aufgrund der besonderen Bildung von *MOG*-Vermögenswerten weisen sie den Charakter der Selbsterstellung auf, vgl. Abschnitt 443.321.

1128 Vgl. ebenfalls Abschnitt 443.321.

1129 Vgl. Abschnitt 443.322.

1130 Vgl. Abschnitt 25.

1131 Vgl. Abschnitt 444.124.

444.223.2 *MOG*-Vermögenswerte der Kategorie Fördervermögen

Anders als bei Explorationsvermögen können für *MOG*-Vermögenswerte der Kategorie Fördervermögen die Regelungen aus IAS 36 uneingeschränkt angewendet werden, ohne dass systematische Vollabschreibungen oder ähnliche Effekte eintreten. Für Fördervermögen besteht i. d. R. ein direkter Zusammenhang zu klassifizierten Reserven. Zudem wurden oftmals bereits eine finale Machbarkeitsstudie erstellt und die Entscheidung für die Gewinnung der Bodenschätze bereits getroffen, sodass sämtliche für die Ermittlung des erzielbaren Betrags notwendigen Informationen vorliegen.[1132] Deshalb sieht das DP/2010/1 für Fördervermögen einen Wertminderungstest gemäß IAS 36 vor.[1133] Diese Regelung ist zu befürworten, steht sie doch im Einklang mit der allgemeinen Bewertungskonzeption der IFRS. Dadurch, dass die Funktion des *impairment test*, einem zu hohen Vermögensausweis vorzubeugen, nun uneingeschränkt erfüllt werden kann, werden **relevante**, **glaubwürdige** und **vergleichbare** Informationen gewährleistet.

444.3 Würdigender Vergleich der Bewertungsregelungen nach IFRS 6 und dem DP/2010/1

Sowohl IFRS 6 sieht für *E&E*-Vermögenswerte **erleichternde Sonderregelungen** bzgl. der Wertminderung vor als auch das Diskussionspapier für *MOG*-Vermögenswerte, sofern diese zum Explorationsvermögen zählen: Beide Bewertungskonzepte verlangen nur dann einen *impairment test*, wenn besondere Tatsachen und Umstände bzw. **Indikatoren** für eine **Wertminderung** vorliegen. Die Alternativen ähneln sich sehr, beide eröffnen umfangreiche Ermessensspielräume, die die Bilanzierenden nutzen können, um einen Test bspw. zu vermeiden oder auch gezielt herbeizuführen.[1134] Begründet wird die Erleichterung damit, dass Unternehmen häufig nicht in der Lage seien, den zu erwartenden Nutzen aus diesem Vermögen und damit einen erzielbaren Betrag verlässlich zu schätzen. Diese Problematik resultiert indes aus der zeitlich vorgelagerten Ansatzentscheidung für *E&E*- bzw. Explorationsvermögen, bei der nach IFRS 6 wie auch dem DP/2010/1 keine Ansatzkriterien für die Vermögenswerte zu befolgen sind, wie sie das Rahmenkonzept vorgibt.

In IFRS 6 findet sich darüber hinaus eine weitere Erleichterung nicht zu unterschätzender Wirkung, nämlich die Möglichkeit, zwecks Wertminderungsprüfung nicht nur mehrere Vermögenswerte auf Ebene einer ZGE zusammenzufassen, sondern **auf übergeordneter Ebene** auch **mehrere ZGE zu einer Gruppe**, die dann gemeinsam getestet wird. Hierdurch wird der Kompensationseffekt begünstigt, können doch so gezielt *impairments* verhindert werden.[1135] Eine derartig gestaltbare Rechnungslegung widerspricht dem Ziel der Entscheidungsnützlichkeit.

Insgesamt unterscheiden sich die Bewertungskonzeptionen von IFRS 6 und dem DP/2010/1 kaum. Während die im Ergebnis bei beiden Alternativen weit überwiegende Anwendung des **Anschaf-**

1132 Vgl. hierzu die Abschnitte 232. und 443.322.

1133 Vgl. WULF, I./LANGE, H., Diskussionspapier Extractive Activities, S. 323; EXXON MOBIL CORPORATION (Hrsg.), Comment Letter on DP/2010/1, S. 7.

1134 Vgl. ZÜLCH, H./WILLMS, J., in: MüKo Bilanzrecht Bd. 1, IFRS 6, Rn. 40.

1135 Vgl. LEIPPE, B./FALKENHAHN, G., in: Thiele/von Keitz/Brücks, IFRS 6, Rn. 166.

fungskostenmodells entscheidungsnützliche Informationen erzeugt, stehen dem die **Erleichterungen** bzgl. der Wertminderung entgegen, die weder glaubwürdige noch vergleichbare Bewertungen erzeugen können, und zudem aufgrund ihrer Willkürlichkeit die Relevanz einschränken. Da IFRS 6 mit der neu eingeführten Sonderprüfungsebene für *E&E*-Vermögenswerte **zusätzliche Ermessensspielräume** gewährt, ist dessen Bewertungskonzept noch kritischer zu beurteilen. Letztlich konterkarieren beide Bewertungsalternativen hinsichtlich außerplanmäßiger **Wertminderungen** die Grundzüge der IFRS-Bewertungskonzeption, weshalb die resultierenden Informationen **nicht entscheidungsnützlich** sein können.

45 Erschließung von Lagerstätten

451. Vorbemerkungen

Erschließungsaktivitäten fallen nicht mehr unter den Anwendungsbereich von IFRS 6 und sind insofern nach anderen Rechnungslegungsmethoden zu bilanzieren.[1136] Für die Produktionsphase gelten wiederum teilweise andere, besondere Vorschriften.[1137] Aus diesem Grund wird in Abschnitt 452. zunächst die Abgrenzung der Erschließungs- gegenüber den vorherigen und nachfolgenden Phasen untersucht.

Die investiven Aktivitäten während der Erschließung erzeugen Ausgaben, die weit überwiegend für eine Aktivierung als Vermögenswerte in Frage kommen,[1138] und die zu folgenden Kategorien zusammengefasst werden können:

- Einrichtung des Fördersystems,
- Schaffung eines Zugangs zu den Rohstoffen,
- Erwerb oder Herstellung weiterer Anlagen und Ausrüstungsgegenstände,
- Erwerb oder Herstellung von Servicevermögen.

Zur Einrichtung eines **Fördersystems** zählen bspw. das Bauen und Installieren von Brunnen, Bohrinseln, Schächten, Stollen, Bergwerken oder Gruben, Pipelines oder Förderbandanlagen.[1139] Den **Zugang zu den Rohstoffen** verbessern Infrastrukturmaßnahmen wie Sprengung und Abbaggern von Deckgebirge, Beseitigung von Abraum oder Bau von Zufahrtsstraßen. Das Fördersystem und die damit in direktem Zusammenhang stehende, den Zugang zum Vorkommen ermöglichende Infrastruktur können häufig auch zusammengefasst betrachtet werden als das gesamte Fördersystem

1136 Vgl. IFRS 6.3 i. V. m. .5 (b) sowie .10.

1137 So beginnen in der Produktionsphase die Ertragsrealisation aus dem Verkauf der Rohstoffe sowie die planmäßige Abschreibung vieler Vermögenswerte. Außerdem werden Abraumkosten in dieser Phase gesondert von IFRIC 20 adressiert, vgl. KPMG (Hrsg.), Mining 2014, S. 52. Vgl. zur Bilanzierung während der Produktionsphase Abschnitt 46.

1138 Vgl. KPMG (Hrsg.), Mining 2012, S. 16.

1139 Vgl. IASC (Hrsg.), Extractive Industries, Rn. 6.58.

bzw. die Anlage, womit eine Lagerstätte zu einer Förderstätte entwickelt wird, um die darin enthaltenen Bodenschätze abzubauen.[1140]

Die **weiteren Anlagen und Ausrüstungsgegenstände** umfassen solche Vermögenswerte, die ebenfalls direkt der Gewinnung, Weiterverarbeitung und Lagerung von Rohstoffen dienen, jedoch i. d. R. eine vom Fördersystem abweichende Nutzungsdauer aufweisen und kein integraler Bestandteil des Fördersystems sind. Beispiele hierfür sind Maschinen, Verarbeitungsanlagen, Gebäude und Lagerhäuser, -tanks o. Ä.[1141] **Servicevermögen** hingegen meint ergänzende Ausrüstung und Einrichtungen wie z. B. Fahrzeuge, Werkstätten, Unterbringungen und Aufenthaltsräume für Arbeiter, Bürogebäude sowie verschiedenste Ausrüstungen für Bohrungen, Erdbewegungen, Rohstoffbeurteilung usw.[1142]

Sofern die hier beschriebenen Vermögenswerte durch investive Aktivitäten in der Erschließungsphase entstehen, handelt es sich um sog. **originäre Erschließungsvermögenswerte**. Vermögenswerte, die bereits während *E&E* aktiviert wurden und beim Phasenwechsel in die Erschließung gemäß IFRS 6.17 lediglich umklassifiziert werden, werden als **sekundär** bezeichnet. In Ermangelung spezifischer Regelungen für diese originären und sekundären Erschließungsvermögenswerte muss die Rechnungslegung auf bestehende branchenunspezifische Standards zurückgreifen. Welche dazu herangezogen werden und wie die Bilanzierung gestaltet wird, ist Inhalt von Abschnitt 453. In Abschnitt 454. soll diese Bilanzierung sodann weiter konkretisiert werden, um ein Urteil über die Entscheidungsnützlichkeit der damit vermittelten Informationen fällen zu können.

452. Abgrenzung der Erschließungs- gegenüber der Evaluierungs- und der Produktionsphase

In der **Bergbauliteratur** wird unter Erschließung die technische Entwicklung eines Gebiets verstanden, um die Voraussetzungen für die Gewinnung von Rohstoffen aus der Erdkruste zu schaffen.[1143] Eine einheitliche Definition existiert indes – wie auch für die anderen Upstream-Phasen[1144] – nicht, sodass eine exakte Abgrenzung, besonders in Anbetracht der höchst unterschiedlichen Charakteristika der einzelnen Lagerstätten, erschwert wird. Aus IFRS 6 lässt sich schließen, dass wenn die technische Machbarkeit und wirtschaftliche Durchführbarkeit der Rohstoffförderung nachgewiesen werden, die *E&E*-Phase endet.[1145] Dieser Zeitpunkt markiert zugleich den **Beginn** der sich anschließenden Erschließungsphase[1146] und wurde in Abschnitt 442. bereits ausführlicher diskutiert,

---

1140 Vgl. LÜDENBACH, N./HOFFMANN, W.-D./FREIBERG, J., in: Haufe IFRS-Kommentar, 13. Aufl., § 42, Rn. 2; DP/2010/1.3.23 (a) und (b); PwC (Hrsg.), Financial reporting in the mining industry 2012, S. 29.

1141 Vgl. IASC (Hrsg.), Extractive Industries, Rn. 6.60 und .62.

1142 Auch das Servicevermögen hat regelmäßig eine vom Fördersystem abweichende Nutzungsdauer. Vgl. IASC (Hrsg.), Extractive Industries, Rn. 6.61 und .67.

1143 Vgl. INKPEN, A./MOFFETT, M. H., The Global Oil & Gas Industry, S. 137; GOCHT, W., Wirtschaftsgeologie und Rohstoffpolitik, S. 2; BROCK, H. R./CARNES, M. Z./JUSTICE, R., Petroleum Accounting, S. 17.

1144 Vgl. die Abschnitte 232., 422. und 442.

1145 Vgl. IFRS 6.5 (b) i. V. m. .10 und .BC7 f.

1146 Eine separate Definition der Erschließung hat der IASB nicht veröffentlicht. Vgl. DELOITTE (Hrsg.), iGAAP 2015 Bd. A2, S. 2498.

da diese Regelung trotz des vermeintlich klar definierten Trennpunkts weiterer Konkretisierung bedarf.[1147] Denn auch wenn die finale Machbarkeitsstudie diesbezüglich Anhaltspunkte gibt, liegt die Phasenabgrenzung letztlich im **Ermessen** der Unternehmen, spielen doch zahlreiche interpretationsbedürftige Faktoren dabei eine Rolle.[1148] Aus Objektivierungsgründen wäre es daher wünschenswert, den Übergang zwischen den Phasen an der dokumentierten Investitionsentscheidung festzumachen.[1149]

Die Phase der Erschließung **endet** mit Beginn der Produktion.[1150] Da jedoch bereits während der Erschließung erste Rohstoffe gefördert werden und der Übergang von Erschließungs- in Produktionsphase damit fließend vonstattengeht, obliegt es wiederum den Unternehmen, für sich eine Rechnungslegungsmethode festzulegen, die den Übergangszeitpunkt klar definiert.[1151] Allgemein gilt die Produktion dann als begonnen, wenn eine Förderstätte ihre geplante Auslastung erreicht.[1152] Als Kriterien hierfür können z. B. eine kontinuierliche, störungsfreie Produktion, produktionsbedingte Wechsel im Personal, bewegte Erdmassen oder gewonnene Mineralmengen (nach Qualität und/oder Quantität) bemüht werden.[1153] Auch hierbei ist das **Urteilungsvermögen** der Unternehmen gefragt.

453. Abgrenzung der einschlägigen Bilanzierungsstandards für Erschließungsausgaben

Rohstoffunternehmen müssen für ihre Erschließungsausgaben eine Rechnungslegungsmethode aus einschlägigen bestehenden IFRS adaptieren und stetig anwenden.[1154] In IFRS 6.10 und .BC27 finden sich Hinweise, dass **Erschließungstätigkeiten** ein Beispiel für die **Entwicklungsphase** interner Projekte seien und darum nicht nur das Rahmenkonzept, sondern besonders auch IAS 38.57 Leitlinien für die zu entwickelnde Rechnungslegungsmethode enthalte.[1155] Dies scheint indes verwunderlich, nimmt IAS 38.2 (d) i. V. m. .7 Ausgaben für die Erschließung mineralischer Ressourcen doch ausdrücklich vom Anwendungsbereich des Standards aus. Außerdem bedeutet Entwicklung die Anwendung von Forschungsergebnissen auf einen Entwurf bspw. zur Erstellung neuartiger Verfahren und Systeme vor Beginn der kommerziellen Produktion.[1156] Zwar findet auch die Erschließung eines Bodenschatzvorkommens noch vor der Produktion statt, doch wird in dieser Phase eher umgesetzt, was in den während der *E&E*-Phase erarbeiteten Studien und Konstruktionsentwür-

---

1147 Vgl. KPMG (Hrsg.), Oil and Gas, S. 5.

1148 Vgl. hierzu ausführlich Abschnitt 442. Zu Faktoren, die Hinweise auf die erreichte technische Machbarkeit und wirtschaftliche Durchführbarkeit geben, vgl. die genannten Beispiele in KPMG (Hrsg.), Mining 2012, S. 15; KPMG (Hrsg.), Mining 2009, S. 5.

1149 Vgl. hierzu auch KPMG (Hrsg.), Mining 2012, S. 14.

1150 Vgl. KPMG (Hrsg.), Mining 2009, S. 5.

1151 Vgl. KPMG (Hrsg.), First Impressions: IFRS 6, S. 20; KPMG (Hrsg.), Mining 2012, S. 16.

1152 Vgl. KPMG (Hrsg.), Mining 2012, S. 16.

1153 Vgl. PwC (Hrsg.), Financial reporting in the mining industry 2012, S. 14; KPMG (Hrsg.), Mining 2014, S. 52.

1154 Vgl. EY (Hrsg.), US GAAP vs. IFRS: Oil and gas, S. 3; KPMG (Hrsg.), Insights into IFRS, Rn. 5.11.280.20.

1155 Vgl. RIESE, J./KURZ, L., in: Beck IFRS HB, 5. Aufl., § 42, Rn. 11; LÜDENBACH, N./HOFFMANN, W.-D./FREIBERG, J., in: Haufe IFRS-Kommentar, 13. Aufl., § 42, Rn. 6.

1156 Vgl. IAS 38.8.

fen bereits umfassend geplant wurde, sodass die technische Entwicklung i. S. d. Erschließung nicht pauschal mit Entwicklung i. S. v. IAS 38 gleichgesetzt werden kann.[1157]

Darüber hinaus haben die während der Erschließungsphase entstehenden Vermögenswerte wie z. B. Fördersysteme, Maschinen, Anlagen und Ausrüstungsgegenstände **überwiegend materiellen Charakter**, was ebenfalls gegen eine Bilanzierung nach IAS 38 spricht.[1158] Vielmehr sollte vermehrt auf IAS 16 zurückgegriffen werden, der zwar *E&E*-Ausgaben, Explorations- und ähnliche Rechte sowie Bodenschätze ausschließt, Sachanlagen – verwendet für die Bodenschatzgewinnung – aber nicht.[1159] So belegen auch Studien, dass Erschließungsvermögen von den meisten Rohstoffunternehmen als **Sachanlagen** aufgefasst wird.[1160]

Der Ansatz **originärer** Erschließungsvermögenswerte hat demnach abhängig von deren bilanziellem Charakter und damit entweder, bei Vorliegen von Sachanlagen, gemäß IAS 16 oder, in den selteneren Fällen immaterieller Vermögenswerte, gemäß IAS 38 zu erfolgen. Auch die Folgebewertung und planmäßige Abschreibung richten sich nach diesen beiden Standards, zur Prüfung auf Wertminderung wird sodann IAS 36 herangezogen.[1161] Für **sekundäre** Erschließungsvermögenswerte muss keine Ansatzentscheidung mehr getroffen werden, lediglich die Einordnung als materielles oder immaterielles Vermögen ist von Bedeutung, da sich ihre weitere Bilanzierung entsprechend dieser Einordnung bemisst und grds. gleich zu der originärer Erschließungsvermögenswerte erfolgt.[1162]

454. Konkretisierung und kritische Analyse der Bilanzierung von Erschließungsausgaben

454.1 Ansatz und Bewertung von originären Erschließungsvermögenswerten

Während der Erschließung wird eine entdeckte und eingegrenzte Lagerstätte für die kommerzielle Förderung von Bodenschätzen vorbereitet.[1163] Aufgrund des dementsprechend fast immer materiellen Charakters von originärem Erschließungsvermögen orientiert sich dessen Bilanzierung zumeist an **IAS 16**.[1164] Für eine Aktivierung von Fördersystemen, weiteren Anlagen und Ausrüstungsgegenständen sowie Servicevermögen wird vorausgesetzt, dass diese nicht nur die Definition eines Ver-

1157 Vgl. KPMG (Hrsg.), Insights into IFRS, Rn. 5.11.280.30.

1158 Vgl. KPMG (Hrsg.), Insights into IFRS, Rn. 5.11.270.20; KPMG (Hrsg.), First Impressions: IFRS 6, S. 20.

1159 Vgl. IAS 16.3 (c) und (d); KPMG (Hrsg.), Insights into IFRS, Rn. 5.11.280.40.

1160 Vgl. KPMG (Hrsg.), Mining 2009, S. 5; KPMG (Hrsg.), Oil and Gas 2008, S. 4. Vgl. auch RICHTER, F., Bilanzierung des Upstream-Geschäfts, S. 115-117; WRIGHT, C. J./GALLUN, R. A., International Petroleum Accounting, S. 130 f.

1161 Vgl. BROOKS, M., IFRS 6, S. 116; LÜDENBACH, N./HOFFMANN, W.-D./FREIBERG, J., in: Haufe IFRS-Kommentar, 13. Aufl., § 42, Rn. 9; EY (Hrsg.), US GAAP vs. IFRS: Oil and gas, S. 3; WILLMS, J., Explorations- und Evaluierungsausgaben, S. 22.

1162 Vgl. PwC (Hrsg.), Real Time, S. 7.

1163 Vgl. KPMG (Hrsg.), Mining 2012, S. 14.

1164 Auf immaterielles originäres Erschließungsvermögen ist IAS 38 anzuwenden. Die Bilanzierung gestaltet sich dabei ähnlich wie bspw. für immaterielle Vermögenswerte aus Prospektion oder Rechtebeschaffung. Darum soll diese Bilanzierungsweise hier nicht nochmals diskutiert und stattdessen auf die Abschnitte 327.4, 423.22 und 434. verwiesen werden.

mögenswerts aus dem Rahmenkonzept[1165], sondern auch die in IAS 16.7 konkretisierten Ansatzvoraussetzungen erfüllen.[1166]

Hinsichtlich der Vermögenswertdefinition lassen sich einzig in Bezug auf die geforderte **Verfügungsmacht** Besonderheiten in der Rohstoffbranche erkennen, denn je nach Art der Explorations- sowie insbesondere Erschließungs- und Förderrechte muss ein Unternehmen u. U. das rechtliche Eigentum an der von ihm installierten Bergwerksinfrastruktur an den Staat abgeben. Dies betrifft indes nur Unternehmen mit Produktionsaufteilungsverträgen, denn bei Konzessions- und Leasingverträgen verbleibt das Eigentum daran beim Unternehmen.[1167] Doch auch wenn das Eigentum formalrechtlich übertragen wird, ist das Unternehmen weiterhin wirtschaftlicher Eigentümer, nutzt und verfügt es doch selbst über die Bergwerksinfrastruktur. Insofern kann auch in diesem Fall davon ausgegangen werden, dass die Sachanlagen in der Verfügungsmacht des Unternehmens stehen und somit die **Definition erfüllt** ist.[1168]

Ein **Nutzen** aus der installierten Bergwerksinfrastruktur inklusive sämtlicher Anlagen und ergänzendem Servicevermögen wird dem Unternehmen, ist es erst einmal in der Erschließungsphase angelangt, **sehr wahrscheinlich** zufließen. Schließlich werden die Erschließungsarbeiten in Folge der finalen Machbarkeitsstudie und des Beschlusses zum Ausbau einer Lagerstätte zur Förderstätte aufgrund nachgewiesener Rohstoffreserven getätigt, und die Vermögenswerte ermöglichen eben diesen Abbau.[1169] Besondere Betrachtung erfordert indes der Fall erfolgloser Erschließungsarbeiten, wenn also z. B. ein trockener Ölbrunnen gebohrt (sog. *dry hole*) oder ein Schacht abgeteuft wird, der wider Erwarten nicht zum Bodenschatzvorkommen, sondern ins Leere führt.[1170] Es entspräche der *Full-Cost*-Sichtweise, auch **erfolglose Erschließungskosten** zu aktivieren, und der *Successful-Efforts*-Sichtweise, diese Kosten direkt als Aufwand zu erfassen, da sie nachweislich nicht zur Generierung künftiger Vorteile beitragen können.[1171] Nur letztere Auffassung ist dabei grds. mit dem Ansatzkonzept der IFRS zu vereinen.[1172] Wenn aber das gesamte Fördersystem für ein abgegrenztes Gebiet als ein großer Vermögenswert aktiviert wird, könnten die Kosten für die erfolglose Tätigkeit ggf. dennoch als Teil des gesamten Fördersystems angesehen und aktiviert werden, solange das System insgesamt erfolgreich installiert wird. Damit liegt es auch im **Ermessen** der Bilanzierer, ihre Vermögenswerte abzugrenzen.[1173]

Sämtliche Kosten, die direkt oder indirekt dazu beitragen, ein Fördersystem für die kommerzielle Rohstoffgewinnung zu errichten (und ggf. später in Betrieb zu halten), sind demnach als Erschlie-

---

1165 Vgl. ED/2015/3.4.5 f.

1166 Vgl. hierzu Abschnitt 327.3.

1167 Vgl. zu den verschiedenen Vertragsarten und den damit verbundenen Rechten und Pflichten Abschnitt 24.

1168 Vgl. RICHTER, F., Bilanzierung des Upstream-Geschäfts, S. 118.

1169 Vgl. RICHTER, F., Bilanzierung des Upstream-Geschäfts, S. 119.

1170 Dadurch wird zwar betriebsbereites Sachanlagevermögen geschaffen, das aber niemals genutzt werden kann, weshalb auch keine wirtschaftlichen Vorteile daraus resultieren werden.

1171 Vgl. IASC (Hrsg.), Extractive Industries, Rn. 6.58.

1172 Vgl. ausführlich zur Ansatzproblematik beim *full cost accounting* Abschnitt 443.224.

1173 Vgl. RICHTER, F., Bilanzierung des Upstream-Geschäfts, S. 120 f.

ßungsvermögenswerte zu aktivieren.[1174] Dabei bemisst sich die Höhe der **Anschaffungs- oder Herstellungskosten** im Zugangszeitpunkt i. d. R. nach den Vorschriften des IAS 16.15-.28, es lassen sich keine spezifischen Schwierigkeiten für die Bewertung von Erschließungsvermögen feststellen.[1175]

Die **Folgebewertung** soll wahlweise dem Anschaffungskosten- oder dem Neubewertungsmodell folgen, wobei wiederum nur ersteres praktische Relevanz hat.[1176] Diejenigen Erschließungsvermögenswerte, die zum Fördersystem gezählt werden, unterliegen erst ab dem Beginn der Produktion einer **planmäßigen Abschreibung**, da ihr Wertverzehr mit der Rohstoffförderung einhergeht.[1177] Solche Vermögenswerte, die eine vom Fördersystem abweichende Nutzungsdauer aufweisen, und die schon vorher verbraucht werden, weil sie bereits in der Erschließungsphase aktiv genutzt werden, sind indes abweichend vom Fördersystem planmäßig abzuschreiben, sobald sie sich in betriebsbereitem Zustand befinden.[1178] Hierunter zählen vor allem die weiteren Anlagen und Ausrüstungsgegenstände sowie Servicevermögen.[1179]

Bei der Prüfung von Erschließungsvermögen auf **Wertminderung** sind, den Vorschriften des IAS 36 folgend, wiederum kaum branchenspezifische Schwierigkeiten zu erwarten. Unternehmen in der Erschließungsphase liegen sehr detaillierte Planungen für ihre einzelnen Förderstätten vor, dadurch wird die Bestimmung des erzielbaren Betrags ermöglicht. Doch ist nur selten ein *impairment* zu erwarten, da mit der Erschließung aufgrund einer positiven Machbarkeitsstudie begonnen wurde, die die Wirtschaftlichkeit des Rohstoffabbaus belegt. Denkbar ist eine Wertminderung jedoch bspw. bei unerwarteten Preis- oder Zinsänderungen oder wenn sich die Bodenschatzgewinnung schwieriger oder unergiebiger gestaltet als erwartet.[1180]

454.2 Bilanzielle Behandlung sekundärer Erschließungsvermögenswerte

Sekundäre Erschließungsvermögenswerte resultieren aus der Umwidmung von *E&E*-Vermögen, wie sie IFRS 6.17 fordert. Zum Zweck dieser Reklassifizierung sollen Unternehmen eigene Rechnungslegungsmethoden festlegen, anhand derer sie ihre *E&E*-Vermögenswerte umgliedern, um eine gleichmäßige und stetige Anwendung zu gewährleisten.[1181] Im Zuge der Umwidmung von *E&E*- zu Erschließungsvermögen können materielle Vermögenswerte weiterhin als materielle und immaterielle weiterhin als immaterielle geführt werden, doch dürfen immaterielle Vermögenswerte auch zu

---

1174 Vgl. PwC (Hrsg.), Financial reporting in the mining industry 2012, S. 29.

1175 Vgl. PwC (Hrsg.), Financial reporting in the mining industry 2007, S. 18.

1176 Vgl. IAS 16.29-.42. Vgl. hierzu bereits Abschnitt 328.

1177 Zur planmäßigen Abschreibung von Vermögenswerten während der Produktionsphase vgl. Abschnitt 463.

1178 Vgl. IASC (Hrsg.), Extractive Industries, Rn. 6.60; PwC (Hrsg.), Financial reporting in the mining industry 2012, S. 14.

1179 Ähnlich zu den *E&E*-Vermögenswerten, deren planmäßige Abschreibung ebenfalls bereits vor der Produktionsphase beginnt, kommen i. d. R. eine leistungsabhängige oder eine lineare Abschreibung in Frage. Vgl. Abschnitt 444.123. Vgl. auch KPMG (Hrsg.), Insights into IFRS, Rn. 5.11.320.10; IASC (Hrsg.), Extractive Industries, Rn. 6.62.

1180 Vgl. RICHTER, F., Bilanzierung des Upstream-Geschäfts, S. 129.

1181 Vgl. KPMG (Hrsg.), Insights into IFRS, Rn. 5.11.310.20.

materiellen reklassifiziert werden oder umgekehrt, wobei letzterer Fall höchst selten ist.[1182] Abbildung 4-10 fasst zusammen, wie ehemalige *E&E*-Vermögenswerte üblicherweise während der Erschließung geführt werden.

Vermögenswerte	*E&E*-Phase	Erschließungsphase
Rechte	immateriell	immateriell
Studien	immateriell	immateriell oder materiell
Probenahmen	immateriell	immateriell oder materiell
Beurteilungen und Gutachten	immateriell	immateriell oder materiell
E&E-Infrastruktur	materiell	materiell
Ausrüstung	materiell	materiell

Abbildung 4-10: Reklassifizierung von *E&E*-Vermögenswerten in der Erschließungsphase[1183]

Für die **meisten Vermögenswerte** wird die Umwidmung in Erschließungsvermögen dabei **keine Änderung** hinsichtlich deren Einstufung als materiell oder immateriell hervorrufen, vor allem Rechte sowie *E&E*-Infrastruktur und Ausrüstung werden voraussichtlich in ihrer Klassifizierung verbleiben.[1184] Eher zu erwarten ist eine Änderung bei Studien, Probenahmen sowie Beurteilungen und Gutachten, die während *E&E* zunächst als immateriell eingestuft wurden. Diese Vermögenswerte können einerseits als immaterielle fortgeführt werden. Eine Reklassifizierung der ursprünglich als immaterielles Vermögen aktivierten Ausgaben in die Sachanlagen würde hingegen die Sichtweise rechtfertigen, dass diese Ausgaben letztlich Kosten des für die Lagerstätte errichteten Fördersystems waren und sie darum als Teil bzw. Komponente dessen interpretiert werden.[1185] Ein weiteres Beispiel wäre, wenn ein (als immateriell bilanzierter) Explorationsbrunnen doch für die Rohstoffförderung eingesetzt werden kann und darum zu einem Förderbrunnen umgewidmet wird.[1186] Eine Anhangangabe, nach welcher Maßgabe ein Unternehmen seine sekundären Erschließungsvermögenswerte in materiell und immateriell einteilt, wäre aus Transparenzgründen wünschenswert.

Die weitere Bilanzierung und Folgebewertung des sekundären Erschließungsvermögens richtet sich entweder nach **IAS 16** für materielle oder nach **IAS 38** für immaterielle Vermögenswerte, die Son-

---

1182 Vgl. KPMG (Hrsg.), Insights into IFRS, Rn. 5.11.300.10; KPMG (Hrsg.), Accounting in the Oil & Gas Industry, S. 3.

1183 Sofern *E&E*-Infrastruktur während der Erschließung und ggf. Produktion weiter genutzt wird, wird daraus Infrastruktur der Förderstätte und sie ist nicht mehr gesondert als *E&E*-Infrastruktur auszuweisen.

1184 Vgl. LEIPPE, B./FALKENHAHN, G., in: Thiele/von Keitz/Brücks, IFRS 6, Rn. 151; RICHTER, F., Bilanzierung des Upstream-Geschäfts, S. 122.

1185 Ähnlich hierzu KPMG (Hrsg.), First Impressions: IFRS 6, S. 21 f.; RICHTER, F., Bilanzierung des Upstream-Geschäfts, S. 123.

1186 Vgl. RICHTER, F., Bilanzierung des Upstream-Geschäfts, S. 123.

derregelungen aus IFRS 6 greifen nicht länger.[1187] Entsprechend wird die Wertminderungsprüfung maximal auf Ebene einer ZGE durchgeführt, **IAS 36** gilt uneingeschränkt.[1188]

454.3 Bilanzielle Behandlung von Erschließungsausgaben, die nach der eigentlichen Erschließungsphase anfallen

Häufig sind die Erschließungsarbeiten in einer Förderstätte noch nicht vollständig abgeschlossen, wenn die Produktionsphase beginnt, da z. B. regelmäßig die Fördersysteme erweitert, für einen andauernden Zugang zum Vorkommen weitere Erdmassen abgetragen oder neue Maschinen angeschafft werden müssen.[1189] Zwar ist deren bilanzielle Erfassung in vielen Fällen eindeutig – der Kauf neuer Fahrzeuge oder Bagger etwa wird stets zum Ansatz von Sachanlagen gemäß IAS 16 führen – und wirft keine besonderen Fragen auf, doch kann mitunter eine genauere Betrachtung der anfallenden Ausgaben erforderlich werden, um Erschließungsausgaben und Aufwand des laufenden Geschäfts eindeutig zu unterscheiden.[1190]

So sind Ausgaben für die **Erweiterung** des bestehenden Fördersystems zu aktivieren, ermöglichen sie doch eine Verbesserung hinsichtlich der künftig zu erwartenden wirtschaftlichen Vorteile, weil durch sie bspw. weitere Teile des Rohstoffvorkommens gewonnen werden können.[1191] Als nachträgliche Anschaffungs- oder Herstellungskosten kommen zudem Ausgaben für den **Ersatz** von Teilen einer Sachanlage in Betracht, wobei i. d. R. die Kosten des ersetzten Teils als (neue) Komponente der gesamten Sachanlage geführt werden und im Gegenzug der Buchwert der ersetzten Teile ausgebucht wird. Ebenfalls als nachträgliche Anschaffungs- oder Herstellungskosten werden regelmäßige größere Wartungen bzw. Generalüberholungen erfasst.[1192] Reparatur- und **Instandhaltungskosten** müssen hingegen sofort als Aufwand verbucht werden, da sie die Rohstoffförderung zwar aufrechterhalten, jedoch zu keiner wesentlichen Verbesserung beitragen.[1193]

455. Zwischenfazit und Verbesserungsvorschläge

Insgesamt können kaum besondere Schwierigkeiten in der Anwendung von IAS 16 auf die Bilanzierung von **originärem Erschließungsvermögen** festgestellt werden. Demnach kann grds. von einer **entscheidungsnützlichen Informationsvermittlung** ausgegangen werden. Zwar können mitunter Ausgaben für vereinzelte erfolglose Erschließungstätigkeiten mitaktiviert werden, sofern sie als Teil eines großen, erfolgreich installierten Fördersystem-Vermögenswerts betrachtet werden. Dies würde einerseits die Prognoserelevanz der Informationen schmälern und andererseits beein-

---

1187 Vgl. ZÜLCH, H./WILLMS, J., in: MüKo Bilanzrecht Bd. 1, IFRS 6, Rn. 45 f.; KPMG (Hrsg.), Insights into IFRS, Rn. 5.11.310.20.

1188 Vgl. PWC (Hrsg.), Financial reporting in the mining industry 2012, S. 24.

1189 Auch können an einer Stelle des Vorkommens bereits Rohstoffe gefördert, zugleich an anderer Stelle aber noch weitere *E&E*-Aktivitäten mit der Hoffnung auf Erweiterung der gesamten Förderstätte stattfinden, sodass diese ggf. später erschlossen wird.

1190 Vgl. IASC (Hrsg.), Extractive Industries, Rn. 6.64.

1191 Vgl. KPMG (Hrsg.), Mining 2012, S. 18.

1192 Vgl. IAS 16.13 f.; RICHTER, F., Bilanzierung des Upstream-Geschäfts, S. 134 f.

1193 Vgl. IAS 16.12; RICHTER, F., Bilanzierung des Upstream-Geschäfts, S. 134 f.

trächtigt dieses faktische Wahlrecht die glaubwürdige Darstellung und Vergleichbarkeit. Doch aufgrund der regelmäßigen Prüfungen, ob eine Wertminderung vorgenommen werden muss, dürften Überbewertungen der Fördersysteme insgesamt dadurch korrigiert werden, sodass die Auswirkungen dieses Ermessensspielraums vernachlässigbar sind.

Durch die Umklassifizierung von *E&E*- in **sekundäre** Erschließungsvermögenswerte bei Übergang in die Erschließungsphase sind nur wenige Änderungen in der Bilanzierung zu erwarten. Hauptsächlich fallen die während der *E&E*-Phase gewährten Erleichterungen weg, sodass sich die weitere Bilanzierung nicht substanziell von der bei Nicht-Rohstoffunternehmen unterscheidet. Im Sinne der **Entscheidungsnützlichkeit** ist dies **positiv** zu werten, entspricht die Vorgehensweise damit doch den allgemeinen Ansatz- und Bewertungskonzeptionen der IFRS. Dementsprechend wird auch das in **IAS 38.2 (d)** verankerte Verbot zur Anwendung auf Erschließungsaktivitäten hinfällig und sollte aus Konsistenzgründen **aufgehoben** werden, zumal IFRS 6.10 sogar explizit auf diesen Standard verweist. Die größten Auswirkungen der Reklassifizierung von *E&E*-Vermögen könnten sich in den Fällen ergeben, in denen Unternehmen nicht nur das Anschaffungskosten-, sondern für einige Vermögenswerte auch das Neubewertungsmodell anwenden, und ehemalige *E&E*-Vermögenswerte aufgrund der Reklassifizierung künftig nach einem anderen Folgebewertungsmodell bilanziert werden müssen als noch während *E&E*. Derartige Situationen werden aufgrund der geringen Verbreitung des Neubewertungsmodells indes nur höchst selten aufkommen.[1194]

Welche Erschließungsvermögenswerte originär entstanden und welche durch Reklassifizierung sekundär sind, ist aus dem Abschluss genausowenig ersichtlich wie die Einordnung sekundärer Erschließungsvermögenswerte nach ihrer Reklassifizierung als materiell oder immateriell, wodurch die **Nachvollziehbarkeit** des Abschlusses für die Adressaten **beeinträchtigt** wird. Um diese Mängel zu mildern, sollten **verpflichtende Angaben** darüber verlangt werden, welcher Teil des Erschließungsvermögens originär und welcher sekundär ist sowie nach welcher Methode ein Unternehmen sekundäre Erschließungsvermögenswerte in materielles und immaterielles Vermögen teilt.[1195] Diese Informationen sind relevant, zeigen sie doch, welcher Teil des ehemaligen *E&E*-Vermögens in der Berichtsperiode in die Erschließungsphase überführt wurde und wie kapitalintensiv sich die weitere Erschließung eines vormaligen Explorationsgebiets erweist. Dies lässt erste Rückschlüsse auf möglicherweise zu erwartende Erträge aus der Rohstoffförderung zu.

Bei der **Phasenabgrenzung** ist das Urteilungsvermögen der Unternehmen gefragt, sodass Ermessensspielräume Entscheidungsnutzen wie auch die Vergleichbarkeit der Informationen einschränken. Würde der Übergang von der *E&E*- in die Erschließungsphase nicht nur an den Nachweis der technischen Machbarkeit und wirtschaftlichen Durchführbarkeit, sondern außerdem an die konkrete dokumentierte Investitionsentscheidung basierend auf diesem Nachweis geknüpft, könnte zu einer gewissen Objektivierung beigetragen werden. Da sich die Bilanzierung für Erschließungsausgaben

---

1194 Vgl. BECKER, R./BEERMANN, T./SCHMIDT, L., in: Baetge et al., Rechnungslegung nach IFRS, 2. Aufl., IFRS 6, Rn. 17.

1195 Ähnlich dazu auch RICHTER, F., Bilanzierung des Upstream-Geschäfts, S. 122 und 124.

nach der eigentlichen Erschließungsphase kaum ändert – lediglich Abraumbeseitigungskosten der Produktionsphase unterliegen Sondervorschriften – scheint die unscharfe Abgrenzung zur Produktionsphase indes weniger gravierend.

46 Produktionsphase

461. Vorbemerkungen

Im Rahmen der Produktionsphase werden die entdeckten, beurteilten und erschlossenen Bodenschatzvorkommen nunmehr ausgebeutet. Demnach ist die **Vorratsproduktion** die Kerntätigkeit dieser Phase. Um Rohstoffe fördern zu können, muss zunächst ein Zugang geschaffen werden. Dies ist zwar auch bereits Aufgabe der vorgelagerten Erschließungsaktivitäten, doch kann es im Verlauf der Produktion immer wieder notwendig werden, einen neuen Zugang zu schaffen oder einen bestehenden derart auszuweiten, sodass an tiefer gelegene Rohstoffe gelangt werden kann.[1196] Insofern gehört die **Abraumbeseitigung** ebenfalls zu den Tätigkeiten der Produktionsphase. Mit Aufnahme der Produktion beginnt zugleich die **planmäßige Abschreibung** der Vermögenswerte, die im Verlauf der Exploration, Evaluierung und Erschließung bereits aktiviert wurden, deren Nutzenverzehr jedoch an die Rohstoffförderung geknüpft ist. Die Abschreibungsbeträge werden i. d. R. in die Herstellungskosten der Rohstoffvorräte einbezogen.[1197]

Die Vorratsproduktion selbst zählt nicht zu den investiven Aktivitäten im Upstream-Geschäft, werden hierbei doch Produkte geschaffen und Erträge erwirtschaftet statt weitere Investitionen getätigt. Daher soll die Bilanzierung der Vorratsproduktion in Abschnitt 462. zwar aus Vollständigkeitsgründen kurz skizziert, aber keiner näheren Betrachtung unterzogen werden. Die planmäßige Abschreibung von aus früheren Upstream-Phasen stammenden Vermögenswerten[1198] während der Produktion wird in Abschnitt 463. dargestellt und kritisch beleuchtet, und die Bilanzierung von Abraumbeseitigungskosten während der Produktionsphase wird in Abschnitt 464. betrachtet. Untersuchungsziel ist erneut die Beurteilung, ob deren bilanzielle Abbildung sachgerecht ist und entscheidungsnützliche Informationen zu vermitteln vermag.[1199]

462. Überblick zur Bilanzierung der Produktion von Rohstoffvorräten

Unter Vorräten fasst der IASB all jene Vermögenswerte zusammen, die zu Verkaufszwecken gehalten werden oder noch unfertig sind und sich damit in der Herstellung befinden, um später veräußert werden zu können. Außerdem zählen noch nicht verarbeitete Roh-, Hilfs- und Betriebsstoffe zu den Vorräten.[1200] Verkaufsfähige Rohstoffe wie z. B. Rohöl oder Kupfer gelten als **Fertigerzeugnisse**.

1196 Vgl. IFRIC 20.1; FISCHER, D. T., Stripping Costs, S. 26.

1197 Vgl. Abschnitt 444.123.

1198 Vgl. zum Ansatz dieser Vermögenswerte vor allem die Abschnitte 443.2 und 453.

1199 Auf die Eingrenzung der Produktionsphase wird an dieser Stelle verzichtet, wurde sie doch bereits im Rahmen der Eingrenzung der Erschließungsphase thematisiert, vgl. Abschnitt 452.

1200 Vgl. IAS 2.6 und .8; QUICK, R., Einzelfragen der Vorratsbewertung, S. 2206 f.; HENSELMANN, K./ROOS, B., Bilanzierung von Vorräten nach IFRS, S. 496. Auch im Diskussionspapier wird eine Bilanzierung gem. IAS 2 vorgeschlagen, insofern stimmen aktuelle Bilanzierung und das Diskussionspapier überein, vgl. DP/2010/1.3.27.

Doch sind Bodenschätze bei ihrem Abbau meist mit anderen Stoffen wie etwa Erde oder Gestein vermengt, weshalb sie zunächst verschiedenste Weiterverarbeitungsstufen durchlaufen müssen.[1201] In dieser Zeit zählen sie darum zu den **unfertigen Erzeugnissen**. IAS 2 sind keine Hinweise darauf zu entnehmen, ab wann ein Ansatz geboten ist, sodass auf die Kriterien des Conceptual Framework zurückzugreifen ist.[1202] Auf die Bilanzierung geförderter Rohstoffe übertragen bedeutet dies, dass diese im Vorrat auszuweisen sind, sobald die Rohstoffmengen bzw. der Rohstoffgehalt in den geförderten Erd- und Steinmassen wie auch die Kosten der Herstellung verlässlich bestimmt werden können.[1203]

Grundsätzlich folgt die Vorratsbewertung einem **strengen Niederstwertprinzip**. So sind Vorräte stets mit dem niedrigeren Wert aus Anschaffungs- oder Herstellungskosten und Nettoveräußerungswert zu erfassen.[1204] Zu einer Bewertung zu Anschaffungs- oder **Herstellungskosten** zählen alle Kosten des Erwerbs[1205] bzw. – im Fall abgebauter und ggf. weiterverarbeiteter Bodenschätze – der Herstellung, die notwendig waren, um die Vorräte an ihren aktuellen Ort und in ihren derzeitigen Zustand zu versetzen.[1206] Da nicht nur direkt zurechenbare Einzelkosten, sondern auch fixe und variable Produktionsgemeinkosten in die Herstellungskosten einfließen, werden die Vorräte mit ihren produktionsbezogenen Vollkosten angesetzt.[1207] Mit der planmäßigen Abschreibung von Vermögen wird erreicht, dass die Kosten den durch selbiges erwirtschafteten Erträgen zugeordnet werden. Darum sind die nunmehr anfallenden Abschreibungsbeträge der in den vorhergehenden Upstream-Phasen aktivierten Vermögenswerte, etwa aus *E&E* und Erschließung, Bestandteil der Herstellungskosten der Vorräte, denn der Nutzen dieser abzuschreibenden Vermögenswerte wird durch die Vorratsproduktion begründet und demgemäß mit der Produktion verbraucht.[1208]

1201 Vgl. PwC (Hrsg.), Financial reporting in the mining industry 2012, S. 51. Die Weiterverarbeitungsstufen sind abhängig u. a. von der Art der Rohstoffe und den lokalen Gegebenheiten. So gestaltet sich die Öl- und Gasproduktion z. B. meist einfacher als die für feste Gesteine und Metalle, vgl. IASC (Hrsg.), Extractive Industries, Rn. 11.8.

1202 Vgl. KÜMPEL, T., Vorratsbewertung, S. 7 f., sowie Abschnitt 327.2.

1203 Vgl. PwC (Hrsg.), Financial reporting in the mining industry 2012, S. 51; IASC (Hrsg.), Extractive Industries, Rn. 11.7-.19.

1204 Vgl. IAS 2.9. Bei der Entscheidung zur Bilanzierung zum niedrigeren Wert kommt es dabei nicht auf die Dauerhaftigkeit eines niedrigeren Werts an. Vgl. HENSELMANN, K./ROOS, B., Bilanzierung von Vorräten nach IFRS, S. 499. Vgl. auch PELLENS, B. ET AL., Internationale Rechnungslegung, S. 423 f.; WAGENHOFER, A., Internationale Rechnungslegungsstandards, S. 262; PADBERG, T., Vorräte, S. 18 f.

1205 Vgl. zu den Erwerbskosten IAS 2.11.

1206 Vgl. IAS 2.10; ZWIRNER, C./FROSCHHAMMER, M., Herstellungskostenermittlung nach IAS 2, S. 8. Eine beispielhafte Aufstellung möglicher Kosten, die bei einem Minenbetreiber in die Anschaffungs- oder Herstellungskosten mineralischer Vorräte einfließen, findet sich in PwC (Hrsg.), Financial reporting in the mining industry 2012, S. 53.

1207 Vgl. IAS 2.12; BAETGE, J./KIRSCH, H.-J./THIELE, S., Bilanzen, S. 394; ZWIRNER, C./FROSCHHAMMER, M., Herstellungskostenermittlung nach IAS 2, S. 8; RIESE, J./KURZ, L., in: Beck IFRS HB, 5. Aufl., § 8, Rn. 39; JACOBS, O. H./SCHMITT, G. A., in: Baetge et al., Rechnungslegung nach IFRS, 2. Aufl., IAS 2, Rn. 43; HENSELMANN, K./ROOS, B., Bilanzierung von Vorräten nach IFRS, S. 497; KÜMPEL, T., Abwertungskonzeption beim Vorratsvermögen, S. 70.

1208 Vgl. zur planmäßigen Abschreibung ausführlich den folgenden Abschnitt 463.

Der **Nettoveräußerungswert** hingegen wird anhand des voraussichtlichen Verkaufserlöses für einen Vorratsvermögenswert berechnet, der um die Kosten, die schätzungsweise für seine Fertigstellung und seinen Vertrieb noch anfallen werden, vermindert wird.[1209] Demnach ist der Nettoveräußerungswert absatzmarktorientiert zu ermitteln.[1210] Sofern Vorräte im Zuge einer Wertberichtigung auf den niedrigen Nettoveräußerungswert abgeschrieben werden, sind die Verluste daraus sofort als Aufwand zu erfassen.[1211]

In der **Rohstoffbranche** wird der Vorgehensweise des IAS 2 indes nicht immer Folge geleistet. Stattdessen argumentieren einige Unternehmen, dass eine Bewertung der Rohstoffvorräte zum Nettoveräußerungswert grds. zu einer sachgerechteren Abbildung in der Bilanz führe.[1212] So sieht IAS 2 eine entsprechende Ausnahmeregelung insoweit vor, wie rohstofffördernde Unternehmen ihre Vorräte – also Mineralien und mineralische Stoffe aller Art – „in Übereinstimmung mit der gut eingeführten Praxis ihrer Branche"[1213] ausschließlich zum Nettoveräußerungswert bewerten.[1214] Diese Unternehmen müssen die Bewertungsvorschriften des IAS 2 nicht befolgen.[1215]

463. Planmäßige Abschreibungen während der Produktionsphase

463.1 Abgrenzung der einschlägigen Standards für planmäßige Abschreibungen während der Produktionsphase

Diejenigen Vermögenswerte, die aus *E&E* oder Erschließung resultieren, deren **Wertverzehr** allerdings nicht sofort bei ihrem Zugang, sondern erst **mit der Gewinnung der Bodenschätze** einsetzt, z. B. weil sie zum gesamten Fördersystem gehören oder dieses unterstützen, werden in der Produktionsphase planmäßig abgeschrieben, denn erst mit deren Beginn befinden sich diese Vermögenswerte in einem betriebsbereiten Zustand. Dadurch wird die Aufwandserfassung an die Erträge aus der Förderung und Veräußerung der Rohstoffe geknüpft, und die ursprünglichen Kosten fließen in

1209 Vgl. IAS 2.6; PwC (Hrsg.), Financial reporting in the mining industry 2012, S. 54. Vgl. zum Nettoveräußerungswert auch RIESE, J./KURZ, L., in: Beck IFRS HB, 5. Aufl., § 8, Rn. 91 f.; QUICK, R., Einzelfragen der Vorratsbewertung, S. 2208; PADBERG, T., Vorräte, S. 27-29.

1210 Vgl. KÜMPEL, T., Abwertungskonzeption beim Vorratsvermögen, S. 69 f.; FREIBERG, J., Der Niederstwert bei Vorräten, S. 62; HOFFMANN, W.-D., Verlustfreie Bewertung von Vorratsvermögen, S. 260; QUICK, R./WARMING-RASMUSSEN, B., Folgebewertung im Vorratsvermögen, S. 206.

1211 Vgl. IAS 2.34. Mit dem strengen Niederstwertprinzip soll eine verlustfreie Bewertung gewährleistet werden, sodass Verluste, dem Gedanken des *matching principle* folgend, bereits in der Periode ihres Entstehens berücksichtigt werden, vgl. FREIBERG, J., Der Niederstwert bei Vorräten, S. 62; QUICK, R., Einzelfragen der Vorratsbewertung, S. 2207; KÜMPEL, T., Abwertungskonzeption beim Vorratsvermögen, S. 70. Vgl. ausführlich zur Abschreibung von Vorräten auf den Nettoveräußerungswert KÜMPEL, T., Vorratsbewertung, S. 75-96.

1212 Vgl. hierzu IASC (Hrsg.), Extractive Industries, Rn. 11.20-.36.

1213 IAS 2.3 (a).

1214 Als Beispiele für diese Bewertungspraxis werden u. a. durch Termingeschäfte oder staatliche Garantien gesicherte Verkäufe sowie aktive Märkte i. V. m. einem sehr geringen Unverkäuflichkeitsrisiko genannt, vgl. IAS 2.4.

1215 Vgl. IAS 2.3 und .IN8; COENENBERG, A. G./HALLER, A./SCHULTZE, W., Jahresabschluss und Jahresabschlussanalyse, S. 225.

Teilen in die Herstellungskosten der Vorräte.[1216] Die planmäßige Abschreibung richtet sich dabei nach den Regelungen aus IAS 16 bzw. IAS 38.[1217]

Der Beginn der planmäßigen Abschreibung wird auf Ebene von **Kostencentern** festgelegt und die Vermögenswerte, die einem bestimmten Kostencenter zugeordnet sind, werden planmäßig abgeschrieben, sobald die Rohstoffe in eben diesem Kostencenter produziert werden.[1218] Die Abschreibung selbst wird dabei i. d. R. **leistungsabhängig** nach der sog. *unit of production method* vorgenommen.[1219] Eine zuvor festgelegte Rohstoffkategorie, wie sie z. B. im CRIRSCO Template oder im PRMS definiert werden,[1220] dient als Berechnungsbasis für die angenommene Gesamtleistung. Die Kostencenterebene stellt insofern einen sachlichen Bezug zwischen abzuschreibenden Vermögenswerten und den Rohstoffen her, anhand derer die Abschreibungsbeträge bemessen werden.[1221]

463.2 Konkretisierung und kritische Analyse planmäßiger Abschreibungen während der Produktionsphase

463.21 Anwendung der *unit of production method* in den Grenzen von Kostencentern

Die ***unit of production method*** wird in Literatur wie Praxis übereinstimmend für die planmäßige Abschreibung der hier betrachteten Vermögenswerte bevorzugt.[1222] Durch sie wird der Wertverzehr der Vermögenswerte in direkte Beziehung zu den geförderten Rohstoffmengen gesetzt, wodurch der Verlauf des Nutzenverbrauchs **realitätsnah** wiedergegeben und **glaubwürdig** abgebildet werden kann, sodass diese Methode grds. dem *Matching*-Gedanken entspricht.[1223] IAS 16 und IAS 38 geben allerdings wenig konkrete Hilfestellung, wie die „Leistung" bzw. der „Nutzen"[1224] als Berechnungsbasis für die *unit of production method* zu bestimmen oder einzugrenzen ist, fordern sie doch

---

1216 Vgl. Riese, J./Kurz, L., in: Beck IFRS HB, 5. Aufl., § 42, Rn. 33; Wright, C. J./Gallun, R. A., Oil & Gas Accounting, S. 51; Becker, R./Beermann, T./Schmidt, L., in: Baetge et al., Rechnungslegung nach IFRS, 2. Aufl., IFRS 6, Rn. 21; Zülch, H./Willms, J., in: MüKo Bilanzrecht Bd. 1, IFRS 6, Rn. 30; IASC (Hrsg.), Extractive Industries, Rn. 4.23 und .45; PwC (Hrsg.), Financial reporting in the mining industry 2012, S. 23; Richter, F., Bilanzierung des Upstream-Geschäfts, S. 104 f.

1217 Vgl. KPMG (Hrsg.), Insights into IFRS, Rn. 5.11.320.20.

1218 Vgl. IASC (Hrsg.), Extractive Industries, Rn. 4.23; Willms, J., Explorations- und Evaluierungsausgaben, S. 52. Vgl. zur Einteilung von Kostencentern bereits Abschnitt 443.222.

1219 Kann die planmäßige Abschreibung nach der leistungsabhängigen Methode jedoch nicht verlässlich abgebildet werden, muss stattdessen auf die lineare Abschreibung zurückgegriffen werden, vgl. IAS 16.60-.62 und IAS 38.97 f. Da sich diesbezüglich keine Besonderheiten für die rohstofffördernde Industrie ergeben, wird an dieser Stelle auf eine nähere Betrachtung dieser Alternative verzichtet.

1220 Zur Rohstoffklassifizierung vgl. ausführlich Abschnitt 443.223.2.

1221 Vgl. Willms, J., Explorations- und Evaluierungsausgaben, S. 52.

1222 Vgl. stellvertretend Zülch, H./Willms, J., Explorations- und Evaluierungsausgaben, S. 1208; KPMG (Hrsg.), Mining 2014, S. 53; KPMG (Hrsg.), Oil and Gas 2008, S. 5; PwC (Hrsg.), Financial reporting in the mining industry 2007, S. 32; Davies, M./Paterson, R./Wilson, A., UK GAAP, S. 656. Dass diese Methode grds. besonders gut für die Abschreibung physischen Vermögens geeignet ist, bestätigen Zülch, H./Teuteberg, T., Abschreibungsmethoden, S. 1631.

1223 Vgl. PwC (Hrsg.), Financial reporting in the mining industry 2012, S. 32 und 39; Zülch, H./Willms, J., Explorations- und Evaluierungsausgaben, S. 1208.

1224 Vgl. IAS 16.62.

lediglich, dass die Abschreibungsmethode den erwarteten Nutzenverbrauch verlässlich abbilden soll.[1225]

Zwar ist für Rohstoffunternehmen die Orientierung der planmäßigen Abschreibung an den gebildeten **Kostencentern** insofern zu befürworten, als dadurch keine Aufwendungen und Erträge vermischt werden, die in keinem Zusammenhang miteinander stehen. Die Güte dieser Aussage ist jedoch davon abhängig, wie die Unternehmen ihre Kostencenter abgrenzen, denn je kleiner diese sind, desto besser können abzuschreibende Vermögenswerte und Rohstoffe in Verbindung gebracht werden.[1226] Eine recht enge Eingrenzung wählen üblicherweise *Successful-Efforts*-Bilanzierer, indem sie einzelne Vorkommen bzw. Förderstätten, also z. B. eine Mine oder ein Ölfeld, als Kostencenter definieren.[1227] Ein solch enger Bezug zwischen Abschreibungsaufwand und Ertrag aus Rohstoffabbau stärkt die Entscheidungsnützlichkeit der Abschlussinformationen. Da die IFRS indes kaum Anleitung zur Kostencenterbildung geben, außer sie maximal auf die Größe eines Segments zu beschränken,[1228] wird diesbezüglich ein **großer und bedeutsamer Ermessensspielraum** eröffnet.[1229] Denn wenn Unternehmen ihre Kostencenter sehr umfangreich festlegen, wie es *Full-Cost*-Bilanzierer bevorzugen,[1230] kann dies dazu führen, dass mehrere Förderstätten zusammengefasst und dadurch Abschreibungsaufwendungen für ein Fördersystem mit Erträgen aus einem anderen Bodenschatzvorkommen in Verbindung gebracht werden, obwohl sie in keiner direkten (physisch bzw. geographisch determinierten), sondern nur in einer durch die Kostencenterabgrenzung zu internen Steuerungszwecken erzeugten Beziehung zueinander stehen. Dies widerspricht dem *matching principle* gemäß dem Periodisierungsgedanken der IFRS.[1231] Dieser Gestaltungsspielraum ließe sich erheblich schmälern, indem feste Vorgaben für die Kostencenterabgrenzung gemacht würden, die z. B. den Regelungen zur Bestimmung einer ZGE i. S. v. IAS 36 entsprechen könnten, wodurch ZGE und Kostencenter gleichgestellt würden.

Wie entscheidungsnützlich eine leistungsabhängige Abschreibung tatsächlich ist, bemisst sich daran, **wie zutreffend der Nutzenverbrauch** der abzuschreibenden Vermögenswerte abgebildet wird. Neben der Abgrenzung der Kostencenter sind darum folgende weitere Faktoren bedeutsam: der Abschreibungsausgangsbetrag und die Gesamtleistungsmenge. Nur, wenn auch diese beiden Größen zutreffend ermittelt werden, besitzen die jährlichen Abschreibungsbeträge einen hohen Aussagegehalt.

1225 Vgl. IAS 16.60; IAS 38.97.

1226 Vgl. zur Kostencenterabgrenzung bereits die Abschnitte 443.213. und 443.222.

1227 Vgl. Abschnitt 443.212.1. Vgl. auch die Vorschriften anderer Standardsetzer wie z. B. OIAC SORP.74 oder SFAS 19.35. Ähnlich für das *area of interest accounting* AASB 6.Aus7.3.

1228 Vgl. IFRS 6.21. Streng genommen werden nicht Kostencenter, sondern die Größe von ZGE hierdurch limitiert. Indes entsprechen sich Kostencenter und ZGE zumeist, vgl. zum Verhältnis von Kostencenter und ZGE Abschnitt 444.124.2.

1229 Vgl. hierzu auch bereits die Abschnitte 443.224. und 443.23.

1230 Vgl. Abschnitt 443.212.2. Vgl. bspw. OIAC SORP.13 und .68 zu umfassenderen Kostencentern, auch *cost pools* genannt. Nach US-GAAP wird zumindest eine Eingrenzung auf Länderebene verlangt, vgl. SEC Regulation S-X 4–10 (c) (1).

1231 Vgl. hierzu Abschnitt 31.

463.22 Beurteilung des Abschreibungsausgangsbetrags

Das *successful efforts accounting* und das *full cost accounting* sehen unterschiedliche Ansatzkonzepte vor, was sich im Zeitpunkt des Anfalls von Ausgaben und deren Erfassung bereits beträchtlich auf die Vermögens- und Ertragslage auswirkt, obwohl beiden Bilanzierungsalternativen die selbe wirtschaftliche Ausgangslage zugrunde liegt.[1232] Weil beim *successful efforts accounting* grds. deutlich weniger Ausgaben für eine Aktivierung qualifizieren und stattdessen mehr Ausgaben sofort aufwandswirksam erfasst werden als nach *full cost accounting*, ist auch der **Abschreibungsausgangsbetrag** nach erstgenanntem Konzept wesentlich geringer, sodass die GuV in den Folgejahren der Abschreibungen ebenfalls erheblich weniger belastet wird.[1233] Es stellt sich nunmehr die Frage, welches Konzept den aussagekräftigeren Abschreibungsausgangsbetrag erzeugt.[1234]

Das ***full cost accounting*** verlangt die Aktivierung von Ausgaben für Tätigkeiten, die z. T. zum Ansatzzeitpunkt entweder noch nicht hinreichend beurteilbar sind oder gar bekanntermaßen keinen künftigen wirtschaftlichen Nutzen erzeugen werden. Die planmäßige Abschreibung soll jedoch dazu führen, dass genau der Aufwand in einer Periode erfasst wird, der in direktem Zusammenhang mit den in dieser Periode erwirtschafteten Erträgen steht. Durch eine überhöhte Aktivierung im Vorfeld werden aber nach dem *Full-Cost*-Konzept den Erträgen Ausgaben zugeordnet, die nur teilweise tatsächlich für sie aufgewendet wurden, teilweise aber in keinem direkten Bezug stehen. Damit wird der **Nutzenverbrauch nicht sachgerecht** abgebildet, weil ein überhöhter Abschreibungsausgangsbetrag systematisch einen zu hohen Wertverzehr je Periode suggeriert.[1235] Somit wird dem *matching principle* widersprochen.[1236]

WILLMS weist zudem darauf hin, dass *Full-Cost*-Bilanzierer regelmäßig nicht nur die aktivierten Vermögenswerte zum Abschreibungsausgangsbetrag zählen, sondern zusätzlich künftige Ausgaben antizipieren, indem sie die kalkulierten noch **bevorstehenden Erschließungsausgaben aufschlagen**, weil nur so der Ausgangsbetrag den insgesamt tatsächlich angefallenen Ausgaben entspräche.[1237] Ob eine solche Vorgehensweise indes auch nach IFRS gerechtfertigt sein könnte, ist höchst fragwürdig, schließlich findet die planmäßige Abschreibung außerhalb der *E&E*-Phase statt und die ehemaligen *E&E*-Vermögenswerte wurden in sekundäres Erschließungsvermögen reklassifiziert,

---

1232 Vgl. RIESE, J./KURZ, L., in: Beck IFRS HB, 5. Aufl., § 42, Rn. 22. Ausführlich zum Vermögenswertansatz nach *successful efforts* und *full cost accounting* vgl. Abschnitt 443.2.

1233 Vgl. die Abschnitte 443.213., 443.224. und 443.23 sowie MALMQUIST, D. H., Oil and Gas Industry Accounting Method Choice, S. 174; CORTESE, C. L./IRVINE, H. J./KAIDONIS, M. A., Extractive industries accounting and economic consequences, S. 28 f.; SEBA, R. D., Worldwide Petroleum Production, S. 363-365; FLORY, S. M./GROSSMAN, S. D., New Oil And Gas Accounting Requirements, S. 39; ZÜLCH, H./WILLMS, J., Explorations- und Evaluierungsausgaben, S. 1207; WILLMS, J., Explorations- und Evaluierungsausgaben, S. 73.

1234 Beim Vergleich der beiden Konzepte in diesem Abschnitt wird unter *successful efforts accounting* stets diejenige Variante verstanden, in der noch nicht beurteilbare *E&E*-Ausgaben aufwandswirksam erfasst werden. Je umfassender *Successful-Efforts*-Bilanzierer jedoch solche Ausgaben aktivisch abgrenzen, desto weiter nähert sich die Beurteilung des Abschreibungsausgangsbetrags derjenigen gem. der *Full-Cost*-Bilanzierung.

1235 Vgl. WILLMS, J., Explorations- und Evaluierungsausgaben, S. 194.

1236 Vgl. WILLMS, J., Explorations- und Evaluierungsausgaben, S. 193 und 197.

1237 Vgl. WILLMS, J., Explorations- und Evaluierungsausgaben, S. 61 f. So ist dies bspw. nach US- und UK-GAAP gängige Praxis, vgl. SEC Regulation S-X 4–10 (c) (3) (i); OIAC SORP.70.

sodass die Sonderregelungen aus IFRS 6 weder auf diese Vermögenswerte noch auf originäres Erschließungsvermögen anwendbar sind, sondern die allgemeinen IFRS-Vorschriften zu befolgen sind.[1238] Eine planmäßige Abschreibung in Einklang mit IAS 16 bzw. IAS 38 erfolgt für den erstmalig angesetzten Betrag, also nur auf diejenigen Ausgaben, die im Ansatzzeitpunkt bereits aktiviert wurden, und nicht diejenigen, die erst in Zukunft für künftig nutzbare wirtschaftliche Vorteile anfallen werden.[1239] Zwar werden bspw. auch in den erstmalig angesetzten Anschaffungs- oder Herstellungskosten für Sachanlagen mit Rekultivierungskosten antizipierte künftige Ausgaben bereits frühzeitig erfasst.[1240] Allerdings besteht für diese Ausgaben eine rechtliche oder zumindest faktische Verpflichtung, sodass lediglich die genaue Höhe zum Zeitpunkt der Erfassung ungewiss ist, nicht aber das Bestehen der Verpflichtung. Insofern mag die Unentziehbarkeit eine Antizipation künftiger Ausgaben in diesem Fall rechtfertigen.[1241] Für vom Unternehmen geplante künftige Erschließungsausgaben kann dieses Argument indes nicht gelten, denn für diese Ausgaben besteht kein objektiver Zwang, sondern lediglich ein unternehmensinterner Investitionsplan o. Ä. Darum würde eine Erhöhung des Abschreibungsausgangsbetrags um künftige Erschließungsausgaben nicht nur den Abschreibungsausgangsbetrag unsachgemäß darstellen, sondern darüber hinaus die Vermögens- und Ertragslage zusätzlich verzerren. Eine Vorwegnahme künftiger Ausgaben ist demnach nicht sachgerecht und steht im Widerspruch zu Ziel und Grundsätzen der IFRS-Rechnungslegung. Fallen hingegen nachträgliche Anschaffungs- oder Herstellungskosten an, die für einen Ansatz qualifizieren, so ist bei deren Entstehung der Abschreibungsausgangsbetrag im Rahmen einer **Änderung rechnungslegungsbezogener Schätzungen** prospektiv anzupassen.[1242]

Diejenigen Vermögenswerte, die gemäß dem ***successful efforts accounting*** (in der Form ohne aktivische Ausgabenabgrenzung) aktiviert werden, erfüllen auch die allgemeinen Ansatzvoraussetzungen der IFRS.[1243] Mit der planmäßigen Abschreibung werden aufgrund eines direkten sachlichen Zusammenhangs genau die Ausgaben aufwandswirksam, die für die entsprechenden Erträge aufgewendet wurden, wodurch dem *matching principle* entsprochen wird. Allerdings beginnt die Aktivierung nach dem *successful efforts accounting* mitunter zu einem recht späten Zeitpunkt, wodurch stille Reserven entstehen können, die nunmehr mit der planmäßigen Abschreibung still aufgelöst werden. Insofern könnte der Abschreibungsausgangsbetrag u. U. etwas zu gering sein, weshalb den Erträgen ggf. geringere Aufwendungen zugeordnet werden als tatsächlich dafür aufgewendet wurden. Im Vergleich zum *full cost accounting* wird mit dem *successful efforts accounting* jedoch eine deutlich geringere Verzerrung des tatsächlichen Bildes erreicht, die vor allem auf eine deutlichere

1238 Vgl. IFRS 6.5, .12 und .17.

1239 Vgl. IAS 16.6 und .44; IAS 38.8 und .102. Ähnlich auch WILLMS, J., Explorations- und Evaluierungsausgaben, S. 194.

1240 Vgl. hierzu bereits Abschnitt 328.

1241 Vgl. IAS 37.14-.16 i. V. m. .10; LÜDENBACH, N./HOFFMANN, W.-D./FREIBERG, J., in: Haufe IFRS-Kommentar, 13. Aufl., § 21, Rn. 14 und 24 f.

1242 Vgl. IAS 16.51 i. V. m. IAS 8.

1243 Zum Zeitpunkt der planmäßigen Abschreibung von Vermögen während der Produktionsphase spielt die besondere *Successful-Efforts*-Problematik aktivisch abgegrenzter Ausgaben aus *E&E* keine Rolle mehr. Weil sich die Förderstätte bereits in Produktion befindet, ist bis dahin auch der Nutzen aus den vormals abgegrenzten Ausgaben nachweisbar, wodurch sie dann Vermögenswerte i. S. d. Conceptual Framework repräsentieren.

Betonung der Ansatzschwelle für unsicheres Vermögen zurückzuführen ist. Insgesamt können mit mittels *successful efforts accounting* erzeugte Abschreibungsausgangsbeträge den **Nutzenverbrauch** deutlich **sachgerechter** abbilden als diejenigen, die aus einer *Full-Cost*-Bilanzierung resultieren.[1244] Mit der planmäßigen Abschreibung können demnach insofern **entscheidungsnützliche Informationen** vermittelt werden.

463.23 Beurteilung der Gesamtleistungsmenge

Als Bezugsgröße für die leistungsabhängige Abschreibung wird auf die klassifizierten Rohstoffe zurückgegriffen.[1245] Die **Gesamtleistungsmenge** bilden die zur Förderung vorgesehenen Rohstoffe.[1246] Für eine zutreffende Wiedergabe des Nutzenverbrauchs der Vermögenswerte ist es wichtig, die **passende Rohstoffkategorie** zu wählen, damit die sachlich korrekte Bezugsgröße verwendet wird. In Betracht kommen z. B. nachgewiesene Reserven oder die Summe aus nachgewiesenen und wahrscheinlichen Reserven, welche von Unternehmen sehr häufig bemüht werden.[1247] Einige erweitern ihre Gesamtleistungsmenge noch weiter, indem sie auch Rohstoffe weniger verlässlicher Kategorien hinzurechen,[1248] sodass die *unit of production method* in der Praxis höchst unterschiedlich umgesetzt wird.[1249] Demnach sind die Informationen **kaum vergleichbar**. Die große Gestaltungsfreiheit der Bilanzierer führt zu einer starken **Beeinträchtigung der glaubwürdigen Darstellung**. Eine Erweiterung der Gesamtleistungsmenge auf Rohstoffe, die nicht zumindest als wahrscheinliche Reserven eingestuft wurden, ist dabei m. E. generell nicht vertretbar, ist doch nicht verlässlich einschätzbar, ob diese Rohstoffe überhaupt jemals gefördert werden können. Eine Hinzurechnung würde die Gesamtleistungsmenge überhöht darstellen und hätte eine **aufwandsverzögernde** und damit die Ertragslage zunächst zu positiv darstellende **Wirkung**. Stattdessen ist, wenn nachträglich Rohstoffe umklassifiziert werden und dadurch die Gesamtleistungsmenge steigt, gemäß IAS 8.36 i. V. m. .32 (d) prospektiv eine rechnungslegungsbezogene Schätzungsänderung vorzunehmen und die Gesamtleistungsmenge entsprechend anzupassen.

Successful-Efforts-Bilanzierer aktivieren ihre *E&E*-Ausgaben ab dem Zeitpunkt, zu dem wirtschaftlich nutzbare Rohstoffe, also Reserven, festgestellt werden, sodass i. d. R. **nachgewiesene Reserven** die **sachlich korrekte Bezugsbasis** darstellen.[1250] Zwar würde die Summe der nachge-

---

1244 Vgl. WILLMS, J., Explorations- und Evaluierungsausgaben, S. 183 f. und 187.

1245 Vgl. WILLMS, J., Explorations- und Evaluierungsausgaben, S. 52.

1246 Die Menge der in der Periode abgebauten Bodenschätze im Verhältnis zur Gesamtleistungsmenge ergibt den prozentualen Anteil des Abschreibungsausgangsbetrags, der in dieser Periode aufwandswirksam wird. Vgl. KPMG (Hrsg.), Accounting in the Oil & Gas Industry, S. 4.

1247 Die Summe aus nachgewiesenen und wahrscheinlichen Reserven entspricht nämlich dem *best estimate*. Vgl. KPMG (Hrsg.), Mining 2014, S. 53; KPMG (Hrsg.), Oil and Gas 2008, S. 5; PwC (Hrsg.), Financial reporting in the mining industry 2012, S. 40.

1248 Sie argumentieren, dass die Ausweitung der Gesamtleistungsmenge auf weitere Rohstoffkategorien ein realistischeres Bild der zu erwartenden Abbauleistung zeichne, vgl. PwC (Hrsg.), Financial reporting in the mining industry 2012, S. 40; PwC (Hrsg.), Financial reporting in the mining industry 2007, S. 33 f.; KPMG (Hrsg.), Mining 2014, S. 53.

1249 Vgl. KPMG (Hrsg.), Accounting in the Oil & Gas Industry, S. 4; KPMG (Hrsg.), Oil and Gas 2008, S. 5.

1250 So gehen auch die US-GAAP von nachgewiesenen Reserven als Bezugsbasis für *Successful-Efforts*-Bilanzierer aus, vgl. FASB 19.35.

wiesenen und wahrscheinlichen Reserven den *best estimate* der zu fördernden Mengen wiedergeben.[1251] Doch auch wenn ausschließlich nachgewiesene Reserven eine mengenmäßig geringere Schätzung darstellen, die zudem nicht die wahrscheinlichste ist, entsprechen sie doch der **verlässlichsten** und sichersten **Schätzung**. Schließlich darf mit einer mindestens 90 %-igen Wahrscheinlichkeit davon ausgegangen werden, dass diese Mengen an Bodenschätzen künftig aus der Förderstätte gewonnen werden.[1252] Damit wird nicht nur die Glaubwürdigkeit gestärkt, sondern auch die Relevanz, da diejenige Schätzung mit der geringsten Bewertungsunsicherheit verwendet wird.

Unternehmen, die das ***Full-Cost***-Konzept verfolgen, stellen bei ihrer Ansatzentscheidung keinen sachlichen Zusammenhang zwischen aktivierten Ausgaben und entsprechenden Rohstoffen her, weshalb zu Abschreibungszwecken m. E. **keine korrekte Bezugsbasis identifizierbar** ist. Die Abschreibung basiert daher auf einer sehr oberflächlichen Zuordnung von Aufwendungen zu Erträgen, die im gleichen Kostencenter entstehen, ohne dass ein direkter Bezug zwischen ihnen bestehen muss. Da auch bereits der Abschreibungsausgangsbetrag eine sachgerechte Abbildung des Nutzenverbrauchs verhindert, wird die Entscheidungsnützlichkeit der Informationen über die planmäßige Abschreibung von *Full-Cost*-Bilanzierern erheblich beschädigt.[1253]

463.3 Zwischenfazit

Zusammenfassend muss festgestellt werden, dass einerseits die mangelnden Regelungen zur Festlegung von Kostencentern einen erheblichen Anteil daran haben, dass Informationen bzgl. der planmäßigen leistungsabhängigen Abschreibung nur eine geringe Glaubwürdigkeit aufweisen können und bei zu großen Kostencentern auch nicht relevant sind. Andererseits ist bereits die Aktivierungsentscheidung im Zeitpunkt des Anfalls der Ausgaben maßgeblich dafür, ob der Nutzenverbrauch zutreffend abgebildet wird. Letztlich können nur mit mittels *successful efforts accounting* (in der Form ohne aktivische Abgrenzungen) entstandenen Abschreibungsausgangsbeträgen **relevante Bewertungsinformationen** vermittelt werden, die zudem aufgrund geringerer Ermessensspielräume und einem sachgerechteren Bezug zwischen Abschreibungsobjekt und Rohstoffen (der Gesamtleistungsmenge) eine **glaubwürdigere Darstellung** ermöglichen als es das *full cost accounting* vermag.[1254] Da auch die Kostencenter nach dem ***successful efforts accounting*** i. d. R. wesentlich enger gefasst werden, ist dieses Konzept – wie auch bereits hinsichtlich der bilanziellen Abbildung von *E&E*-Vermögenswerten festgestellt – jenes, dem der **Vorzug** zu geben ist, um eine entscheidungsnützliche Bilanzierung in Einklang mit den Grundsätzen der IFRS-Rechnungslegung zu erreichen.

1251 Für die Summe der nachgewiesenen und wahrscheinlichen Reserven besteht eine Wahrscheinlichkeit von 50 %, dass diese Rohstoffmengen tatsächlich künftig gefördert werden. Vgl. die Abschnitte 252.2, 252.3 und 252.4.

1252 Vgl. zur Bestimmung der Reserven ebenfalls die Abschnitte 252.2, 252.3 und 252.4.

1253 Vgl. WILLMS, J., Explorations- und Evaluierungsausgaben, S. 202.

1254 Vgl. RIESE, J./KURZ, L., in: Beck IFRS HB, 5. Aufl., § 42, Rn. 22; ZÜLCH, H./WILLMS, J., Explorations- und Evaluierungsausgaben, S. 1209; WILLMS, J., Explorations- und Evaluierungsausgaben, S. 222.

464. Kosten für Abraumbeseitigung

464.1 Bilanzierung von Abraumbeseitigungskosten nach IFRIC 20

Zwar wird die Bilanzierung von Abraumbeseitigungskosten[1255] während der Erschließungsphase i. d. R. recht einheitlich gehandhabt,[1256] doch bestanden vor Herausgabe der IFRIC 20 große Unterschiede hinsichtlich der bilanziellen Behandlung solcher Abraumkosten, die in der Produktionsphase anfallen. Die Bilanzierungsschwierigkeit ergibt sich daraus, dass aus diesen Aktivitäten Nutzen sowohl für die aktuelle als auch für künftige Perioden resultieren kann.[1257] Mit IFRIC 20 wurde nunmehr eine Regelung geschaffen, die diese *diversity in practice* beseitigen und die Rechnungslegung vergleichbarer machen soll.[1258] Da speziell die Frage der Abraumkosten in der **Produktionsphase** von **Tagebauen** an das Interpretations Committee gerichtet wurde, wurde der Anwendungsbereich von IFRIC 20 insofern in zeitlicher wie sachlicher Hinsicht beschränkt.[1259] Demnach handelt es sich „nicht um eine[...] branchen-, sondern um eine[...] sachverhaltsspezifische[...]"[1260] Regelung.

Der **Ansatz** von Abraumkosten als Vermögenswert gemäß IFRIC 20 richtet sich maßgeblich nach dem durch sie generierten Nutzen. Zunächst wird durch die Abraumbeseitigung das Bodenschatzvorkommen für die Förderarbeiten freigelegt. Da Rohstoffe aber selten in reiner Form, sondern vielmehr mit anderen Stoffen gemischt vorliegen,[1261] enthält regelmäßig auch der abgeräumte Boden Minerale, deren Weiterverarbeitung bei ausreichender Konzentration lohnenswert sein kann.[1262] Darum werden **zweierlei** Arten von **Nutzen** unterschieden: Der Abraum enthält nutzbare Rohstoffanteile und dient der Produktion von **Vorräten** in der **aktuellen Periode** und/oder seine Beseitigung schafft einen **verbesserten Zugang** zu den Rohstoffen zwecks deren Gewinnung in **künftigen Perioden**.[1263] Sofern sich der Nutzen in Form von Vorräten realisieren lässt, sind die dafür anfallenden Abraumkosten nach IAS 2 zu bilanzieren.[1264] Soweit jedoch der Nutzen der Abraumbeseitigung in einem dauerhaft **verbesserten Rohstoffzugang** liegt, können die Kosten als langfristiger Vermögenswert aktiviert werden, wenn drei Ansatzvoraussetzungen kumulativ erfüllt sind:[1265]

1255 Die Begriffe Abraumbeseitigungs- und Abraumkosten werden hier synonym verwendet.

1256 Die Bilanzierung erfolgt zumeist gem. IAS 16. Vgl. IFRIC 20.2 und .BC5; EY (Hrsg.), Waste removal costs, S. 1, sowie ausführlich in Abschnitt 45.

1257 Vgl. IFRIC 20.BC2 f. So variierte die Behandlung der Kostenerfassung von vollständiger Aktivierung bis zu sofortiger Aufwandserfassung.

1258 Vgl. IFRIC 20.BC3; KPMG (Hrsg.), IFRS aktuell, S. 227.

1259 Vgl. IFRIC 20.6, .BC2 und .BC4; FISCHER, D. T., Stripping Costs, S. 26.

1260 KLINGENSTEIN, H.-J., in: Baetge et al., Rechnungslegung nach IFRS, 2. Aufl., IFRIC 20, Rn. 2.

1261 Vgl. Abschnitt 21.

1262 Vgl. PwC (Hrsg.), Energy and resources, S. 1; KPMG (Hrsg.), IFRS aktuell, S. 227; FISCHER, D. T., Stripping Costs, S. 26.

1263 Vgl. IFRIC 20.4 und .BC6; FISCHER, D. T., Stripping Costs, S. 26; EY (Hrsg.), International GAAP 2015 Bd. II, S. 3049; EY (Hrsg.), Waste removal costs, S. 1.

1264 Sie fließen in die Herstellungskosten der Vorräte ein. Vgl. IFRIC 20.8; KLINGENSTEIN, H.-J., in: Baetge et al., Rechnungslegung nach IFRS, 2. Aufl., IFRIC 20, Rn. 7; EY (Hrsg.), Waste removal costs, S. 2. Vgl. zur Vorratsbilanzierung nach IAS 2 außerdem Abschnitt 462.

1265 Vgl. IFRIC 20.8 f.; EY (Hrsg.), Waste removal costs, S. 2.

- Der Nutzen wird dem Unternehmen wahrscheinlich zufließen,
- der **Teil des Vorkommens**, zu dem der Zugang verbessert wurde, kann **identifiziert** werden und
- die Kosten können verlässlich bestimmt werden.[1266]

Während das erst- und das drittgenannte Kriterium mit den Ansatzvoraussetzungen aus IAS 16.7 und IAS 38.21 übereinstimmen, wurde mit dem zweiten ein zusätzliches Kriterium geschaffen. Jener Teil des Vorkommens stellt eine spezifisch abgegrenzte Teilmenge des gesamten Vorkommens dar.[1267] Sind die Ansatzkriterien kumulativ erfüllt, ist das resultierende ***stripping activity asset*** einem bestehenden Vermögenswert zuzuordnen und als erweiternder Teil dessen zu bilanzieren. Dabei richtet sich die Klassifizierung als materiell oder immateriell nach der des bestehenden Vermögenswerts.[1268]

Im Ansatzzeitpunkt sind *stripping activity assets* mit ihren **Anschaffungs- oder Herstellungskosten**, also den notwendigen direkten Kosten für die Verbesserung des Zugangs zu dem identifizierten Teil des Vorkommens und den anteilig direkt zurechenbaren Gemeinkosten, zu erfassen.[1269] Da die **Abraumkosten** für die Vorratsproduktion und für die Schaffung eines Zugangs jedoch oft nicht separat identifizierbar sind, müssen sie anhand eines für die **Produktion relevanten Maßstabs verteilt** werden.[1270] Hierfür nennt IFRIC 20.13 einige Beispiele. So ließe sich die Allokation etwa basierend auf Kosten, Mengen oder dem Mineralgehalt vornehmen, indem jeweils die tatsächliche Größe zur erwarteten – bezogen auf den spezifischen Teil des Vorkommens – ins Verhältnis gesetzt wird.[1271] Ein so ermittelter Produktionsmehraufwand weist sodann auf einen künftigen wirtschaftlichen Nutzen in Form eines verbesserten Rohstoffzugangs dank der Abraumarbeiten hin.[1272]

Die **Folgebewertung** eines *stripping activity asset* richtet sich nach der des bestehenden Vermögenswerts, dessen Teil es geworden ist, sodass entweder das Anschaffungskosten- oder das Neubewertungsmodell angewendet wird und planmäßige Abschreibungen sowie Wertminderungen abgezogen werden.[1273] Hinsichtlich der planmäßigen Abschreibung gibt IFRIC 20.15 die leistungsabhängige Methode vor, solange keine andere angemessener ist, und legt die zu erwartende **Nutzungsdauer** anhand der des separat **identifizierten Teils** des Vorkommens fest.[1274] Diese wird sich

1266 Vgl. IFRIC 20.9 und .BC7.
1267 Vgl. IFRIC 20.BC8; SCHMIDT, M./SCHREIBER, S. M., BB-IFRSIC-Report 2011/2012, S. 2363.
1268 Vgl. IFRIC 20.10 f.; FISCHER, D. T., Stripping Costs, S. 26.
1269 Vgl. IFRIC 20.12.
1270 Vgl. KPMG (Hrsg.), Production stripping costs, S. 2; FISCHER, D. T., Stripping Costs, S. 26 f.
1271 Vgl. KPMG (Hrsg.), IFRS aktuell, S. 229. Vgl. für ein gut veranschaulichendes Beispiel KLINGENSTEIN, H.-J., in: Baetge et al., Rechnungslegung nach IFRS, 2. Aufl., IFRIC 20, Rn. 11 f.
1272 Vgl. IFRIC 20.BC16; FISCHER, D. T., Stripping Costs, S. 27.
1273 Vgl. IFRIC 20.14.
1274 Vgl. PwC (Hrsg.), Energy and resources, S. 2; EY (Hrsg.), Waste removal costs, S. 1.

meist von der des gesamten Bergwerks unterscheiden, sofern nicht der identifizierte Teil der letzte verbliebene noch abzubauende ist.[1275]

464.2 Kritische Analyse der Bilanzierung von Abraumkosten

464.21 Besondere Ansatzkriterien für Abraumbeseitigungskosten

Neben den beiden Ansatzkriterien, wonach ein künftiger Nutzen aus den Abraumtätigkeiten erwartbar und die Kosten dafür verlässlich bestimmbar sein müssen,[1276] wird mit der Forderung, den spezifischen Teil des Rohstoffvorkommens separat zu identifizieren, für den der Zugang verbessert wurde,[1277] ein zusätzliches, **interpretationsspezifisches Kriterium** für *stripping activity assets* geschaffen.[1278] Mit diesem soll einer zu umfangreichen Aktivierung von Abraumkosten Einhalt geboten werden, da es die Unternehmen zwingt, sich intensiv mit dem zu erwartenden Nutzen auseinanderzusetzen.[1279] Allerdings findet sich in IFRIC 20 **nur wenig Anleitung**, wie ein solcher **Teil** eines Vorkommens **identifiziert** werden soll, sondern das IFRIC bekennt, dass diese Entscheidung im Ermessen des Managements liege.[1280] Doch geht es davon aus, dass die **internen Abbaupläne** der Unternehmen ausreichend Informationen enthalten, um die Entscheidungen angemessen und konsistent treffen zu können.[1281] Die mangelnde Konkretisierung schafft Gestaltungsfreiheiten für die Bilanzierer, die dem ursprünglichen Ziel von IFRIC 20, einer vergleichbareren Berichterstattung, nur bedingt zuträglich sein können.[1282] Aufgrund der Einzigartigkeit jedes einzelnen Vorkommens wären aber andererseits zu genaue Regelungen für die Bestimmung der einzelnen Teile der Vorkommen vermutlich impraktikabel,[1283] sodass die Bilanzierung anhand interner Pläne gemäß dem *management approach*[1284] die wohl entscheidungsnützlicheren Informationen erzeugt.[1285] Dennoch bleibt die Identifikation separater Teile von Rohstoffvorkommen eine Herausforderung, besonders in sehr komplizierten Lagerstättenstrukturen.[1286]

Wenn ein Unternehmen keinen separaten Teil des Vorkommens identifizieren kann, zu dem der Zugang durch die Abraumarbeiten verbessert wurde, müssen die dafür angefallenen Kosten sofort

1275 Vgl. IFRIC 20.16; SCHMIDT, M./SCHREIBER, S. M., BB-IFRSIC-Report 2011/2012, S. 2363.

1276 Vgl. IFRIC 20.9 (a) und (c). Diese Ansatzkriterien verlangen auch IAS 16.7 und IAS 38.21.

1277 Vgl. IFRIC 20.BC8.

1278 Vgl. KLINGENSTEIN, H.-J., in: Baetge et al., Rechnungslegung nach IFRS, 2. Aufl., IFRIC 20, Rn. 10; KPMG (Hrsg.), IFRS aktuell, S. 228.

1279 Vgl. SCHELLHORN, M./HESSE, T./SPRINGSGUTH, A., Bilanzierung von Abraumkosten, S. 244.

1280 Vgl. EY (Hrsg.), Waste removal costs, S. 3; EY (Hrsg.), International GAAP 2015 Bd. II, S. 3054 f.

1281 Vgl. IFRIC 20.BC9; KLINGENSTEIN, H.-J., in: Baetge et al., Rechnungslegung nach IFRS, 2. Aufl., IFRIC 20, Rn. 10.

1282 Vgl. FAR (Hrsg.), Comment Letter DI/2010/1, S. 2.

1283 Vgl. KLINGENSTEIN, H.-J., in: Baetge et al., Rechnungslegung nach IFRS, 2. Aufl., IFRIC 20, Rn. 10; EY (Hrsg.), Waste removal costs, S. 3. Zur Unterschiedlichkeit von Lagerstätten vgl. Abschnitt 21.

1284 Vgl. zum *management approach* KIRSCH, H.-J./KOELEN, P./KÖHLING, K., Möglichkeiten und Grenzen des management approach, S. 200-207; WEIßENBERGER, B. E./MAIER, M., Management Approach, S. 2077-2083.

1285 Zur praktischen Umsetzung der Identifikation vgl. z. B. EY (Hrsg.), International GAAP 2015 Bd. II, S. 3055.

1286 Vgl. EY (Hrsg.), International GAAP 2015 Bd. II, S. 3055; EY (Hrsg.), Waste removal costs, S. 3. Zudem müssen die getroffenen Einschätzungen ständig überprüft und ggf. aktualisiert werden.

als Aufwand erfasst werden.[1287] Daher wird die *diversity in practice* in der Bilanzierung von Abraumkosten durch zwei Aspekte zumindest teilweise aufrechterhalten und die **Vergleichbarkeit** der Abschlüsse **eingeschränkt**: wenn die Identifikation eines spezifischen Teils eines Vorkommens unmöglich ist und wenn Ermessensspielräume ausgenutzt werden. Rohstoffunternehmen müssen Prozesse definieren, anhand derer sie die spezifischen **Teile von Vorkommen identifizieren**.[1288] Gelingt ihnen dies nicht, weil z. B. die Beschaffenheit der Rohstoffe keine Aufteilung ermöglicht oder ihr Controlling diese Leistung nicht zu erbringen vermag, wird ihnen der Ansatz von Abraumkosten der Produktionsphase verwehrt, auch wenn ein Nutzen daraus sehr wahrscheinlich ist und die Kosten verlässlich bestimmbar sind.[1289] Dies führt zu einer Ungleichbehandlung einerseits zwischen Rohstoffunternehmen und andererseits zwischen verschiedenen Ausgaben, die potenziell als langfristige Vermögenswerte aktiviert werden könnten. Darüber hinaus können Unternehmen die erforderlichen Einschätzungen zur Identifikation der Lagerstättenteile bewusst ausnutzen, denn gerade eine Nicht-Aktivierung durch fehlende oder nur unter unvertretbar hohem Aufwand mögliche Zuordenbarkeit der Kosten kann leicht argumentiert werden.[1290] Insofern kann u. U. gar von einem faktischen Ansatzwahlrecht gesprochen werden.[1291] Dies ließe sich jedoch verhindern, und die Bilanzierung von Abraumkosten könnte nicht nur vergleichbarer, sondern auch weniger anfällig für bilanzpolitische Gestaltungen und damit glaubwürdiger werden, indem in IFRIC 20.9 (b) das **besondere Ansatzkriterium gestrichen** und stattdessen einzig auf die Voraussetzungen in Einklang mit IAS 16.7 und IAS 38.21 abgestellt würde.[1292]

Gegen eine Zuordnung der Kosten zu einem bestimmten Teil des Vorkommens spricht außerdem, dass durch Abraumtätigkeiten oftmals der **Zugang** über den separat identifizierten Teil hinaus **zur gesamten Lagerstätte verbessert** wird.[1293] Denn auch wenn mit dem abgeräumten Boden zunächst nur ein absehbarer Teil der Rohstoffe direkt erreicht wird, müsste der selbe Abraum auch entfernt werden, um an die noch weiter darunter oder dahinter liegenden Bodenschätze zu gelangen. Demnach erzeugen die Arbeiten zumeist einen wirtschaftlichen Vorteil, der über mehrere Perioden bestehen bleiben wird und die gesamte Lagerstätte betrifft, sofern auch diese weiteren Rohstoffe gefördert werden sollen.[1294] Dies ignoriert IFRIC 20 jedoch. Um einerseits der Tatsache eines verbes-

---

1287 Dies ergibt sich aus IFRIC 20.9 und .BC7.

1288 Vgl. KPMG (Hrsg.), Production stripping costs, S. 7.

1289 Vgl. SCHELLHORN, M./HESSE, T./SPRINGSGUTH, A., Bilanzierung von Abraumkosten, S. 245; EFRAG (Hrsg.), Comment Letter DI/2010/1, S. 3. Dass dies regelmäßig der Fall sein dürfte, deutet das AASB in seinem Kommentierungsschreiben an, vgl. AASB (Hrsg.), Comment Letter DI/2010/1, S. 1.

1290 Vgl. PwC (Hrsg.), Energy and resources, S. 2; EY (Hrsg.), Waste removal costs, S. 2; KPMG (Hrsg.), Production stripping costs, S. 3 und 7. Ein zu hoher Aufwand würde der Kostenrestriktion der IFRS-Rechnungslegung widersprochen, vgl. Abschnitt 326. Dies befürchtet auch LOW, L., Comment Letter DI/2010/1, S. 4.

1291 Vgl. SCHELLHORN, M./HESSE, T./SPRINGSGUTH, A., Bilanzierung von Abraumkosten, S. 245.

1292 Vgl. BHP BILLITON (Hrsg.), Comment Letter DI/2010/1, S. 1; EY (Hrsg.), Comment Letter DI/2010/1, S. 2 und 7. Diese Auffassung ebenfalls teilend vgl. SCHELLHORN, M./HESSE, T./SPRINGSGUTH, A., Bilanzierung von Abraumkosten, S. 248.

1293 Vgl. BHP BILLITON (Hrsg.), Comment Letter DI/2010/1, S. 5-7; ASB (Hrsg.), Comment Letter DI/2010/1, S. 2; DELOITTE TOUCHE TOHMATSU (Hrsg.), Comment Letter DI/2010/1, S. 3; SAICA (Hrsg.), Comment Letter DI/2010/1, S. 2.

1294 Vgl. ASB (Hrsg.), Comment Letter DI/2010/1, S. 1; EXTRACTIVE ACTIVITIES WORKING GROUP (Hrsg.), Comment Letter DI/2010/1, S. 3.

serten Zugangs i. d. R. für das gesamte Vorkommen Rechnung zu tragen und andererseits die Rechnungslegung wiederum vergleichbarer, verständlicher und weniger ermessensbehaftet zu gestalten, sollten Abraumkosten „widerlegbar stets als **für das gesamte [V]orkommen nutzbringend** angesehen werden [i. O. nicht hervorgehoben]"[1295], dessen Zugang sie verbessert haben.[1296] Wenn ein Unternehmen seine Vorkommen auch zu internen Steuerungszwecken in mehrere Teile spaltet und diese einzeln überwacht, könnte ihm indes – i. S. d. *management approach* – dann alternativ auch eine Vorgehensweise wie von IFRIC 20 vorgesehen gewährt werden.[1297]

464.22 Bestimmung der Anschaffungs- oder Herstellungskosten von *stripping activity assets*

In die Anschaffungs- oder Herstellungskosten der *stripping activity assets* sind die **direkt** dem Nutzen aus der Abraumbeseitigung **zuordenbaren Kosten** inklusive anteilig direkt **zurechenbarer Gemeinkosten**, wie z. B. Mietkosten für zur Bodenabräumung eingesetzte Maschinen, einzubeziehen.[1298] Davon abzugrenzen sind nebenbei anfallende Abraumtätigkeiten, die zwar im selben Gebiet stattfinden, allerdings nicht produktionsbezogen und darum unabhängig von den planmäßigen Abraumarbeiten in der Förderstätte sind. Deren Kosten dürfen nicht zum *stripping activity asset* gerechnet werden.[1299]

Es kann davon ausgegangen werden, dass je nach Zuordnung der *stripping activity assets* auf bestehende Vermögenswerte die Regelungen aus **IAS 16** bzw. **IAS 38** einschlägig sind.[1300] Eine diesbezügliche Klarstellung in IFRIC 20 wäre dennoch wünschenswert, um Missverständnissen vorzubeugen und andere Auslegungsvarianten gar nicht aufkommen zu lassen. Problematisch ist, dass die Bewertungsvorschriften der beiden Standards nicht vollständig deckungsgleich sind, weshalb gleiche Sachverhalte – Beseitigungen von Abraum – bilanziell unterschiedlich abgebildet werden können.[1301] Dies schränkt die Vergleichbarkeit von Abschlüssen ein. Auch ist diese zuordnungsbedingte Ungleichbehandlung für Adressaten nur schwerlich verständlich. Besonders deutlich zeigt sich die Problematik bei der Frage, ob künftige **Wiederherstellungskosten** in den Anschaffungs- oder Herstellungskosten der *stripping activity assets* berücksichtigt werden sollen oder nicht. IFRIC 20 bleibt die Antwort darauf schuldig. Doch sind Abraumarbeiten regelmäßig mit einschneidenden Umweltveränderungen verbunden, die nach anschließender Renaturierung verlangen. Während

---

1295 SCHELLHORN, M./HESSE, T./SPRINGSGUTH, A., Bilanzierung von Abraumkosten, S. 248.

1296 Vgl. GOLD FIELDS (Hrsg.), Comment Letter DI/2010/1, S. 5; DELOITTE TOUCHE TOHMATSU (Hrsg.), Comment Letter DI/2010/1, S. 4; DE BEERS GROUP (Hrsg.), Comment Letter DI/2010/1, S. 1; KPMG (Hrsg.), Comment Letter DI/2010/1, S. 1 f.

1297 Vgl. LOW, L., Comment Letter DI/2010/1, S. 4; ASB (Hrsg.), Comment Letter DI/2010/1, S. 3; AASB (Hrsg.), Comment Letter DI/2010/1, S. 3; SAICA (Hrsg.), Comment Letter DI/2010/1, S. 4; BDO (Hrsg.), Comment Letter DI/2010/1, S. 4; EY (Hrsg.), Comment Letter DI/2010/1, S. 8.

1298 Vgl. IFRIC 20.12 und .BC12; EY (Hrsg.), Waste removal costs, S. 3. Zur Bewertung wird in den *basis for conclusion* mehrfach ausdrücklich auf IAS 16 hingewiesen, nicht aber auf Bewertungsregelungen aus IAS 38.

1299 Vgl. IFRIC 20.BC13. Als Beispiel wird Bodenabräumung zwecks Bau einer Zufahrtsstraße genannt. Vgl. außerdem KLINGENSTEIN, H.-J., in: Baetge et al., Rechnungslegung nach IFRS, 2. Aufl., IFRIC 20, Rn. 12; EY (Hrsg.), Waste removal costs, S. 3.

1300 Vgl. KPMG (Hrsg.), IFRS aktuell, S. 229.

1301 Vgl. KLINGENSTEIN, H.-J., in: Baetge et al., Rechnungslegung nach IFRS, 2. Aufl., IFRIC 20, Rn. 12; EFRAG (Hrsg.), Comment Letter DI/2010/1, S. 2; GRANT THORNTON (Hrsg.), Comment Letter DI/2010/1, S. 1.

IAS 16.6 (c) solche Kosten einbezieht, sieht IAS 38 keine entsprechende Regelung vor. Dies ist nicht verwunderlich, können immaterielle Vermögenswerte mangels Körperlichkeit wohl normalerweise kaum physische Standortbedingungen verändern. Bei einer Zuordnung der *stripping activity assets* zu immateriellem Vermögen müssten darum entweder die Rekultivierungskosten außer Acht bleiben oder trotz fehlender Regelung hinzugerechnet werden. Um weniger Auslegungsraum zu eröffnen und damit die Finanzinformationen **vergleichbarer** und glaubwürdiger darzustellen, sollte – wie bereits in Abschnitt 464.23 vorgeschlagen – die **Zuordnung** der *stripping activity assets* **ausschließlich auf materielles Vermögen** gefordert werden.

Weil mit Abraumbeseitigung einhergehende Vorratsproduktion und Zugangsverbesserung zumeist gleichzeitig in integrierten Arbeitsprozessen stattfinden, ist die direkte separate Identifizierung der Anschaffungs- oder Herstellungskosten der beiden Nutzen regelmäßig unmöglich.[1302] Darum dienen relevante **produktionsbezogene Bewertungsmaßstäbe** als Verteilungsgrundlage der Abraumkosten auf die beiden Nutzen, da diese – im Gegensatz bspw. zu absatzpreisorientierten Maßstäben – ein **guter Indikator** dafür sind, in welchem Ausmaß der abgeräumte Boden über die erwartete Herstellung hinaus den Zugang zu Rohstoffen verbessert hat.[1303] Aufgrund ungenauer Vorgaben in IFRIC 20, wie die Kostenallokation umgesetzt werden soll, ist diese Entscheidung vom Management zu treffen und von großen **Ermessensspielräumen** geprägt, die besonders die Vergleichbarkeit der Informationen einschränken.[1304] Allerdings würden zu genaue Vorschriften wiederum die Gefahr der Impraktikabilität bergen, erfordert die Komplexität und Individualität jedes einzelnen Bodenschatzvorkommens doch eine gesonderte Einschätzung.[1305] Insofern wird diesem Umstand Rechnung getragen, indem i. S. d. *management approach* die Planungsdaten und Erkenntnisse des internen Steuerungs- und Überwachungssystems zu Rate gezogen werden, wodurch **relevante Informationen** bereitgestellt werden.[1306] Um gleichzeitig die Glaubwürdigkeit, Verständlichkeit und Nachprüfbarkeit zu verbessern, sollten Unternehmen jedoch verpflichtet werden, den von ihnen eingesetzten Allokationsmaßstab im Anhang offenzulegen.[1307]

464.23 Zurechnung von *stripping activity assets* auf bestehende Vermögenswerte

IFRIC 20.10 verlangt statt einer Aktivierung der *stripping activity assets* als eigenständige Vermögenswerte die Zurechnung auf bestehende Vermögenswerte. Der Charakter der *stripping activity*

1302 Vgl. EY (Hrsg.), International GAAP 2015 Bd. II, S. 3051; KLINGENSTEIN, H.-J., in: Baetge et al., Rechnungslegung nach IFRS, 2. Aufl., IFRIC 20, Rn. 11; SCHMIDT, M./SCHREIBER, S. M., BB-IFRSIC-Report 2011/2012, S. 2363.

1303 Vgl. IFRIC 20 BC14-BC16; KLINGENSTEIN, H.-J., in: Baetge et al., Rechnungslegung nach IFRS, 2. Aufl., IFRIC 20, Rn. 10; KPMG (Hrsg.), Production stripping costs, S. 10; EY (Hrsg.), International GAAP 2015 Bd. II, S. 3051; EY (Hrsg.), Waste removal costs, S. 3. Trotz der Kostenallokation muss zusätzlich die Erfüllung der Ansatzkriterien aus IFRIC 20.9 geprüft werden. Damit ersetzt der Verteilungsprozess die Ansatzvoraussetzungen nicht, sondern ergänzt sie.

1304 Vgl. PwC (Hrsg.), Energy and resources, S. 2; KLINGENSTEIN, H.-J., in: Baetge et al., Rechnungslegung nach IFRS, 2. Aufl., IFRIC 20, Rn. 11; SCHMIDT, M./SCHREIBER, S. M., BB-IFRSIC-Report 2011/2012, S. 2363.

1305 Vgl. SCHMIDT, M./SCHREIBER, S. M., BB-IFRSIC-Report 2011/2012, S. 2363, sowie Abschnitt 21.

1306 Vgl. SCHELLHORN, M./HESSE, T./SPRINGSGUTH, A., Bilanzierung von Abraumkosten, S. 249.

1307 Vgl. SCHELLHORN, M./HESSE, T./SPRINGSGUTH, A., Bilanzierung von Abraumkosten, S. 249 f.

assets entspreche eher einer **Erweiterung oder Verbesserung bestehenden Vermögens**, als dass sie eigenständig ansatzfähig seien.[1308] Für einen separaten Ansatz hingegen sprechen sich bspw. SCHELLHORN/HESSE/ SPRINGSGUTH aus, da aufgrund der Erfüllung der allgemeinen Ansatzkriterien, also des wahrscheinlichen Nutzenzuflusses und der verlässlichen Bewertbarkeit, ein solcher geboten sei[1309] und auch das deutsche HGB eine ähnliche Vorgehensweise vorsähe.[1310] Indes kann der Ansatz von *stripping activity assets* als Erweiterung anderer Vermögenswerte durch den Komponentenansatz, wie ihn IAS 16.43-.49 vorsieht, gerechtfertigt und dadurch begründet werden, dass abgeräumter Boden nur in Verbindung mit einem anderen Vermögenswert Nutzen generieren kann.[1311]

Zwar befindet das IFRIC, dass ein **bestehender Vermögenswert** durch das *stripping activity asset* erweitert werde. Allerdings legt es nicht fest, welchen bilanziellen Charakter besagter vorhandener Vermögenswert, der den Tagebau insgesamt betreffen soll, aufweisen soll.[1312] Vielmehr erkennt es eine Vielzahl von Möglichkeiten an und nennt als Beispiele das Bergwerksgrundstück, das Bodenschatzvorkommen, ein Förderrecht und Erschließungsvermögen.[1313] Die Zurechnung auf ein Förderrecht scheint jedoch keine geeignete Vorgehensweise, schließlich ist die Abraumbeseitigung eine physische Tätigkeit. Außerdem ist die Gültigkeit von Rechten normalerweise nicht an Abraumarbeiten geknüpft, sodass ihr Nutzen unabhängig von *stripping activity assets* ist. Ein sachlicher Bezug der *stripping activity assets* zu den Vermögenswerten, die sie erweitern, scheint geboten, um relevante und verständliche Informationen zu vermitteln, und sollte deshalb explizit gefordert werden.

Da die Zurechnung der *stripping activity assets* damit im Wesentlichen dem Ermessen des Managements überlassen wird, kommen **sowohl materielle als auch immaterielle Vermögenswerte** als Zurechnungsbasis und damit zugleich Klassifizierung der *stripping activity assets* in Betracht.[1314]

1308 Vgl. IFRIC 20.BC10; SCHREIBER, S. M., BB-IFRIC-Report 2009/2010, S. 2294; EY (Hrsg.), Waste removal costs, S. 2.

1309 Ähnlicher Auffassung BDO (Hrsg.), Comment Letter DI/2010/1, S. 6. In Frage stellt die Zurechnung ebenso GRANT THORNTON (Hrsg.), Comment Letter DI/2010/1, S. 3.

1310 Vgl. SCHELLHORN, M./HESSE, T./SPRINGSGUTH, A., Bilanzierung von Abraumkosten, S. 250-252. Ihre Argumentation stützen sie dabei auf die in der deutschen Rechnungslegung gängige Praxis, dass Gruben- oder Tagebauaufschluss als Betriebsvorrichtung angesehen und im Sachanlagevermögen erfasst wird, Vorabraum verstanden als Vorleistung in der Rohstoffproduktion hingegen von kurzfristigerer Natur sei – sinngemäß vergleichbar mit solchen Abraumaktivitäten, die nach IFRIC 20 als Herstellungskosten der Vorräte zu verstehen und gem. IAS 2 zu erfassen wären. Vgl. weiterführend SCHELLHORN, M., Umweltrechnungslegung, S. 239-244; HIRTE, E., Bilanzierungsfragen im Braunkohlenbergbau, S. 242-245; KRÄMER, G., Abraumbeseitigung, S. 348-351; HEBERER, W., Behandlung des Abraums, S. 292-294; DISTELRATH, G., Behandlung des Abraums, S. 207 f.; HEBERER, W., Nochmals Behandlung des Abraums, S. 126-129. Urteile des RFH und des BFH haben dies bestätigt, vgl. RFH (Hrsg.), 30.01.1935 – VI A 1012/33, S. 1111; RFH (Hrsg.), 05.03.1940 – I 67/39, S. 683 f.; BFH (Hrsg.), 26.06.1951 – I 54/51 S, S. 211 f.

1311 Vgl. ähnlich dazu EFRAG (Hrsg.), Comment Letter DI/2010/1, S. 3; RIC (Hrsg.), Comment Letter DI/2010/1, S. 2.

1312 Vgl. KLINGENSTEIN, H.-J., in: Baetge et al., Rechnungslegung nach IFRS, 2. Aufl., IFRIC 20, Rn. 10.

1313 Vgl. IFRIC 20.BC10; SCHREIBER, S. M., BB-IFRIC-Report 2009/2010, S. 2294.

1314 Vgl. IFRIC 20.11; EY (Hrsg.), International GAAP 2015 Bd. II, S. 3050; SCHREIBER, S. M., BB-IFRIC-Report 2009/2010, S. 2294; SCHELLHORN, M./HESSE, T./SPRINGSGUTH, A., Bilanzierung von Abraumkosten, S. 246.

Diese Bilanzierungsfreiräume schränken die Vergleichbarkeit der Informationen ein.[1315] Allerdings wird in der Praxis weit **überwiegend** eine Zuordnung zu **materiellen** Vermögenswerten vorgenommen, was aufgrund der physischen Tätigkeit der Abraumbeseitigung zunächst sachgerechter erscheint.[1316]

Diejenigen Fälle hingegen, in denen ein *stripping activity asset* auf einen bestehenden **immateriellen Vermögenswert** zugerechnet wird, bedürfen einer genaueren Betrachtung ob einer ebenfalls gerechtfertigten Bilanzierungsweise. Zunächst muss festgestellt werden, dass **IAS 38 keinen Komponentenansatz** vorsieht, wie er für Sachanlagen üblich ist. Demnach widerspricht die Zurechnung eines *stripping activity asset* als erweiternder Teil auf einen bestehenden immateriellen Vermögenswert den Regelungen aus IAS 38.[1317] Darüber hinaus wird die Bilanzierung jeglicher rohstoffsuchender und -fördernder Aktivitäten in IAS 38.2 und .7 eigentlich pauschal ausgeschlossen. Außerdem bestehen für **selbsterstellte** immaterielle Vermögenswerte, zu denen auch die *stripping activity assets* gezählt werden müssen, **besondere Ansatzvorschriften**[1318], die von denen aus IFRIC 20 sowie IAS 16.7 abweichen, weshalb die gleichen Abraumkosten je nach Zuordnung – also zu einem materiellen oder einem immateriellen Vermögenswert – mitunter verschiedentlich bilanziert werden müssten.[1319] Sieht man von diesen Einwänden ab und ordnet *stripping activity assets* dennoch immateriellem Vermögen zu, ist die Konsequenz, dass selbsterstellte immaterielle Vermögenswerte bilanziell unterschiedlich behandelt werden. Zudem entsteht, wenn *stripping activity assets* erworbenes immaterielles Vermögen wie bspw. Förderrechte erweitern, ein **Konglomerat aus erworbenen und selbsterstellten Vermögensteilen**. Die Verständlichkeit und Vergleichbarkeit dieser unterschiedlichen, in einem Vermögenswert verdichteten Informationen müssen zumindest angezweifelt werden.[1320]

Um einerseits die erläuterten Schwierigkeiten bei einer Zuordnung von *stripping activity assets* zu immateriellem Vermögen zu umgehen und gleichzeitig eine konsistentere, vergleichbarere, verlässlichere und verständlichere Bilanzierung zu forcieren, sollte eine **einheitliche** Zuordnung zu materiellen Vermögenswerten und damit eine Erfassung nach **IAS 16** festgelegt werden.[1321] Gerade der **physische Charakter** von Abraumbeseitigungsaktivitäten spricht ebenfalls dafür. Darüber hinaus sollte ein **sachlogischer Zusammenhang** zwischen *stripping activity assets* und bestehendem

1315 Vgl. DE BEERS GROUP (Hrsg.), Comment Letter DI/2010/1, S. 2.

1316 Vgl. EY (Hrsg.), International GAAP 2015 Bd. II, S. 3050; EY (Hrsg.), Waste removal costs, S. 2; KPMG (Hrsg.), IFRS aktuell, S. 228; KPMG (Hrsg.), Production stripping costs, S. 8.

1317 Vgl. KPMG (Hrsg.), Horizon: Production stripping costs, S. 8; BDO (Hrsg.), Comment Letter DI/2010/1, S. 6; GRANT THORNTON (Hrsg.), Comment Letter DI/2010/1, S. 2.

1318 Vgl. IAS 38.57 sowie Abschnitt 327.4.

1319 Vgl. EFRAG (Hrsg.), Comment Letter DI/2010/1, S. 2; GRANT THORNTON (Hrsg.), Comment Letter DI/2010/1, S. 1. Dies wäre immer dann der Fall, wenn mindestens eines der besonderen Ansatzkriterien aus IAS 38.57 nicht erfüllt werden könnte, vgl. SCHELLHORN, M./HESSE, T./SPRINGSGUTH, A., Bilanzierung von Abraumkosten, S. 246 f.

1320 Vgl. SCHELLHORN, M./HESSE, T./SPRINGSGUTH, A., Bilanzierung von Abraumkosten, S. 247.

1321 Vgl. EFRAG (Hrsg.), Comment Letter DI/2010/1, S. 1; BDO (Hrsg.), Comment Letter DI/2010/1, S. 6; EY (Hrsg.), Comment Letter DI/2010/1, S. 2. Ähnlich argumentieren SCHELLHORN, M./HESSE, T./SPRINGSGUTH, A., Bilanzierung von Abraumkosten, S. 252.

Vermögen explizit gefordert werden. Eine verbindliche Zuordnung der aktivierten Abraumkosten auf das **Fördersystem**[1322] oder einen vergleichbaren Vermögenswert ist m. E. zielführend und trägt zu einer entscheidungsnützlicheren Abbildung bei.

464.24 Folgebewertung von *stripping activity assets*

IFRIC 20.15 sieht grds. die **leistungsabhängige Methode** für die planmäßige Abschreibung von *stripping activity assets* vor, sofern keine andere angemessener ist. Obwohl diese Methode auch für die schon bestehenden Vermögenswerte häufig angewandt wird,[1323] verwundert die von IAS 16.60 und IAS 38.97 abweichende Formulierung dennoch. Schließlich soll für sämtliche Vermögenswerte stets diejenige Abschreibungsmethode gewählt werden, die den Nutzenverbrauch am besten widerspiegelt, weshalb der Verweis auf die allgemeinen Abschreibungsregeln für materielle und immaterielle Vermögenswerte ausreichend und zugleich konsistenter wäre.

Die **Bemessung** der Leistungsabschreibung der *stripping activity assets* soll sich außerdem nur nach dem **identifizierten Teil** des Rohstoffvorkommens richten, für den der Zugang durch die Abraumaktivitäten verbessert wurde.[1324] Die grundlegende Problematik der Identifikation solcher separater Teile eines Vorkommens sowie deren mit IAS 38 eigentlich unvereinbarer Komponentencharakter[1325] wurden bereits in Abschnitt 464.21 gewürdigt. Speziell bezüglich planmäßiger Abschreibungen ist noch einmal die dadurch eingeschränkte Vergleichbarkeit der Abschlüsse zu betonen, da je nach Differenzierungsgrad unterschiedlich hohe Abschreibungsbeträge resultieren und die Berechnungen an sich deutlich komplexer werden.[1326] Eine regelmäßige Überprüfung und ggf. Korrektur der geschätzten Leistungsmengen nicht nur für die Gesamtvorkommen, sondern zusätzlich für jeden einzelnen identifizierten Lagerstättenteil, und den daraus resultierenden Abschreibungsbeträgen erhöht diese Komplexität zusätzlich,[1327] sodass mitunter fraglich ist, ob die im Rahmenkonzept geforderte Kostenrestriktion noch eingehalten werden kann.

Insgesamt eröffnen die Regelungen **umfangreiche Gestaltungsspielräume** für Bilanzierer,[1328] innerhalb derer sie z. B. durch eine gezielte Zuordnung von Abraumkosten zu bestimmten Teilen eines Vorkommens Höhe und Verlauf der planmäßigen Abschreibung von *stripping activity assets* beeinflussen können. Zudem ist, wie vom IFRIC selbst auch festgestellt, die **Nutzungsdauer** – verkörpert durch die im identifizierten Lagerstättenteil enthaltene Rohstoffmenge o. Ä. – der *stripping activity assets* normalerweise **kürzer** als die des gesamten Vorkommens.[1329] Zwar ist dies die folge-

---

1322 Vgl. Abschnitt 45.
1323 Vgl. KPMG (Hrsg.), IFRS aktuell, S. 229, i. V. m. den Ausführungen in Abschnitt 463.
1324 Vgl. IFRIC 20.BC17.
1325 Vgl. KPMG (Hrsg.), Production stripping costs, S. 8.
1326 Vgl. PwC (Hrsg.), Energy and resources, S. 2; EY (Hrsg.), Waste removal costs, S. 4.
1327 Vgl. EY (Hrsg.), International GAAP 2015 Bd. II, S. 3056; Low, L., Comment Letter DI/2010/1, S. 3 f.
1328 Vgl. PwC (Hrsg.), Energy and resources, S. 2; FAR (Hrsg.), Comment Letter DI/2010/1, S. 2. Vgl. zu Ermessensspielräumen beim Komponentenansatz außerdem Engel-Ciric, D., Komponentenansatz, S. 27 f.
1329 Vgl. IFRIC 20.BC17; Schreiber, S. M., BB-IFRIC-Report 2009/2010, S. 2294; Fischer, D. T., Stripping Costs, S. 27; Klingenstein, H.-J., in: Baetge et al., Rechnungslegung nach IFRS, 2. Aufl., IFRIC 20, Rn. 13.

richtige Konsequenz daraus, dass bereits deren Aktivierung an einzeln identifizierbare Teile geknüpft wird,[1330] doch missachtet es die Tatsache, dass von der Abraumbeseitigung zumeist die gesamte Rohstoffförderung profitiert, da der Zugang zum Vorkommen insgesamt und damit über die Lebensdauer der einzelnen Teile des Vorkommens hinausgehend verbessert wird.[1331] Konsistent zu obigem[1332] Vorschlag, diese Ansatzvoraussetzung zu streichen und stattdessen von der widerlegbaren Vermutung auszugehen, dass Abraumarbeiten Nutzen für das gesamte Vorkommen bringen, sollte sich dann auch die Abschreibung nach der *unit of production method* – sofern nicht tatsächlich ausschließlich Nutzen für einen kleineren Teil erbracht wird und dies auch intern entsprechend erfasst wird – am Gesamtvorkommen orientieren.[1333]

Dass hinsichtlich der **Wertminderungsprüfung** von *stripping activity assets* auf die Regelungen aus IAS 36 verwiesen wird,[1334] ist zu begrüßen. Ein separates *impairment* nur für *stripping activity assets* ist impraktikabel, da abgeräumter Boden allein keinen unabhängigen Nutzenzufluss zu generieren vermag,[1335] sondern nur in Verbindung mit dem Vermögenswert, auf den er zugerechnet wurde, oder eher noch als Teil der ZGE, zu der er gehört.[1336]

464.25 Beschränkung des Anwendungsbereichs von IFRIC 20 auf die Produktionsphase im Tagebau

Im Vergleich zu IFRS 6, der neben der Begrenzung auf die Explorations- und Evaluierungsphase zumindest für die gesamten nicht-regenerativen Rohstoffe gilt, wird der **Anwendungsbereich** der IFRIC 20 noch **stärker eingeschränkt**. Zunächst beziehen sich die Formulierungen der Interpretation stets nur auf Erze. Allerdings wird klargestellt, dass jegliche anderen Rohstoffarten potenziell ebenso in den Anwendungsbereich fallen.[1337] Tatsächliche Einschränkungen werden indes in sachlicher und zeitlicher Hinsicht vorgenommen, da nur Abraumkosten in Tagebauen und ausschließlich in der Produktionsphase nach IFRIC 20 erfasst werden.[1338]

Die sachliche **Eingrenzung anhand der Bergbautechnik** schließt sämtliche Abraumkosten von der Anwendung von IFRIC 20 aus, die nicht in Tagebauen anfallen. Der eingeschränkte Anwendungsbereich ist vor allem darauf zurückzuführen, dass das IFRIC gebeten wurde, speziell Leitli-

---

1330 Vgl. KLINGENSTEIN, H.-J., in: Baetge et al., Rechnungslegung nach IFRS, 2. Aufl., IFRIC 20, Rn. 13.

1331 Teils anderer Auffassung bspw. KPMG (Hrsg.), Horizon: Production stripping costs, S. 10. Hier wird argumentiert, dass eine spezifischere Zuordnung von Abschreibungsaufwand zu Rohstoffen ermöglicht würde.

1332 Vgl. Abschnitt 464.21.

1333 Ähnlich vgl. SCHELLHORN, M./HESSE, T./SPRINGSGUTH, A., Bilanzierung von Abraumkosten, S. 245.

1334 Vgl. IFRIC 20.BC18.

1335 Vgl. KPMG (Hrsg.), Production stripping costs, S. 11.

1336 Vgl. KPMG (Hrsg.), Horizon: Production stripping costs, S. 10; KLINGENSTEIN, H.-J., in: Baetge et al., Rechnungslegung nach IFRS, 2. Aufl., IFRIC 20, Rn. 15.

1337 Vgl. IFRIC 20.BC4; KPMG (Hrsg.), Production stripping costs, S. 5. Allerdings werden Öl- und Gasförderung pauschal ausgenommen, obwohl bspw. die Ölsandgewinnung sehr große Parallelen zur Tagebautechnik aufweist und häufig als solche gezählt wird. Insofern sollte diese Begrenzung aufgehoben werden. Vgl. ähnlicher Auffassung KLINGENSTEIN, H.-J., in: Baetge et al., Rechnungslegung nach IFRS, 2. Aufl., IFRIC 20, Rn. 3.

1338 Vgl. KPMG (Hrsg.), IFRS aktuell, S. 227.

nien für die Bilanzierung produktionsbezogener Abraumbeseitigungskosten im Tagebau zu entwickeln.[1339] Ob eine solche Beschränkung allerdings wirklich zweckmäßig und notwendig ist, scheint fraglich, entscheidet so doch einzig die gewählte Fördertechnik über die Bilanzierung, weshalb mitunter Abraumkosten für gleiche Rohstoffe, werden sie aufgrund der individuellen geologischen Rahmenbedingungen unterschiedlich gewonnen, auch unterschiedlich bilanziert werden.[1340] Dabei muss Abraum bei fast allen Fördertechniken und Vorkommen beseitigt werden, um an die Bodenschätze zu gelangen – wenn auch in unterschiedlichem Maße, z. B. weil für Stollen- oder Schachtbergbau kein umfangreiches Deckgebirge entfernt werden muss.[1341] Unabhängig von der Bergbautechnik sind die rechnungslegungsrelevanten Funktionen der produktionsbezogenen Abraumbeseitigung indes die gleichen; abgeräumter Boden spendet Nutzen sowohl für die Vorratsproduktion der aktuellen Periode als auch insofern, als er durch einen verbesserten Zugang zum Bodenschatzvorkommen dessen Ausbeutung in künftigen Perioden ermöglicht.[1342] Vor eben diesem Hintergrund sollten die Vorschriften aus **IFRIC 20 analog auf sämtliche produktionsbezogenen Abraumtätigkeiten** in der Rohstoffförderung angewendet werden.[1343] Dafür spricht auch, dass ansonsten Schwierigkeiten entstehen können, mit Abraumkosten in solchen Förderstätten umzugehen, die zunächst als Tagebau ausgebeutet werden, in denen ab einer gewissen Teufe jedoch auf eine Tiefbautechnik gewechselt wird. Hierfür sieht IFRIC 20 keine Regelungen vor.[1344]

Die Begrenzung des Anwendungsbereichs auf die **Produktionsphase** macht eine exakte **Abgrenzung** selbiger zwingend erforderlich. Doch eine entsprechende Definition ist in den IFRS nicht zu finden, wodurch große Ermessensspielräume eröffnet werden.[1345] Zudem verwundert die Eingrenzung, wurde doch schon im zuvor veröffentlichten Diskussionspapier eine phasenunabhängige Bilanzierung von Sachverhalten betreffend *extractive activities* befürwortet.[1346] Während Abraumkosten der Erschließungsphase zumeist nach IAS 16 bilanziert und daraus entstandene Vermögenswerte über die Nutzungsdauer des gesamten Rohstoffvorkommens abgeschrieben werden,[1347] müssen Abraumkosten der Produktionsphase den Sondervorschriften aus IFRIC 20 folgen. Offen bleibt dabei die Frage, welcher Phase solche Abraumkosten zugerechnet werden sollen, die bei **Über-**

1339 Vgl. IFRIC 20.BC2 i. V. m. WAGENHOFER, A., Internationale Rechnungslegungsstandards, S. 73 und 79 f.

1340 Vgl. KLINGENSTEIN, H.-J., in: Baetge et al., Rechnungslegung nach IFRS, 2. Aufl., IFRIC 20, Rn. 4.

1341 Vgl. zu den unterschiedlichen Bergbautechniken Abschnitt 22.

1342 Vgl. KPMG (Hrsg.), Production stripping costs, S. 5.

1343 Vgl. KPMG (Hrsg.), Horizon: Production stripping costs, S. 3 und 5; EXTRACTIVE ACTIVITIES WORKING GROUP (Hrsg.), Comment Letter DI/2010/1, S. 1; NORSK REGNSKAPSSTIFTELSE (Hrsg.), Comment Letter DI/2010/1, S. 2.

1344 So wäre nach aktueller Regelungslage wohl erforderlich, das Bodenschatzvorkommen von vornherein in zwei Komponenten zu teilen – eine, die im Tagebau, und eine, die im Tiefbau ausgebeutet wird. Denn die IFRIC 20-Vorschriften dürfen nur auf erstere Komponente angewendet werden.

1345 Vgl. BHP BILLITON (Hrsg.), Comment Letter DI/2010/1, S. 6; EY (Hrsg.), Comment Letter DI/2010/1, S. 5; EY (Hrsg.), International GAAP 2015 Bd. II, S. 3049; KLINGENSTEIN, H.-J., in: Baetge et al., Rechnungslegung nach IFRS, 2. Aufl., IFRIC 20, Rn. 5; KPMG (Hrsg.), Horizon: Production stripping costs, S. 7; KPMG (Hrsg.), Production stripping costs, S. 5, sowie hierzu ausführlicher Abschnitt 452.

1346 Vgl. DP/2010/1.3.7.

1347 Vgl. KLINGENSTEIN, H.-J., in: Baetge et al., Rechnungslegung nach IFRS, 2. Aufl., IFRIC 20, Rn. 5; EY (Hrsg.), International GAAP 2015 Bd. II, S. 3048 f. Vgl. zur Bilanzierung in der Erschließungsphase auch bereits Abschnitt 45.

schneidungen der beiden Phasen innerhalb einer Förderstätte anfallen, da die Interpretation darauf nicht eingeht.[1348] Dies wirkt sich negativ auf die Nachprüfbarkeit und Vergleichbarkeit von Abschlüssen aus. Insgesamt führt die Phaseneinschränkung i. V. m. mangelnder Anleitung zur Umsetzung dazu, dass Unternehmen diese Unschärfen ausnutzen können, um Abraumkosten **gezielt** einer der beiden Phasen zuzuordnen und damit nicht nur die jeweils favorisierten Ansatzregeln zu befolgen, sondern auch die planmäßige Abschreibung entsprechend zu **gestalten**.[1349] Dadurch wird die Vermögens- und Ertragslage mitunter erheblich beeinflusst.

Diese Gestaltungsspielräume ließen sich dadurch begrenzen, dass der **Anwendungsbereich** von IFRIC 20 auf **sämtliche Abraumkosten erweitert** würde.[1350] Ein solches Vorgehen ist operationalisierbar, da die jeweilige Art des durch die Abraumarbeiten erzeugten Nutzens bestimmt, ob es zur Aktivierung von *stripping activity assets* oder zur Erfassung als Herstellungskosten der Vorräte der aktuellen Periode kommt, was sich jederzeit für alle Abraumkosten feststellen lässt. Die Umsetzung würde zugleich dadurch weiter vereinfacht, wenn gemäß obigem Vorschlag auch das interpretationsspezifische Ansatzkriterium in IFRIC 20.9 (b) gestrichen würde, da gerade zu Beginn erster Abraumtätigkeiten eine Zuordnung der Kosten zu separat identifizierten Teilen eines Vorkommens sehr schwierig ist und ein höchst komplexes Controlling erforderlich macht.

464.3 Zwischenfazit und Verbesserungsvorschläge

Ziel der Veröffentlichung der IFRIC 20 war, durch eine **vereinheitlichte Bilanzierung** mehr Vergleichbarkeit zu schaffen. Dieses Ziel konnte indes **nur eingeschränkt erreicht** werden, da die Regelungen aus IFRIC 20 z. T. nicht ausreichend und zudem teils sehr komplex sind. Darum wurden einige Vorschläge erarbeitet, wie dem ursprünglichen Ziel näher gekommen und die Finanzberichterstattung dadurch insgesamt entscheidungsnützlicher werden kann.

Das besondere Ansatzkriterium aus IFRIC 20.9 (b) sollte ersatzlos gestrichen werden, da Abraumkosten nur sehr selten ausschließlich einem einzelnen, separat identifizierbaren Teil eines Bodenschatzvorkommens zugeordnet werden können. Entsprechend sollte dann auch die planmäßige Abschreibung von *stripping activity assets* an der Nutzungsdauer des gesamten Vorkommens und nicht an der eines einzelnen Teils bemessen werden. Für eine einheitliche Behandlung von *stripping activity assets* als Komponenten, die bestehenden materiellen Vermögenswerten zugeordnet werden, unter ausschließlicher Anwendung von IAS 16 spricht, dass Abraumtätigkeiten eher physischen Charakter haben. Dies wird auch in der Praxis weit überwiegend so aufgefasst. Ansatz, Bemessung der Anschaffungs- oder Herstellungskosten und Folgebewertung würden dadurch vereinheitlicht und den Schwierigkeiten, die mit der Bilanzierung von *stripping activity assets* unter IAS 38 entstehen können, entgangen. Außerdem sollte ein sachlogischer Zusammenhang zwischen

[1348] Vgl. SCHELLHORN, M./HESSE, T./SPRINGSGUTH, A., Bilanzierung von Abraumkosten, S. 243; KLINGENSTEIN, H.-J., in: Baetge et al., Rechnungslegung nach IFRS, 2. Aufl., IFRIC 20, Rn. 5.

[1349] Vgl. BHP BILLITON (Hrsg.), Comment Letter DI/2010/1, S. 2; SANTOS (Hrsg.), Comment Letter DI/2010/1, S. 1.

[1350] Vgl. SCHELLHORN, M./HESSE, T./SPRINGSGUTH, A., Bilanzierung von Abraumkosten, S. 250; NORSK REGNSKAPSSTIFTELSE (Hrsg.), Comment Letter DI/2010/1, S. 2.

stripping activity asset und bestehendem Vermögen, als dessen Komponente es aktiviert wird, gefordert werden; eine Zurechnung zum Fördersystem oder einem ähnlichen Vermögenswert scheint dafür sehr praktikabel. Die Regelungen zur Aufteilung von Abraumkosten anhand produktionsbezogener Maßstäbe auf die beiden Nutzen Vorratsproduktion und Verbesserung des Rohstoffzugangs basieren auf dem *management approach* und können zu einer entscheidungsnützlichen Bilanzierung führen. Aus Verständlichkeitsgründen sollte die Allokationsbasis offengelegt werden, sie stellt eine relevante Information für Adressaten dar.

Die Anwendung dieser entsprechend der hier unterbreiteten Vorschläge angepassten Vorschriften kann und sollte sowohl auf sämtliche Rohstoffe unabhängig von der Bergbautechnik, mit der sie gefördert werden, als auch unabhängig von der Upstream-Phase, in der sie anfallen, ausgeweitet werden. Dadurch entfiele die Notwendigkeit der Phasenabgrenzung und auch nicht Tagebau treibende Rohstoffunternehmen erhielten Anleitung hinsichtlich der Bilanzierung ihrer Abraumkosten.

47 Abschließende Würdigung

In den vorangegangenen Abschnitten 42 bis 46 wurde gezeigt, wie die **besonderen Sachverhalte** des Upstream-Geschäfts rohstofffördernder Unternehmen bilanziert werden. Die investiven Aktivitäten umfassen solche zur Suche, Erforschung und letztlich Förderung von Bodenschätzen. Dabei tätigen die Unternehmen sehr hohe Ausgaben, ohne absehen zu können, wie erfolgreich diese Investitionen auf lange Sicht sein werden. Gerade in den frühen Upstream-Phasen bestehen noch enorme **Unsicherheiten**, ob überhaupt Rohstoffe entdeckt werden. Hinzu kommen weitere Risiken unterschiedlichster Art, vor allem, ob entdeckte Vorkommen auch technisch und wirtschaftlich gewinnbar sind, ist häufig lange unklar. Für all die investiven Aktivitäten, die mit diesem **langfristigen Prozess** verbunden sind, stellt sich dabei immer wieder die gleiche **Grundfrage**, ob bzw. **welche** der Ausgaben als **Vermögenswerte** qualifizieren und aktiviert werden, wodurch eine **Periodisierung** i. S. d. *matching principle* angestrebt wird, und welche Ausgaben sofort aufwandswirksam erfasst werden müssen. Die Untersuchung der bilanziellen Abbildung dieser Aktivitäten wurde in die Upstream-Phasen geteilt, da die IFRS für verschiedene Phasen auch unterschiedliche Regelungen vorsehen. Die im Zeitverlauf abnehmenden Unsicherheiten spiegeln sich dabei in der Bilanzierung wider, denn es hat sich gezeigt, dass Unsicherheit über **künftigen Nutzen** bzw. künftige Erträge eines der **ausschlaggebendsten Kriterien** für die bilanzielle Behandlung von Ausgaben im Upstream-Geschäft ist.

Während der **Prospektion** besteht die größte Unsicherheit hinsichtlich einer erfolgreichen Rohstoffförderung. In der an IAS 16 und IAS 38 orientierten bilanziellen Abbildung schlägt sich dies nieder, indem der größte Teil der anfallenden Ausgaben nicht aktiviert wird.[1351]

Im Verlauf von **Exploration und Evaluierung** werden die Erfolgsaussichten langsam konkreter. Die Tätigkeiten aus *E&E* werden aktuell gemäß IFRS 6 bilanziert. Mit dem DP/2010/1 veröffent-

[1351] Vgl. Abschnitt 424.

lichte der IASB einen anderen Vorschlag, wie *E&E*- (und weitere) Ausgaben künftig bilanziert werden könnten. Zwar würde nach dem Vorschlag des **DP/2010/1** eine einheitlichere Bilanzierung von *extractive activities* erreicht, die zu vergleichbareren Abschlüssen führte und den Unternehmen deutlich weniger Gestaltungsspielräume offenließ. Allerdings ist das Konstrukt sog. *MOG*-Vermögenswerte, wie das Diskussionspapier sie vorsieht, nicht mit der allgemeinen Ansatzkonzeption der IFRS vereinbar und bestehende, künftigen Nutzen ggf. beeinflussende Unsicherheiten werden schlichtweg wegdefiniert, wodurch eine übermäßige Aktivierung der Ausgaben – bemessen an den Grundlagen der IFRS-Ansatzkonzeption – resultiert. Dies wiederum macht erleichternde Sondervorschriften für die Bewertung der *MOG*-Vermögenswerte erforderlich, sodass mit dem DP/2010/1 insgesamt betrachtet kaum relevante und bestenfalls eingeschränkt glaubwürdige Informationen vermittelt werden. Demnach wird das **Ziel entscheidungsnützlicher Informationen nicht erreicht**.[1352]

Unter Anwendung des **IFRS 6** hingegen ist die Bereitstellung **entscheidungsnützlicher Informationen zumindest möglich**.[1353] Dennoch kann auch der Standard IFRS 6 **nicht grds. als Gewährleister relevanter und glaubwürdiger Informationen** bezeichnet werden, lässt er doch die Etablierung von – aus verschiedensten Rechnungslegungssystemen stammenden – Branchenpraktiken zu, was den Bilanzierern große **Ermessensspielräume** bei der Entscheidung über Ansatz von Ausgaben oder Aufwandserfassung eröffnet.[1354] So gilt IFRS 6 mitunter gar als „eine Hülle ohne nennenswerten regulatorischen Inhalt“[1355]. Das *successful efforts accounting* und das *full cost accounting* sind zwei häufig angewendete Bilanzierungsmethoden innerhalb von IFRS 6, die vor allem unterschiedlich auf die Unsicherheit im Rahmen ihrer Bilanzierungsentscheidungen eingehen, wodurch sich die **Abbildung** im Abschluss **erheblich unterscheidet**. Während nach dem *full cost accounting* Unsicherheit im Ansatzprozess keine Rolle spielt, sodass eine Überbewertung der Vermögens- und Ertragslage im Ansatzzeitpunkt sowie erhöhte Abschreibungen in den Folgejahren resultieren, betont das *successful efforts accounting* (vor allem in der Form ohne aktivische Ausgabenabgrenzung) den Unsicherheitsaspekt besonders. Die Bilanzierungsweise entspricht zwar grds. dem Ansatzkonzept der IFRS, allerdings kann der verzerrende Effekt des *full cost accounting* nicht nur aufgehoben, sondern leicht ins Gegenteil verkehrt werden, da die Ansatzschwelle mitunter die allgemeinen IFRS-Anforderungen für Vermögen übersteigt. Außerdem enthält IFRS 6 erleichternde Sondervorschriften hinsichtlich der Bewertung von *E&E*-Vermögen, was sich insbesondere in der deutlich verminderten Bedeutung sowie reduzierten Häufigkeit von Wertminderungstests zeigt.[1356] In den großzügigen Grenzen des IFRS 6 sind Unternehmen aber immerhin in der Lage, eine entscheidungsnützliche und mit den Grundsätzen des Conceptual Framework in Einklang zu bringende

1352 Vgl. zur Kritik am Bilanzierungsvorschlag des Diskussionspapiers Abschnitt 443.3.
1353 Vgl. Abschnitt 443.23.
1354 Vgl. CORTESE, C. L./IRVINE, H. J./KAIDONIS, M. A., Powerful players, S. 85.
1355 ZÜLCH, H./WILLMS, J., Explorations- und Evaluierungsausgaben, S. 1209.
1356 Vgl. Abschnitt 444.13.

Rechnungslegungsmethode zu entwickeln, wohingegen die Inhalte des Diskussionspapiers dies ausschließen.[1357]

Im Anschluss an die *E&E*-Phase werden Lagerstätten zu Förderstätten **erschlossen** und ausgebaut. Die Untersuchungen der Bodenschätze haben diesbezüglich ausreichend sichere Ergebnisse erbracht, weshalb durch die bevorstehende Rohstoffgewinnung ein künftiger Nutzen höchst wahrscheinlich wird. Entsprechend hoch ist der Anteil der Ausgaben, der gemäß allgemeiner Standards, meist IAS 16 oder IAS 38, **sachgerecht** als Vermögen aktiviert wird.[1358]

Während der **Produktionsphase** werden diejenigen Vermögenswerte **planmäßig abgeschrieben**, die in vorherigen Phasen erworben oder erstellt wurden, deren Nutzung und Verbrauch jedoch mit der Rohstoffförderung einhergeht.[1359] Auch wenn jene – zumeist leistungsabhängig bemessenen – Abschreibungen grds. entscheidungsnützliche Informationen erzeugen, ist die **Aussagekraft** doch vor allem von den Auswirkungen des schon während *E&E* gewählten Bilanzierungsmodells sowie der Klassifizierung von Rohstoffen **abhängig** und wird durch die bestehenden Gestaltungsspielräume geschmälert.[1360]

IFRIC 20, die auf **Abraumbeseitigungskosten in der Produktionsphase** von Tagebauen anzuwenden ist, muss ebenfalls kritisiert und die dadurch erreichte bilanzielle Abbildung als **eingeschränkt entscheidungsnützlich** befunden werden. Die Interpretation enthält zu spezifische Sondervorschriften, die die Bilanzierung von Abraumkosten unnötig komplex gestalten und sachlich wie zeitlich einschränken, was für Adressaten nur schwerlich verständlich und darüber hinaus kaum nachprüfbar ist. Zudem können die Informationen mithin irrelevant sein oder zumindest durch eine von IFRIC 20 abweichende Bilanzierung relevanter und glaubwürdiger dargestellt werden.[1361]

Die **eingeschränkten Anwendungsbereiche** von IFRS 6 und IFRIC 20 machen nach derzeitiger Regelungslage eine trennscharfe Identifikation der einzelnen Upstream-Phasen zwingend erforderlich, da jeweils unterschiedliche Rechnungslegungsmethoden anzuwenden oder auch erst zu entwickeln sind, was eine **komplexe Regelungsvielfalt** erzeugt.[1362] Die IFRS enthalten jedoch selbst keine ausreichende Anleitung bezüglich der Phasenabgrenzung, was subjektive Einschätzungen von den Bilanzierern verlangt, gezielte Phasenzuordnungen einzelner Sachverhalte ermöglicht und die Vergleichbarkeit von Abschlüssen stark beeinträchtigt.[1363]

1357 Vgl. Abschnitt 443.4.

1358 Vgl. Abschnitt 455.

1359 Die Abschreibungsbeträge sind regelmäßig Bestandteil der Herstellungskosten der Vorräte.

1360 Vgl. die Abschnitte 463.2 und 463.3.

1361 Vgl. Abschnitt 464.2.

1362 Vgl. KPMG (Hrsg.), First Impressions: IFRS 6, S. 3 f.

1363 Vgl. ZÜLCH, H./WILLMS, J., Bewertung von mineralischen Ressourcen, S. 120; ZÜLCH, H./WILLMS, J., Explorations- und Evaluierungsausgaben, S. 1207. Vgl. zur problematischen Phasenabgrenzung die Abschnitte 422., 432., 442. und 452.

Zwar wurden im gesamten vierten Kapitel immer wieder **einzelne Verbesserungsvorschläge** entwickelt, die die verschiedenen identifizierten Mängel und Schwachstellen innerhalb des bestehenden Regelungskanons betreffend investive Aktivitäten im Upstream-Geschäft beheben oder zumindest mildern, für mehr Stabilität sorgen und die Entscheidungsnützlichkeit verbessern könnten. Dennoch soll im folgenden fünften Kapitel ein **alternatives** prinzipienorientiertes und konsistentes **Bilanzierungskonzept** entwickelt werden. Nicht nur die Regelungsvielfalt soll damit deutlich eingeschränkt werden. Besonders für die Sachverhalte der Rohstoffbranche bedeutet eine konsistente Bilanzierung auch, eine adäquate Unsicherheitsschwelle für zu erwartenden Nutzen aus Vermögenswerten als Ansatzschwelle zu definieren und einheitlich anzuwenden.

Gründe für diese Suche nach einer möglichen Lösung für das gesamte Upstream-Geschäft sind einerseits die vielen Schwierigkeiten der aktuellen Bilanzierungsweise und die noch problematischeren Vorschläge des Diskussionspapiers sowie andererseits der im Jahr 2012 vom IASB gefasste Entschluss[1364], die Thematik der *extractive activities* in einem übergeordneten Forschungsprojekt zu immateriellen Vermögenswerten zu verorten. Es wird daher der Versuch unternommen, ein solches alternatives Bilanzierungskonzept losgelöst von den bestehenden Branchenstandards und unabhängig von den verschiedenen Upstream-Phasen unter größtmöglichem Rückgriff auf bestehende, branchen- und sachverhaltsunspezifische IFRS abzuleiten. Zusätzlich sollen konkretisierende Anwendungshilfen beigefügt werden.[1365] Diese Bilanzierungsalternative soll vergleichbarere Informationen vermitteln, die entscheidungsnützlich sind und geringere Ermessensspielräume erlauben.

1364 Vgl. Abschnitt 41.

1365 Eine solche Vorgehensweise wurde bspw. auch von der EFRAG im Rahmen der Kommentierung zu DP/2010/1 angeregt, vgl. EFRAG (Hrsg.), Comment Letter on DP/2010/1, S. 5.

5 Vorschlag für eine alternative Bilanzierung investiver Aktivitäten des Upstream-Geschäfts

51 Vorbemerkungen

Die Erkenntnisse, die im Rahmen der Analyse im vierten Kapitel gewonnen wurden,[1366] dienten als Motivation, ein alternatives Bilanzierungskonzept für investive Aktivitäten im Upstream-Geschäft von Rohstoffförderern zu entwickeln. Die aktuell auf verschiedene Sachverhalte der *extractive activities* anzuwendenden Sondervorschriften der IFRS enthalten unzureichende Definitionen und Anwendungshinweise, sodass Verständlichkeit und Vergleichbarkeit der vermittelten Informationen stark beeinträchtigt werden.[1367] Im Kommentierungsprozess zum DP/2010/1 wurden zudem mehrfach Wünsche und Anregungen an den IASB herangetragen, die sachverhaltsspezifischen Regelungen und Ausnahmen zu Gunsten einer prinzipienbasierten und einheitlichen Rechnungslegung zu überdenken und ggf. zu streichen.[1368]

Mit dem im Folgenden vorgestellten Vorschlag wird darum auf die Branchenvorschriften des IFRS 6 verzichtet, ebenso auf die Inhalte der IFRIC 20 in der aktuellen Form. Stattdessen werden allgemeine IFRS sowie die grundlegenden Prinzipien und Konzepte des Conceptual Framework auf sämtliche investiven Sachverhalte innerhalb der *extractive activities* angewendet. Ergänzend dazu werden konkretisierende Anwendungshilfen entwickelt, wie eine prinzipienbasierte und entscheidungsnützliche Bilanzierung erreicht werden kann.

52 Klassifizierung von Rohstoffreserven und generelle Erfolgsbeurteilung von Rohstoffprojekten

Obwohl nicht originär für Rechnungslegungszwecke etabliert, hat die Klassifizierung von Rohstoffen gemäß international anerkannter Standards[1369] dennoch große Bedeutung in der Finanzberichterstattung bzgl. investiver Upstream-Aktivitäten.[1370] So fungiert die Rohstoffklassifizierung als wichtigster Indikator hinsichtlich des Erfolgs eines Rohstoffprojekts und **beeinflusst** im Rahmen der **Rechnungslegung** – auch im hier entwickelten alternativen **Bilanzierungsvorschlag** – vor allem die Entscheidungen über

- den Ansatz von Vermögenswerten,
- die Bemessung planmäßiger Abschreibungen anhand der *unit of production method*,
- die Berechnung des erzielbaren Betrags im Rahmen von Wertminderungstests sowie
- Anhangangaben.

1366 Vgl. Abschnitt 47.

1367 Vgl. PwC (Hrsg.), Exploring reporting, S. 15.

1368 Vgl. EFRAG (Hrsg.), Comment Letter on DP/2010/1, S. 5; Shell International B.V. (Hrsg.), Comment Letter on DP/2010/1, S. 4; Rio Tinto (Hrsg.), Comment Letter on DP/2010/1, S. 2; Norsk RegnskapsStiftelse (Hrsg.), Comment Letter on DP/2010/1, S. 1.

1369 Vgl. zur Rohstoffklassifizierung Abschnitt 25.

1370 Vgl. Abschnitt 443.223.2.

Da sich klassifizierte Rohstoffe – insbesondere Reserven – in der Finanzberichterstattung niederschlagen, sollten Vorschriften für diese **Klassifizierung in den IFRS verankert** werden, damit die Informationen einheitlich und vergleichbar sind sowie unter objektivierenden Bedingungen generiert werden:

- **Reserven** sollten als der entdeckte sowie technisch und wirtschaftlich förderbare Teil eines Rohstoffvorkommens **definiert** werden.[1371]
- Die Rohstoffklassifizierung mineralfördernder Unternehmen sollte den Regelungen des **CRIRSCO Template** folgen, die der Öl- und Gasunternehmen dem **PRMS**.
- Reserven sollten verpflichtend durch **externe Sachverständige** zertifiziert werden müssen.

Der Mapping Report von CRIRSCO und SPE[1372] sowie die Untersuchungen in den Abschnitten 443.223.1 und 443.223.2 haben gezeigt, dass zwar kein adäquates auf sämtliche Rohstoffarten anwendbares Klassifikationssystem besteht, dass aber das CRIRSCO Template und das PRMS hochgradig kompatibel sind.[1373] Vor allem die Voraussetzungen für die Klassifizierung rechnungslegungsrelevanter Reserven sowie der beiden Unterkategorien der nachgewiesenen und wahrscheinlichen Reserven sind inhaltlich deckungsgleich.[1374] Außerdem ist die Klassifizierung gemäß dieser beiden Standards für die Einbindung in die IFRS-Rechnungslegung geeignet und sachgerecht.[1375] Beide Standards sind weltweit anerkannt, viele weitere Standards orientieren sich an diesen und geben sehr ähnliche Regelungen vor. Darum kann deren Anwendung als erprobt und akzeptiert bezeichnet werden, von den Unternehmen würde demnach weit überwiegend nur sehr geringer Umstellungsaufwand gefordert.[1376]

Die verpflichtende Zertifizierung der Rohstoffe durch Sachverständige[1377] hätte insofern objektivierende Wirkung, als externe Dritte anhand der Vorgaben ihres Berufsstands die Beurteilung der Bodenschätze vornähmen und diese dadurch einer Beeinflussung durch das Management des Rohstoffunternehmens weitgehend entzögen.[1378] Die Sachverständigen sollten dafür einer berufsständischen

---

1371 Eine solche Definition steht in Einklang mit CRIRSCO Template und PRMS, vgl. CRIRSCO (Hrsg.), International Reporting Template, Rn. 30; SPE ET AL. (Hrsg.), Petroleum Resources Management System, S. 3.

1372 Vgl. zum Mapping-Ansatz ausführlich Abschnitt 252.4.

1373 Vgl. CRIRSCO/SPE (Hrsg.), Mapping of Classification Systems, S. 10.

1374 Vgl. zu den beiden Klassifizierungssystemen die Abschnitte 252.2 und 252.3.

1375 Vgl. DP/2010/1.2.67 f.

1376 Sofern der IASB künftig die Definitionen von Reserven und Ressourcen anhand von CRIRSCO Template und PRMS bzw. des Mapping-Ansatzes vorgeben möchte, sollte er jedoch bedenken, dass Technologien, Wissen und Branchenpraktiken einem steten Wandel unterliegen. Es empfiehlt sich daher, mit CRIRSCO und SPE eine langfristige Zusammenarbeit einzugehen, sodass eine regelmäßige Überprüfung des Mapping-Ansatzes durch Experten sowohl auf Übereinstimmung mit den ggf. veränderten Klassifikationssystemen als auch auf daraus womöglich resultierende Konsequenzen für die Rechnungslegung sichergestellt ist, und eventueller Handlungsbedarf für den IASB dadurch frühzeitig erkannt wird. Vgl. dazu auch DP/2010/1.2.10; SHELL INTERNATIONAL B.V. (Hrsg.), Comment Letter on DP/2010/1, S. 3; EY (Hrsg.), Comment Letter on DP/2010/1, S. 6.

1377 Vgl. CRIRSCO (Hrsg.), International Reporting Template, Rn. 9-11. Nach PRMS hingegen erfolgt die Rohstoffklassifizierung durch Sachverständige bislang auf freiwilliger Basis.

1378 Vgl. zur objektivierenden Wirkung dieses Vorschlags Abschnitt 443.24. Einen ähnlichen Vorschlag macht RIO TINTO (Hrsg.), Comment Letter on DP/2010/1, S. 6.

Vereinigung angehören, deren Satzung befolgen und ausreichende, relevante Berufserfahrung vorweisen, wie es auch das CRIRSCO Template schon heute fordert.[1379]

Die Rohstoffklassifizierung fungiert als wichtigster **Indikator für den Erfolg** von Rohstoffprojekten. Erfolgreiche Projekte sind solche, die zur Erschließung und Ausbeutung eines Vorkommens gebracht werden. Ist die Rohstoffproduktion wirtschaftlich, so fließen dem Unternehmen daraus künftige Vorteile und damit Nutzen zu. Auch wenn je nach Rohstoffart die Klassifizierung entweder nach dem CRIRSCO Template oder nach dem PRMS erfolgen muss, sollten von den IFRS **einheitliche Anforderungskriterien für die Beurteilung der Wirtschaftlichkeit** vorgegeben werden. Den konkretisierenden Kriterien zur Bestimmung der *chance of commerciality* gemäß PRMS muss wegen inhaltlicher Gleichwertigkeit beider Klassifikationssysteme auch entsprochen werden, um die Anforderungen der *modifying factors* gemäß CRIRSCO Template nachzuweisen. Außerdem konnte gezeigt werden, dass aufgrund der engen Parallelen zwischen der Wirtschaftlichkeitsbeurteilung von Rohstoffen und der Nutzenbeurteilung von selbsterstellten immateriellen Vermögenswerten in der Entwicklungsphase die PRMS-Wirtschaftlichkeitskriterien in die besonderen nutzennachweisenden Kriterien aus IAS 38.57 überführt werden können. Aus diesen Gründen sollten eben jene **Kriterien aus IAS 38.57**, nämlich Nachweise über

- die technische Realisierbarkeit,
- die Absicht zu Fertigstellung und Nutzung oder Verkauf,
- die Fähigkeit zu Nutzung oder Verkauf,
- die Art und Weise des künftigen wirtschaftlichen Nutzens daraus,
- die Verfügbarkeit ausreichender technischer, finanzieller und sonstiger Ressourcen sowie
- die verlässliche Bewertbarkeit

verbindlich für den Wirtschaftlichkeitsnachweis von Rohstoffen vorgeschrieben werden.[1380] Dadurch würden einheitliche, vergleichbare und prinzipienbasierte Regelungen etabliert.

Weil unter klassifizierte Ressourcen solche Rohstoffe gefasst werden, die noch nicht entdeckt wurden und/oder zum Beurteilungszeitpunkt nicht wirtschaftlich förderbar sind, werden dabei überwiegend die *E&E*-Aktivitäten fortgeführt, um das (vermutete) Vorkommen besser zu erforschen. Demnach zählen Ausgaben für Rohstoffprojekte mit ausschließlich Ressourcenstatus zur Forschungsphase, wie sie in IAS 38.6 definiert wird. Klassifizierte Reserven hingegen sind sowohl entdeckt als auch wirtschaftlich förderbar, Unsicherheiten bestehen vor allem noch hinsichtlich der tatsächlich gewinnbaren Mengen und evtl. technischer Verfahren. Obwohl mitunter auch beim Reservenstatus noch *E&E*-typische Aktivitäten fortgeführt werden, werden vor allem Forschungsergebnisse ange-

1379 Eine Zertifizierung der Rohstoffe durch Sachverständige würde auch die Beurteilung der durch die klassifizierten Reserven beeinflussten Rechnungslegung erleichtern – ähnlich wie versicherungsmathematische Gutachten bei der Prüfung von Persionsverpflichtungen unterstützen.

1380 Vgl. ausführlich zu diesem Vorschlag auch bereits die Abschnitte 443.223.422. und 443.24.

wandt: Es werden genaue Planungen zum Abbau der Bodenschätze und den Erschließungsarbeiten gemacht, sodass die Entwicklungsphase i. S. v. IAS 38.6 erreicht ist.[1381] Damit ist der **Erfolg eines Rohstoffprojekts** grds. ab dem Zeitpunkt, zu dem erstmalig **Rohstoffe als Reserven klassifiziert** werden, **verlässlich absehbar**. Davor sind die Unsicherheiten dementgegen zu hoch, um eine valide Einschätzung abgeben zu können.

53 Aggregations- und Beurteilungsebene

Da Rohstoffunternehmen i. d. R. die Suche nach und Förderung von Bodenschätzen zeitgleich an mehreren Orten und in unterschiedlich fortgeschrittenen Stadien verfolgen, muss festgelegt werden, wie diese verschiedenen Aktivitäten untereinander abgegrenzt werden. In der Bilanzierungspraxis hat sich die Einteilung in sog. Kostencenter durchgesetzt, wobei für deren Umsetzung höchst unterschiedliche Auffassungen vertreten werden und die IFRS dazu bislang keine Aussage machen.[1382] Darum bedarf es einer klaren und prinzipienorientierten Definition dieser Ebene, die sodann gleich **mehrere Funktionen** erfüllt:

- **Beurteilung** über **Erfolg** oder Misserfolg bei der Rohstoffsuche,
- **Aggregationsebene** für zunächst aktivierte Ausgaben, die dem periodisierenden ***matching***-Gedanken folgend gemeinsam späteren Erträgen aus der Rohstoffproduktion zugeordnet werden, und
- **Aggregationsebene** zur Berechnung des **erzielbaren Betrags** im Rahmen von Wertminderungstests.[1383]

In IAS 36.6 werden zahlungsmittelgenerierende Einheiten zum Zweck der Wertminderungsprüfung definiert. Eine ZGE ist die kleinste identifizierbare Gruppe von Vermögenswerten, die von anderen (Gruppen von) Vermögenswerten weitgehend unabhängig Mittelzuflüsse generiert. Die IFRS sollten vorschreiben, dass dieses **Konzept einer ZGE** für Rohstoffförderer nicht nur im Rahmen von *impairment tests*, sondern auch für die Beurteilung hinsichtlich des Erfolgs oder Misserfolgs der Rohstoffsuche und für die Zuordnung von Abschreibungsaufwendungen zu den entsprechenden Erträgen aus der Bodenschatzgewinnung angewendet wird.[1384]

Mit dem Konzept der ZGE wären Rohstoffunternehmen insofern **flexibel**, als es ihnen hinsichtlich der Aggregations- und Beurteilungsebene die Reaktion auf neuere Erkenntnisse **im Zeitverlauf** ermöglichte. Weil stets die kleinste identifizierbare Gruppe von Vermögenswerten maßgeblich ist, könnten – und müssten – die Grenzen der ZGE regelmäßig geprüft und ggf. angepasst werden. Wenn bspw. zu Beginn eines Rohstoffprojekts zunächst sehr umfangreiche ZGE bestimmt werden müssten, wären doch spätestens in der Erschließungs- und Produktionsphase meist **einzelne Lager-**

1381 Vgl. ebenfalls Abschnitt 443.24.

1382 Vgl. hier und im Folgenden die Abschnitte 443.222. und 444.124.2.

1383 Vgl. hierzu auch Abbildung 4-3.

1384 Gleicher Auffassung vgl. BHP BILLITON (Hrsg.), Comment Letter on DP/2010/1, S. 5 f.; DELOITTE (Hrsg.), iGAAP 2015 Bd. A2, S. 2498.

stätten bzw. Bodenschatzvorkommen, die z. B. in Form einer Mine oder eines Ölfelds zur Förderstätte erschlossen wurden, als ZGE zu führen, da innerhalb dieser jeweils weitgehend unabhängige Mittelzuflüsse erwirtschaftet werden. Sofern benachbarte Vorkommen die gleiche Förder-, Transport- und Produktionsinfrastruktur teilen, können diese auch gemeinsam betrachtet werden. Sämtliche Vermögenswerte, die einem solchen Vorkommen(-verbund) zugeordnet werden, bilden sodann eine ZGE. Dementsprechend würden die gemäß CRIRSCO Template oder PRMS klassifizierten Rohstoffe (Reserven und Ressourcen) jeweils innerhalb einer ZGE, also eines Vorkommen(-verbund-)s zusammengefasst betrachtet, um den Erfolg – und damit den zu erwartenden künftigen wirtschaftlichen Nutzen – daraus zu beurteilen. Die Abschreibungsaufwendungen all derjenigen Vermögenswerte innerhalb dieser ZGE, deren Nutzenverzehr mit der Rohstoffförderung voranschreitet bzw. durch diese bestimmt wird, würden den in der selben ZGE erwirtschafteten Erträgen zugeordnet. Der erzielbare Betrag der Vermögenswerte würde, wie IAS 36 es ohnehin vorsieht, auf Ebene der ZGE ermittelt und bei einem Wertminderungstest den aggregierten Buchwerten dieser Vermögenswerte gegenübergestellt.

54 Ansatz

541. Beurteilung der Aktivierungsfähigkeit sämtlicher investiver Aktivitäten des Upstream-Geschäfts unter Rückgriff auf IAS 16 und IAS 38

Statt investive Aktivitäten zunächst den verschiedenen Upstream-Phasen zuzuordnen und dann unterschiedliche, für die jeweilige Phase einschlägige IFRS-Regelungen anzuwenden, sollte von dieser Vorgehensweise komplett abstrahiert und die einzelnen Geschäftsvorfälle sowie die in diesem Zusammenhang angefallenen **Ausgaben separat beurteilt** werden. Einzeln identifizierbare Vermögenswerte sollten stets einzeln aktiviert werden, wobei auf die Definitionen und Ansatzvoraussetzungen des **Conceptual Framework**, des **IAS 16** und des **IAS 38** zurückgegriffen werden sollte.[1385] Demnach erfordert der Ansatz von Vermögenswerten grds., dass dem Unternehmen wahrscheinlich ein künftiger wirtschaftlicher Nutzen daraus zufließt und die Anschaffungs- oder Herstellungskosten verlässlich bestimmt werden können, wobei der wirtschaftliche Nutzenzufluss für in der laufenden Geschäftstätigkeit eingesetzte Sachanlagen sowie erworbene immaterielle Vermögenswerte regelmäßig als ausreichend wahrscheinlich angesehen wird, wohingegen besonders für selbsterstelltes immaterielles Vermögen ein dezidierterer Nachweis erforderlich ist.[1386]

Im vierten Kapitel wurden für jede Upstream-Phase charakteristische Ausgabenarten und resultierende Vermögenswerte identifiziert, anhand derer die jeweilig geltenden Regelungen geprüft wurden. Wie diese Sachverhalte gemäß des hier unterbreiteten Bilanzierungsvorschlags erfasst würden, soll nun zusammengefasst werden:

1385 Eine ähnliche Vorgehensweise deutet auch die EFRAG in ihrem Kommentierungsschreiben an, vgl. EFRAG (Hrsg.), Comment Letter on DP/2010/1, S. 6. Allerdings müssten hierfür die Begrenzungen der Anwendungsbereiche in IAS 16.3 (c) und (d) sowie IAS 38.2 (c) und (d) gestrichen werden.

1386 Vgl. zu den Ansatzvoraussetzungen Abschnitt 327.

- Sämtliche Geräte, Maschinen, technischen Anlagen und Ausrüstungsgegenstände, die in der Erforschung und Beurteilung einer (potenziellen) Lagerstätte sowie zur Unterstützung des eigentlichen Fördersystems bei der Ausbeutung der Bodenschätze, deren Transport und Produktion eingesetzt werden, bildeten **ansatzfähiges Sachanlagevermögen i. S. v. IAS 16**.[1387] Ebenso verhielte es sich mit der gesamten Infrastruktur, die für ein Rohstoffprojekt im Allgemeinen geschaffen werden muss, sowie für ergänzendes Servicevermögen.[1388] All jene Sachanlagen weisen i. d. R. eine von der Lebensdauer der Förderstätte abweichende Nutzungsdauer auf und wären entsprechend separat anzusetzen.

- Unter einem **Fördersystem** ist sämtliches physisches Vermögen zu verstehen, das aus einer oder mehreren Anlagen besteht, die eng miteinander zusammenhängen und in diesem Verbund direkt zur Rohstoffgewinnung aus der Lagerstätte genutzt werden. Ein Fördersystem wird eingerichtet, wenn Reserven klassifiziert und die Entscheidung zur Errichtung einer Förderstätte getroffen wurden. Zwar werden diese Sachanlagen erst genutzt, wenn die Rohstoffproduktion beginnt. Doch auch wenn der Bau des Fördersystems einige Zeit in Anspruch nimmt, in der die Anlagen noch nicht aktiv in die Geschäftstätigkeit des Unternehmens eingebunden werden können, ist ihre Aktivierung gerechtfertigt, da künftiger Nutzen daraus ausreichend wahrscheinlich erwartet werden kann. Demnach könnte ein Fördersystem als ein einziger Vermögenswert oder ggf. aufgeteilt in einzelne Komponenten, wie der Komponentenansatz in IAS 16.43-.49 es vorsieht, aktiviert werden. Die Nutzungsdauer eines Fördersystems insgesamt bemisst sich nach der Lebensdauer des damit auszubeutenden Bodenschatzvorkommens, weshalb auch die planmäßige Abschreibung erst mit dem Beginn der Rohstoffförderung einsetzt.[1389]

- Sämtliche Kosten für die **Abraumbeseitigung**, in deren Folge der Zugang zu den Rohstoffen eines Vorkommens langfristig verbessert wird, sollten ebenfalls gemäß IAS 16 als Komponenten bestehenden Sachanlagevermögens aktiviert werden. Dabei sollte auf einen sachlogischen Zusammenhang zwischen bestehendem Vermögen und der neu geschaffenen Komponente geachtet werden, was m. E. am besten durch das Fördersystem erfüllt werden kann, denn es gilt die widerlegbare Vermutung, dass der Zugang zum gesamten Vorkommen verbessert wird, und das Fördersystem dient dem Abbau eben jenes Vorkommens. Unterteilt ein Unternehmen ein Vorkommen auch zu internen Steuerungs- und Überwachungszwecken in mehrere Bereiche mit unterschiedlichen Abbauplänen und Nutzungsdauern und wird der Zugang durch Abraumbeseitigung nachweislich nur für einen solchen Teil verbessert, dürfte

1387 Der IASB selbst deutet an, dass er keinen Unterschied dieser Sachanlagen zu denjenigen anderer Industrien sieht, vgl. IAS 16.BC4. Vgl. auch die Abschnitte 423.21 und 443.223.3.

1388 Vgl. Abschnitt 45.

1389 Vgl. hierzu auch Abschnitt 45.

auch die Nutzungsdauer der Komponente daran orientiert werden statt an der der Förderstätte insgesamt.[1390]

- Jegliche Abraumbeseitigung, die kurzfristigen Nutzen stiftet, weil sie der Vorratsproduktion dient, führte hingegen zur Behandlung der Ausgaben als Herstellungskosten für **Vorräte** nach IAS 2. Dabei kann der Abraum selbst nutzbare Rohstoffe enthalten, die als Vorräte extrahiert werden, und/oder den Zugang speziell nur für die in der aktuellen Periode abzubauenden Rohstoffe verbessern.[1391]

- Zu ansatzfähigen **erworbenen immateriellen Vermögenswerten i. S. v. IAS 38** zählten die Rechte für Exploration, Erschließung und Förderung, von Dritten bezogene Daten und Analysen sowie nicht selbst durchgeführte Studien, Probenahmen, Beurteilungen und Gutachten. Aufgrund ihres Zugangs durch Erwerbsvorgang würden diese Vermögenswerte in aller Regel aktiviert.[1392]

Abgesehen von den ihnen gewährten Rechten können derartige immaterielle Vermögenswerte auch von Rohstoffunternehmen **selbst erstellt** werden. In diesem Fall erforderte die Beantwortung der Ansatzfrage indes eine detailliertere Betrachtung, knüpft IAS 38 an deren Aktivierung doch strengere Ansatzvoraussetzungen als für erworbenes immaterielles Vermögen zwecks näherer Konkretisierung des Nutzenzuflusses aus den Vermögenswerten.[1393] Wie diesen speziellen Anforderungen durch immaterielle Vermögenswerte aus den investiven Aktivitäten von Rohstoffförderern entsprochen werden kann bzw. ab welchem Zeitpunkt ein Ansatz geboten wäre, zeigt der folgende Abschnitt 542.

542. Konkretisierung der Ansatzvoraussetzungen für selbsterstellte immaterielle Vermögenswerte aus investiven Aktivitäten

Sofern selbsterstelltes immaterielles Vermögen aus den investiven Upstream-Aktivitäten entsteht, dessen Nutzen durch den späteren gewinnbringenden Abbau von Bodenschätzen determiniert wird, ist die **Erfolgsbeurteilung des Rohstoffprojekts** auch **maßgeblich** für die Beurteilung des **Nutzens der dafür selbsterstellten immateriellen Vermögenswerte**. IAS 38 fordert für solche Vermögenswerte eine strengere Beurteilung des wahrscheinlich zufließenden Nutzens, um einen überhöhten Vermögensausweis zu verhindern.[1394] Dieses besondere Wahrscheinlichkeitskriterium bzgl. des künftigen Nutzens aus den im Upstream-Geschäft selbsterstellten immateriellen Vermögens-

---

[1390] Diese Vorschläge entsprechen dem Ergebnis der Analyse und Beurteilung des IFRIC 20, vgl. ausführlicher dazu Abschnitt 464.2.

[1391] Vgl. die Abschnitte 464.1, 464.21 und 464.23.

[1392] Vgl. IAS 38.25 und .27.

[1393] Vgl. hierzu Abschnitt 327.4.

[1394] Vgl. Abschnitt 327.4.

werten lässt sich durch die in der Rohstoffklassifizierung verwendete Wirtschaftlichkeitsbeurteilung operationalisieren.[1395]

Zunächst kommt eine Aktivierung nur dann in Frage, wenn die Ausgaben der Entwicklungsphase zugeordnet werden. Solange die Rohstoffe noch als Ressourcen klassifiziert werden, ist ihre künftige Förderung zu ungewiss und die Erkenntnissuche setzt sich weiter fort, weshalb in diesem Zeitraum anfallende Ausgaben für immaterielles Vermögen in die Forschungsphase zu zählen und sofort aufwandswirksam zu erfassen wären. Die **erstmalige Klassifizierung von Reserven** markiert zugleich den **Übergang in die Entwicklungsphase** i. S. v. IAS 38.[1396] Dadurch wird die Mindestvoraussetzung für den Ansatz selbsterstellter immaterieller Vermögenswerte aus investiven Upstream-Aktivitäten erreicht und die speziellen Ansatzkriterien aus IAS 38.57 können grds. erfüllt werden – sind aber selbstverständlich, wie alle übrigen Voraussetzungen auch, für jeden Einzelfall separat zu prüfen.[1397]

Damit würden voraussichtlich vor allem Studien, Probenahmen, Beurteilungen und Gutachten als selbsterstellte immaterielle Vermögenswerte angesetzt, sofern zum Ansatzzeitpunkt bereits Reserven klassifiziert werden konnten. Reine Datensammlungen und erste Analysen hingegen scheiden wohl generell aus, fallen sie doch ausschließlich in sehr frühe Upstream-Phasen, in denen zumeist noch keine Reserven vorliegen.

543. Begründung der vorgeschlagenen Ansatzregelungen

Die hier vorgeschlagene Bilanzierungsweise auf Ansatzfragen betreffend Vermögenswerte der *extractive activities* anzuwenden würde insofern einheitlichere und vergleichbarere Abschlüsse schaffen, als die bislang bestehenden Branchensonderregeln ersatzlos entfielen und damit die Rohstoffindustrie den gleichen Grundsätzen und IFRS unterläge wie (Industrie-)Unternehmen anderer Branchen. Außerdem entfielen die Wahlmöglichkeiten, wie sie in IFRS 6 durch die Anerkennung von Branchenpraktiken wie z. B. dem *successful efforts accounting* oder dem *full cost accounting*

1395 Vgl. auch RIO TINTO (Hrsg.), Comment Letter on DP/2010/1, S. 6; DE BEERS GROUP (Hrsg.), Comment Letter on DP/2010/1, S. 3.

1396 Vgl. zum Zusammenhang von Ressourcen und Forschungsphase sowie Reserven und Entwicklungsphase die Abschnitte 443.24 und 52.

1397 Vgl. zu den Ansatzvoraussetzungen Abschnitt 327., insbesondere Abschnitt 327.4. Anderer Auffassung ist RICHTER, der die Beurteilung der Ansatzvoraussetzungen erst mit Abschluss der finalen Machbarkeitsstudie für möglich hält, vgl. RICHTER, F., Bilanzierung des Upstream-Geschäfts, S. 198. Er würdigt dabei jedoch unzureichend, dass auch schon vor einer finalen Machbarkeitsstudie Rohstoffe als nachgewiesene und wahrscheinliche Reserven klassifiziert werden können, die Erkundungsarbeiten aber dennoch häufig zunächst fortgeführt werden. Schließlich werden regelmäßig auch sog. *pre-feasibility studies* erstellt. Deutlich früher hingegen sieht DEBEERS die Beurteilbarkeit der Ansatzkriterien gegeben, schon bei der Klassifizierung als angedeutete Ressource, zu einem Zeitpunkt also, zu dem die Wirtschaftlichkeit eines Projekts noch nicht bekannt sein kann und die Rohstoffe evtl. noch nicht einmal zwingend entdeckt sind, könne dennoch IAS 38 problemlos entsprochen werden, vgl. DE BEERS GROUP (Hrsg.), Comment Letter on DP/2010/1, S. 3.

bestehen,[1398] und die Notwendigkeit der Umklassifizierung von *E&E*-Vermögenswerten beim Übergang in die Erschließungsphase.[1399]

Die grundlegenden Schwierigkeiten für die Bilanzierung der besonderen Sachverhalte der Rohstoffförderung liegen vor allem in der außergewöhnlichen **Langfristigkeit** – können doch allein schon die der Förderung vorangehenden Aktivitäten viele Jahre andauern – sowie der großen **Unsicherheiten ob des letztlichen Erfolgs** eines Rohstoffprojekts.[1400] Daraus resultiert die immer wiederkehrende Grundfrage, **welche Ausgaben** aus solchen Aktivitäten zu welchem Zeitpunkt als **Vermögenswerte** qualifizieren und anhand welcher Kriterien dies bestimmt werden soll. Dabei stehen einerseits der Anspruch einer möglichst vollständigen Aktivierung und Periodisierung von Ausgaben und andererseits der Anspruch, nur möglichst sicher werthaltiges Vermögen zu erfassen, in einem Spannungsfeld zueinander. Der Umfang der letztlich aktivierten Vermögenswerte gemäß des hier unterbreiteten Vorschlags entspricht etwa der Summe der jeweils mit den Buchstaben A und C gekennzeichneten Flächen in den Abbildungen 4-4[1401] und 4-6[1402] – allerdings nicht nur auf *E&E* bezogen, sondern auf sämtliche Vermögenswerte aus investiven Upstream-Aktivitäten erweitert.

Im Ergebnis könnte der **Vorschlag** darum **insgesamt** als eine Art **liberalere Form des *successful efforts accounting***, allerdings verstanden ohne aktivische Ausgabenabgrenzung, bezeichnet werden, denn gerade solche Vermögenswerte, deren Nutzen nicht (allein) von der erfolgreichen künftigen Rohstoffförderung abhängig ist, würden mitunter frühzeitiger angesetzt als wenn einzig der Kausalzusammenhang zu wirtschaftlich nutzbaren Rohstoffen der Ansatzentscheidung zugrunde gelegt würde. Die IFRS sehen unterschiedliche Anforderungen an den Nachweis solchen Nutzens in Bezug auf Ansatzentscheidungen je nach Art des Vermögenswerts vor. So werden nach IAS 38.25 immaterielle Vermögenswerte im Erwerbsfall stets aktiviert. Gerade im anlagenintensiven Rohstoffgeschäft nutzen zahlreiche Sachanlagen den Unternehmen in der Aufrechterhaltung des laufenden Geschäftsbetriebs, ohne dass deren Nutzen direkt an den Erfolg von Rohstoffprojekten gebunden wäre, oder können gewinnbringend veräußert werden, sodass auch dann der Ansatz regelmäßig zu befürworten ist und die besonderen Schwierigkeiten des Upstream-Geschäfts hier weniger ausschlaggebend sind.

Wenn aber der künftige **Nutzen** von Vermögen einzig davon **abhängt**, ob Bodenschätze entdeckt und gefördert werden – was vor allem selbsterstellte immaterielle Vermögenswerte betreffen dürfte –, ist die **Unsicherheit** darüber der **kritischste** über den Ansatz mitentscheidende **Faktor**. Derartige Vermögenswerte der *extractive activities* weisen inhaltliche Parallelen zu Eventualforderungen auf, die ebenfalls von nicht kontrollierbaren Bedingungen abhängig sind und darum erst aktiviert

1398 Vgl. Abschnitt 443.2.
1399 Vgl. die Abschnitte 443.211., 444.124.3 sowie vor allem 454.2.
1400 Vgl. Abschnitt 23.
1401 Vgl. Abschnitt 443.223.322.
1402 Vgl. Abschnitt 443.223.422.

werden, wenn sie so gut wie sicher sind.[1403] Darum sollte auch für die hier betrachteten Vermögenswerte eine möglichst hohe Sicherheit gefordert werden. Es konnte in dieser Arbeit gezeigt werden, dass bei einer Klassifizierung von Rohstoffen als **Reserven** grds. auch das Nutzenkriterium für zuordenbare Vermögenswerte als erfüllt erachtet werden kann.[1404] Die speziell für selbsterstellte immaterielle Vermögenswerte in IAS 38.57 zusätzlich geforderten Nachweise über den künftigen Nutzen lassen sich durch die Klassifizierung von Rohstoffreserven ebenfalls erbringen.[1405]

Da solche Ansatzentscheidungen an klassifizierte Reserven zu knüpfen mitunter als sehr hohe Schwelle angesehen werden kann, soll noch einmal auf die besondere Unsicherheitssituation hingewiesen werden. Zwar wird dadurch ein gewisses Potenzial zur Legung stiller Reserven geschaffen. Die ggf. resultierende (geringfügige) Verzerrung der Vermögens- und Ertragslage sollte jedoch zugunsten einer objektivierten und verlässlichen Ansatzentscheidung in Kauf genommen werden. Eine zu geringe Ansatzhürde bedeutete stattdessen die Gefahr eines überhöhten, nicht werthaltigen Vermögensausweises, wie er auch beim *full cost accounting* oder der Abgrenzung von Ausgaben nach dem *successful efforts accounting* entsteht. Dass diese Bilanzierungsmethoden jedoch erheblich weniger zur entscheidungsnützlichen Informationsvermittlung beitragen als solche, die die Prinzipien und Restriktionen des Conceptual Framework beachten, wurde ausführlich dargelegt.[1406] Insofern entspräche die Bilanzierung gemäß des Vorschlags einer **strengen *Successful-Efforts*-Anwendung**.

55 Bewertung

Durch die konsequente Anwendung von IAS 16 für materielle und IAS 38 für immaterielle Vermögenswerte aus den Upstream-Aktivitäten wären sämtliche dieser Vermögenswerte im Zugangszeitpunkt mit ihren **Anschaffungs- oder Herstellungskosten** zu bewerten. In IFRS 6 findet sich eine ähnliche Vorschrift, sodass bzgl. der Zugangsbewertung keine großen Änderungen zu erwarten wären. Außerdem wäre für die Folgebewertung weiterhin zwischen dem **Anschaffungskosten-** und dem **Neubewertungsmodell** zu wählen, wobei wiederum nur höchst selten mit der Anwendung letztgenannten Modells zu rechnen wäre.[1407]

Für die **planmäßige Abschreibung** wäre stets diejenige Methode zu wählen, die den Verbrauch des künftigen wirtschaftlichen Nutzens der abzuschreibenden Vermögenswerte am besten widerspiegelt. Dies wird häufig durch die leistungsabhängige Abschreibung gewährleistet, doch auch eine linear verlaufende Abschreibung kann in manchen Fällen angebracht sein.[1408]

1403 Vgl. Abschnitt 327.2.

1404 Vgl. die Abschnitte 443.223.1 und 443.223.2.

1405 Vgl. Abschnitt 443.223.422.

1406 Vgl. die Abschnitte 443.223.32, 443.223.42, 443.23 und 443.4.

1407 Vgl. zu den Anwendungsschwierigkeiten des Neubewertungsmodells bereits Abschnitt 328.

1408 In Übereinstimmung mit IAS 16.60 sowie IAS 38.97 f. sind neben diesen beiden auch weitere Abschreibungsmethoden denkbar. Indes hat für die *Extractive-Activities*-Bilanzierung vor allem die leistungsabhängige Abschreibung Bedeutung.

Hinsichtlich der hier diskutierten Vermögenswerte, die aus investiven Upstream-Aktivitäten entstehen, sollte zunächst unterschieden werden, ob der Nutzen der Vermögenswerte erst ab dem Einsetzen der Rohstoffförderung und damit abhängig vom Fortschritt dieser verbraucht wird oder ob ihr Wertverzehr bereits früher einsetzt. Vermögenswerte wie etwa Explorationslizenzen, Fahrzeuge, technische Anlagen oder sonstige Gerätschaften, die bereits bei der Suche nach und Beurteilung von möglichen Lagerstätten zum Einsatz kommen, werden bspw. weitgehend unabhängig von der eigentlichen Rohstoffproduktion genutzt. So haben sie schon vorher ihren betriebsbereiten Zustand erreicht und nutzen dem Unternehmen durch ihren Einsatz im Rahmen der laufenden Geschäftstätigkeit. Demnach würde deren planmäßige Abschreibung einsetzen, sobald ihre Betriebsbereitschaft erreicht wird – unabhängig vom Erfolg der Rohstoffprojekte, denen sie ggf. zugeordnet werden können.[1409] Die abgeschriebenen Beträge würden dabei als Teil der Anschaffungs- oder Herstellungskosten anderer Vermögenswerte erfasst, soweit sie zu deren Erwerb oder Erstellung verbraucht wurden.

Diejenigen Vermögenswerte hingegen, die erst dann nutzungsbereit sind, wenn mit der Förderung der Bodenschätze begonnen wird, werden vorher nicht planmäßig abgeschrieben. Ist außerdem deren Wertverzehr maßgeblich davon abhängig, ob und in welchen Mengen Rohstoffe gefördert werden, wie es bspw. auf das Fördersystem zutrifft, so ist die **leistungsabhängige Abschreibung**, orientiert an den im Vorkommen enthaltenen Rohstoffen, zumeist die sachgerechteste Methode.[1410] Diesbezüglich sollten die IFRS vorgeben, dass als **Gesamtleistungsmenge** stets die jeweils der ZGE zuordenbaren **nachgewiesenen Reserven** herangezogen werden. Die derartig klassifizierten Rohstoffe bilden die sachlich korrekte Bezugsgröße, sind doch Reserven diejenigen Rohstoffe, die bereits entdeckt und deren technische und wirtschaftliche Förderbarkeit festgestellt wurden. Über die tatsächlich im Vorkommen enthaltenen Rohstoffmengen bestehen zwar weiterhin Unsicherheiten, die aber durch die verschiedenen Abstufungen innerhalb der Reserven verdeutlicht werden. Während für nachgewiesene Reserven eine Wahrscheinlichkeit von mindestens 90 % besteht, dass diese Mengen in der Lagerstätte liegen, was einer eher vorsichtigen Beurteilung entspricht, besteht für die als wahrscheinliche Reserven angegebenen Mengen eine mindestens 50 %-ige Sicherheit diesbezüglich. Zwar entspricht die Summe aus nachgewiesenen und wahrscheinlichen Reserven dem *best estimate*, also der wahrscheinlichsten Schätzung. Allerdings sollte einer hohen Verlässlichkeit der Bewertung zugunsten lediglich auf nachgewiesene Reserven abgestellt werden, verkörpern sie doch die sicherste Schätzung. Sofern neue Erkenntnisse zu einem späteren Zeitpunkt eine Korrektur der ursprünglich geschätzten und klassifizierten Mengen nachgewiesener Reserven auslösen, ist die der *unit of production method* zugrunde gelegte Gesamtleistungsmenge entsprechend prospektiv anzupassen.[1411]

1409 Vgl. hierzu bereits die Abschnitte 423.23, 434.2, 444.123. und 454.1.

1410 Sie wird heute schon in der Praxis überwiegend eingesetzt, wenn auch unterschiedlich ausgestaltet. Vgl. hierzu wie auch für die Hintergründe des an dieser Stelle unterbreiteten Vorschlags bereits ausführlich Abschnitt 463.2.

1411 Vgl. IAS 8.36 und .32 (d).

Da bereits der Ansatz sämtlicher hier betrachteter Vermögenswerte dem IFRS-Ansatzkonzept aus Conceptual Framework, IAS 16 und IAS 38 folgt, wodurch nur solches Vermögen aktiviert wird, dessen künftiger Nutzen ausreichend wahrscheinlich erwartet werden kann, sind auch keine Sondervorschriften hinsichtlich der Wertminderungsprüfung notwendig, um einen entsprechenden Test zu verhindern oder hinauszuzögern, wie IFRS 6 dies vorsieht, weil mangels nachweisbarem Nutzen vermutlich oft kein erzielbarer Betrag ermittelt werden könne.[1412] Die IFRS sollten darum **keine von IAS 36 abweichenden Anforderungen** an die **Wertminderungsprüfung** von Vermögenswerten aus *extractive activities* stellen. Dann könnte der Wertminderungstest uneingeschränkt seine eigentliche Funktion erfüllen, nämlich die Überbewertung von Vermögen zu verhindern, indem dessen Buchwert, falls nicht vollumfänglich werthaltig, auf den niedrigeren erzielbaren Betrag abgeschrieben wird.

56 Ausweis

Für ein besseres Verständnis der Abschlussinformationen sollten die IFRS künftig Ausweisanforderungen betreffend investive Aktivitäten von Rohstoffförderern enthalten, wonach folgende Positionen separat auszuweisen wären:

- **Explorationsvermögen**, getrennt nach materiell und immateriell,
- **Fördervermögen vor Produktionsbeginn**, getrennt nach materiell und immateriell,
- **Fördervermögen in Produktion**, getrennt nach materiell und immateriell,
- **Aufwendungen** entstanden aus Upstream-Tätigkeiten (also aus Prospektion, Exploration, Evaluierung und Erschließung).

Dabei wären unter Explorationsvermögen all jene Vermögenswerte zu fassen, die im Zusammenhang mit solchen Rohstoffprojekten aktiviert wurden, für die noch keine Reserven festgestellt werden konnten oder für die trotz festgestellter Reserven noch kein Beschluss zur Erschließung und Ausbeutung der Lagerstätte gefasst wurde. Fördervermögen würde entsprechend diejenigen Vermögenswerte umfassen, die zu erfolgreichen Rohstoffprojekten gehören, für die also Reserven klassifiziert werden konnten, und der Abbau der Bodenschätze entweder geplant (Fördervermögen vor Produktionsbeginn) oder bereits im Gange ist (Fördervermögen in Produktion).[1413]

1412 Vgl. IFRS 6.DO3. Die Forderung nach den allgemeinen Grundsätzen der IFRS folgenden Ansatzvorschriften und entsprechend ebenfalls uneingeschränkt IAS 36 folgenden Wertminderungsregelungen äußerten bspw. auch EFRAG (Hrsg.), Comment Letter on DP/2010/1, S. 8; BHP BILLITON (Hrsg.), Comment Letter on DP/2010/1, S. 6; RIO TINTO (Hrsg.), Comment Letter on DP/2010/1, S. 2 und 7. Außerdem liegen Rohstoffunternehmen schon sehr frühzeitig relativ detaillierte Berechnungen vor, was die möglicherweise zu erwartenden Rückflüsse aus der Ausbeutung eines Vorkommens betrifft. Zwar sind diese besonders anfangs noch von hoher Unsicherheit geprägt, dennoch lassen sich, bspw. als wahrscheinlichkeitsgewichtete Erwartungswerte, künftige Cashflows durchaus abschätzen, vgl. BECKER, R./BEERMANN, T./SCHMIDT, L., in: Baetge et al., Rechnungslegung nach IFRS, 2. Aufl., IFRS 6, Rn. 24; KPMG (Hrsg.), First Impressions: IFRS 6, S. 16.

1413 In DP/2010/1.3.36-.38 werden ähnliche Ausweisanforderungen vorgeschlagen.

Durch einen derartigen Ausweis würden die verschiedenen Projektstände für die Adressaten leichter ersichtlich, was ihnen bessere Einschätzungen darüber erlaubte, wie erfolgreich das Unternehmen insgesamt seine Tätigkeiten ausübt und wie das Verhältnis zwischen bereits produzierenden Förderstätten, künftig höchstwahrscheinlich auszubeutenden Vorkommen und ggf. weiteren Bodenschatzpotenzialen ist.[1414] Die Veränderung der Vermögenswerte zum Vorjahr und die Aufwendungen der aktuellen Periode addiert würden außerdem darüber informieren, welche Summen das Unternehmen in dieser Periode für die Suche, Beurteilung und Erschließung von Lagerstätten investiert hat.

57 Ergänzende (Mindest-)Anhangangaben

Zwar verlangt IAS 1.112 (c), dass der Anhang eines IFRS-Abschlusses alle jene Informationen bereitstellt, die für das Verständnis der übrigen Abschlussbestandteile erforderlich sind und nicht an anderer Stelle ausgewiesen werden. Um jedoch ein Mindestmaß an relevanten Anhanginformationen betreffend die investiven Aktivitäten im Upstream-Geschäft sowie die dadurch erforschten Rohstoffe sicherzustellen und die Vergleichbarkeit dieser Angaben zu gewährleisten, sollten die IFRS zumindest folgende Anhangangaben verpflichtend vorschreiben:[1415]

- die **Gesamtmengen** der vom Unternehmen kontrollierten **nachgewiesenen** (und wahlweise auch der wahrscheinlichen) **Reserven**, sowie als Davon-Angabe die daraus jeweils voraussichtlich verkaufsfähigen Mengen, deren Erlös dem Unternehmen zufließen wird,[1416]
- die wichtigsten **Annahmen**, die der **Wirtschaftlichkeitsberechnung** der Reserven zugrunde gelegt wurden, wie z. B. Rohstoffpreise und Zinsen, sowie
- die **Gesamtausgaben** für die Suche, Beurteilung und Erschließung von Rohstoffen aufgeteilt in die **einzelnen Förderprojekte** (Vorkommen), sowie jeweils als Davon-Angaben, welche Teile der gesamten Ausgaben aktiviert und welche aufwandswirksam erfasst wurden.

Da die von Rohstoffunternehmen kontrollierten Reserven deren wichtigstes künftiges Einnahmenpotenzial verkörpern, dient die Angabe der **Reservemengen** sowie der damit verbundenen wichtigsten Annahmen als **erster Indikator** dafür, mit welchen Nutzenzuflüssen bzw. Erträgen künftig etwa zu rechnen ist.[1417] Art und Menge der berichteten Bodenschätze geben nämlich einerseits Aufschluss darüber, wie erfolgreich das Management des Unternehmens die ihm zur Verfügung gestell-

1414 Bislang unterscheiden Rohstoffunternehmen nur höchst selten ihre ausgewiesenen Vermögenswerte in solcher oder ählicher Form, vgl. KPMG (Hrsg.), Oil and Gas 2008, S. 4.

1415 Zum gesteigerten Interesse der Adressaten an solchen Informationen vgl. EY (Hrsg.), US GAAP vs. IFRS: Oil and gas, S. 14; KPMG (Hrsg.), Mining 2009, S. 9.

1416 Zum einen können nicht alle geförderten Rohstoffe vollständig verkauft werden, da z. B. Ausschuss anfällt. Zum anderen sind je nach rechtlicher Lage die Unternehmen womöglich dazu verpflichtet, zuvor festgelegte Mengen an den Staat abzugeben, vgl. hierzu Anschnitt 24.

1417 Vgl. ED/2015/3.1.3 f., .7 und .13; IASC (Hrsg.), Extractive Industries, Rn. 3.3 (b) und (c); DP/2010/1.2.1; WILLMS, J., Explorations- und Evaluierungsausgaben, S. 28 und 64; BROOKS, M., Mystery of the disappearing reserves, S. 95; KPMG (Hrsg.), Mining 2009, S. 9. Angaben zu den Rohstoffmengen werden bspw. in den US-GAAP, den UK-GAAP und den Canadian GAAP explizit eingefordert, vgl. SFAS 69.10-.17; OIAC SORP.246-.251; NI 51-101.2.1.

ten Mittel bei der Suche nach Rohstoffen bislang eingesetzt hat.[1418] Doch auch zukunftsgerichtet können diese Informationen den Adressaten dienlich sein, indem sie Rückschlüsse auf die künftige Leistung des Managements und die daraus zu erwartenden Erträge zulassen.[1419] Außerdem beeinflussen Reservemengen maßgeblich auch Abschlussposten wie bspw. die planmäßige Abschreibung all jener Vermögenswerte, deren Nutzenverzehr von der Rohstoffproduktion abhängt. Insofern trägt diese Angabe auch dazu bei, die in Bilanz und Gewinn- und Verlustrechnung enthaltenen Posten **nachvollziehbarer** zu machen.[1420]

58 Fazit zu den bilanziellen Konsequenzen des Vorschlags

Der in diesem fünften Kapitel unterbreitete Vorschlag zur Bilanzierung investiver Aktivitäten aus dem Upstream-Geschäft basiert auf den Erkenntnissen und zahlreichen Verbesserungsvorschlägen, die im vorhergegangenen vierten Kapitel erarbeitet wurden. Statt der Etablierung branchenspezifischer Standards einzig für Rohstoffunternehmen, die mitunter gar den allgemeinen Grundsätzen, Ansatz- und Bewertungskonzeptionen der IFRS widersprechen, beruht der Vorschlag in **größtmöglichem Umfang** auf **bestehenden Standards**, sodass IFRS 6 und IFRIC 20 außer Kraft gesetzt werden könnten. Dadurch würde vor allem eine **Gleichbehandlung** ähnlich riskanter und unter hohen Unsicherheitsfaktoren stattfindender Aktivitäten verschiedener Industrien erreicht.[1421] Denn auch z. B. Unternehmen der Pharma-, Automobil- und Softwarebranche müssen hohe Anfangsinvestitionen leisten, ohne frühzeitig abschätzen zu können, wie ertragreich ihre Projekte letztlich sein werden. Zwar würde mit dem hier unterbreiteten Vorschlag insbesondere die Aktivierung selbsterstellter immaterieller Vermögenswerte für Rohstoffförderer schwieriger, was diesbezüglich zu anfänglich vergleichsweise höheren Aufwendungen führte, doch müssen auch Unternehmen anderer Branchen solche Konsequenzen tragen.[1422]

Um eine **einheitliche** Übertragung und **Anwendung** der bestehenden IFRS auf die *extractive activities* zu gewährleisten, ist jedoch eine gewisse **branchenspezifische Konkretisierung notwendig**, die in den IFRS verankert werden sollte. Vor allem die Rohstoffklassifizierung müsste, wie in Abschnitt 52 vorgeschlagen, klaren Regelungen folgen, damit die für die Finanzberichterstattung relevanten Rohstoffe, nämlich nachgewiesene (und wahrscheinliche) Reserven, nach möglichst einheitlichen bzw. vergleichbaren und zudem rechnungslegungsgeeigneten Klassifikationssystemen kategorisiert werden. Außerdem sollten die **Regelungen zur Bestimmung einer ZGE** nicht nur für den Wertminderungstest Anwendung finden, sondern wie in Abschnitt 53 beschrieben auch für die ein-

---

1418 Vgl. KÜTING, K./LAUER, P., Jahresabschlusszwecke, S. 1988; IASC (Hrsg.), Extractive Indus-tries, Rn. 3.3 (g).

1419 Vgl. COENENBERG, A. G./STRAUB, B., Rechenschaft versus Entscheidungsunterstützung, S. 18; IASC (Hrsg.), Extractive Industries, Rn. 3.3 (f).

1420 Bei einer Investorenbefragung wurden Angaben zu den nachgewiesenen und wahrscheinlichen Reserven ebenfalls als außerordentlich relevante Informationen bezeichnet, vgl. PWC (Hrsg.), Exploring reporting, S. 5.

1421 Vgl. EXXON MOBIL CORPORATION (Hrsg.), Comment Letter on DP/2010/1, S. 1 f.

1422 Pharmaunternehmen kalkulieren bspw. für ein einziges marktreifes Medikament mit durchschnittlich etwa 500 bis 800 Mio. € Forschungs- und Entwicklungskosten, die zu einem großen Teil sofort aufwandswirksam zu erfassen sind. Vgl. BEHRENDT-GEISLER, A./WEIßENBERGER, B. E., Entwicklungskosten, S. 59; MERK, H./MERK, W., Bewertung von Pharmaunternehmen, S. 311; VFA (Hrsg.), Statistics 2010, S. 19.

heitliche und prinzipienbasierte Bestimmung der **Ebene**, die unter derzeitiger Bilanzierungspraxis noch als **Kostencenter** festgelegt wird.

Wären diese Voraussetzungen branchenspezifischer Konkretisierungen und Anwendungsleitlinien gegeben, ließen sich Ansatz- und Bewertungsfragen wie in den Abschnitten 54 und 55 erörtert ausnahmslos anhand bestehender IFRS beantworten. Die einzelnen Aktivitäten und Sachverhalte wären ausschlaggebend für die Bilanzierung, nicht mehr die Vorgaben spezieller Bilanzierungsmodelle wie z. B. des *successful efforts accounting* oder des *full cost accounting* oder auch die einzelnen Upstream-Phasen, weshalb deren Definition nicht mehr bilanzierungsrelevant wäre. Dadurch würden zudem Bilanzierungsprobleme dergestalt vermieden, dass mitunter Aktivitäten verschiedener Phasen sich zeitlich überschneiden und darum die Phasenabgrenzung bzw. -zuordnung zusätzlich erschwert wird. Für selbsterstellte immaterielle Vermögenswerte wäre wiederum eine Konkretisierung dahingehend erforderlich, dass typischerweise vor der Feststellung des **Reservenstatus** in einem Projekt keinesfalls die **Entwicklungsphase** i. S. v. IAS 38 erreicht bzw. der Nutzen der damit in direktem Zusammenhang stehenden Vermögenswerte ausreichend wahrscheinlich erwartet und nachgewiesen werden kann, um den Ansatz dieser Vermögenswerte zu rechtfertigen.[1423] Darüber hinaus wäre erforderlich vorzuschreiben, dass die Bezugsgröße für die **Gesamtleistungsmenge** bei der planmäßigen Abschreibung gemäß der *unit of production method* die nachgewiesenen Reserven sein sollten. Die vorgeschlagenen **besonderen Ausweis- und Anhangvorschriften** (Abschnitte 56 und 57) stehen mit einer Finanzberichterstattung, die den Grundsätzen der IFRS-Rechnungslegung folgt, nicht in Konflikt, sondern würden zu deren besserer Erfüllung beitragen.

Somit kann abschließend festgestellt werden, dass durchaus einige besondere Branchenvorschriften in die IFRS integriert werden müssten, um den hier unterbreiteten alternativen Bilanzierungsvorschlag umzusetzen. Allerdings wären diese durchweg eher konkretisierender Natur bzw. unterstützten bei der Interpretation bestehender Vorschriften statt diesen zu widersprechen und sorgten darüber hinaus für mehr Bilanzierungsgleichheit nicht nur unter Rohstoffunternehmen, sondern auch zwischen verschiedenen Branchen. Das Ziel einer **verbesserten Entscheidungsnützlichkeit** könnte dadurch erreicht werden. Allerdings würde der Vorschlag zunächst eine Umstellung der Rechnungslegungssystematik für alle Rohstoffförderer bedeuten, was besonders für derzeitige *Full-Cost*-Bilanzierer größere Auswirkungen zur Folge hätte. Außerdem wird die Rohstoffklassifizierung stets anfällig für Ungenauigkeiten bleiben und die (zwischenbetriebliche) **Vergleichbarkeit** einschränken. Durch die hier unterbreiteten Vorschläge würde dennoch zur einheitlicheren und objektivierteren Ermittlung beigetragen.

[1423] Wann genau der Übergang in die Entwicklungsphase erfolgt, wäre einzelfallspezifisch stets zu überprüfen.

6 Zusammenfassung und Ausblick

Der Förderung nicht-regenerativer natürlicher Rohstoffe geht i. d. R. ein langjähriger und kostenintensiver Prozess voraus, der die Suche nach sowie Beurteilung und Erschließung von Lagerstätten umfasst. Diese sog. Upstream-Aktivitäten werden industrieseitig in mehrere Phasen unterteilt, die den Projektfortschritt erkennen lassen. Um die spezifischen und umfangreichen Risiken im Upstream-Geschäft in der bilanziellen Abbildung angemessen und sachgerecht zu berücksichtigen, hat der IASB für einige dieser Phasen branchenspezifische Regelungen erlassen.

Ziel dieser Arbeit war es zum einen, die standardkonforme Bilanzierung investiver Aktivitäten im Upstream-Geschäft für die einzelnen Phasen zu konkretisieren und kritisch zu würdigen. Zugleich sollten entsprechend dieser Ergebnisse Vorschläge erarbeitet werden, wie die bestehenden Regelungen überarbeitet und angepasst werden könnten, sodass die Entscheidungsnützlichkeit der dadurch vermittelten Informationen gesteigert würde.

Jene Entscheidungsnützlichkeit ist das übergeordnete Ziel der IFRS-Rechnungslegung, woran sich die Bilanzierung der *extractive activities* messen lassen muss. Operationalisiert wird dieses Ziel durch die beiden Anforderungen, relevante und glaubwürdig dargestellte Informationen zu vermitteln. Informationen sind vor allem dann relevant, wenn sie Adressaten dazu befähigen, einerseits eigene Einschätzungen hinsichtlich des künftigen wirtschaftlichen Nutzens aus der Rohstoffsuche und -förderung zu treffen, und andererseits vorherige Annahmen und Beurteilungen zu bestätigen oder zu korrigieren. Die grundlegenden Ansatz- und Bewertungskonzeptionen der IFRS wurden entwickelt, um derartige Informationen zu erzeugen. Darum soll die Relevanz der Abschlussinformationen zu investiven Upstream-Aktivitäten besonders danach beurteilt werden, ob ihre Ermittlung in Einklang mit diesen Konzeptionen steht. Zugleich gelten Informationen als glaubwürdig, wenn ihre Darstellung vollständig, neutral und fehlerfrei ist. Vor allem die Begrenzung bilanzpolitischer Spielräume trägt wesentlich zur glaubwürdigen Berichterstattung bei.

Im vierten Kapitel wurden im Rahmen einer Betrachtung der aktuellen Bilanzierung für die einzelnen Upstream-Phasen die jeweils einschlägigen Vorschriften identifiziert, deren Anwendung konkretisiert und kritisch analysiert sowie z. T. Überlegungen des IASB hinsichtlich einer alternativen Bilanzierungsweise vergleichend gegenübergestellt. Die zentralen Erkenntnisse dieser Untersuchungen werden im Folgenden in aggregierter Form wiedergegeben.

Die **Prospektionsphase** ist von besonders hoher Unsicherheit hinsichtlich der Erfolgsaussichten der Rohstoffprojekte gekennzeichnet, sodass vor allem fraglich ist, ob die investiven Aktivitäten während dieser Phase als Vermögenswerte gemäß IAS 16 bzw. IAS 38 qualifizieren. Die in Abschnitt 42 durchgeführte Untersuchung hat die vom IASB in IFRS 6.BC13 geäußerte Vermutung, dass die meisten Ausgaben aufwandswirksam erfasst werden, bestätigt. Längerfristig verbleiben doch meist nur nachweislich werthaltiges Vermögen wie Sachanlagen sowie ggf. erhaltene Prospektionsgenehmigungen in der Bilanz, wohingegen die übrigen Ausgaben bspw. für Datenerhebungen, Analysen und Gutachten in den Aufwand fließen – entweder sofort bei deren Anfall oder bei vorheriger Aktivierung im Rahmen der Prüfung auf Wertminderung, weil kein erzielbarer Betrag verlässlich ermittelbar ist. Eine solche Prüfung ist aufgrund unbestimmbarer Nutzungsdauern der Vermögenswerte zwingend vorgeschrieben. Im Ergebnis kann von einer sachgerechten und entscheidungsnützlichen Bilanzierung ausgegangen werden.

Sofern der **Erwerb von Rechten** bilanziell als eigenständiger Prozess vor Erreichen der Explorationsphase angesehen wird, was durch ein faktisches Wahlrecht innerhalb des IFRS 6 ermöglicht wird, muss – wie in Abschnitt 43 gezeigt – den Vorgaben des IAS 38 gefolgt werden. Der Ansatz solcher Rechte ist unzweifelhaft geboten. Zwar erfordert die Bestimmung der Anschaffungs- sowie ggf. nachträglich hinzuzurechnender Kosten eine differenzierte Betrachtung der im Zusammenhang mit den Rechten anfallenden Ausgaben, dies steht einer verlässlichen Bewertung aber nicht grds. entgegen.

Mit IFRS 6 werden keine eigenständigen Ansatzvorschriften für Vermögenswerte aus **Exploration und Evaluierung** (Abschnitt 44) vorgegeben, stattdessen sollen die Unternehmen eine eigene Rechnungslegungsmethode entwickeln. Zu diesem Zweck werden sie von den Vorschriften aus IAS 8.11 f. befreit, was ihnen eine nahezu ungeprüfte Übernahme jeglicher Bilanzierungskonzepte für *E&E*-Ausgaben ermöglicht. Die allgemeine Ansatzkonzeption der IFRS wird mit dieser Regelung damit faktisch ausgehebelt. Die verbreitetsten Bilanzierungskonzepte sind das *successful efforts accounting* und das *full cost accounting*. Ersteres folgt einer kausalen Betrachtungsweise, es kommt nur dann zum Ansatz von Vermögenswerten, wenn die Ausgaben dafür in direktem Zusammenhang mit einem erfolgreichen Projekt stehen, wenn also wirtschaftlich nutzbare Rohstoffreserven festgestellt wurden. Anders zweitgenanntes Konzept, bei dessen Anwendung gemäß einer finalen Betrachtungsweise alle Ausgaben aktiviert werden, solange nicht der Misserfolg bewiesen ist. Auch wenn im Rahmen des *successful efforts accounting* noch nicht beurteilbare Ausgaben vorläufig in der Bilanz abgegrenzt werden, resultiert zum Zeitpunkt des Anfalls der Ausgaben ein ähnliches Bild wie beim *full cost accounting*. Insofern kann die Beurteilung des *Full-Cost*-Abschlusses weitgehend auch auf aktivisch abgegrenzte Ausgaben in *Successful-Efforts*-Abschlüssen übertragen werden.

Mit dem *successful efforts accounting* werden – in der Form ohne aktivische Abgrenzungen – relevantere und aussagekräftigere Informationen vermittelt, es bildet Schwankungen in der Vermögens- und Ertragslage zeitnah ab und schafft die Voraussetzungen, dass die Periodisierung dieser Kosten mittels Abschreibung mit dem *matching principle* in Einklang steht. Das *full cost accounting* hingegen missachtet die Ansatzkonzeption der IFRS, weil es eine undifferenzierte Aktivierung zulässt, wodurch das Vermögen des Unternehmens überhöht dargestellt wird und so Schwankungen im Jahresergebnis geglättet werden. Andererseits lässt es weniger Wahl- und Gestaltungsmöglichkeiten zu als das *successful efforts accounting*, sodass es Informationen in dieser Hinsicht vermeintlich glaubwürdiger darstellt. Allerdings widerspricht dem die erheblich verzerrte Abbildung der Vermögens- und Ertragslage. Insgesamt also trägt das *successful efforts accounting* zu einer entscheidungsnützlicheren Bilanzierung bei. Die Güte dieser Entscheidungsnützlichkeit wird dabei allerdings maßgeblich vom Umgang mit hinsichtlich des künftigen Nutzens noch nicht beurteilbaren

Ausgaben und davon, wie streng im Verhältnis zum Rahmenkonzept der Kausalzusammenhang von Rohstoffen und Vermögenswerten vom Unternehmen jeweils bestimmt wird, beeinflusst.

Eine Alternative für die bilanzielle Erfassung von Vermögenswerten, die ab dem Eintritt in die Explorationsphase entstehen, schlägt das DP/2010/1 vor. Demnach soll der Aktivierungsprozess mit dem Erwerb der Rechte beginnen. Diese sind die Basis sog. *MOG- (minerals or oil and gas property-)* Vermögenswerte. Für sämtliche dem Rechteerwerb nachfolgenden Aktivitäten – ausgenommen Kauf oder Herstellung von Sachanlagen – wird unterstellt, dass die dadurch gewonnenen Erkenntnisse integrale Bestandteile dieser Rechte seien und diese wertvoller machten, weshalb die Ausgaben dafür pauschal als Werterhöhung der Rechte aktiviert werden sollen. Damit wirkt dieser Vorschlag wie eine modifizierte *Full-Cost*-Bilanzierung, weshalb die zuvor geäußerte Kritik diesbezüglich auch hier zutrifft. Der Vergleich der Ansatzregelungen von IFRS 6 und dem DP/2010/1 zeigt, dass nach IFRS 6 die Bereitstellung entscheidungsnützlicher Informationen zumindest möglich ist, etwa wenn das *successful efforts accounting* adaptiert wird, auch wenn der Standard die Entscheidungsnützlichkeit nicht grds. gewährleistet. Das DP/2010/1 hingegen vermag keine entscheidungsnützlichen Informationen zu vermitteln, weshalb die aktuelle Bilanzierung dem DP/2010/1 vorzuziehen ist.

Bei Bewertungsfragen bestehen vor allem Schwierigkeiten hinsichtlich der Prüfung auf Wertminderung, da beide Bilanzierungsalternativen Sonderregelungen vorsehen. IFRS 6 verlangt nur dann einen Wertminderungstest für *E&E*-Vermögenswerte, wenn besondere, von IAS 36 abweichende Indikatoren erfüllt sind. Die Unternehmen selbst sollen diese Indikatoren definieren. Die derart weitreichenden Gestaltungsmöglichkeiten eröffnen damit ein faktisches Wahlrecht. Wenn es aber doch zu einem solchen Test kommt, gewährt IFRS 6 weitere Erleichterungen. So können mehrere ZGE zu einer Gruppe zusammengefasst werden, wodurch der Kompensationseffekt ein *impairment* selbst erfolgloser Rohstoffprojekte verhindert, solange produzierende bzw. erfolgreiche Projekte innerhalb der selben ZGE-Gruppe ausreichend Nutzen erwarten lassen. Das DP/2010/1 knüpft den Wertminderungstest ebenfalls an besondere Indikatoren. Damit stellen beide Bilanzierungsalternativen erleichternde Bewertungssonderregelungen bereit, die als logische Konsequenz der Missachtung der grundlegenden IFRS-Ansatzkonzeption notwendig werden. Die eigentliche Funktion des Wertminderungstests, Überbewertungen von Vermögen zu korrigieren, wird insofern weitgehend außer Kraft gesetzt, was die Entscheidungsnützlichkeit erheblich einschränken kann.

Zu dem in Abschnitt 45 diskutierten **Erschließungs**vermögen zählen originär bspw. Fördersysteme, weitere Anlagen und Ausrüstung sowie Servicevermögen, es handelt sich zumeist um nach IAS 16 zu erfassende Sachanlagen. Auch immaterielles und damit nach IAS 38 zu bilanzierendes Vermögen besteht in der Erschließungsphase, indes resultiert jenes überwiegend aus umklassifizierten *E&E*-Vermögenswerten. Diese sind als nunmehr sekundäres Erschließungsvermögen anhand ihres bilanziellen Charakters neu zu beurteilen und demgemäß – ggf. abweichend zu ihrer vorherigen Behandlung – in materiell oder immateriell einzustufen. Mangelnde Transparenz dieses Vorgangs erschwert die Nachvollziehbarkeit für die Adressaten. Entsprechende erläuternde Anhangangaben würden Verständlichkeit und Vergleichbarkeit erhöhen. Insgesamt vermag die Bilanzierung in der

Erschließungsphase aber relevante und trotz geringfügiger Ermessensspielräume glaubwürdige Informationen zu vermitteln.

Vermögenswerte, deren Nutzenverbrauch von der Rohstoffproduktion abhängt und zugleich mit dieser einhergeht, werden ab dem Beginn der Förderung und damit in der **Produktionsphase** planmäßig abgeschrieben. Dafür wird, wie in Abschnitt 463.2 herausgearbeitet, zumeist auf die *unit of production method* zurückgegriffen, da sie aufgrund des Bezugs zwischen Fördermengen und Wertverzehr der Vermögenswerte den Verlauf des Nutzenverbrauchs realitätsnah und glaubwürdig abbildet. Wie entscheidungsnützlich diese Abschreibungsmethode allerdings in der Umsetzung tatsächlich ist, bemisst sich daran, wie zutreffend der Nutzenverbrauch der Vermögenswerte abgebildet wird, wofür mehrere Faktoren bedeutsam sind: das Kostencenter, der Abschreibungsausgangsbetrag und die Gesamtleistungsmenge. Für alle drei Faktoren geben die IFRS jedoch keine oder unzureichende Anleitung hinsichtlich deren Ermittlung. Die resultierenden Ermessensspielräume bedingen, dass das *matching principle* regelmäßig missachtet und der Nutzenverbrauch eben nicht zutreffend abgebildet wird. Um eine entscheidungsnützlichere Abbildung zu erreichen, bedarf es einer ausreichend engen Eingrenzung von Kostencentern, einer mit dem Ansatzkonzept der IFRS harmonierenden Aktivierungspolitik, die verantwortlich für die Entstehung des Abschreibungsausgangsbetrags zeichnet, wie sie z. B. mit dem *successful efforts accounting* erreicht werden kann, sowie einer Festlegung der Gesamtleistungsmenge in Höhe der nachgewiesenen Reserven.

Mit IFRIC 20 wurden Sondervorschriften für Kosten aus der Abraumbeseitigung in Tagebauen während der Produktionsphase mit dem Ziel geschaffen, die Bilanzierung vergleichbarer zu machen. Die Untersuchung in Abschnitt 464.2 hat gezeigt, dass dieses Ziel nur eingeschränkt erreicht werden konnte, da die Inhalte der IFRIC 20 teils unnötig komplex sind, teils aber auch nicht ausreichend detailliert. So sollten das besondere Ansatzkriterium einer Zuordnung der Abraumkosten zu einem spezifischen Vorkommenteil und die Forderung, die planmäßige Abschreibung resultierender *stripping activity assets* an der Nutzungsdauer dieses Teils auszurichten, gestrichen werden, sind diese Regelungen doch sehr aufwendig und gestaltungsanfällig in der Umsetzung, und ignorieren zugleich, dass Abraumbeseitigung i. d. R. für das gesamte Vorkommen Nutzen stiftet, indem der Rohstoffzugang insgesamt verbessert wird. Gleichzeitig sollte die Freiheit der Zuordnung von *stripping activity assets* strenger begrenzt werden, indem sie künftig stets nach IAS 16 als Komponente solchen bestehenden materiellen Vermögens erfasst werden sollten, zu dem ein sachlogischer Zusammenhang besteht. Sofern die Abraumbeseitigung nicht nur Nutzen in Form verbesserten Rohstoffzugangs, sondern darüber hinaus auch in Form gewinnbarer Vorräte im Abraum erzeugt, ist eine Aufteilung der Abraumkosten anhand produktionsbezogener Bewertungsmaßstäbe gefordert. Durch Anwendung des *management approach* werden hierbei sachgerechte Lösungen erzeugt und somit relevante Informationen vermittelt.

Die eingeschränkten Anwendungsbereiche von IFRS 6 und IFRIC 20 machen einerseits eine Abgrenzung der Upstream-Phasen dringend erforderlich, andererseits aber eröffnet die fehlende Anleitung dazu unnötige bilanzpolitische Gestaltungsspielräume. Sofern der IASB die einzelnen phasenbasierten Bilanzierungsvorschriften künftig beibehält, sollte er diese dringend klarer definieren.

Zwar wurden im vierten Kapitel dieser Arbeit zahlreiche Verbesserungsvorschläge für die Bilanzierung in den einzelnen Phasen herausgearbeitet. Dennoch wurden die Erkenntnisse jener Betrachtung zum Anlass genommen, im fünften Kapitel ein umfassendes, **alternatives**, prinzipienorientiertes und konsistentes **Bilanzierungskonzept** für investive Upstream-Aktivitäten zu entwickeln, das phasen- sowie weitestmöglich branchenunabhängig ist. Dazu wurden ergänzend konkretisierende Leitlinien für die Anwendung auf die besonderen Sachverhalte der *extractive activities* bereitgestellt. Einige der zuvor schon erarbeiteten Einzelvorschläge wurden in diesem Konzept wieder aufgegriffen und dabei teils neu priorisiert. Die wichtigsten Kernpunkte dieses Konzepts werden hier noch einmal zusammengefasst:

Es sollten eine einheitliche Definition für Rohstoffreserven in die IFRS aufgenommen und der dazu erforderliche Wirtschaftlichkeitsnachweis verbindlich unter Anwendung der Kriterien zur Nutzenbeurteilung gemäß IAS 38.57 erbracht werden. Öl- und Gasförderer sollten ihre Rohstoffe anhand des PRMS klassifizieren müssen, Mineralunternehmen hingegen verpflichtend das CRIRSCO Template verwenden. Außerdem sollten klassifizierte Rohstoffe aus Objektivierungsgründen grds. von externen Sachverständigen zertifiziert werden. Für die Zwecke der Erfolgsbeurteilung von Rohstoffprojekten, der Periodisierung von Kosten und der Berechnung des erzielbaren Betrags bei Wertminderungstests bedarf es einer einheitlichen Ebene. Statt wie bislang auf die nicht weiter spezifizierten Kostencenter abzustellen, sollte diese Ebene stets diejenige sein, die einer ZGE i. S. v. IAS 36 entspricht. Damit wären zumeist einzelne Vorkommen oder ein gemeinsam erschlossener und eng begrenzter Vorkommenverbund maßgeblich.

Die Ausgaben für sämtliche investiven Upstream-Aktivitäten sollten jeweils separat betrachtet und über deren Ansatz und Bewertung ausnahmslos nach den Vorschriften des Conceptual Framework, IAS 16 und IAS 38 sowie IAS 36 entschieden werden. Sofern für den Ansatz das Kriterium eines wahrscheinlichen Nutzenzuflusses anhand des Erfolgs des Rohstoffprojekts beurteilt wird, was vor allem bei selbsterstelltem immateriellen Vermögen der Fall sein wird, ist ein solcher Nutzenzufluss ab der Feststellung von Reserven ausreichend wahrscheinlich zu erwarten. Vor der Reservenklassifizierung befindet sich ein Rohstoffprojekt noch in der Forschungsphase, wie IAS 38.8 sie definiert. Im Ergebnis entspräche die Bilanzierung gemäß dieses Vorschlags damit einer liberaleren Form des *successful efforts accounting* ohne aktivische Ausgabenabgrenzung.

Für die planmäßige Abschreibung von Vermögenswerten, deren Nutzenverzehr mit der Produktion beginnt und abhängig vom Förderfortschritt verläuft, wird zumeist die leistungsabhängige Methode herangezogen. Um den Nutzenverbrauch möglichst zutreffend abzubilden, sollten als den Berechnungen zugrundezulegende Gesamtleistungsmenge die nachgewiesenen Reserven festgelegt werden, da diese die verlässlichste und damit sicherste Schätzung der insgesamt zu erwartenden Fördermenge darstellen. Zusätzliche Vorschriften zu Ausweis und Anhangangaben würden außerdem wesentlich zur besseren Verständlichkeit der Finanzberichterstattung für die Adressaten beitragen.

Insgesamt könnte durch die Umsetzung des alternativen Bilanzierungsvorschlags eine bessere Entscheidungsnützlichkeit erreicht werden, als es die aktuellen IFRS vermögen. Der Vorschlag steht in

Einklang mit den allgemeinen Ansatz- und Bewertungskonzeptionen der IFRS und verlangt zugleich weniger Ermessensentscheidungen von den Bilanzierern.

Es bleibt abzuwarten, ob und wann beim IASB erneut über die Ablöse des Interimsstandards IFRS 6 beraten wird. Gelegenheit böte das avisierte übergeordnete Forschungsprojekt zu immateriellen Vermögenswerten, vor allem zu Forschung und Entwicklung, in dessen Rahmen die Diskussion zur Bilanzierung der *extractive activities* verortet werden soll. Da indes seit dem Beschluss des IASB zu diesem Projekt selbiges durchgehend den Status „inaktiv" trägt und auch die letzten Agenda Consultations keine Bestrebungen in dieser Richtung erkennen ließen, sind wohl auf absehbare Zeit keine Änderungen zu erwarten. Dass aber eine Überarbeitung dringend geboten ist, zeigen die mitunter gravierenden Mängel der aktuellen Bilanzierungsvorgaben.

Quellenverzeichnis

Verzeichnis der Kommentare und Handbücher zur Bilanzierung

ADLER, HANS/DÜRING, WALTHER/SCHMALTZ, KURT, Rechnungslegung nach Internationalen Standards. Kommentar, Stuttgart 2002 ff. (zitiert: BEARBEITER, in: ADS International).

BAETGE, JÖRG/WOLLMERT, PETER/KIRSCH, HANS-JÜRGEN/OSER, PETER/BISCHOF, STEFAN (Hrsg.), Rechnungslegung nach IFRS. Kommentar auf der Grundlage des deutschen Bilanzrechts, Loseblatt, 2. Aufl., Stuttgart 2003 ff. (Stand: August 2015) (zitiert: BEARBEITER, in: Baetge et al., Rechnungslegung nach IFRS, 2. Aufl.).

BALLWIESER, WOLFGANG/BEINE, FRANK/HAYN, SVEN/PEEMÖLLER, VOLKER H./SCHRUFF, LOTHAR/WEBER, CLAUS-PETER (Hrsg.), Kommentar zu internationalen Rechnungslegung nach IFRS 2009, 5. Aufl., Weinheim 2009 (zitiert: BEARBEITER, in: Wiley Kommentar IFRS 2009, 5. Aufl.).

BUSCHHÜTER, MICHAEL/STRIEGEL, ANDREAS (Hrsg.), Kommentar Internationale Rechnungslegung IFRS, Wiesbaden 2011 (zitiert: BEARBEITER, in: IFRS Kommentar).

DELOITTE (Hrsg.), iGAAP 2015. A guide to IFRS reporting. Volume A Part 2, London 2015 (iGAAP 2015 Bd. A2).

DRIESCH, DIRK/RIESE, JOACHIM/SCHLÜTER, JÖRG/SENGER, THOMAS (Hrsg.), Beck'sches IFRS-Handbuch. Kommentierung der IFRS/IAS, 5. Aufl., München 2016 (zitiert: BEARBEITER, in: Beck IFRS HB, 5. Aufl.).

EY (Hrsg.), International GAAP 2015. Generally Accepted Accounting Principles under International Financial Reporting Standards. Volume 1, Chichester, West Sussex 2015 (International GAAP 2015 Bd. I).

EY (Hrsg.), International GAAP 2015. Generally Accepted Accounting Principles under International Financial Reporting Standards. Volume 2, Chichester, West Sussex 2015 (International GAAP 2015 Bd. II).

HENNRICHS, JOACHIM/KLEINDIEK, DETLEF/WATRIN, CHRISTOPH (Hrsg.), Münchener Kommentar zum Bilanzrecht. Band 1 IFRS, Loseblatt, München 2008 ff. (Stand: September 2014) (zitiert: BEARBEITER, in: MüKo Bilanzrecht Bd. 1).

HEUSER, PAUL J./THEILE, CARSTEN (Hrsg.), IFRS Handbuch. Einzel- und Konzenabschluss, 5. Aufl., Köln 2012 (zitiert: BEARBEITER, in: IFRS Handbuch, 5. Aufl.).

KPMG (Hrsg.), Insights into IFRS. KPMG's practical guide to International Financial Reporting Standards, 11. Aufl., London 2014 (Insights into IFRS).

LÜDENBACH, NORBERT/HOFFMANN, WOLF-DIETER/FREIBERG, JENS (Hrsg.), Haufe IFRS-Kommentar. Das Standardwerk, 13. Aufl., Freiburg 2015 (zitiert: BEARBEITER, in: Haufe IFRS-Kommentar, 13. Aufl.).

PETERSEN, KARL/BANSBACH, FLORIAN/DORNBACH, EIKE, IFRS Praxishandbuch. Ein Leitfaden für die Rechnungslegung mit Fallbeispielen, 10. Aufl., München 2015 (IFRS Praxishandbuch).

PKF (Hrsg.), Interpretation and Application of International Financial Reporting Standards, Hoboken, New Jersey 2015 (Interpretation and Application of IFRS).

PwC (Hrsg.), Manual of accounting. IFRS 2014 – Volume 2, Haywards Heath, West Sussex 2013 (Manual of accounting).

THIELE, STEFAN/KEITZ, ISABEL VON/BRÜCKS, MICHAEL (Hrsg.), Internationales Bilanzrecht. Rechnungslegung nach IFRS. Kommentar, Loseblatt, Bonn 2008 ff. (Stand: Februar 2014) (zitiert: BEARBEITER, in: Thiele/von Keitz/Brücks).

Verzeichnis der Aufsätze, Monographien und sonstigen Fachbeiträge

ABOODY, DAVID, Recognition versus Disclosure in the Oil and Gas Industry, in: Journal of Accounting Research 1996, S. 21-32 (Recognition versus Disclosure).

AGRICOLA, GEORG, Vom Berg- und Hüttenwesen 1556 (Vom Berg- und Hüttenwesen).

ANDERS, GEORG, Zweifel an der Entscheidungsnützlichkeit von IFRS-Abschlüssen. Dringende Reformbedürftigkeit der IFRS, in: PiR 2013, S. 53-57 (Entscheidungsnützlichkeit von IFRS-Abschlüssen).

ANTHONY, ROBERT N., Tell it like it was. A conceptual framework for financial accounting, Homewood, Illinois 1983 (Tell it like it was).

ANTONAKOPOULOS, NADINE, Würdigung der Erfolgsbehandlung nach IFRS anhand der Neubewertung gem. IAS 16, in: PiR 2005, S. 104-109 (Erfolgsbehandlung nach IFRS).

ANTONAKOPOULOS, NADINE, Gewinnkonzeptionen und Erfolgsdarstellung nach IFRS. Analyse der direkt im Eigenkapital erfassten Erfolgsbestandteile, Wiesbaden 2007 (Gewinnkonzeptionen und Erfolgsdarstellung).

AUSIMM (Hrsg.), Field Geologists' Manual, 5. Aufl., Burwood, Victoria 2011 (Field Geologists' Manual).

BACHERT, KRISTIAN, Fair Value Accounting. Implications for Users of Financial Statements, Frankfurt am Main 2012 (Fair Value Accounting).

BACKHAUS, KLAUS, Die Gewinnrealisation bei mehrperiodigen Lieferungen und Leistungen in der Aktienbilanz, in: zfbf 1980, S. 347-360 (Gewinnrealisation).

BACKHAUS, KLAUS, Das Anlagengeschäft im Jahresabschluß. TV-Lehrbrief, Berlin 1988 (Anlagengeschäft im Jahresabschluß).

BAETGE, JÖRG, Möglichkeiten der Objektivierung des Jahreserfolges, Düsseldorf 1970 (Objektivierung des Jahreserfolges).

BAETGE, JÖRG, Verwendung von DCF-Kalkülen bei der Bilanzierung nach IFRS, in: WPg 2009, S. 13-23 (DCF-Kalküle).

BAETGE, JÖRG/BEERMANN, THOMAS, Die Neubewertung des Sachanlagevermögens nach International Accounting Standards (IAS), in: StuB 1999, S. 341-348 (Sachanlagevermögen).

BAETGE, JÖRG/KIRSCH, HANS-JÜRGEN/THIELE, STEFAN, Bilanzen, 13. Aufl., Düsseldorf 2014 (Bilanzen).

BAETGE, JÖRG/THIELE, STEFAN, Gesellschafterschutz versus Gläubigerschutz – Rechenschaft versus Kapitalerhaltung. Zu den Zwecken des deutschen Einzelabschlusses vor dem Hintergrund der internationalen Harmonisierung, in: Handelsbilanzen und Steuerbilanzen, hrsg. v. Budde, Wolfgang Dieter/Moxter, Adolf/Offerhaus, Klaus, Düsseldorf 1997, S. 11-24 (Gesellschafterschutz versus Gläubigerschutz).

BAKER, C. RICHARD, Defects in Full-Cost Accounting in the Petroleum Industry, in: Abacus 1976, S. 152-158 (Defects in Full-Cost Accounting).

BALLWIESER, WOLFGANG, Ergebnisse der Informationsökonomie zur Informationsfunktion der Rechnungslegung, in: Information und Produktion. Festschrift zum 60. Geburtstag von Prof. Dr. Waldemar Wittmann, hrsg. v. Stöppler, Siegmar, Stuttgart 1985, S. 21-40 (Informationsfunktion der Rechnungslegung).

BALLWIESER, WOLFGANG, Informations-GoB – auch im Lichte von IAS und US-GAAP, in: KoR 2002, S. 115-121 (Informations-GoB).

BARCKOW, ANDREAS, IASB-Entwurf für ein neues Rahmenkonzept – wie neu ist neu?, in: BB 2015, S. I (Neues Rahmenkonzept).

BARTELHEIMER, JÖRN/KÜCKELHAUS, MARCUS/WOHLTHAT, ANDREAS, Auswirkungen des Impairment of Assets auf die interne Steuerung, in: ZfCM Sonderheft 2 2004, S. 22-30 (Impairment of Assets).

BAXTER, WILLIAM, Costs or assets? The pending choice. Looking at transactions is no way to solve many of the probems the ASB is facing, in: Accountancy 1996, S. 76 (Costs or assets?).

BDO (Hrsg.), IFRS in practice. An overview of IFRS 6 Exploration for and Evaluation of Mineral Resources, verfügbar unter: https://www.bdo.global/getattachment/Services/Audit-Assurance/IFRS/IFRS-in-Practice/An-overview-of-IFRS-6-Exploration-for-and-Evaluation-of-Mineral-Resources.pdf.aspx?lang=en-GB (Stand: 10.10.2016) (An overview of IFRS 6).

BECKMANN, MARTIN, Umweltschutz und Öffentlichkeitsbeteiligung im Bergrecht, in: NuR 2015, S. 152-160 (Umweltschutz und Öffentlichkeitsbeteiligung im Bergrecht).

BEHRENDT-GEISLER, ANNEKE/WEIßENBERGER, BARBARA E., Branchentypische Aktivierung von Entwicklungskosten nach IAS 38. Eine empirische Analyse von Aktivierungsmodellen, in: KoR 2012, S. 56-66 (Entwicklungskosten).

BEINSEN, BIRGIT/WAGENHOFER, ALFRED, Das ambivalente Verhältnis des IASB zum Vorsichtsprinzip, in: IRZ 2013, S. 413-419 (IASB zum Vorsichtsprinzip).

Berry, Kevin T./Wright, Charlotte J., The Value Relevance of Oil and Gas Disclosures: An Assessment of the Market's Perception of Firms' Effort and Ability to Discover Reserves, in: Journal of Business Finance & Accounting 2001, S. 741-769 (Value Relevance of Oil and Gas Disclosures).

Beyhs, Oliver, Impairment of Assets nach International Accounting Standards. Anwendungshinweise und Zweckmäßigkeitsanalyse, Frankfurt am Main 2002 (Impairment of Assets).

Bieker, Marcus, Ende des Bilanzierungschaos in Sicht? Stellungnahme zum IASB-Diskussionspapier "Fair Value Measurements" (Teil I), in: PiR 2007, S. 91-97 (IASB-Diskussionspapier "Fair Value Measurements" Teil I).

Bieker, Marcus, Ende des Bilanzierungschaos in Sicht? Stellungnahme zum IASB-Diskussionspapier "Fair Value Measurements" (Teil II), in: PiR 2007, S. 132-138 (IASB-Diskussionspapier "Fair Value Measurements" Teil II).

Bierman, Harold/Dukes, Roland/Dyckman, Thomas, Financial Accounting in the Petroleum Industry, in: Journal of Accountancy 1974, S. 58-64 (Financial Accounting in the Petroleum Industry).

Binger, Marc, Der Ansatz von Rückstellungen nach HGB und IFRS im Vergleich. Regelungsschärfe, Zweckadäquanz sowie Eignung für die Steuerbilanz, Wiesbaden 2009 (Ansatz von Rückstellungen).

Böckli, Peter, Neue OR-Rechnungslegung, Zürich/Basel/Genf 2014 (Rechnungslegung).

Brandt, Eva, Bilanzierung pharmazeutischer FuE-Projekte nach IFRS, Lohmar/Köln 2010 (Pharmazeutische FuE-Projekte).

Brock, Horace R./Carnes, Martha Z./Justice, Randol, Petroleum Accounting. Principles, Procedures, & Issues, 6. Aufl., Denton, Texas 2007 (Petroleum Accounting).

Brockhaus (Hrsg.), Brockhaus. Enzyklopädie in 30 Bänden (Band 1), 21. Aufl., Leipzig/Mannheim 2006 (Brockhaus Enzyklopädie Bd. 1).

Brockhaus (Hrsg.), Brockhaus. Enzyklopädie in 30 Bänden (Band 11), 21. Aufl., Leipzig/Mannheim 2006 (Brockhaus Enzyklopädie Bd. 11).

Brooks, Mike, Mystery of the disappearing reserves. The 'reserves' problem highlighted at Shell is more than a slight disagreement between oil industry anoraks, in: Accountancy Magazine 2005, S. 94-95 (Mystery of the disappearing reserves).

Brooks, Mike, IFRS 6: Where Next?, in: Accountancy Magazine 2008, S. 116-117 (IFRS 6).

Brown, Joan, Fixing the asset and liability definitions – but only the bits that are broken, in: IRZ 2014, S. 423-426 (Asset and liability definitions).

BRÜCKS, MICHAEL/DUHR, ANDREAS, Bilanzierung von Contingent Assets und Contingent Liabilities: Beispielhafte Würdigung der aktuellen Überlegungen von IASB und FASB, in: KoR 2006, S. 243-251 (Contingent Assets).

BRYANT, LISA, Relative Value Relevance of the Successful Efforts and Full Cost Accounting Methods in the Oil and Gas Industry, in: Review of Accounting Studies 2003, S. 5-28 (Relative Value Relevance).

BUSCH, JULIA/BOECKER, CORINNA, ED/2015/3: Conceptual Framework for Financial Reporting – ein erster Überblick zur vorgeschlagenen Neufassung, in: IRZ 2015, S. 270-272 (Framework Neufassung).

BUSCH, JULIA/ZWIRNER, CHRISTIAN, Planmäßige Abschreibung materieller und immaterieller Vermögenswerte. Änderungen von IAS 16 und IAS 38, in: IRZ 2014, S. 415-418 (Planmäßige Abschreibung).

CAIRNS, DAVID, IASB. Extractive Industries, in: Accountancy Magazine 2010, S. 63 (Extractive Industries).

CASTEDELLO, MARC, Fair Value Measurement. Der neue Exposure Draft 2009/5, in: WPg 2009, S. 914-917 (Fair Value Measurement).

CASTEDELLO, MARC/KLINGBEIL, CHRISTIAN, IFRS 13: Anwendungsfragen bei nicht-finanziellen Vermögenswerten in der Praxis, in: WPg 2012, S. 482-488 (IFRS 13: Anwendungsfragen).

CHRISTENSEN, JOHN, Conceptual frameworks of accounting from an information perspective, in: Accounting and Business Research 2010, S. 287-299 (Conceptual frameworks of accounting).

CHUNG, KWANG-HYUN/GHICAS, DIMITRIOS/PASTENA, VICTOR, Lenders' Use of Accounting Information in the Oil and Gas Industry, in: The Accounting Review 1993, S. 885-895 (Accounting Information in the Oil and Gas Industry).

COENENBERG, ADOLF G./HALLER, AXEL/SCHULTZE, WOLFGANG, Jahresabschluss und Jahresabschlussanalyse. Betriebswirtschaftliche, handelsrechtliche, steuerrechtliche und internationale Grundlagen – HGB, IAS/IFRS, US-GAAP, DRS, 23. Aufl., Stuttgart 2014 (Jahresabschluss und Jahresabschlussanalyse).

COENENBERG, ADOLF G./STRAUB, BARBARA, Rechenschaft versus Entscheidungsunterstützung: Harmonie oder Disharmonie der Rechnungszwecke?, in: KoR 2008, S. 17-26 (Rechenschaft versus Entscheidungsunterstützung).

COLLINS, DANIEL W./DENT, WARREN T., The Proposed Elimination of Full Cost Accounting in the Extractive Petroleum Industry. An Empirical Assessment of the Market Consequences, in: Journal of Accounting and Economics 1979, S. 3-44 (Elimination of Full Cost Accounting).

CONNOR, JOSEPH E., Reserve Recognition Accounting: Fact or Fiction? A study concludes that the SEC should not require publication of RRA data at this time, in: The Journal of Accountancy 1979, S. 92-99 (Reserve Recognition Accounting).

COOPER, KERRY/FLORY, STEVEN M./GROSSMAN, STEVEN D./GROTH, JOHN C., Reserve Recognition Accounting: A Proposed Disclosure Framework. The SEC's rules for placing a dollar tag on oil and gas reserves may mislead financial statement users, in: The Journal of Accountancy 1979, S. 82-91 (Reserve Recognition Accounting).

COOPER, STEVE, A tale of 'prudence', verfügbar unter: http://www.ifrs.org/Investor-resources/Investor-perspectives-2/Documents/Prudence_Investor-Perspective_Conceptual-FW.PDF (Stand: 10.10.2016) (Prudence).

CORTESE, CORINNE L./IRVINE, HELEN J./KAIDONIS, MARY A., Extractive industries accounting and economic consequences. Past, present and future, in: Accounting Forum 2009, S. 27-37 (Extractive industries accounting and economic consequences).

CORTESE, CORINNE L./IRVINE, HELEN J./KAIDONIS, MARY A., Powerful players: How constituents captured the setting of IFRS 6, an accounting standard for the extractive industries, in: Accounting Forum 2010, S. 76-88 (Powerful players).

CRASWELL, A. T./TAYLOR, S. L., Discretionary disclosure of reserves by oil and gas companies: An economic analysis, in: Journal of Business Finance & Accounting 1992, S. 295-308 (Discretionary disclosure of reserves).

DAVIES, MIKE/PATERSON, RON/WILSON, ALLISTER, UK GAAP. Generally Accepted Accounting Practice in the United Kingdom, 5. Aufl., London 1997 (UK GAAP).

DEAKIN, EDWARD B., An Analysis of Differences Between Non-major Oil Firms Using Successful Efforts and Full Cost Methods, in: The Accounting Review 1979, S. 722-734 (Successful Efforts and Full Cost Methods).

DEHMEL, INGA, Aktuelle Entwicklungen bei den Definitions- und Ansatzkriterien für Vermögenswerte im Conceptual-Framework-Projekt des IASB, in: BB 2015, S. 1770-1775 (Definitions- und Ansatzkriterien).

DENK, CHRISTOPH/FELDBAUER-DURSTMÜLLER, BIRGIT/MITTER, CHRISTINE/WOLFSGRUBER, HORST, Externe Unternehmensrechnung. Handbuch für Studium und Bilanzierungspraxis, 4. Aufl., Wien 2010 (Externe Unternehmensrechnung).

DEUTSCHE BANK (Hrsg.), Oil & Gas for Beginners, verfügbar unter: http://www.wallstreetoasis.com/files/DEUTSCHEBANK-AGUIDETOTHEOIL%EF%BC%86GASINDUSTRY-130125.pdf (Stand: 10.10.2016) (Oil & Gas for Beginners).

DICHEV, ILIA D., On the Balance Sheet-Based Model of Financial Reporting, in: Accounting Horizons 2008, S. 453-470 (Balance Sheet-Based Model).

DINH, TAMI/SEITZ, BARBARA, „Vorsicht" in den IFRS am Beispiel von IFRS 9, in: IRZ 2015, S. 145-150 (Vorsicht in den IFRS).

DISTELRATH, GUSTAV, Die steuerliche Behandlung des Abraums. Ein Diskussionsbeitrag zu dem Aufsatz von Konzernbetriebsprüfer Wilhelm Heberer in Heft 11/1963 S. 292, in: StBp 1964, S. 207-210 (Behandlung des Abraums).

DOBLER, MICHAEL/HETTICH, SILVIA, Geplante Änderungen der Rahmenkonzepte von IASB und FASB. Konzeption, Vergleich, Würdigung, in: IRZ 2007, S. 29-36 (Änderungen der Rahmenkonzepte).

DORAN, B. MICHAEL/COLLINS, DANIEL W./DHALIWAL, DAN S., The Information of Historical Cost Earnings Relative to Supplemental Reserve-Based Accounting Data in the Extractive Petroleum Industry, in: The Accounting Review 1988, S. 389-413 (Extractive Petroleum Industry).

DUNEKA, DIETER/DRÖSSER, CHRISTOPH, Die Enden sind nah, verfügbar unter: http://images.zeit.de/wissen/2015-06/ressourcen-rohstoffe.pdf (Stand: 10.10.2016) (Die Enden sind nah).

ENGEL-CIRIC, DEJAN, Einschränkung der Aussagekraft des Jahresabschlusses nach IAS durch bilanzpolitische Spielräume, in: DStR 2002, S. 780-784 (Aussagekraft des Jahresabschlusses).

ENGEL-CIRIC, DEJAN, Bilanzierung des Sachanlagevermögens nach dem Komponentenansatz (IAS 16). Unterschiede zur HGB-Rechnungslegung, in: BC 2005, S. 25-30 (Komponentenansatz).

ERB, CARSTEN/PELGER, CHRISTOPH, Auf dem Weg zum neuen Rahmenkonzept der IFRS-Rechnungslegung. Darstellung und Würdigung des Diskussionspapiers DP/2013/1 des IASB, in: KoR 2013, S. 517-524 (Neues Rahmenkonzept der IFRS-Rechnungslegung).

ERB, CARSTEN/PELGER, CHRISTOPH, Potenzielle Praxisimplikationen des Diskussionspapiers zum künftigen IFRS-Rahmenkonzept, in: IRZ 2014, S. 21-25 (Künftiges IFRS-Rahmenkonzept).

ERB, CARSTEN/PELGER, CHRISTOPH, Potenzielle Praxisimplikationen des Entwurfs zum künftigen IFRS-Rahmenkonzept, in: IRZ 2015, S. 337-341 (IFRS-Rahmenkonzept).

ESSER, MAIK/HACKENBERGER, JENS, Bilanzierung immaterieller Vermögenswerte des Anlagevermögens nach IFRS und US-GAAP, in: KoR 2004, S. 402-414 (Immaterielle Vermögenswerte).

EVANS, ANTHONY M., An Introduction to Economic Geology and Its Environmental Impact, Oxford 1997 (Economic Geology).

EWERT, RALF, Rechnungslegung, Gläubigerschutz und Agency-Probleme, Wiesbaden 1986 (Rechnungslegung, Gläubigerschutz und Agency-Probleme).

EY (Hrsg.), US GAAP vs. IFRS. The basics: Oil and gas, verfügbar unter: http://www.ey.com/publication/vwluassetsdld/ifrsbasics_bb1757_oilandgas_may2009/$file/ifrsbasics_bb1757_oilandgas_may2009.pdf?OpenElement (Stand: 10.10.2016) (US GAAP vs. IFRS: Oil and gas).

EY (Hrsg.), IASB discussion paper on extractive activities, verfügbar unter: http://www.ey.com/Publication/vwLUAssets/Supplement_69/$FILE/Supplement_69_GL_IFRS.pdf (Stand: 10.10.2016) (IASB discussion paper on extractive activities).

EY (Hrsg.), Accounting for waste removal costs. A summary of IFRIC Interpretation 20, verfügbar unter: http://www.ey.com/Publication/vwLUAssets/IFRS_October_2011/$FILE/IFRS-Developments-for-Mining-Metals-Accounting-for-waste-removal-costs.pdf (Stand: 10.10.2016) (Waste removal costs).

FAMA, EUGENE F., Agency Problems and the Theory of the Firm, in: Journal of Political Economy 1980, S. 288-307 (Agency Problems).

FAMA, EUGENE F./JENSEN, MICHAEL C., Separation of Ownership and Control, in: Journal of Law and Economics 1983, S. 301-325 (Separation of Ownership and Control).

FEESS, EBERHARD/SEELIGER, ANDREAS, Umweltökonomie und Umweltpolitik, 4. Aufl., München 2013 (Umweltökonomie).

FETTWEIS, GÜNTER B., Weltkohlenvorräte. Eine vergleichende Analyse ihrer Erfassung und Bewertung, Essen 1976 (Weltkohlenvorräte).

FETTWEIS, GÜNTER B., Der Produktionsfaktor Lagerstätte, in: Bergwirtschaft. Band I. Die elementaren Produktionsfaktoren des Bergbaubetriebs, hrsg. v. von Wahl, Siegfried, Essen 1990, S. 1-148 (Produktionsfaktor Lagerstätte).

FISCHER, DANIEL T., Der Standardentwurf "Fair Value Measurement" (ED/2009/5), in: PiR 2009, S. 341-342 (Fair Value Measurement).

FISCHER, DANIEL T., Das Diskussionspapier "Extractive Activities" (DP/2010/1), in: PiR 2010, S. 140-142 (Diskussionspapier Extractive Activities).

FISCHER, DANIEL T., IFRIC Interpretation 20 – Stripping Costs in the Production Phase of a Surface Mine, in: PiR 2012, S. 26-27 (Stripping Costs).

FISCHER, DANIEL T., Entwurf eines neugefassten Rahmenkonzepts (ED/2015/3), in: PiR 2015, S. 224-226 (Neugefasstes Rahmenkonzept).

FLEMING, COLIN, Extracting accounting sense, in: Accountancy Magazine 2005, S. 78-79 (Extracting accounting sense).

FLORY, STEVEN M./GROSSMAN, STEVEN D., New Oil And Gas Accounting Requirements, in: The CPA Journal 1978, S. 39-43 (New Oil And Gas Accounting Requirements).

FOCKEN, ELKE/SCHAEFER, WIEBKE, Umstellung der Bilanzierung des Sachanlagevermögens auf IAS/IFRS – ein Praxisbeispiel, in: BB 2004, S. 2343-2349 (Bilanzierung des Sachanlagevermögens).

FONTANA, MARCO/HANDSCHIN, LUKAS, Ausweis stiller Reserven in der Erfolgsrechnung. Neuerungen im allgemeinen Rechnungslegungsrecht, in: ST 2014, S. 650-657 (Stille Reserven).

FREIBERG, JENS, Der Niederstwert bei Vorräten, in: PiR 2005, S. 62-63 (Der Niederstwert bei Vorräten).

FRENCH, GREGORY ALAN, Der Tiefseebergbau, Köln 1990 (Der Tiefseebergbau).

GALLASCH, FLORIAN, Die Bilanzierung von Versicherungsverträgen nach IFRS 4 Phase II. Das Bewertungsmodell für Erst- und passive Rückversicherungsverträge im Schaden- und Unfallbereich, Lohmar 2014 (Die Bilanzierung von Versicherungsverträgen).

GASSEN, JOACHIM/FISCHKIN, MICHAEL/HILL, VERENA, Das Rahmenkonzept-Projekt des IASB und des FASB: Eine normendeskriptive Analyse des aktuellen Stands, in: WPg 2008, S. 874-882 (Rahmenkonzept-Projekt).

GEBHARDT, GÜNTHER/DEAN, GRAEME, Commentary on Siena Open Forum: Conceptual Framework, in: Abacus 2008, S. 217-224 (Conceptual Framework).

GELLEIN, OSCAR S., Cost Allocation: Some Neglected Issues, in: Corporate Accounting 1984, S. 40-46 (Cost Allocation).

GERBAULET, CHRISTIAN, Reporting Comprehensive Income. Die Bestrebungen des FASB, des ASB sowie des IASC, Wiesbaden 1999 (Reporting Comprehensive Income).

GHICAS, DIMITRIOS/PASTENA, VICTOR, The acquisition value of oil and gas firms: The role of historical costs, reserve recognition accounting, and analysts' appraisals, in: Contemporary Accounting Research 1989, S. 125-142 (Acquisition value of oil and gas firms).

GILARDI, FABRIZIO/BRAUN, DIETMAR, Delegation aus der Sicht der Prinzipal-Agent-Theorie, in: Politische Vierteljahresschrift 2002, S. 147-161 (Prinzipal-Agent-Theorie).

GOCHT, WERNER, Wirtschaftsgeologie und Rohstoffpolitik, 2. Aufl., Berlin/Heidelberg 1983 (Wirtschaftsgeologie und Rohstoffpolitik).

GRÄFER, HORST/SCHNEIDER, GEORG, Rechnungslegung. Bilanzierung und Bewertung nach HGB/IFRS, 4. Aufl., Herne 2009 (Rechnungslegung).

GRAUMANN, MATHIAS, Bilanzierung der Sachanlagen nach IAS. Ansatz und Zugangsbewertung, in: StuB 2004, S. 709-717 (Sachanlagen nach IAS).

GROßE, JAN-VELTEN, IFRS 13 "Fair Value Measurement" – Was sich (nicht) ändert, in: KoR 2011, S. 286-296 (Fair Value Measurement).

GUESNERIE, ROGER/LAFFONT, JEAN-JACQUES, A complete solution to a class of principal-agent problems with an application to the control of a self-managed firm, in: Journal of Public Economics 1984, S. 329-369 (Principal-agent problems).

HACHMEISTER, DIRK/LAMPENIUS, NIKLAS, Fair Value oder Anschaffungskosten: Auch eine Frage der angemessenen Abbildung von Risiken in der Rechnungslegung, in: zfbf Sonderheft 2013, S. 123-154 (Fair Value oder Anschaffungskosten).

HALBACH, PETER E./JAHN, ANDREAS, Metalle aus der Tiefsee – aussichtsreiche Option oder Illusion, in: Schiff & Hafen 2015, S. 36-40 (Metalle aus der Tiefsee).

HALLER, AXEL, Die Grundlagen der externen Rechnungslegung in den USA. Unter besonderer Berücksichtigung der rechtlichen, institutionellen und theoretischen Rahmenbedingungen, Stuttgart 1989 (Externe Rechnungslegung in den USA).

HEBERER, WILHELM, Die steuerliche Behandlung des Abraums, in: StBp 1963, S. 292-296 (Behandlung des Abraums).

HEBERER, WILHELM, Nochmals: Die steuerliche Behandlung des Abraums. Eine Erwiderung zum Diskussionsbeitrag von StR Distelrath in Heft 8/1964 S. 207 ff., in: StBp 1965, S. 126-129 (Nochmals Behandlung des Abraums).

HENSELMANN, KLAUS/ROOS, BENJAMIN, Bilanzierung von Vorräten nach IFRS. Eine Fallstudie zur Anwendung von IAS 2, in: KoR 2007, S. 496-501 (Bilanzierung von Vorräten nach IFRS).

HEPERS, LARS, Entscheidungsnützlichkeit der Bilanzierung von Intangible Assets in den IFRS, Lohmar/Köln 2005 (Intangible Assets).

HESEMANN, JULIUS/PIETZNER, HORST/PROKOP, FRIEDRICH W./SAGHEER, MOHAMMAD/SCHRÖDER, GERD/STADLER, GERHARD/STRECK, WILLIBALD/TSCHOEPKE, RUDOLF W./VOGLER, HERMANN/ WALTHER, HANSJUST W./WERNER, HANS, Untersuchung und Bewertung von Lagerstätten der Erze, nutzbarer Minerale und Gesteine. Vademecum 1, 2. Aufl., Krefeld 1981 (Vademecum 1).

HINZ, MICHAEL, Sachverhaltsgestaltungen im Rahmen der Jahresabschlußpolitik, Düsseldorf 1994 (Sachverhaltsgestaltungen).

HIRTE, ERICH, Ausgewählte Bilanzierungsfragen im Braunkohlenbergbau nach neuem Handelsrecht, in: Braunkohle, Tagebautechnik: Energieversorgung, Kohlenveredelung 1988, S. 239-247 (Bilanzierungsfragen im Braunkohlenbergbau).

HITZ, JÖRG-MARKUS/ZACHOW, JANNIS, Vereinheitlichung des Wertmaßstabs „beizulegender Zeitwert“ durch IFRS 13 „Fair Value Measurement“, in: WPg 2011, S. 964-972 (Fair Value Measurement).

HOFFMANN, SEBASTIAN/DETZEN, DOMINIC, Das Joint Conceptual Framework von IASB und FASB. Praktische Implikationen aus dem Abschluss der Phase A für kapitalmarktorientierte Unternehmen, in: KoR 2012, S. 53-55 (Joint Conceptual Framework).

HOFFMANN, WOLF-DIETER, Verlustfreie Bewertung von Vorratsvermögen, in: PiR 2014, S. 260 (Verlustfreie Bewertung von Vorratsvermögen).

HOFFMANN, WOLF-DIETER/LÜDENBACH, NORBERT, Praxisprobleme der Neubewertungskonzeption nach IAS, in: DStR 2003, S. 565-570 (Neubewertungskonzeption).

IASB (Hrsg.), Exploration and evaluation activities. Project Updates, in: IASB Insight October 2003, S. 8 (E&E activities).

IASB (Hrsg.), Getting ready for 2005. IASB outlines standards to be applicable for 2005, in: IASB Insight January 2003, S. 1 (Getting ready for 2005).

IJIRI, YUJI/JAEDICKE, ROBERT K., Reliability and Objectivity of Accounting Measurements, in: Accounting Review 1966, S. 474-483 (Reliability and Objectivity).

INKPEN, ANDREW/MOFFETT, MICHAEL H., The Global Oil & Gas Industry. Management, Strategy & Finance, Tulsa, Oklahoma 2011 (The Global Oil & Gas Industry).

JENISCH, UWE, Tiefseebergbau in der vorkommerziellen Phase, in: Schiff & Hafen 2014, S. 36-39 (Tiefseebergbau in der vorkommerziellen Phase).

JENSEN, MICHAEL C./MECKLING, WILLIAM H., Theory of the Firm: Managerial Behavior, Agency Costs and Ownership Structure, in: Journal of Financial Economics 1976, S. 305-360 (Theory of the Firm).

JOHNSON, L. TODD, The unit of account issue, verfügbar unter: http://fasri.net/wp-content/uploads/2009/12/Johnson-2007-Unit-of-Acct-Paper.pdf (Stand: 10.10.2016) (Unit of account).

JOHNSON, ROBERT T., Full-Cost vs. Conventional Accounting in the Petroleum Industry, in: The CPA Journal 1972, S. 479-484 (Full-Cost vs. Conventional Accounting).

JUNG, ALWIN, Erfolgsrealisation im industriellen Anlagengeschäft, Frankfurt am Main 1990 (Industrielles Anlagengeschäft).

KAMPMANN, HELGA/SCHWEDLER, KRISTINA, Zum Entwurf eines gemeinsamen Rahmenkonzepts von FASB und IASB. Rechnungslegungsziele und qualitative Anforderungen, in: KoR 2006, S. 521-530 (Gemeinsames Rahmenkonzept).

KEAREY, PHILIP/BROOKS, MICHAEL/HILL, IAN, An Introduction to Geophysical Exploration, 3. Aufl., Padstow, Cornwall 2002 (Geophysical Exploration).

KELTER, DIETMAR, Die UN Rahmen-Vorratsklassifikation. Statusbericht, in: Klassifikation von Lagerstättenvorräten. Stand der internationalen Bemühungen 1997, hrsg. v. GDMB, Clausthal-Zellerfeld 1997, S. 21-30 (UN Rahmen-Vorratsklassifikation).

KIRSCH, HANNO, Exposure Draft des Conceptual Frameworks für Phase A. Zielsetzung der Finanzberichterstattung und qualitative Anforderungen an die Rechnungslegung, in: DStZ 2008, S. 511-517 (Exposure Draft des Conceptual Frameworks).

KIRSCH, HANNO, Conceptual Framework für Phase A. Zielsetzung der Finanzberichterstattung und qualitative Anforderungen an die Rechnungslegung, in: DStZ 2011, S. 26-35 (Conceptual Framework).

KIRSCH, HANS-JÜRGEN/KOELEN, PETER/KÖHLING, KATHRIN, Möglichkeiten und Grenzen des management approach. Eine Analyse unter besonderer Berücksichtigung des Nutzungswerts des IAS 36, in: KoR 2010, S. 200-207 (Möglichkeiten und Grenzen des management approach).

KIRSCH, HANS-JÜRGEN/SCHOO, LENA/KRAFT, ARIANE, Das Discussion Paper zum Conceptual Framework des IASB. Ein Überblick über Inhalte und Neuerungen, in: WPg 2014, S. 301-310 (Discussion Paper zum Conceptual Framework).

KJÄRSTAD, JAN/JOHNSSON, FILIP, Resources and future supply of oil, in: Energy Policy 2009, S. 441-464 (Resources and future supply of oil).

KLAHOLZ, THOMAS, Rückbau- und Wiederherstellungsverpflichtungen im IFRS-Abschluss, Düsseldorf 2005 (Rückbau- und Wiederherstellungsverpflichtungen).

KLEINMANNS, HERMANN, Die „offene Gesellschaft der IFRS-Interpreten“. Über Akteure, Kompetenzen und Bindungswirkungen beim Fehlen ausdrücklich zutreffender IFRS, in: DB 2014, S. 1325-1333 (IFRS-Interpreten).

KLINGSTEDT, JOHN P., Effects of Full Costing in the Petroleum Industry, in: Financial Analysts Journal 1970, S. 79-86 (Effects of Full Costing).

KNORR, LIESEL/EBBERS, GABI, IASC Individual Accounts, in: Transnational Accounting. TRANS-ACC, hrsg. v. Ordelheide, Dieter/KPMG, 2. Aufl., Basingstoke, Hampshire 2001, S. 1451-1559 (Individual Accounts).

KOELEN, PETER, Investitionstheoretische Bewertungskalküle in der IFRS-Rechnungslegung. Möglichkeiten und Grenzen einer unternehmenswertorientierten Berichterstattung, Lohmar/Köln 2009 (Investitionstheoretische Bewertungskalküle).

KPMG (Hrsg.), First Impressions: IFRS 6 Exploration for and Evaluation of Mineral Resources. International Financial Reporting Standards, verfügbar unter: https://www.kpmg.com/CN/en/IssuesAndInsights/ArticlesPublications/Newsletters/First-Impressions/Documents/First-Impressions-O-0506.pdf (Stand: 10.10.2016) (First Impressions: IFRS 6).

KPMG (Hrsg.), The Application of IFRS: Oil and Gas. Executive Summary, verfügbar unter: https://www.kpmg.com/dutchcaribbean/en/IssuesAndInsights/ArticlesAndPublications/Documents/ifrs-in-brief/links/the-application-of-ifrs-oil-and-gas.pdf (Stand: 10.10.2016) (Oil and Gas 2008).

KPMG (Hrsg.), The Application of IFRS: Mining. Executive Summary, verfügbar unter: https://www.kpmg.com/Global/en/IssuesAndInsights/ArticlesPublications/ILine-of-Business-publications/Documents/IFRS-application-mining-Sep-2009.pdf (Stand: 10.10.2016) (Mining 2009).

KPMG (Hrsg.), New on the Horizon: Production stripping costs, verfügbar unter: https://www.kpmg.com/CN/en/IssuesAndInsights/ArticlesPublications/Documents/Production-stripping-costs-O-201009.pdf (Stand: 10.10.2016) (Horizon: Production stripping costs).

KPMG (Hrsg.), First Impressions: Production stripping costs, verfügbar unter: https://www.kpmg.com/CN/en/IssuesAndInsights/ArticlesPublications/Newsletters/First-Impressions/Documents/First-Impressions-O-1110-Production-stripping-costs.pdf (Stand: 10.10.2016) (Production stripping costs).

KPMG (Hrsg.), Impact of IFRS: Oil and Gas, verfügbar unter: https://www.kpmg.com/Global/en/IssuesAndInsights/ArticlesPublications/ILine-of-Business-publications/Documents/Impact-of-IFRS-oil-and-gas.pdf (Stand: 10.10.2016) (Oil and Gas).

KPMG (Hrsg.), IFRS aktuell. Neuerungen bis 2012: IFRS 10, 11, 12 und 13, Änderungen in IFRS 1, 7 und 9 sowie IAS 1, 12, 19, 28 und 32, Annual Imrpovements 2011 sowie IFRIC 20, 5. Aufl., Stuttgart 2012 (IFRS aktuell).

KPMG (Hrsg.), Mining Financial Reporting Survey 2012, verfügbar unter: http://www.kpmg.com/Ca/en/IssuesAndInsights/ArticlesPublications/Documents/Mining-Financial-Report-Survey-2012-Compressed7.pdf (Stand: 10.10.2016) (Mining 2012).

KPMG (Hrsg.), Accounting in the Oil & Gas Industry, verfügbar unter: https://www.kpmg.com/CY/en/IssuesAndInsights/ArticlesAndPublications/Documents/Publication/E-ACCOUNTING-IN-THE-OIL-AND-GAS-INDUSTRY.pdf (Stand: 10.10.2016) (Accounting in the Oil & Gas Industry).

KPMG (Hrsg.), Mining Financial Reporting Survey 2014, verfügbar unter: https://www.kpmg.com/Ca/en/IssuesAndInsights/ArticlesPublications/Documents/kpmg-mining-financial-reporting-survey-2014.pdf (Stand: 10.10.2016) (Mining 2014).

KRÄMER, GÜNTHER, Rückstellungen für Abraumbeseitigung und ihre Bedeutung für den Braunkohlenbergbau, in: BFuP 1987, S. 348-360 (Abraumbeseitigung).

KÜMPEL, KATHARINA/OLDEWURTEL, CHRISTOPH/WOLZ, MATTHIAS, Der fair value in den IFRS. Das Problem einer systeminhärenten Sackgasse, in: PiR 2012, S. 103-109 (Fair value in den IFRS).

KÜMPEL, THOMAS, Vorratsbewertung und Auftragsfertigung nach IFRS. Grundlagen, Bewertungsverfahren und Folgebewertung, München 2005 (Vorratsbewertung).

KÜMPEL, THOMAS, Abwertungskonzeption beim Vorratsvermögen im IFRS-Regelwerk: Nettoveräußerungswert und Roh-, Hilfs- und Betriebsstoffe, in: IRZ 2012, S. 69-74 (Abwertungskonzeption beim Vorratsvermögen).

KUßMAUL, HEINZ/WEILER, DENNIS, Fair-Value-Bewertung im Licht aktueller Entwicklungen (Teil 1), in: KoR 2009, S. 163-171 (Fair-Value-Bewertung).

KÜTING, KARLHEINZ, Stille Reserven in der Diskussion, in: StuB 1999, S. 761-764 (Stille Reserven).

KÜTING, KARLHEINZ, Stille Reserven (II). Theoretisch umstritten – Praktisch relevant – Zukünftig noch existent?, in: BuW 2000, S. 433-442 (Stille Reserven (II)).

KÜTING, KARLHEINZ, Der Objektivierungsgrundsatz im HGB- und IFRS-System. Eine vergleichende Darstellung und Würdigung, in: DB 2011, S. 1404-1410 (Objektivierungsgrundsatz).

KÜTING, KARLHEINZ/HARTH, HANS-JÖRG, Herstellungskosten von Inventories und Self-Constructed Assets nach IAS und US-GAAP (Teil I). Vergleich zu den Vorschriften des HGB, in: BB 1999, S. 2343-2347 (Herstellungskosten Teil I).

KÜTING, KARLHEINZ/LAUER, PETER, Die Jahresabschlusszwecke nach HGB und IFRS – Polarität oder Konvergenz? Zugleich eine Würdigung von Wolfgang Stützel, in: DB 2011, S. 1985-1991 (Jahresabschlusszwecke).

KÜTING, KARLHEINZ/LAUER, PETER, Die Bedeutung des Anschaffungskostenprinzips und die Folgen seiner Durchbrechung, in: DB 2013, S. 1185-1191 (Bedeutung des Anschaffungskostenprinzips).

LACHMANN, MAIK/KÜMPEL, KATHARINA/HAGEN, JONAS, Eine kritische Analyse der internationalen Konzernrechnungslegung nach IFRS 10-12 vor dem Hintergrund der Ziele des IFRS-Framework, in: KoR 2013, S. 573-580 (Ziele des IFRS-Framework).

LAUER, PETER, Fair-Value-Bewertung von Schulden. Anlässe, Konzeption und kritische Würdigung der Bewertung von Schulden nach IFRS 13, Berlin 2014 (Fair-Value-Bewertung).

LECHNER, HELMFRIED/SAMES, C.-W./WELLMER, F.-W., Mineralische Rohstoffe im Wandel, Essen 1987 (Mineralische Rohstoffe).

LECHNER, HELMFRIED/SAMES, WOLFGANG, Explorationsförderung 1982 – eine Bilanz, in: METALL 1983, S. 1235-1239 (Explorationsförderung).

LEFFSON, ULRICH, Die Grundsätze ordnungsmäßiger Buchführung, 7. Aufl., Düsseldorf 1987 (Grundsätze ordnungsmäßiger Buchführung).

LENNARD, ANDREW, Stewardship and the Objectives of Financial Statements: A Comment on IASB's Preliminary Views on an Improved Conceptual Framework for Financial Reporting: The Objective of Financial Reporting and Qualitative Characteristics of Decision-Useful Financial Reporting Information, in: Accounting in Europe 2007, S. 51-66 (Stewardship and the Objectives of Financial Statements).

LILIEN, STEVEN/PASTENA, VICTOR, Intramethod Comparability: The Case of the Oil and Gas Industry, in: The Accounting Review 1981, S. 690-703 (Intramethod Comparability).

LILIEN, STEVEN/PASTENA, VICTOR, Determinants of Intramethod Choice in the Oil and Gas Industry, in: Journal of Accounting and Economics 1982, S. 145-170 (Determinants of Intramethod Choice).

LINDGREN, ASTRID, Pippi Langstrumpf, Stockholm 1945 (Langstrumpf).

LINK, LINDA/OLDEWURTEL, CHRISTOPH/KÜMPEL, KATHARINA, Die Bilanzierung von Entwicklungskosten nach IAS 38. Vermittlung entscheidungsnützlicher Informationen i.S.d. IFRS-Framework?, in: KoR 2014, S. 233-240 (Entwicklungskosten).

LORSON, PETER/GATTUNG, ANDREAS, Die Forderung nach einer „Faithful Representation". Quantitative und qualitative Schranken des Grundsatzes „Wahrheitsgemäßer Darstellung der IFRS", in: KoR 2007, S. 657-665 (Wahrheitsgemäße Darstellung).

LORSON, PETER/GATTUNG, ANDREAS, Die Forderung nach einer „faithful representation". Verhältnis zur Objektivität, Neutralität und Nachprüfbarkeit, in: KoR 2008, S. 556-565 (Faithful representation).

LÖW, EDGAR/ANTONAKOPOULOS, NADINE/WEILAND, THOMAS, SFAS 157 und das IASB Discussion Paper „Fair Value Measurements", in: WPg 2007, S. 730-740 (Fair Value Measurements).

LÜDENBACH, NORBERT, Impairment einer Sachanlage bei dauerhafter Unterauslastung, in: PiR 2015, S. 231 (Impairment einer Sachanlage).

LÜDENBACH, NORBERT/FREIBERG, JENS, BB-IFRS-Report 2015, in: BB 2015, S. 3115-3120 (BB-IFRS-Report 2015).

LÜDENBACH, NORBERT/HOFFMANN, WOLF-DIETER, Vergleichende Darstellung von Bilanzierungsproblemen des Sach- und immateriellen Anlagevermögens nach IAS und HGB, in: StuB 2003, S. 145-152 (Bilanzierungsprobleme des Sach- und immateriellen Anlagevermögens).

LUTHER, ROBERT, The Development of Accounting Regulation in the Extractive Industries: An International Review, in: The International Journal of Accouting 1996, S. 67-93 (Accounting Regulation in the Extractive Industries).

LUTZ-INGOLD, MARTIN, Immaterielle Güter in der externen Rechnungslegung. Grundsätze und Vorschriften zur Bilanzierung nach HGB, DRS und IAS/IFRS, Wiesbaden 2005 (Immaterielle Güter).

MALMQUIST, DAVID H., Efficient Contracting and the Choice of Accounting Method in the Oil and Gas Industry, in: Journal of Accounting and Economics 1990, S. 173-205 (Oil and Gas Industry Accounting Method Choice).

MCKELVEY, VINCENT ELLIS/WANG, FRANK F. H., World Subsea Mineral Resources. Miscellaneous Geologic Investigations Map I-632, Washington, D. C. 1970 (World Subsea Mineral Resources).

MEADOWS, DONELLA H./MEADOWS, DENNIS L./RANDERS, JORGEN/BEHRENS, WILLIAM W., The limits to growth. A Report for THE CLUB OF ROME'S Project on the Predicament of Mankind, New York 1972 (The limits to growth).

MERK, HEIKE/MERK, WOLFGANG, Bewertung von Pharmaunternehmen, in: Branchenorientierte Unternehmensbewertung, hrsg. v. Drukarczyk, Jochen/Ernst, Dietmar, 3. Aufl., München 2010, S. 309-333 (Bewertung von Pharmaunternehmen).

MERSCHDORF, MARTIN, Der Management Approach in der IFRS-Rechnungslegung. Implikationen für Unternehmen und Investoren, Frankfurt am Main 2012 (Management Approach).

MILLER, PAUL B./BAHNSON, PAUL R., Continuing the Normative Dialog: Illuminating the Asset/Liability Theory, in: Accounting Horizons 2010, S. 419-440 (Continuing the Normative Dialog).

MOONITZ, MAURICE, The Basic Postulates of Accounting, New York 1961 (Basic Postulates).

MOXTER, ADOLF, Bilanzlehre. Band I. Einführung in die Bilanztheorie, 3. Aufl., Wiesbaden 1984 (Bilanzlehre).

MOXTER, ADOLF, Periodengerechte Gewinnermittlung und Bilanz im Rechtssinne, in: Handelsrecht und Steuerrecht. Festschrift für Dr. Dr. h. c. Georg Döllerer, hrsg. v. Knobbe-Keuk, Brigitte/ Klein, Franz/Moxter, Adolf, Düsseldorf 1988, S. 447-458 (Gewinnermittlung und Bilanz)

MOXTER, ADOLF, Grundsätze ordnungsgemäßer Rechnungslegung, Düsseldorf 2003 (Grundsätze ordnungsgemäßer Rechnungslegung).

MOXTER, ADOLF, Bilanzrechtsprechung, 6. Aufl., Tübingen 2007 (Bilanzrechtsprechung).

MÜLLER, INGO H., Matching Principle. Rechnungstheoretische Fundierung und Verankerung im Systemgefüge der IFRS, Köln 2008 (Matching Principle).

MÜLLER, STEFAN/REINKE, JENS, Zahlungsmittelgenerierende Einheiten im Rahmen des Impairment-Tests. Gestaltungsmöglichkeiten bei der Bildung und sich ergebende abschlusspolitische Potenziale, in: IRZ 2009, S. 523-529 (Zahlungsmittelgenerierende Einheiten).

MÜLLER, STEFAN/WOBBE, CHRISTIAN/REINKE, JENS, Empirische Analyse der Bilanzierung des Sachanlagevermögens nach IFRS. Eine Analyse der Ansatz-, Bewertungs- und Ausweisentscheidungen der DAX-, MDAX- und SDAX-Unternehmen, in: KoR 2008, S. 630-640 (Bilanzierung des Sachanlagevermögens).

NAGGAR, ALI, Oil and Gas Accounting. Where Wall Street Stands, in: The Journal of Accountancy 1978, S. 72-77 (Oil and Gas Accounting).

NAUMANN, KLAUS-PETER, Das Spannungsverhältnis zwischen Relevanz und Verlässlichkeit in der Rechnungslegung. Ein Beitrag zur Fortentwicklung von HGB und IFRS, in: ZfB 2006, S. 43-74 (Spannungsverhältnis).

NEUKIRCHEN, FLORIAN/RIES, GUNNAR, Die Welt der Rohstoffe. Lagerstätten, Förderung und wirtschaftliche Aspekte, Berlin/Heidelberg 2014 (Die Welt der Rohstoffe).

NIEMANN-DELIUS, CHRISTIAN/STOLL, ROLF DIETER, Überblick über die kontinuierliche Tagebautechnik, in: Der Braunkohlentagebau. Bedeutung, Planung, Betrieb, Technik, Umwelt, hrsg. v. Stoll, Rolf Dieter/Niemann-Delius, Christian/Drebenstedt, Carsten/Müllensiefen, Klaus, Berlin/Heidelberg 2009, S. 57-68 (Kontinuierliche Tagebautechnik).

NILAKANT, V./RAO, HAYAGREEVA, Agency Theory and Uncertainty in Organizations: An Evaluation, in: Organization Studies 1994, S. 649-672 (Agency Theory).

NORBY, WILLIAM C., Reserve Recognition Accounting for Oil and Gas Reserves, in: Financial Analyst Journal 1979, S. 10-11 (Reserve Recognition Accounting).

O. V., IASB: Diskussionspapier zur Bilanzierung in der Rohstoffindustrie, in: WPg 2010, S. 495-496 (Bilanzierung in der Rohstoffindustrie).

O. V., Die Schätze der Armen, verfügbar unter: http://www.zeit.de/wirtschaft/2014-08/infografik-ressourcen-abhaengigkeit-wirtschaftsleistung (Stand: 10.10.2016) (Anteil natürlicher Ressourcen am BIP).

O. V., DRSC-Stellungnahme zu ED/2015/3, in: PiR 2015, S. 223 (Stellungnahme).

OLBRICH, ALEXANDER, Wertminderung von finanziellen Vermögenswerten der Kategorie „Fortgeführte Anschaffungskosten“ nach IFRS 9, Lohmar/Köln 2012 (Wertminderung von finanziellen Vermögenswerten).

ORTHAUS, SELINA/PELGER, CHRISTOPH, Bilanzielle Abbildung von Umweltkatastrophen. Die Deepwater-Horizon-Ölpest im Kontext der Rückstellungsbilanzierung nach IAS 37, in: KoR 2014, S. 221-227 (Bilanzielle Abbildung von Umweltkatas-trophen).

OWEN, NICK A./INDERWILDI, OLIVER R./KING, DAVID A., The status of conventional world oil reserves – Hype or cause for concern?, in: Energy Policy 2010, S. 4743-4749 (World oil reserves).

PAARZ, MICHAEL/MEYER, CHRISTIAN, Arbeitsentwurf zum Projekt Rohstoffindustrie des IASB (Extractive Activities Research Project). Ein Überblick über die vorläufigen Ergebnisse, in: KoR 2009, S. 605-607 (Projekt Rohstoffindustrie des IASB).

PADBERG, THOMAS, IFRS: Vorräte, Fertigungsaufträge, Forderungen. Bilanzierung und Darstellung, Berlin 2008 (Vorräte).

PATERSON, RON, Primacy for the P&L Account. Have the IASC and David Solomons placed undue emphasis on the balance sheet to the detriment of the profit and loss account?, in: Accountancy 1990, S. 80-82 (Primacy for the P&L Account).

PATON, W. A./LITTLETON, A. C., An Introduction to Corporate Accounting Standards, 14. Aufl., Evanston, Illinois 1970 (Corporate Accounting Standards).

PELGER, CHRISTOPH, Entscheidungsnützlichkeit in neuem Gewand: Der Exposure Draft zur Phase A des Conceptual Framework-Projekts, in: KoR 2009, S. 156-163 (Entscheidungsnützlichkeit in neuem Gewand).

PELGER, CHRISTOPH, Rechnungslegungszweck und qualitative Anforderungen im Conceptual Framework for Financial Reporting (2010). Der erste Stein im neuen Fundament der internationalen Rechnungslegung, in: WPg 2011, S. 908-916 (Conceptual Framework).

PELLENS, BERNHARD/FÜLBIER, ROLF UWE/GASSEN, JOACHIM/SELLHORN, THORSTEN, Internationale Rechnungslegung. IFRS 1 bis 13, IAS 1 bis 41, IFRIC-Interpretationen, Standardentwürfe. Mit Beispielen, Aufgaben und Fallstudie, 9. Aufl., Stuttgart 2014 (Internationale Rechnungslegung).

PETRASCHECK, WALTHER E., Zur Diskussion über die Lagerstättenvorräte. Bemerkungen zur einschlägigen Literatur der letzten Jahre – Die Notwendigkeit weiter Begriffsfassung – Modifikation des Vorschlags des Verfassers von 1951 – Anwendung auf Erdölvorräte – Beispiele, in: Erzmetall 1957, S. 113-116 (Lagerstättenvorräte).

PFAFF, DIETER, Stille Reserven – Verzerrtes Bild der Vermögens-, Finanz- und Ertragslage, in: ST 2015, S. 456 (Stille Reserven).

PLOCK, MARCUS, Ertragsrealisation nach International Financial Reporting Standards (IFRS), Düsseldorf 2004 (Ertragsrealisation nach IFRS).

POHL, WALTER L., Mineralische und Energie-Rohstoffe. Eine Einführung zur Entstehung und dachhaltigen Nutzung von Lagerstätten, Stuttgart 2005 (Mineralische und Energie-Rohstoffe).

PORTER, STANLEY P., Petroleum Accounting Practices, New York et al. 1965 (Petroleum Accounting Practices).

PwC (Hrsg.), Real Time. Delivering International Financial Reporting Standards in the Oil and Gas and Utilities Industries, verfügbar unter: https://www.pwc.com/gx/en/energy-utilities-mining/pdf/realtime.pdf (Stand: 10.10.2016) (Real Time).

PwC (Hrsg.), Financial reporting in the mining industry. International Financial Reporting Standards, verfügbar unter: https://www.pwc.com/gx/en/energy-utilities-mining/pdf/ifrs-mining.pdf (Stand: 10.10.2016) (Financial reporting in the mining industry 2007).

PwC (Hrsg.), Energy and resources. New guidance on accounting for stripping activities – a big issue for the energy and resources industry, verfügbar unter: https://www.pwc.com/jp/ja/japan-knowledge/archive/assets/pdf/ifrs-accounting-stripping-activities201201.pdf (Stand: 10.10.2016) (Energy and resources).

PwC (Hrsg.), Financial reporting in the mining industry. International Financial Reporting Standards, verfügbar unter: http://www.pwc.com/en_GX/gx/mining/publications/assets/pwc-financial-reporting-in-the-mining-industry-2012.pdf (Stand: 10.10.2016) (Financial reporting in the mining industry 2012).

PwC (Hrsg.), Exploring reporting. What do investment professionals need from oil & gas company reporting?, verfügbar unter: https://www.pwc.co.uk/assets/pdf/oil-and-gas-oct13.pdf (Stand: 10.10.2016) (Exploring reporting).

QUICK, REINER, Einzelfragen der Vorratsbewertung nach IFRS, in: DB 2008, S. 2206-2211 (Einzelfragen der Vorratsbewertung).

QUICK, REINER/WARMING-RASMUSSEN, BENT, Folgebewertung im Vorratsvermögen. Fallstudie zur Vorgehensweise nach IFRS und HGB, in: KoR 2013, S. 205-209 (Folgebewertung im Vorratsvermögen).

REINHART, ALEXANDER, Rückstellungen, Contingent Liabilities sowie Contingent Assets nach der neuen Richtlinie IAS 37, in: BB 1998, S. 2514-2520 (Contingent Assets).

REUTHER, ERNST-ULRICH, Einführung in den Bergbau. Ein Leitfaden der Bergtechnik und der Bergwirtschaft, Essen 1982 (Einführung in den Bergbau).

RICHTER, FRANK, Bilanzierung des Upstream-Geschäfts von Erdöl bzw. Erdgas fördernden Unternehmen nach IFRS, Hamburg 2012 (Bilanzierung des Upstream-Geschäfts).

RUHNKE, KLAUS/NERLICH, CHRISTOPH, Behandlung von Regelungslücken innerhalb der IFRS, in: DB 2004, S. 389-395 (Behandlung von Regelungslücken innerhalb der IFRS).

SCHELLHORN, MATHIAS, Umweltrechnungslegung. Instrumente der Rechenschaft über die Inanspruchnahme der natürlichen Umwelt, 2. Aufl., Wiesbaden 1997 (Umweltrechnungslegung).

SCHELLHORN, MATHIAS/HESSE, TIMO/SPRINGSGUTH, ALEXANDER, Eine kritische Analyse der Bilanzierung von Abraumkosten (Stripping Costs) nach IFRIC Interpretation 20 – Stripping Costs in the Production Phase of a Surface Mine, in: BFuP 2013, S. 241-255 (Bilanzierung von Abraumkosten).

SCHELLHORN, MATHIAS/WEICHERT, SVEN, Ansatz und Bewertung von Forschungs- und Entwicklungskosten nach IAS 38 im Vergleich zu IAS 9, in: DStR 2001, S. 865-868 (Forschungs- und Entwicklungskosten).

SCHMALENBACH, EUGEN, Dynamisch Bilanz, 4. Aufl., Leipzig 1926 (Dynamische Bilanz).

SCHMIDT, MARTIN/SCHREIBER, STEFAN M., BB-IFRSIC-Report 2011/2012: Interpretationsentwürfe DI/2012/1 und DI/2012/2 sowie Interpretation IFRIC 20, in: BB 2012, S. 2359-2364 (BB-IFRSIC-Report 2011/2012).

SCHNORR, RANDOLF, Nationale und internationale Aktivierungsgrundsätze der Rechnungslegung in Handels- und Steuerbilanz, in: StuW 2004, S. 305-317 (Aktivierungsgrundsätze).

SCHÖLLHORN, THOMAS/MÜLLER, MARTIN, Bedeutung und praktische Relevanz des Rahmenkonzepts (framework) bei Erstellung von IFRS-Abschlüssen nach zukünftigem „deutschen Recht" (Teil I). Darstellung unter Berücksichtigung der IAS-VO und des BilReG, in: DStR 2004, S. 1623-1628 (Relevanz des Rahmenkonzepts (Teil I)).

SCHÖLLHORN, THOMAS/MÜLLER, MARTIN, Bedeutung und praktische Relevanz des Rahmenkonzepts (framework) bei Erstellung von IFRS-Abschlüssen nach zukünftigem „deutschen Recht" (Teil II). Darstellung unter Berücksichtigung der IAS-VO und des BilReG, in: DStR 2004, S. 1666-1670 (Relevanz des Rahmenkonzepts (Teil II)).

SCHOLZ, SEBASTIAN, Rohstoffversorgung durch Meeresbergbau, in: Schiff & Hafen 2011, S. 72-76 (Rohstoffversorgung durch Meeresbergbau).

SCHREIBER, STEFAN M., BB-IFRIC-Report 2009/2010: IFRIC 19 und der IFRIC-Entwurf DI/2010/1, in: BB 2010, S. 2291-2295 (BB-IFRIC-Report 2009/2010).

SCHRUFF, WIENAND, Die IFRS-Rechnungslegung im Spannungsfeld zwischen Cashflow-Prognose und Rechenschaft, in: WPg 2011, S. 855-860 (IFRS-Rechnungs-legung im Spannungsfeld).

SCHULTZ, DANIEL, Unkonventionelle Erdölvorkommen: Aktuelle Entwicklungen und eine ressourcenökonomische Modellierung, Berlin 2014 (Unkonventionelle Erdölvorkommen).

SEBA, RICHARD D., Economics of Worldwide Petroleum Production, 2. Aufl., Tulsa, Oklahoma 2003 (Worldwide Petroleum Production).

SEICHT, GERHARD, Bilanztheorien, Würzburg 1982 (Bilanztheorien).

SIMON, HERMAN VEIT, Die Bilanzen der Aktiengesellschaften und der Kommanditgesellschaften auf Aktien, 3. Aufl., Berlin 1899 (Bilanzen der Aktien- und Kommanditgesellschaften).

SLIWKA, DIRK, Anreize, Motivationsverdrängung und Prinzipal-Agenten-Theorie, in: DBW 2003, S. 293-303 (Prinzipal-Agenten-Theorie).

SOLOMONS, DAVID, Criteria for Choosing An Accounting Model, in: Accounting Horizons 1995, S. 42-51 (Choosing An Accounting Model).

SOLOMONS, DAVID, Guidelines for Financial Reporting Standards, New York/London 1997 (Guidelines for Financial Reporting Standards).

SONNEMANN, THEODOR, Grenzen des Wachstums?, in: Fette Seifen Anstrichmittel 1979, S. 97-104 (Grenzen des Wachstums?).

SPROUSE, ROBERT T./MOONITZ, MAURICE, A Tentative Set of Broad Accounting Principles for Business Enterprises, New York 1962 (Accounting Principles).

STREIM, HANNES, Internationalisierung von Gewinnermittlungsregeln zum Zwecke der Informationsvermittlung. Zur Konzeptionslosigkeit der Fortentwicklung der Rechnungslegung, in: Unternehmensrechnung und -besteuerung: Grundfragen und Entwicklungen, hrsg. v. Meffert, Heribert/Krawitz, Norbert, Wiesbaden 1998, S. 325-343 (Internationalisierung von Gewinnermittlungsregeln).

STREIM, HANNES, Die Vermittlung von entscheidungsnützlichen Informationen durch Bilanz und GuV. Ein nicht einlösbares Versprechen der internationalen Standardsetter, in: BFuP 2000, S. 111-131 (Vermittlung von entscheidungsnützlichen Informationen).

STREIM, HANNES/BIEKER, MARCUS/LEIPPE, BRITTA, Anmerkungen zur theoretischen Fundierung der Rechnungslegung nach International Accounting Standards, in: Wolfgang Stützel – Moderne Konzepte für Finanzmärkte, Beschäftigung und Wirtschaftsverfassung, hrsg. v. Schmidt, Hartmut/Ketzel, Eberhart/Prigge, Stefan, Tübingen 2001, S. 177-206 (Theoretische Fundierung der Rechnungslegung).

STRÖBELE, WOLFGANG/PFAFFENBERGER, WOLFGANG/HEUTERKERS, MICHAEL, Energiewirtschaft. Einführung in Theorie und Politik, 3 Aufl., München 2012 (Energiewirtschaft).

TANSKI, JOACHIM S., Sachanlagen nach IFRS. Bewertung, Bilanzierung und Berichterstattung, München 2005 (Sachanlagen nach IFRS).

TAYLOR, GRANTLEY/RICHARDSON, GRANT/TOWER, GREG/HANCOCK, PHIL, The determinants of reserves disclosure in the extractive industries: evidence from Australian firms, in: Accounting & Finance 2012, S. 373-402 (Determinants of reserves disclosure).

UEKÖTTER, FRANK, Simulierter Untergang. 40 Jahre nach dem Bericht „Die Grenzen des Wachstums“ – was haben wir für den Umgang mit Prognosen gelernt?, verfügbar unter: http://www.zeit.de/2012/48/Die-Grenzen-des-Wachstums-Wirtschaft-Prognosen (Stand: 10.10.2016) (Simulierter Untergang).

VAN DYKE, KATE, Fundamentals of Petroleum, 4. Aufl., Austin, Texas 1997 (Fundamentals of Petroleum).

VAN HELLEMANN, JOHAN/SLOMP, SASKIA, The Changeover to International Accounting Standards in Europe, in: BFuP 2002, S. 213-229 (International Accounting Standards in Europe).

VEIT, KLAUS-RÜDIGER, Bilanzpolitik, München 2002 (Bilanzpolitik).

VELTE, PATRICK, Intangible Assets und Goodwill im Spannungsfeld zwischen Entscheidungsrelevanz und Verlässlichkeit, Wiesbaden 2008 (Intangible Assets und Goodwill).

VELTE, PATRICK, Statische, dynamische und organische Bilanztheorien, in: WiSt 2014, S. 137-141 (Bilanztheorien).

VFA (Hrsg.), Statistics 2010. Die Arzneimittelindustrie in Deutschland, verfügbar unter: http://www.vfa.de/embed/statistics-2010.pdf (Stand: 10.10.2016) (Statistics 2010).

VON WAHL, SIEGFRIED, Wirtschaftlichkeitsrechnung und Investitionsentscheidung im Bergbau, in: Bergwirtschaft. Band III. Die Wirtschaftlichkeit und Bewertung im Bergbau, hrsg. v. von Wahl, Siegfried, Essen 1991, S. 1-109 (Wirtschaftlichkeitsrechnung).

WAGENHOFER, ALFRED, Internationale Rechnungslegungsstandards – IAS/IFRS. Grundlagen und Grundsätze, Bilanzierung, Bewertung und Angaben, Umstellung und Analyse, 6. Aufl., München 2009 (Internationale Rechnungslegungsstandards).

WAGENHOFER, ALFRED, Die Zukunft der internationalen Rechnungslegung. Perspektiven im geplanten neuen Rahmenkonzept des IASB, in: ST 2014, S. 539-550 (Zukunft der internationalen Rechnungslegung).

WEIßENBERGER, BARBARA E./MAIER, MICHAEL, Der Management Approach in der IFRS-Rechnungslegung: Fundierung der Finanzberichterstattung durch Informationen aus dem Controlling, in: DB 2006, S. 2077-2083 (Management Approach).

WHITTINGTON, GEOFFREY, Fair Value and the IASB/FASB Conceptual Framework Project: An Alternative View, in: Abacus 2008, S. 139-168 (An Alternative View on the Conceptual Framework Project).

WHITTINGTON, GEOFFREY, Harmonisation or discord? The critical role of the IASB conceptual framework review, in: Journal of Accounting and Public Policy 2008, S. 495-502 (Harmonisation or discord).

WIEDMANN, HARALD/SCHWEDLER, KRISTINA, Die Rahmenkonzepte von IASB und FASB: Konzeption, Vergleich und Entwicklungstendenzen, in: Rechnungslegung und Wirtschaftsprüfung. Festschrift zum 70. Geburtstag von Jörg Baetge, hrsg. v. Kirsch, Hans-Jürgen/Thiele, Stefan, Düsseldorf 2007, S. 679-716 (Rahmenkonzepte von IASB und FASB).

WILKE, FRIEDRICH LUDWIG, Planung und Organisation im Bergbau, in: Bergwirtschaft. Band II. Die dispositiven Produktionsfaktoren des Bergbaubetriebs, hrsg. v. von Wahl, Siegfried, Essen 1990, S. 31-174 (Planung).

WILLMS, JESCO, Explorations- und Evaluierungsausgaben in der Rechnungslegung nach IFRS, Lohmar/Köln 2006 (Explorations- und Evaluierungsausgaben).

WÖHRMANN, ARNT, Intangible Impairment. Qualitativer Impairment-Test für immaterielle Vermögenswerte, Wiesbaden 2009 (Intangible Impairment).

WRIGHT, CHARLOTTE J./GALLUN, REBECCA A., International Petroleum Accounting, Tulsa, Oklahoma 2005 (International Petroleum Accounting).

WRIGHT, CHARLOTTE J./GALLUN, REBECCA A., Fundamentals of Oil & Gas Accounting, 5. Aufl., Tulsa, Oklahoma 2008 (Oil & Gas Accounting).

WULF, INGE, Stille Reserven im Jahresabschluss nach US-GAAP und IAS, Wiesbaden 2001 (Stille Reserven im Abschluss).

WULF, INGE, Stille Reserven in der internationalen Rechnungslegung und ihre Quantifizierungsmöglichkeiten, in: StuB 2001, S. 1097-1106 (Stille Reserven).

WULF, INGE, Immaterielle Vermögenswerte nach IFRS. Ansatz, Bewertung, Goodwill-Bilanzierung, Berlin 2008 (Immaterielle Vermögenswerte).

WULF, INGE, Bilanzierung des selbst geschaffenen immateriellen Anlagevermögens nach dem BilMoG – kritische Würdigung und rechnungslegungsanalytische Perspektiven im Lichte der Bilanztheorien, in: ZP 2010, S. 331-352 (Immaterielles Anlagevermögen).

WULF, INGE/LANGE, HEINRICH, Das Diskussionspapier des IASB „Extractive Activities", in: WPg 2011, S. 320-324 (Diskussionspapier Extractive Activities).

WÜSTEMANN, JENS/KIERZEK, SONJA, Ertragsvereinnahmung im neuen Referenzrahmen von IASB und FASB – internationaler Abschied vom Realisationsprinzip?, in: BB 2005, S. 427-434 (Ertragsvereinnahmung und Realisationsprinzip).

YERGIN, DANIEL, The Prize. The Epic Quest for Oil, Money & Power, New York et al. 2009 (The Prize).

ZÜLCH, HENNING/GEBHARDT, RONNY, Anmerkungen zum Entwurf eines überarbeiteten Conceptual Framework für die Finanzberichterstattung, in: PiR 2006, S. 203-204 (Entwurf eines überarbeiteten Conceptual Framework).

ZÜLCH, HENNING/HOFFMANN, SEBASTIAN, Praxiskommentar BilMoG, Weinheim 2009 (Praxiskommentar BilMoG).

ZÜLCH, HENNING/NELLESSEN, THOMAS, Die Überarbeitung der Rahmenkonzepte von IASB und FASB: aktueller Stand des „Conceptual Framework-Project", in: PiR 2008, S. 270-273 (Überarbeitung der Rahmenkonzepte).

ZÜLCH, HENNING/TEUTEBERG, TORBEN, Änderungen an IAS 16 und IAS 38 zur Angemessenheit von Abschreibungsmethoden – Kein striktes Verbot der Umsatzbasierung, in: DB 2014, S. 1629-1632 (Abschreibungsmethoden).

ZÜLCH, HENNING/WILLMS, JESCO, Exposure Draft (ED) 6: Exploration for and Evaluation of Mineral Resources, in: StuB 2004, S. 267-268 (Exposure Draft (ED) 6).

ZÜLCH, HENNING/WILLMS, JESCO, Near Final Draft IFRS 6, in: StuB 2004, S. 1026 (Near Final Draft IFRS 6).

ZÜLCH, HENNING/WILLMS, JESCO, Exploration und Bewertung von mineralischen Ressourcen – Eine kritische Betrachtung des IFRS 6, in: KoR 2005, S. 116-122 (Bewertung von mineralischen Ressourcen).

ZÜLCH, HENNING/WILLMS, JESCO, Möglichkeiten der Bilanzierung von Explorations- und Evaluierungsausgaben auf der Grundlage von IFRS 6, in: WPg 2006, S. 1201-1210 (Explorations- und Evaluierungsausgaben).

ZWIRNER, CHRISTIAN/FROSCHHAMMER, MATTHIAS, Herstellungskostenermittlung nach IAS 2 unter Berücksichtigung selbst geschaffener immaterieller Vermögenswerte – Aktiverungspflicht anteiliger Abschreibungen, in: IRZ 2012, S. 7-10 (Herstellungskostenermittlung nach IAS 2).

Gesetzesverzeichnis

Handelsgesetzbuch (HGB) vom 10.05.1897, RGBl. 1897, S. 219-436, zuletzt geändert durch Gesetz vom 24.04.2015, BGBl. I 2015, S. 642.

Verzeichnis der Materialien aus dem Gesetzgebungs- oder Standardsetzungsprozess

Rechnungslegungsstandards und Rahmenkonzepte

AASB (Hrsg.), Compiled Accounting Standard 6. Exploration for and Evaluation of Mineral Resources, Victoria 2009 (Stand: 2009) (zitiert: AASB 6).

CSA (Hrsg.), National Instrument 43-101. Standards of Disclosure for Mineral Projects, Montreal 1998 (Stand: 2011) (zitiert: NI 43-101).

CSA (Hrsg.), National Instrument 51-101. Standards of Disclosure for Oil and Gas Activities, Montreal 2002 (Stand: 2015) (zitiert: NI 51-101).

IASB (Hrsg.), International Accounting Standard 1. Presentation of Financial Statements, London 2001 (Stand: 2014) (zitiert: IAS 1).

IASB (Hrsg.), International Accounting Standard 2. Inventories, London 2001 (Stand: 2014) (zitiert: IAS 2).

IASB (Hrsg.), International Accounting Standard 8. Accounting Policies, Changes in Accounting Estimates and Errors, London 2001 (Stand: 2014) (zitiert: IAS 8).

IASB (Hrsg.), International Accounting Standard 16. Property, Plant and Equipment, London 2001 (Stand: 2014) (zitiert: IAS 16).

IASB (Hrsg.), International Accounting Standard 17. Leases, London 2001 (Stand: 2014) (zitiert: IAS 17).

IASB (Hrsg.), International Accounting Standard 18. Revenues, London 2001 (Stand: 2010) (zitiert: IAS 18).

IASB (Hrsg.), International Accounting Standard 20. Accounting for Government Grants and Disclosure of Government Assistance, London 2001 (Stand: 2014) (zitiert: IAS 20).

IASB (Hrsg.), International Accounting Standard 36. Impairment of Assets, London 2001 (Stand: 2014) (zitiert: IAS 36).

IASB (Hrsg.), International Accounting Standard 37. Provisions, Contingent Liabilities and Contingent Assets, London 2001 (Stand: 2014) (zitiert: IAS 37).

IASB (Hrsg.), International Accounting Standard 38. Intangible Assets, London 2001 (Stand: 2014) (zitiert: IAS 38).

IASB (Hrsg.), International Accounting Standard 40. Investment Property, London 2001 (Stand: 2014) (zitiert: IAS 40).

IASB (Hrsg.), International Financial Reporting Standard 8. Operating Segments, London 2001 (Stand: 2013) (zitiert: IFRS 8).

IASB (Hrsg.), International Financial Reporting Standard 6. Exploration for and Evaluation of Mineral Resources, London 2004 (Stand: 2004) (zitiert: IFRS 6).

IASB (Hrsg.), International Financial Reporting Standard 13. Fair Value Measurement, London 2011 (Stand: 2014) (zitiert: IFRS 13).

IASB (Hrsg.), The Conceptual Framework for Financial Reporting 2010, London 2010 (zitiert: CF).

IASB (Hrsg.), IFRIC Interpretation 20. Stripping Costs in the Production Phase of a Surface Mine, London 2011 (Stand: 2011) (zitiert: IFRIC 20).

IASC (Hrsg.), Framework for the Preparation and Presentation of Financial Statements, London 1989 (zitiert: F).

FASB (Hrsg.), Statement of Financial Accounting Standards No. 19. Financial Accounting and Reporting by Oil and Gas Producing Companies, Norwalk 1977 (Stand: 1977) (zitiert: SFAS 19).

FASB (Hrsg.), Statement of Financial Accounting Standards No. 69. Disclosures about Oil and Gas Producing Activities, Norwalk 1982 (Stand: 1982) (zitiert: SFAS 69).

OIAC (Hrsg.), Statement of Recommended Practice: Accounting for Oil and Gas Exploration, Development, Production and Decommissioning Activities, London 2001 (Stand: 2001) (zitiert: OIAC SORP).

SEC (Hrsg.), 17 C.F.R. Part 210–Form and Content of and Requirements for Financial Statements, Securities Act of 1933, Securities Exchange Act of 1934, Investment Company Act of 1940, Investment Advisers Act of 1940, and Energy Policy and Conservation Act of 1975, New York (Stand: 2016) (zitiert: SEC Regulation S-X).

Exposure Drafts und Discussion Paper

IASB (Hrsg.), Discussion Paper: Extractive Activities (DP/2010/1), London 2010 (zitiert: DP/2010/1).

IASB (Hrsg.), Exposure Draft: Exploration for and Evaluation of Mineral Resources (ED 6), London 2014 (zitiert: ED 6).

IASB (Hrsg.), Exposure Draft: Conceptual Framework for Financial Reporting (ED/2015/3), London 2015 (zitiert: ED/2015/3).

Sonstige Materialien aus dem Gesetzgebungs- und Standardsetzungsprozess

AASB (Hrsg.), Draft IFRIC Interpretation DI/2010/1. Stripping Costs in the Production Stage of a Surface Mine. Comment Letter, verfügbar unter: http://www.ifrs.org/Current-Projects/IFRIC-Projects/Stripping-Costs/cl/Document s/AASB_Submission_DI_2010_1_Nov_2010.pdf (Stand: 02.01.2016) (Comment Letter DI/2010/1).

Alkane Exploration (Hrsg.), ED 130 Request for comment on IASB ED 6 Exploration for and Evaluation of Mineral Reserves, verfügbar unter: http://www.ifrs.org/Archive/Pages/Archive-IASB-Project-Comment-Letters.aspx (Stand: 10.10.2016) (Comment Letter ED 6).

ASB (Hrsg.), IFRS IC draft Intepretation 'Stripping Costs in the Production Phase of a Surface Mine'. Comment Letter, verfügbar unter: http://www.ifrs.org/Current-Projects/IFRIC-Projects/Stripping-Costs/cl/Documents/20101025UITFresponsetoIFRSICstripping.pdf (Stand: 10.10.2016) (Comment Letter DI/2010/1).

BDO (Hrsg.), Draft Interpretation DI/2010/01: Stripping Costs in the Production Phase of a Surface Mine. Comment Letter, verfügbar unter: http://www.ifrs.org/Current-Projects/IFRIC-Projects/Stripping-Costs/cl/Documents/BDOCL2010DI20101Strippingcosts.pdf (Stand: 10.10.2016) (Comment Letter DI/2010/1).

BDO (Hrsg.), IASB Discussion paper DP/2010/1: Extractive Activities, verfügbar unter: http://www.ifrs.org/Current-Projects/IASB-Projects/Extractive-Activities/DPAp10/CL/Documents/BDOcommentletterDP201001ExtractiveActivities.pdf (Stand: 10.10.2016) (Comment Letter on DP/2010/1).

BHP Billiton (Hrsg.), ED 6 – Exploration and Evaluation of Mineral Resources, verfügbar unter: http://www.ifrs.org/Archive/Pages/Archive-IASB-Project-Comment-Letters.aspx (Stand: 10.10.2016) (Comment Letter ED 6).

BHP BILLITON (Hrsg.), Discussion Paper – Extractive Activities, verfügbar unter: http://www.ifrs.org/Current-Projects/IASB-Projects/Extractive-Activities/DPAp10/CL/Documents/BHPBExtractiveActivitiesDPcommentletter_02082010.pdf (Stand: 10.10.2016) (Comment Letter on DP/2010/1).

BHP BILLITON (Hrsg.), Draft IFRIC Interpretation DI/2010/1 Stripping Costs in the Production Phase of a Surface Mine. Comment Letter, verfügbar unter: http://www.ifrs.org/Current-Projects/IFRIC-Projects/Stripping-Costs/cl/Documents/BHPBIFRICStrippingDraftInterpcommentletterfinal1.pdf (Stand: 10.10.2016) (Comment Letter DI/2010/1).

CAR (Hrsg.), Exposure Draft ED 6 Exploration for and Evaluation of Mineral Resources. Comment Letter, verfügbar unter: http://www.ifrs.org/Archive/Pages/Archive-IASB-Project-Comment-Letters.aspx (Stand: 10.10.2016) (Comment Letter ED 6).

CIM STANDING COMMITTEE ON RESERVE DEFINITIONS (Hrsg.), CIM Definitions Standards for Mineral Resources and Mineral Reserves, verfügbar unter: http://web.cim.org/standards/MenuPage.cfm?sections=177&menu=178 (Stand: 10.10.2016) (CIM Definitions Standards).

CRIRSCO (Hrsg.), International Reporting Template for the Public Reporting of Exploration Results, Mineral Resources and Mineral Reserves, verfügbar unter: http://www.crirsco.com/templates/international_reporting_template_november_2013.pdf (Stand: 08.09.2015) (International Reporting Template).

CRIRSCO/SPE (Hrsg.), Mapping of Petroleum and Minerals Reserves and Resources Classification Systems. A Joint Report submitted by Committee for Mineral Reserves International Reporting Standards (CRIRSCO) and Society of Petroleum Engineers (SPE) - Oil & Gas Committee to the International Accounting Standards Board Extractive Activities Working Group, verfügbar unter: http://www.crirsco.com/080314_mapping_document.pdf (Stand: 11.09.2015) (Mapping of Classification Systems).

DE BEERS GROUP (Hrsg.), Invitation to Comment. DP/2010/1 "Extractive Industries", verfügbar unter: http://www.ifrs.org/Current-Projects/IASB-Projects/Extractive-Activities/DPAp10/CL/Documents/CL105.pdf (Stand: 10.10.2016) (Comment Letter on DP/2010/1).

DE BEERS GROUP (Hrsg.), Invitation to Comment – Draft IFRIC Interpretation DI/2010/1 "Stripping Costs in the Production Phase of a Surface Mine". Comment Letter, verfügbar unter: http://www.ifrs.org/Current-Projects/IFRIC-Projects/Stripping-Costs/cl/Documents/ComentletterIFRICDI_2010_1Strippingcosts.pdf (Stand: 10.10.2016) (Comment Letter DI/2010/1).

DELOITTE (Hrsg.), Discussion Paper DP/2010/1 Extractive Activities, verfügbar unter: http://www.ifrs.org/Current-Projects/IASB-Projects/Extractive-Activities/DPAp10/CL/Documents/DTT_DP1001ExtractiveActivities.pdf (Stand: 10.10.2016) (Comment Letter on DP/2010/1).

DELOITTE TOUCHE TOHMATSU (Hrsg.), Exposure Draft ED 6, Exploration for and Evaluation of Mineral Resources, verfügbar unter: http://www.ifrs.org/Archive/Pages/Archive-IASB-Project-Comment-Letters.aspx (Stand: 10.10.2016) (Comment Letter ED 6).

DELOITTE TOUCHE TOHMATSU (Hrsg.), Draft IFRIC Interpretation DI/2010/1 Stripping Costs in the Production Phase of a Surface Mine. Comment Letter, verfügbar unter: http://www.ifrs.org/Current-Projects/IFRIC-Projects/Stripping-Costs/cl/Documents/DTTLCommentLetterIFRICDIStrippingCosts.pdf (Stand: 10.10.2016) (Comment Letter DI/2010/1).

DRSC (Hrsg.), ED 6 Exploration for and Evaluation of Mineral Resources. Comment Letter, verfügbar unter: http://www.ifrs.org/Archive/Pages/Archive-IASB-Project-Comment-Letters.aspx (Stand: 10.10.2016) (Comment Letter ED 6).

EFRAG (Hrsg.), ED 6 Exploration for and Evaluation of Mineral Resources. Comment Letter, verfügbar unter: http://www.ifrs.org/Archive/Pages/Archive-IASB-Project-Comment-Letters.aspx (Stand: 10.10.2016) (Comment Letter ED 6).

EFRAG (Hrsg.), Discussion Paper Extractive Activities, verfügbar unter: http://www.efrag.org/Assets/Download?assetUrl=%2Fsites%2Fwebpublishing%2FProject%20Documents%2F153%2FEFRAGs%20Comment%20Letter%20on%20the%20IASBs%20DP%20Extractive%20Activities.pdf (Stand: 10.10.2016) (Comment Letter on DP/2010/1).

EFRAG (Hrsg.), Re Draft IFRIC Interpretation Stripping Cost in the Production Phase of a Surface Mine. Comment Letter, verfügbar unter: http://www.ifrs.org/Current-Projects/IFRIC-Projects/Stripping-Costs/cl/Documents/EFRAGsCommentLetterStrippingCostsintheProductionPhaseofSurfaceMining.pdf (Stand: 10.10.2016) (Comment Letter DI/2010/1).

EFRAG (Hrsg.), Exposure Draft Conceptual Framework for Financial Reporting. Document for public consultation, verfügbar unter: http://www.efrag.org/files/EFRAG%20public%20letters/Conceptual%20Framework/ED%202015/EFRAG_consultation_document.pdf (Stand: 20.11.2015) (Comment Letter on ED/2015/3).

EXTRACTIVE ACTIVITIES WORKING GROUP (Hrsg.), Re: Draft IFRIC Interpretation DI/2010/1 – Stripping Costs in the Production Phase of a Surface Mine. Comment Letter, verfügbar unter: http://www.ifrs.org/Current-Projects/IFRIC-Projects/Stripping-Costs/cl/Documents/IFIRC_SUBMISSION_November_27Copy.pdf (Stand: 10.10.2016) (Comment Letter DI/2010/1).

Exxon Mobil Corporation (Hrsg.), Extractive Activities Discussion Paper DP/2010/1, verfügbar unter: http://www.ifrs.org/Current-Projects/IASB-Projects/Extractive-Activities/DPAp10/CL/Documents/XOMLetterreIASB723.pdf (Stand: 10.10.2016) (Comment Letter on DP/2010/1).

EY (Hrsg.), Invitation to comment – Discussion Paper 2010/1 – Extractive Activities, verfügbar unter: http://www.ifrs.org/Current-Projects/IASB-Projects/Extractive-Activities/DPAp10/CL/Documents/CL125.pdf (Stand: 10.10.2016) (Comment Letter on DP/2010/1).

EY (Hrsg.), Invitation to comment – Draft IFRIC Interpretation DI/2010/1 Stripping Costs in the Production Phase of a Surface Mine. Comment Letter, verfügbar unter: http://www.ifrs.org/Current-Projects/IFRIC-Projects/Stripping-Costs/cl/Documents/Deferred-stripping_CommentLetter.pdf (Stand: 10.10.2016) (Comment Letter DI/2010/1).

FAR (Hrsg.), Draft IFRIC Interpretation DI/2010/1: Stripping Costs in the Production Phase of a Surface Mine, verfügbar unter: http://www.ifrs.org/Current-Projects/IFRIC-Projects/Stripping-Costs/cl/Documents/COMPLETEStrippingCosts.pdf (Stand: 10.10.2016) (Comment Letter DI/2010/1).

FEE (Hrsg.), Exposure Draft ED 6: Exploration for and Evaluation of Mineral Resources. Comment Letter, verfügbar unter: http://www.ifrs.org/Archive/Pages/Archive-IASB-Project-Comment-Letters.aspx (Stand: 10.10.2016) (Comment Letter ED 6).

Foreningen af Statsautoriserede Revisorer (Hrsg.), ED 6, Exploration for and Evaluation of Mineral Resources. Comment Letter, verfügbar unter: http://www.ifrs.org/Archive/Pages/Archive-IASB-Project-Comment-Letters.aspx (Stand: 10.10.2016) (Comment Letter ED 6).

Gold Fields (Hrsg.), Gold Fields Limited Submission on Draft Interpretation on Stripping Costs in the Production Phase of a Surface Mine. Comment Letter, verfügbar unter: http://www.ifrs.org/Current-Projects/IFRIC-Projects/Stripping-Costs/cl/Documents/CL10.pdf (Stand: 10.10.2016) (Comment Letter DI/2010/1).

Grant Thornton (Hrsg.), IFRIC Draft Interpretation DI/2010/1 Stripping Costs in the Production Phase of a Surface Mine. Comment Letter, verfügbar unter: http://www.ifrs.org/Current-Projects/IFRIC-Projects/Stripping-Costs/cl/Documents/CommentletterIFRICDI20101Stripping-Costs17November2010.pdf (Stand: 10.10.2016) (Comment Letter DI/2010/1).

IAASB (Hrsg.), International Standard on Auditing 200. Overall Objectives of the Independent Auditor and the Conduct of an Audit in Accordance with International Standards on Auditing, New York 2009 (zitiert: ISA 200).

IASB (Hrsg.), Conceptual Framework for Financial Reporting. Project Summary and Feedback Statement, London 2010 (Project Summary and Feedback Statement).

IASB (Hrsg.), Conceptual Framework. Proposed amendments – IAS 1 and IAS 8 (Staff Paper 10G, IASB Meeting October 2014), verfügbar unter: http://www.ifrs.org/Meetings/MeetingDocs/IASB/2014/October/AP10G-Conceptual-Framework.pdf (Stand: 10.10.2016) (Staff Paper 10G (October 2014)).

IASB (Hrsg.), Conceptual Framework. Unit of Account (Staff Paper 10E, IASB Meeting June 2014), verfügbar unter: http://www.ifrs.org/Meetings/MeetingDocs/IASB/2014/June/AP10E-Conceptual%20Framework.pdf (Stand: 10.10.2016) (Staff Paper 10E (June 2014)).

IASB (Hrsg.), 2015 Agenda Consultation. Request for Views, verfügbar unter: http://www.ifrs.org/Current-Projects/IASB-Projects/IASB-agenda-consultation/2015-agenda-consultation/Documents/Request%20for%20Views_Agenda%20Consultation_AUG%202015.pdf (Stand: 10.10.2016) (2015 Agenda Consultation).

IASC (Hrsg.), Extractive Industries. An Issues Paper issued for comment by the IASC Steering Committee on Extractive Industries, London 2000 (Extractive Industries).

IDW (Hrsg.), IDW Prüfungsstandard 200. Ziele und allgemeine Grundsätze der Durchführung von Abschlussprüfungen, Düsseldorf 2000 (Stand: 2015) (zitiert: IDW PS 200).

IFRIC (Hrsg.), IFRIC Update January 2006. Newsletter of the International Financial Reporting Interpretations Committee, verfügbar unter: http://www.ifrs.org/Updates/IFRIC-Updates/2006/Documents/jan06.pdf (Stand: 10.10.2016) (IFRIC Update January 2006).

Institute of Chartered Accountants in England & Wales (Hrsg.), Accounting under IFRS in the Extractive Industries. Memorandum of comments submitted in April 2004 to the International Accounting Standards Board concerning the exposure draft ED 6, 'Exploration for and Evaluation of Mineral Resources', verfügbar unter: http://www.ifrs.org/Archive/Pages/Archive-IASB-Project-Comment-Letters.aspx (Stand: 10.10.2016) (Comment Letter ED 6).

IVSC (Hrsg.), Code of Ethical Principles for Professional Valuers, verfügbar unter: http://www.asociacionaev.org/admin/uploads_doc/estandares/Code%20of%20Ethical%20Principles%20IVSC%20Published%207%20Dec%2011.pdf (Stand: 10.10.2016) (Code of Ethical Principles).

JORC (Hrsg.), The JORC Code. Australasian Code for Reporting of Exploration Results, Mineral Resources and Ore Reserves, verfügbar unter: http://www.jorc.org/docs/JORC_code_2012.pdf (Stand: 10.10.2016) (JORC Code).

KOMMISSION DER EUROPÄISCHEN GEMEINSCHAFTEN (Hrsg.), Verordnung (EG) Nr. 1606/2002 des Europäischen Parlaments und des Rates vom 19. Juli 2002 betreffend die Anwendung internationaler Rechnungslegungsstandards, in: Amtsblatt der Europäischen Gemeinschaften vom 11.9.2002, S. L 243/1-L 243/4 (Verordnung (EG) Nr. 1606/2002).

KPMG (Hrsg.), Exposure Draft (ED) 6 Exploration for and Evaluation of Mineral Resources. Comment Letter, verfügbar unter: http://www.ifrs.org/Archive/Pages/Archive-IASB-Project-Comment-Letters.aspx (Stand: 10.10.2016) (Comment Letter ED 6).

KPMG (Hrsg.), Draft IFRIC Interpretation DI/2010/1 Stripping Costs in the Production Phase of a Surface Mine. Comment Letter, verfügbar unter: http://www.ifrs.org/Current-Projects/IFRIC-Projects/Stripping-Costs/cl/Documents/CL38.pdf (Stand: 10.10.2016) (Comment Letter DI/2010/1).

KPMG (Hrsg.), International Accounting Standards Board Discussion Paper DP/2010/1 Extractive Activities, verfügbar unter: http://www.ifrs.org/Current-Projects/IASB-Projects/Extractive-Activities/DPAp10/CL/Documents/CL118.pdf (Stand: 10.10.2016) (Comment Letter on DP/2010/1).

LOW, LINUS, Response to DI/2010/1 Stripping Costs in the Production Phase of a Surface Mine. Comment Letter, verfügbar unter: http://www.ifrs.org/Current-Projects/IFRIC-Projects/Stripping-Costs/cl/Documents/DIStrippingCosts.pdf (Stand: 10.10.2016) (Comment Letter DI/2010/1).

LSCA (Hrsg.), Exposure draft 6, 'Exploration for and evaluation of mineral resources'. Comment Letter, verfügbar unter: http://www.ifrs.org/Archive/Pages/Archive-IASB-Project-Comment-Letters.aspx (Stand: 10.10.2016) (Comment Letter ED 6).

NORSK REGNSKAPSSTIFTELSE (Hrsg.), DP/2010/1: Extractive Activities, verfügbar unter: http://www.ifrs.org/Current-Projects/IASB-Projects/Extractive-Activities/DPAp10/CL/Documents/DP20101ExtractiveActivities.pdf (Stand: 10.10.2016) (Comment Letter on DP/2010/1).

NORSK REGNSKAPSSTIFTELSE (Hrsg.), Draft IFRIC Interpretation, DI/2010/1 Stripping costs in the Production Phase of a Surface Mine. Comment Letter, verfügbar unter: http://www.ifrs.org/Current-Projects/IFRIC-Projects/Stripping-Costs/cl/Documents/DI20101StrippingCostsintheProductionPhaseofaSurfaceMine.pdf (Stand: 10.10.2016) (Comment Letter DI/2010/1).

NORTHERN GOLD NL (Hrsg.), ED130 – Request or Comment on IASB ED 6 – Exploration for and Evaluation of Mineral Resources, verfügbar unter: http://www.ifrs.org/Archive/Pages/Archive-IASB-Project-Comment-Letters.aspx (Stand: 10.10.2016) (Comment Letter ED 6).

OIAC (Hrsg.), Comments on Discussion Paper – Extractive Activities, verfügbar unter: http://www.ifrs.org/Current-Projects/IASB-Projects/Extractive-Activities/DPAp10/CL/Documents/OIACcommentletteronIASBExtractiveActivitiesDiscussionPaper.pdf (Stand: 10.10.2016) (Comment Letter on DP/2010/1).

PERC (Hrsg.), PERC Reporting Standard 2013. Pan-European Standard for Reporting of Exploration Results, Mineral Resources and Reserves, verfügbar unter: http://www.vmine.net/PERC/documents/PERC_REPORTING_STANDARD_2013_rev2.pdf (Stand: 10.10.2016) (PERC Reporting Standard).

PetroChina Company Limited (Hrsg.), Feedback on Discussion Paper – Extractive Activities (DP/2010/1), verfügbar unter: http://www.ifrs.org/Current-Projects/IASB-Projects/Extractive-Activities/DPAp10/CL/Documents/CL25.pdf (Stand: 10.10.2016) (Comment Letter on DP/2010/1).

PwC (Hrsg.), Discussion Paper – Preliminary views on Extractive Activities Discussion Paper, verfügbar unter: http://www.ifrs.org/Current-Projects/IASB-Projects/Extractive-Activities/DPAp10/CL/Documents/EADPcommentletterfinal30July2010scan.pdf (Stand: 10.10.2016) (Comment Letter on DP/2010/1).

Redovisningsrådet (Hrsg.), Respond to IASB's ED 6, verfügbar unter: http://www.ifrs.org/Archive/Pages/Archive-IASB-Project-Comment-Letters.aspx (Stand: 10.10.2016) (Comment Letter on ED 6).

RIC (Hrsg.), Draft IFRIC Interpretation DI/2010/1 Stripping Costs in the Production Phase of a Surface Mine. Comment Letter, verfügbar unter: http://www.ifrs.org/Current-Projects/IFRIC-Projects/Stripping-Costs/cl/Documents/101125_RIC_cl_StrippingCosts_DI_2010_1.pdf (Stand: 10.10.2016) (Comment Letter DI/2010/1).

Rio Tinto (Hrsg.), IASB Discussion Paper on Extractive Activities (DP/2010/1), verfügbar unter: http://www.ifrs.org/Current-Projects/IASB-Projects/Extractive-Activities/DPAp10/CL/Documents/DPextactRTresponseFINAL.pdf (Stand: 10.10.2016) (Comment Letter on DP/2010/1).

RWE (Hrsg.), Discussion Paper DP/2010/1 "Extractive Activities", verfügbar unter: http://www.ifrs.org/Current-Projects/IASB-Projects/Extractive-Activities/DPAp10/CL/Documents/CL100.pdf (Stand: 10.10.2016) (Comment Letter on DP/2010/1).

S.C.R.-Sibelco N. V. (Hrsg.), Comments on ED 6, Exploration for and evaluation of mineral resources. Comment Letter, verfügbar unter: http://www.ifrs.org/Archive/Pages/Archive-IASB-Project-Comment-Letters.aspx (Stand: 10.10.2016) (Comment Letter ED 6).

SAICA (Hrsg.), SAICA Submission on Draft Interpretation on Stripping Costs in the Production Phase of a Surface Mine. Comment Letter, verfügbar unter: http://www.ifrs.org/Current-Projects/IFRIC-Projects/Stripping-Costs/cl/Documents/SAICAsubmissionStrippingcostsintheProductionPhaseofaSurfaceMine.pdf (Stand: 10.10.2016) (Comment Letter DI/2010/1).

SAMREC WORKING GROUP (Hrsg.), The SAMREC Code. The South African Code for the Reporting of Exploration Results, Mineral Resources and Mineral Reserves, verfügbar unter: http://www.samcode.co.za/downloads/SAMREC2009.pdf (Stand: 10.10.2016) (SAMREC Code).

SANTOS (Hrsg.), IASB ED 6 Exploration for and Evaluation of Mineral Resources, verfügbar unter: http://www.ifrs.org/Archive/Pages/Archive-IASB-Project-Comment-Letters.aspx (Stand: 10.10.2016) (Comment Letter ED 6).

SANTOS (Hrsg.), Request for Comment on IFRS Interpretations Committee Draft Interpretation DI/2010/1 Stripping Costs in the Production Phase of a Surface Mine. Comment Letter, verfügbar unter: http://www.ifrs.org/Current-Projects/IFRIC-Projects/Stripping-Costs/cl/Documents/IFRSICSubmissionDI20101StrippingCosts.pdf (Stand: 10.10.2016) (Comment Letter DI/2010/1).

SEC (Hrsg.), Industry Guide 7. Description of Property by Issuers Engaged or to Be Engaged in Significant Mining Operations, verfügbar unter: https://www.sec.gov/about/forms/industryguides.pdf (Stand: 10.10.2016) (Industry Guide 7).

SHELL INTERNATIONAL B.V. (Hrsg.), Discussion Paper Extractive Activities, verfügbar unter: http://www.ifrs.org/Current-Projects/IASB-Projects/Extractive-Activities/DPAp10/CL/Documents/IASBExtractivesDiscussionPaperSHELL.pdf (Stand: 10.10.2016) (Comment Letter on DP/2010/1).

SPE/AAPG/WPC/SPEE (Hrsg.), Petroleum Resources Management System, verfügbar unter: http://www.spe.org/industry/docs/Petroleum_Resources_Management_System_2007.pdf (Stand: 10.10.2016) (Petroleum Resources Management System).

TOTAL S.A. (Hrsg.), Exposure Draft 6 – Exploration for and Evaluation of Mineral Resources, verfügbar unter: http://www.ifrs.org/Archive/Pages/Archive-IASB-Project-Comment-Letters.aspx (Stand: 10.10.2016) (Comment Letter ED 6).

UN ECE (Hrsg.), United Nations Framework Classification for Fossil Energy and Mineral Reserves and Resources 2009. ECE Energy Series No.39, verfügbar unter: http://www.unece.org/fileadmin/DAM/energy/se/pdfs/UNFC/unfc2009/UNFC2009_ES39_e.pdf (Stand: 10.10.2016) (UNFC-2009).

Verzeichnis der Rechtsquellen

BFH (Hrsg.), Urteil vom 26.06.1951 – I 54/51 S, in: BStBl. III 1951, S. 211 f.

BFH (Hrsg.), Urteil vom 13.09.1988 – VIII R 236/81, in: BStBl. II 1989, S. 37-39.

RFH (Hrsg.), Urteil vom 30.01.1935 – VI A 1012/33, in: RStBl. 1935, S. 1111 f.

RFH (Hrsg.), Urteil vom 05.03.1940 – I 67/39, in: RStBl. 1940, S. 683-685.